Das Kleingewächshaus

Eva Schumann
Gerhard Milicka

Das Kleingewächshaus

Technik und Nutzung

166 Fotos
70 Zeichnungen

E.U.
VERLAG
EUGEN
ULMER

Foto oben: Grüne Oasen unter Glas – zwanglos finden die verschiedensten Pflanzen hier ihren Platz.

Foto Seite 2 (Frontispiz): Tropische Pflanzen benötigen ganzjährig einen warmen, hellen Platz, wie ihn ein Kleingewächshaus bieten kann. Zusätzliche Isolierungsmaßnahmen wie das Anbringen von Luftpolster- oder Noppenfolie helfen Heizkosten einzusparen (Bild hinten). Ein Frühbeetkasten gibt Pflanzen, die rosettig oder flach wachsen und nicht allzu hohe Temperaturansprüche haben ein trockenes, geschütztes Heim. Hier sind beispielsweise nässeempfindliche Sukkulenten und Alpinpflanzen gut untergebracht (Bild vorne).

Die Deutsche Bibliothek – CIP-Einheitsaufnahme

Schumann, Eva
Das Kleingewächshaus: Technik und Nutzung / Eva Schumann; Gerhard Milicka. –
Stuttgart : Ulmer, 1996
ISBN 3-8001-6589-9
NE: Milicka, Gerhard:

Wollgrasweg 41, 70599 Stuttgart (Hohenheim)
Printed in Germany
Lektorat: Gerhard Bley
Herstellung: Otmar Schwerdt, Silke Reuter
Satz: Steffen Hahn GmbH, Kornwestheim
Druck: Appl, Wemding
Bindung: Monheim

Vorwort

Wer Pflanzen liebt, hat mit einem Gewächshaus noch mehr Freude an seinem Hobby. Als geschützter Platz verlängert es das Gartenjahr und eröffnet dem Gartenhobby neue, vielfältige Möglichkeiten. Kleingewächshäuser werden genutzt zum ganzjährigen Anbau von Gemüsen und Kräutern, zur Überwinterung von Kübelpflanzen, zur Anzucht von Jungpflanzen und zur Kultur von Pflanzen aus wärmeren Gebieten wie Orchideen, Palmen, Kakteen und tropischen Früchten. Hier kann man Blumenzwiebeln vortreiben, Blühzweige verfrühen und Erdbeeren schon ab April ernten. Der Bonsailiebhaber hat einen Platz für seine Sammlung und der Freund von alpinen Pflanzen richtet sich hier ein geschütztes Alpinum ein. Auch für Wintergärten oder ausgebaute Blumenfenster gelten ähnliche Bedingungen wie für das Kleingewächshaus. Allerdings sind in diesen Räumen der Klimaeinstellung Grenzen gesetzt, da sie in der Regel einem Wohnraum angegliedert sind.

Der Wunsch, Pflanzen aus wärmeren Klimaten zu kultivieren, ist schon sehr alt. So soll schon Plinius der Ältere gewächshausähnliche Bauten zur Haltung von Pflanzen besessen haben, die zwar noch nicht mit Glas, aber mit einem lichtdurchlässigen Glimmer eingedeckt waren. Waren Gewächshäuser früher Botanischen Gärten, Klöstern oder reichen Adligen vorbehalten, so sind sie heute nicht nur im Erwerbsgartenbau gang und gäbe, sondern auch in den verschiedensten Ausführungen, Preisklassen und Größen für jeden Hobbygärtner zu erwerben. Ermöglicht wurde diese Entwicklung erst durch die industrielle Glasherstellung, wobei heute Glas wiederum zu einem großen Teil durch Kunststoffe als lichtdurchlässiges Eindeckmaterial ersetzt wird.

Gewächshäuser schützen Pflanzen gegen ungünstige Witterungseinflüsse wie Kälte, Niederschläge, Wind und manchmal auch vor zu starker Sonneneinstrahlung. Mit der entsprechenden Ausstattung kann das Klima im Gewächshaus so eingestellt werden, wie es den Ansprüchen der Pflanzen entspricht, die darin wachsen sollen. Jede Nutzungsart stellt andere Anforderungen an die Gewächshausausstattung.

Kleingewächshäuser bieten optimale Bedingungen für die Pflanzenvermehrung.

Die Teile des Buches, die sich mit der Gewächshaustechnik befassen und in Zusammenarbeit mit Gerhard Milicka entstanden, sollen den Weg zum eigenen Gewächshaus erleichtern. Man erhält Entscheidungshilfen zur Anschaffung des passenden Kleingewächshauses mit der geeigneten technischen

Frisches Gemüse kann man im Kleingewächshaus ernten, wenn im Freiland noch nichts oder nichts mehr wächst.

Ausstattung. Es wird ein grundsätzlicher Einblick in die Gewächshaustechnik geboten, von geeigneten Bauweisen, Materialien für die Konstruktion und Eindeckung bis zur Heizung und Lüftung. Darüberhinaus findet man Informationen über technische Zusatzeinrichtungen vom Umluftventilator bis zur automatischen Bewässerung und zur nachträglichen Isolierung zur Senkung des Energieverbrauches.

Im Mittelpunkt des Buches steht die pflanzenbauliche Nutzung des Kleingewächshauses. Hier findet der Leser Antworten auf Fragen wie »Wie kann ich ein unbeheiztes Kleingewächshaus nutzen?«, »Wie warm muß es sein, wenn ich Kübelpflanzen im Gewächshaus oder Wintergarten überwintern will?« oder »Wie muß mein Gewächshaus ausgestattet sein, wenn ich Orchideen kultivieren will, und wie funktioniert das?«. Besonderen Wert habe ich auf die gemüsebauliche Nutzung gelegt, da sie die weitaus häufigste Nutzungsart ist. Mein Bestreben ist es, umweltfreundliche Tips und Ratschläge zu geben. Dazu gehören auch alle vorbeugenden Maßnahmen zur Gesunderhaltung der Pflanzen wie pflanzengerechte Klimaführung im Kleingewächshaus, Bodenpflege, bedarfsgerechte Pflanzenernährung und -bewässerung.

Bedanken möchte ich mich bei allen Kollegen, vor allem an der Fachhochschule und Staatlichen Versuchsanstalt für Gartenbau Weihenstephan, die mich mit ihrem Wissen in den jeweiligen Spezialgebieten unterstützten, und bei den Kleingewächshausgärtnern, die mich an ihren langjährigen Erfahrungen zum jeweiligen Steckenpferd teilhaben ließen. Herzlich gedankt sei auch unserem Verleger, Herrn Roland Ulmer, und den Mitarbeitern des Verlages Eugen Ulmer, die am Zustandekommen dieses Buches beteiligt waren.

Freising Eva Schumann

Alle Angaben, Anleitungen und Dosierungsempfehlungen in diesem Buch sind nach besten Wissen und mit größter Sorgfalt zusammengetragen und überprüft worden. Sie entbinden den Anwender nicht, Beipackzettel von Dünge- und Pflanzenschutz- bzw. -pflegemitteln zu lesen und diese genau zu befolgen, sowie Gebrauchsanleitungen und Gesetze einzuhalten, nicht zuletzt, weil Inhaltsstoffe und deren Konzentrationen im Handelspräparat neu formuliert werden können.

Inhaltsverzeichnis

Der Weg zum eigenen Gewächshaus

Die Anschaffung eines Gewächshauses will wohlüberlegt sein. Zwar werden inzwischen in jedem Baumarkt und Gartencenter preisgünstige Kleingewächshäuser angeboten, doch nicht jedes Gewächshaus ist gleichermaßen für jede Nutzungsart geeignet. Je nach gewünschter Nutzung, ob beispielsweise zum Gemüseanbau oder zur Orchideenzucht, muß das Gewächshausklima einzustellen sein, und je nach Temperierung sollten Konstruktions- und Eindeckungsmaterialien sowie die Heizung ausgewählt werden. Auch Bauweise, Form, Ausstattung und Einrichtung des Gewächshauses richten sich nach der Nutzungsart. Während Gemüse vorwiegend in Grundbeeten angebaut wird, wird man Kakteen oder Orchideen, um sich die Betreuung zu erleichtern, eher auf Tischen kultivieren. Auch Strom-, Wasser-, und Kanalanschlüsse müssen frühzeitig geplant werden. Wer bei der Anschaffung des Gewächshauses und seiner Einrichtung die richtigen Entscheidungen trifft, wird hinterher mehr Freude an seinen Pflanzen im Kleingewächshaus haben.

Am häufigsten werden Kleingewächshäuser für den Anbau von Gemüse genutzt. Erhöhte Beete können die Arbeit erleichtern.

Was soll das Gewächshaus »leisten«

Ausgangspunkt für die Wahl eines Gewächshauses ist die vorgesehene Verwendung. Es gibt nicht ein Gewächshaus und ein Gewächshausklima, das für alle Pflanzen geeignet ist. Man kann nicht im gleichen Gewächshaus tropische Orchideen züchten und alpine Pflanzen kultivieren. Es ist daher sinnvoll, sich mehr oder weniger zu spezialisieren. Die Pflanzen in einem Gewächshaus oder in einem Gewächshausabteil sollten ähnliche Ansprüche haben, denn je besser man diese erfüllen kann, desto gesünder wachsen die Pflanzen und desto weniger Pflanzenschutzprobleme treten später auf.

Jede Nutzungsart stellt andere Ansprüche an das Gewächshaus. Die Tabelle gibt einen Überblick, wie das Gewächshaus für die jeweilige Nutzungsart beschaffen sein sollte. In den pflanzenbaulichen Kapiteln findet man weitere Einzelheiten zum jeweils geeigneten Gewächshaus, seiner Ausstattung, Einrichtung und Klimatisierung.

Am häufigsten werden Kleingewächshäuser für den Anbau von Gemüse genutzt. Die Vorteile des geschützten Gemüseanbaus im Gewächshaus sind vielfältig. Man kann bereits früher im Gartenjahr Gemüse ernten, im Sommer

Linke Seite: Ein Kleingewächshaus kann zum Herzstück eines großen, vielfältigen Gartens werden.

Das richtige Gewächshaus für jede Nutzungsart

Nutzungsart	Gewächshaus-bauform/ Gewächs-haustyp	Empfehlens-werte Ein-deckungs-materialien	Beheizbarkeit	Sonstige notwen-dige Ausstattung und Einrichtung	Empfehlenswerte Zusatz-einrichtungen
Anbau von Gemüse	freistehende oder Anlehnge-wächshäuser	Folie, Einfach-glas, Stegdop-pelplatten	unbeheiztes oder frostfreies Kalthaus	gute Lüftungs-möglichkeiten, Wasseranschluß im Gewächshaus oder in der Nähe, einfache Wege (z. B. Holzroste)	Thermometer, automatische Fensteröffner, Thermostathei-zung für das Frostfreihalten, Stromanschluß für Licht, zusätz-liche Fenster zu den serienmäßi-gen, autom. Bewässerung
Jungpflanzen-anzucht von Gemüse, Kräu-tern, Sommer-blumen usw. (Vermehrungs-haus)	alle Bauformen vom Erdge-wächshaus bis Wintergarten und ausgebau-tem Blumenfen-ster solange Licht und Wärme stim-men	Stegmehrfach-platten, Isolierglas	Heizung muß im Winter für mindestens 15 °C sorgen können	Kulturtische, Arbeitstische, Betonplattenwege, gute Lüftung, Wasseranschluß, Stromanschluß, Zusatzbelichtung, Thermometer, Wasservorrats-behälter	Hängeregale, Schattierungs-einrichtung, Ver-mehrungsbeet oder Kabine, wo auch 18 °C nicht unterschritten werden, Umluft-ventilator, auto-matische Fensteröffner, Luftfeuchtemeß-gerät
Überwinterung von Kübel-pflanzen	freistehende Gewächshäuser, Erdhaus, Anlehn-gewächshaus, Wintergarten	Einfachglas, Stegdoppel-platten	frostfreies Kalt-haus mit Tem-peraturen von 2–12 °C	gute Lüftungs-möglichkeiten	Thermometer, Wasseranschluß im Gewächshaus oder in der Nähe, automatische Fensteröffner
Überwinterung von heimischen Obstgehölzen im Kübel ('Bal-lerinas' u. ä.)	freistehende Gewächshäuser, Erdhaus, Anlehngewächs-haus	Folie, Einfach-glas, Stegdop-pelplatten	ungeheiztes oder gerade frostfreies Gewächshaus, die Temperatur soll nicht über 5 °C steigen	gute Lüftungs-möglichkeiten	Thermometer, Wasseranschluß, automatische Fensteröffner
Treiberei, Schnittblumen-anbau	freistehende Gewächshäuser, Anlehngewächs-häuser, Winter-gärten	Stegmehrfach-platten, Iso-lierglas	15–18 °C sollen gehalten wer-den können	Arbeitstisch, Weg, gute Lüftung, Wasser- und Stromanschluß, Thermometer, Wasservorratsbe-hälter	Kulturtisch, Bodenheizung (bei Bodenkultur), Luftfeuchtemeß-gerät, automati-sche Fenster-öffner

Fortsetzung

Nutzungsart	Gewächshaus-bauform/ Gewächs-haustyp	Empfehlens-werte Ein-deckungs-materialien	Beheizbarkeit	Sonstige notwen-dige Ausstattung und Einrichtung	Empfehlenswerte Zusatz-einrichtungen
Weinanbau	Anlehn-, freiste-hende oder Erdgewächs-häuser oder Wintergärten	Einfachglas, Stegdoppel-platten	unbeheiztes oder frostfreies Kalthaus	Spalier oder Spanndrähte, gute Lüftung	Wasseranschluß, automatische Fensteröffner
Alpinenhaus	Erdgewächs-haus, freiste-hendes Gewächshaus (mit zur Tischhöhe hoch-gezogenem Fundament)	Einfachglas, Plexiglassteg-doppelplatten	unbeheiztes oder frostfreies Kalthaus	sehr gute Lüf-tung, Wege, Kulturtische, Arbeitstisch, Was-ser- und Strom-anschluß, Thermometer	automatische Fensteröffner, automatische Bewässerung, Luftfeuchtemeß-gerät, Kabine für frostempfindliche Arten
Kakteenhaus	freistehende, Erd- und Anlehngewächs-häuser, Winter-garten	Einfachglas, Plexiglassteg-doppelplatten	frostfreies Kalt-haus mit minde-stens 6 °C	gute Lüftung, Wege, Kulturti-sche, Arbeitstisch, Wasser- und Stromanschluß, Wasservorratsbe-hälter, Thermome-ter	automatische Fensteröffner, Hängeborde, Bodenheizung bei Bodenkultur, warme Kabine für wärmelie-bende Arten, Hygrometer (Luftfeuchte-messer)
Bonsai	Anlehn-, Erd-oder freiste-hendes Gewächshaus oder Winter-garten	Einfachglas oder Stegdop-pelplatten	frostfreies Kalt-haus von circa 5 °C (für tropi-sche und sub-tropische Arten höher)	gute Lüftung, Kulturtische, Arbeitstisch, Wege, Wasser- und Stroman-schluß, Thermo-meter	automatische Fensteröffner, Hängeregale, Kabine für wär-meliebende Arten
Farne/Palm-farne	freistehendes oder Anlehn-gewächshaus, Kabine im Win-tergarten, Pflanzenvitrine, Blumenfenster (für junge Pflanzen und kleine Arten)	Stegmehrfach-platten, Iso-lierglas	leistungsfähige Heizung, Tem-peratur sollte auf mindestens 18 °C gehalten werden können	Beete und Kul-turtische, Schat-tierung, Wasser- und Stroman-schluß, Thermo-meter, Hygrometer, Wege (Betonplat-ten), Wasservor-ratsbehälter	automatische Fensteröffner, automatischer Luftbefeuchter oder Luftfeuchte-schalter für eine Berieselungsan-lage für die Wege o.ä., automati-sche Bewässe-rungsanlage

Fortsetzung

Nutzungsart	Gewächshausbauform/ Gewächshaustyp	Empfehlenswerte Eindeckungsmaterialien	Beheizbarkeit	Sonstige notwendige Ausstattung und Einrichtung	Empfehlenswerte Zusatzeinrichtungen
Palmen	hohe Gewächshäuser (freistehend oder Anlehnhaus), Wintergarten	Einfachglas, Stegmehrfachplatten, Isolierglas	je nach Arten mindestens frostfrei, bis mindestens 18 °C muß im Winter gehalten werden können	gute Lüftung, Wege, Beete, Kulturtische für Jungpflanzen, Arbeitstisch, Thermometer, Luftfeuchtemesser, Wasservorratsbehälter, Wasser- und Stromanschluß	verschieden temperierbare Kabinen, Zusatzbelichtung, Schattierung für Jungpflanzen, automatische Fensteröffner, automatische Bewässerung, Luftbefeuchter
Orchideen	freistehende und Anlehngewächshäuser, Pflanzenvitrine, ausgebaute Blumenfenster	Stegmehrfachplatten, Isolierglas	je nach Arten: mindestens 10–12 °C oder wärmer muß im Winter gehalten werden können	gute Lüftung, Wege, Kabinen für verschiedene Temperaturansprüche, Kulturtische, Arbeitstisch, Beete, Wasservorratsbehälter, Thermometer, Hygrometer, Wasser- und Stromanschluß, Schattierungsmöglichkeit	automatische Luftbefeuchtung, automatische Fensteröffner, Zusatzbelichtung
Zimmerpflanzen/Tropenpflanzen	freistehende Gewächshäuser (ev. mit bis Tischhöhe hochgezogenem Fundament), Erdhaus, Wintergarten, ausgebautes Blumenfenster, Pflanzenvitrine, Anlehngewächshaus	Stegmehrfachplatten, Isolierglas	Heizung muß mindestens 12–15 °C oder wärmer aufrecht halten können, je nach kultivierten Arten	Lüftung, Wege, Kulturtische, Arbeitstisch, Wasservorratsbehälter, Thermometer, Luftfeuchtemesser, Wasser- und Stromanschluß	Kabinen für wärmeliebende und luftfeuchtebedürftige Arten, Vermehrungsbeet, Luftbefeuchter, Hängeregale, Zusatzbelichtung, Schattierungsmöglichkeiten
Exotische Früchte	freistehende Gewächshäuser, Anlehngewächshäuser, Wintergärten	Einfachglas, Stegmehrfachplatten, Isolierglas je nach Beheizung	Heizung muß je nach den Wärmeansprüchen der kultivierten Arten 2–12 °C (oder 12–18 °C oder über 18 °C) halten können	Lüftung, Wege, Beete, Kulturtische, Arbeitstisch, Thermometer, Luftfeuchtemesser, Vermehrungs- oder Anzuchtbeet, Wasservorratsbehälter, Wasser- und Stromanschluß	Zusatzbelichtung, automatische Fensteröffner, verschiedene Wärmezonen (Kabinen), Schattierung für Jungpflanzen

Gurken, Tomaten und anderen wärmebedürftigeren Gemüsen gleichmäßig Wärme und Schutz vor Wind und Niederschlägen bieten und das Gartenjahr in den Herbst und Winter hinein verlängern. Für den Gemüseanbau lassen sich schon die einfachsten und damit preiswertesten Kleingewächshäuser nutzen. Das Gewächshaus muß nicht einmal beheizbar sein und außer guten Lüftungseinrichtungen ist eigentlich keine besondere Ausstattung notwendig.

Ein anderer Beweggrund für die Anschaffung eines Gewächshauses ist, eine bereits bestehende Pflanzensammlung zu erweitern oder ihr einen geeigneteren Platz zu geben. Diese Sammlungen sind oft sehr spezialisiert. Für einen Orchideenfreund, für dessen Sammlung die Pflanzenvitrine inzwischen viel zu klein geworden ist, ist die Anschaffung eines Gewächshauses, das den Pflanzen ein warmes Klima mit hoher Luftfeuchte bieten kann, die richtige Lösung. Hierzu ist vor allem eine leistungsfähige Heizung notwendig, wobei der Energieaufwand mit einem gut isolierenden Eindeckungsmaterial und entsprechenden Konstruktionsprofilen möglichst niedrig gehalten werden sollte. Aber auch die Wahl des Fundamentes wird nicht nur von der Größe, sondern auch von der späteren Nutzungsart mitbestimmt, denn je nach Art verhindert es Wärmeverluste seitlich durch den Boden.

Der Übergang vom Anbaugewächshaus zum Wintergarten ist fließend. In beiden kann man »grüne Oasen« schaffen.

Für eine Kakteensammlung eignet sich beispielsweise ein helles, frostfreies Gewächshaus mit Temperaturen von 6 bis 12 °C im Winter und einem ganzjährig trockenen Raumklima. Der Liebhaber von Steingartenpflanzen dagegen kann schon in einem unbeheizten Erdgewächshaus schutzbedürftige Alpinpflanzen kultivieren.

Im Gewächshaus hat der Pflanzenliebhaber zudem die Möglichkeit Biotope im Kleinen nachzubilden. Beispielsweise wirken Kakteen am »natürlichsten«, wenn sie ausgepflanzt werden. Deckt man das Substrat zwischen den Pflanzen mit Sand ab, wirkt das ganze wie eine kleine Wüstenlandschaft. Mit den entsprechenden Maßnahmen kann im Tropenpflanzenhaus ein kleiner Dschungel eingerichtet und im Alpinenhaus eine »Gebirgslandschaft« mit zerklüfteten Gesteinsbrokken geschaffen werden.

Ein Gewächshaus kann aber auch eine kleine Oase, ein Ruhepunkt inmitten von Pflanzen sein. Zwar ist das Gewächshaus für fast jeden Hobbygärtner ein Rückzugsort, in dem er seinem Hobby in Ruhe nachgehen und sich auch im Winter am Wachsen und Gedeihen seiner Pflanzen erfreuen kann, ein Gewächshaus eignet sich aber auch zum »Wohnen im Grünen«, vielleicht mit einer Sitzecke inmitten von Pflanzen, wo man in aller Gemütlichkeit alleine oder mit Gästen Kaffee trinkt. Ein Wintergarten oder ein Anlehngewächshaus beispielsweise, aber auch ein freistehendes Gewächshaus sind dafür ideal.

Kauf oder Selbstbau

Nicht jeder der ein Gewächshaus nutzen möchte, will es auch selber bauen, geschweige denn es entwerfen und sich mit Berechnungen über Windlasten, Eigenlasten, Schneelasten usw. auseinandersetzen. Das ist auch gar nicht nötig, denn das Angebot an Kleingewächshäusern ist inzwischen sehr groß. Grundsätzlich hat man folgende Möglichkeiten:

- Kauf eines Gewächshauses oder Wintergartens einschließlich Montage durch den Lieferanten
- Kauf eines Bausatzes zum Selberaufbauen, zum Teil wird auch Vormontage gegen Aufpreis angeboten
- Eigenentwurf, Bauteile selbst besorgen, Selbstbau

Wer gar nichts mit dem Gewächshausbau im Sinn hat, der läßt sich eines in seinem Garten aufbauen. Verschiedene Gewächshausanbieter stellen das Gewächshaus auf Wunsch fertig zur Nutzung in den Garten. Das hat zwar seinen Preis, dafür kann man aber sicher sein, daß das Gewächshaus fachmännisch montiert wird. In der Marktübersicht (siehe Seite 370 ff.) ist jeweils angegeben, ob die Montage durch die Gewächshausfirma angeboten wird.

Kleingewächshäuser kann man direkt bei Anbietern oder in Katalogen aussuchen und liefern lassen. Mit Hilfe der Montageanleitung, die auch über das notwendige Fundament Auskunft gibt, wird das Gewächshaus dann selbst aufgebaut. Es ist unbedingt empfehlenswert, noch vor dem Kauf einen Blick auf die Montageanleitung zu werfen, um festzustellen, ob man sich damit zurechtfindet. Am besten geht man die einzelnen Arbeitsschritte durch und überlegt, ob man in der Lage ist, sie auszuführen. Teilweise wird die Aufbauanleitung mit einer Videokassette, die den Aufbau Schritt für Schritt zeigt, ergänzt. Bei einem Anbieter kann die Aufbauanleitung auf Wunsch auf Computerdiskette geliefert werden.

In der Regel sind Kleingewächshaus-Bausätze zwar auch für den Laien zusammensetzbar, es gibt jedoch unterschiedliche Schwierigkeitsgrade. Man muß je nach Größe und Art des Gewächshauses mit mehreren Tagen zum Aufbau rechnen. Außerdem sind in der Regel mehr als eine Person für das

Halten und gleichzeitige Verschrauben der Einzelteile notwendig. Wer sich den Aufbau etwas erleichtern will, kauft ein vormontiertes Gewächshaus. Giebel und Seitenwände sind einschließlich der Fenster und Türen vormontiert und müssen vom Käufer nur noch zusammengeschraubt und am Fundament befestigt werden, bevor mit den Verglasungsarbeiten begonnen werden kann.

Ein Gewächshaus nach Eigenentwurf selbst zu bauen kann man nur jemandem empfehlen, der gerne tüftelt, bautechnisches Grundwissen hat, handwerklich begabt ist und günstige Bezugsmöglichkeiten für die Bauteile hat. Das gilt besonders für anspruchsvollere Gewächshäuser.

Ist ein kleines Folienhaus mit einer Holzkonstruktion, das ungeheizt genutzt werden soll, noch relativ einfach selbst zu planen und zu bauen, wird die Eigenerstellung von großen, stabilen Gewächshäusern oder Wintergärten, die als Warmhaus genutzt werden sollen, doch ungleich schwieriger und ist eigentlich nur in Zusammenarbeit mit einer Fachfirma oder einem Architekten zu empfehlen. Früher hatte das selbst entworfene und gebaute Gewächshaus noch eine stärkere Bedeutung. Heute bietet der Markt ein vielfältiges Sortiment an Bausätzen für fast jeden Anspruch und Geldbeutel. Kosten lassen sich vor allem durch den eigenen Aufbau im Vergleich zur Montage durch die Gewächshausfirma einsparen. Gerade Wintergärten und Gewächshäuser für den anspruchsvolleren Bedarf sind meist mit besonderen Konstruktionsprofilen und Eindeckungsmaterialien versehen, die selten als »Meterware« angeboten werden. Nach wie vor hat man aber beim Eigenentwurf und Selbstbau die Möglichkeit der individuellen Gestaltung und Verwendung von Baumaterialien nach eigenen Wünschen. Interessant können ältere, aufgegebene Erwerbsgewächshauser sein. Oft sind solche Häuser kostenlos gegen Abbau erhältlich.

Die Größe des Gewächshauses

Die Größe richtet sich zunächst einmal nach den gegebenen Möglichkeiten und Vorschriften. In einem »handtuchgroßen« Garten kann kein riesiges Palmenhaus stehen. Dennoch sollte man das Gewächshaus möglichst geräumig wählen.

Die Gewächshaushöhe soll auf jeden Fall ein Arbeiten ohne Bücken ermöglichen. Sie richtet sich außerdem nach der Höhe der Pflanzen, die hier später gedeihen sollen. Für hochwachsende Pflanzen, wie beispielsweise große Kübelpflanzen oder Palmen, benötigt man ein höheres Gewächshaus als für kleinbleibende Alpinpflanzen.

Die Gewächshausgrundfläche muß so bemessen sein, daß man ungehindert Werkzeuge wie Rechen, Grabgabel usw. benutzen kann, ohne mit dem Stiel auf der anderen Seite durch die Plastik- oder Glashaut zu schlagen. Für ein gemüsebaulich genutztes Gewächshaus beispielsweise empfiehlt sich eine Grundfläche von mindestens 3×4 m und eine Firsthöhe von mindestens 2 m.

Je größer die Grundfläche ist, desto besser kommt der Gewächshauseffekt zum Tragen. Gewächshäuser mit kleiner Grundfläche erwärmen sich langsamer und haben einen geringeren Wärmepuffer. Bei beheizten Gewächshäusern sinken die Heizkosten pro m^2 mit zunehmender Grundfläche.

Wenn genügend Platz im Garten vorhanden ist und der Geldbeutel es zuläßt, entscheidet man sich besser für das größere Gewächshaus. Die Erfahrung zeigt, daß die Zahl der kultivierten Pflanzen sehr schnell wächst und das Gewächshaus schon in kürzester Zeit zu klein wird.

Der Platz und die Aufstellungsrichtung

Bei der Wahl des Standortes sind verschiedene Gesichtspunkte zu berücksichtigen. Zunächst einmal soll sich das Gewächshaus harmonisch in den Garten einfügen, denn in der Regel will man sich über viele Jahre an seinem Pflanzenhaus erfreuen. Wird das Gewächshaus auch im Winter genutzt, so sollte es nicht allzu weit vom Wohnhaus entfernt sein und der Weg dorthin befestigt sein. Besonders Gewächshäuser, die über die Heizung des Wohngebäudes mitversorgt werden, werden nah an diesem plaziert, um die Energieverluste möglichst gering zu halten.

Ein weiterer Gesichtspunkt für die Standortwahl ist die Lichtversorgung der Gewächshauspflanzen. Die meisten der im Gewächshaus kultivierten Pflanzen benötigen viel Licht. Sie stammen zum größten Teil aus Gebieten mit ganzjährig hoher Lichteinstrahlung. Bei uns dagegen ist das Winterhalbjahr geprägt durch niedrige Einstrahlung und tiefen Sonnenstand. Ein Teil des Lichtes geht außerdem noch durch die Gewächshauseindeckung und winterliche Isolierungsmaßnahmen verloren. Aus diesen Gründen ist für das Gewächshaus in der Regel ein Platz frei von Beschattung durch Bäume oder Wohnhaus zu wählen. Nur wenn ausschließlich schattenliebende Pflanzen kultiviert werden, kann die Aufstellung im lichten Schatten von Laubbäumen sinnvoll sein. Ihr Schattenwurf schützt im Sommer vor zu starker Sonneneinstrahlung und sorgt für ausgeglichene Temperaturen. Im Winter dagegen ist die Beschattung durch das fehlende Laub nur gering. Für die Mehrzahl der Gewächshäuser gilt jedoch, daß sie nicht durch Häuser, Mauern, Hecken oder Bäume beschattet werden sollen.

Die Lichtausbeute der Pflanzen wird außerdem durch die Dachneigung und

Ein gut zugänglicher Platz ist wichtig.

die Aufstellungsrichtung des Gewächshauses bestimmt. Ein Teil des Lichtes, das auf das Gewächshaus trifft, wird reflektiert. Je flacher der Einfallwinkel ist, desto mehr Licht wird reflektiert. Bei senkrechtem Einfall (Winkel von 90°) der Lichtstrahlen auf Glas sind das beispielsweise nur 10 % des Lichtes, bei 10° (flacher Einfallwinkel) bereits über 50 %. Im Sommer spielt das zwar kaum eine Rolle, im Winter, wenn die Strahlungsintensität niedrig ist, aber sehr wohl. Da die Sonne im Winter bei uns in Mitteleuropa tief steht, reflektiert ein steiles Gewächshausdach weniger Licht als ein Flachdach.

Für eine möglichst hohe Lichtausbeute wird das Gewächshaus am besten in Ost-West-Richtung aufgestellt, damit die Dachseite zur Sonne hin geneigt ist. Ein Gewächshaus mit einer Dachneigung von 30° hat bei einer Ost-West-Aufstellung eine etwa 12 % höhere Lichtausbeute im Winter als ein Gewächshaus in Nord-Süd-Aufstellung. Mehr Licht im Gewächshaus führt auch zu einem stärkeren Gewächshauseffekt, das heißt, je mehr Licht ins Gewächshaus dringt, desto besser erwärmt es sich.

Der Lichtbedarf der Pflanzen ist unter anderem temperaturabhängig. Je wärmer es ist, desto mehr Licht benötigen Pflanzen, sonst werden sie langbeinig und schwach. Geheizte Gewächshäuser, die man auch im Winter nutzt, werden daher am besten in Ost-West-Richtung aufgestellt. Bei unbeheizten Gewächshäusern (z. B. für den Gemüsebau von März bis November) hat sich aber auch die Nord-Süd-Aufstellung bewährt. Diese Aufstellungsrichtung hat außerdem den Vorteil, daß sich das Gewächshaus im Sommer mittags weniger schnell »überhitzt«.

Anlehngewächshäuser und Wintergärten werden am besten an die Südseite des Wohnhauses gebaut. Weniger günstig, aber doch einigermaßen geeignet sind die Ost- und die Westseite.

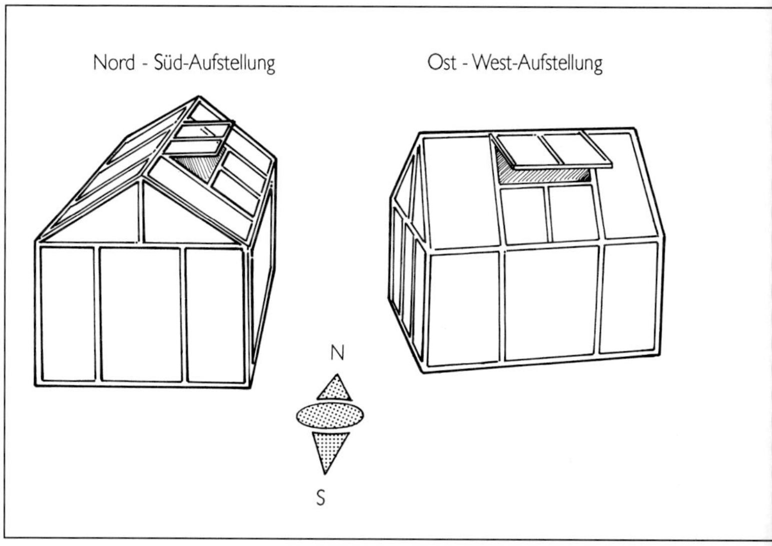

Die Aufstellungsrichtung des Gewächshauses ist mit entscheidend für die Helligkeit.

Die Nordseite ist nicht zu empfehlen, weil hier ganzjährig Vollschatten herrscht.

Das Gelände, auf dem das Gewächshaus errichtet wird, sollte möglichst eben sein, ansonsten muß es in diesem Bereich eingeebnet werden. Außerdem ist zu beachten, daß der Grundwasserspiegel am besten unter 1,50 m liegt, damit das Fundament nicht feucht wird. Stark windexponierte Standorte sollten nach Möglichkeit vermieden werden, da hier die Wärmeverluste und damit die Heizkosten höher sind.

Bevor man sich endgültig für ein Gewächshaus entscheidet, legt man seine Größe, Form und Position mit Hilfe einer Schnur im Garten aus. Mit Pflanzstäben oder ähnlichem stellt man die Höhe dar. Wenn alle Kriterien berücksichtigt wurden und der Standort gefällt, hat man den richtigen Platz für das Gewächshaus gefunden.

Behördliche Auflagen

In Deutschland gibt es keine bundesweit einheitlichen Vorschriften über die Genehmigungspflicht bzw. Genehmigungsfreiheit von Hobbygewächshäu-

Vor dem Errichten eines Kleingewächshauses sollten Sie sich über die örtlich geltenden Bestimmungen informieren.

sern, da das Bauordnungsrecht in der Kompetenz der Bundesländer liegt. Man findet die entsprechenden Vorschriften in den jeweiligen Landesbauordnungen (LBO). In der Regel sind die angebotenen Kleingewächshäuser nicht genehmigungspflichtig. Wintergärten und Gewächshäuser, die über einen Aufenthaltsraum oder eine Feuerstelle verfügen, sind dagegen genehmigungspflichtig. Genaue Auskünfte gibt die Baubehörde. In den Städten sind dies die Bauämter, in den Landkreisen die Landratsämter. Aber auch bei der Aufstellung genehmigungsfreier Konstruktionen sind Baulinien und Grenzabstände einzuhalten. Will man ein Kleingewächshaus in einer Kleingartenanlage aufstellen, muß man sich außerdem nach deren Satzung richten. In den meisten Fällen empfiehlt es sich, den Nachbarn bereits in der Planungsphase über das Vorhaben zu informieren, damit sich dieser von der Veränderung seines »Blickfeldes« nicht überrumpelt fühlt. Viele Streitigkeiten lassen sich durch ein Gespräch vorab vermeiden.

Wer sich für den Bau einer genehmigungspflichtigen Anlage entschieden hat, sollte sich frühzeitig an den zuständigen Baureferenten seiner Gemeinde wenden und sich über die Genehmigungsfähigkeit seiner Planung und die für die Genehmigung nötigen Unterlagen zu informieren. Einige Wintergarten-Anbieter kümmern sich auf Wunsch auch selbst oder über einen Vertragsarchitekten um den Bauantrag.

Das Gewächshaus, seine Ausstattung und spezielle Einrichtungen

Wie funktioniert ein Gewächshaus?

Das Gewächshaus ist ein Haus für Pflanzen. Hier sollen sie sich wohlfühlen und besonders gut wachsen und gedeihen. Ein Gewächshaus bietet Schutz vor Wind und Niederschlägen. Es ist ein Kulturraum, in dem mit der entsprechenden technischen Ausstattung beinahe jedes gewünschte Klima geschaffen werden kann. Licht ist die Grundvoraussetzung für Leben und Wachstum von Pflanzen. Daher sind Gewächshäuser mit einem lichtdurchlässigen Material eingedeckt.

Selbst im ungeheizten Gewächshaus herrschen gegenüber dem Freiland höhere Temperaturen. Das ist auf den sogenannten Gewächshauseffekt zurückzuführen. Das lichtdurchlässige Eindekkungsmaterial läßt das aus vorwiegend kurzwelliger Strahlung bestehende Sonnenlicht hindurch. Trifft es auf den Boden, die Pflanzen oder Einrichtungsgegenstände, wird ein Teil dieser Strahlung absorbiert und in Wärme umgewandelt. Von den erwärmten Flächen geht dann eine langwellige, für uns nicht sichtbare Wärmestrahlung aus, für die die Gewächshaushülle (Glas etc.) nicht mehr durchlässig ist. Durch diese Umwandlung von kurzwelliger Sonnenstrahlung, die von der Gewächshaushülle durchgelassen wird, zu langwelliger Wärmestrahlung, die im Gewächshaus verbleibt, funktioniert ein Gewächshaus also wie ein Sonnenkollektor.

Wärme wird aber nicht nur als Wärmestrahlung übertragen, sondern auch durch Wärmeleitung und Konvektion. Wärmeleitung ist der »Wärmefluß« innerhalb einer Materie von der wärmeren zu kälteren Seite. Dieser erfolgt so lange, bis beide Seiten die gleiche Temperatur haben. Dieser Vorgang findet beispielsweise im Eindeckungsmaterial statt. Von der nach innen gerichteten, wärmeren Glasseite »fließt« die Wärme zur kälteren, nach außen gerichteten Glasseite.

Konvektion ist in diesem Zusammenhang die Wärmeabgabe von einer Mate-

Wärmeströme im ungeheizten Gewächshaus (vereinfachte Darstellung).

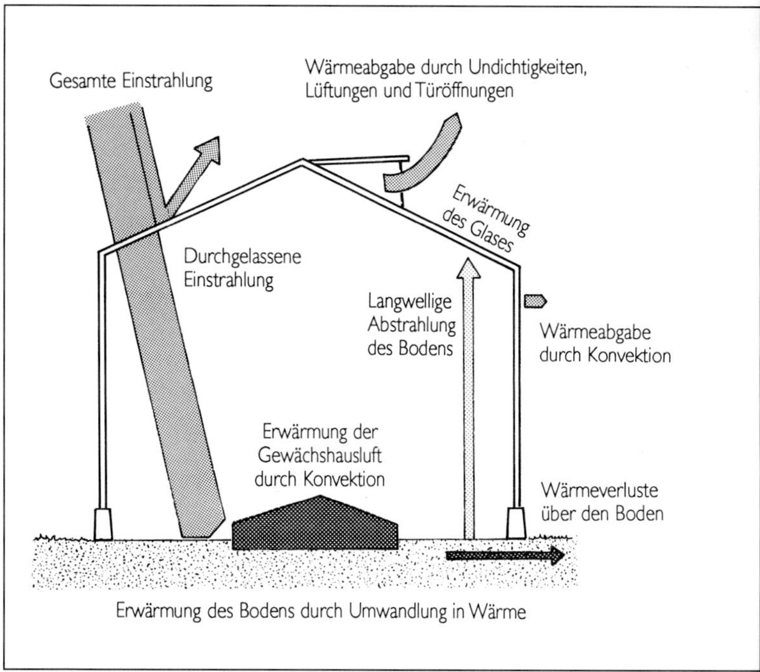

Hier wird durch eine Klappvorrichtung auch die unmittelbare Umgebung für wärme- und schutzbedürftige Gemüse genutzt. Im Gewächshaus gedeihen die Pflanzen besonders üppig.

rie an die Luft. Im Gewächshaus geben die von den Sonnenstrahlen erwärmten Flächen (Boden, Tische, Pflanzen usw.) Wärme durch Konvektion an die Umgebungsluft ab, die Temperatur der Gewächshausluft steigt an. Die so erwärmte, aufsteigende Luft kann bei geschlossener Lüftung nicht entweichen und heizt das Gewächshaus zusätzlich auf.

Das Gewächshausgebäude gibt Wärme durch Konvektion auch nach außen ab, wobei die Eindeckung und die Konstruktion Wärme von innen nach außen nachleitet. Verschiedene Materialien lassen die Wärme unterschiedlich stark abfließen. Desweiteren wird Wärme über die Lüftung, Undichtigkeiten des Gewächshauses und seitlich über den Boden verloren.

Bei starker Sonneneinstrahlung kann sich ein Gewächshaus durch den Gewächshauseffekt sehr aufheizen. Die Temperatur kann in einem geschlossenen Gewächshaus im Sommer unter Umständen so ansteigen, daß Pflanzenschäden möglich sind. Überschüssige Wärme wird durch Öffnen der Lüftungsklappen und Türen abgeführt. Reicht das nicht aus, wird zusätzlich schattiert, damit weniger Sonnenlicht in das Gewächshaus dringt und in Wärme umgewandelt wird.

Nachts dagegen kühlt das Gewächshaus ab. Im unbeheizten Gewächshaus ist es dann nur wenige Grade wärmer als draußen. Wärmebedürftigeren Pflanzen ist es im Winter im unbeheizten Gewächshaus zu kalt. Für sie muß das Gewächshaus mit einer Heizung ausgestattet werden, um die benötigten Temperaturen auch im Winter schaffen zu können. Je nach Temperierung können Energieaufwand und damit auch die Heizkosten sehr hoch sein.

Das Gewächshausklima steht immer in einer Wechselbeziehung zum Außenklima. Je mehr das Gewächshausklima von diesem abweichen soll, desto mehr Technik und Energieeinsatz ist notwendig und desto höher sind die Kosten für das Gewächshaus, seine Ausstattung und für den Betrieb.

Bauweisen, Bauformen, Gewächshaustypen

Bei der Bauweise wird die Stabilbauweise von der Leichtbauweise unterschieden. Gewächshäuser in Leichtbauweise sind nicht dauerhaft an einen bestimmten Platz gebunden. Es sind meist einfache, leichtere Konstruktionen, die ohne allzu viel Aufwand auf- und abgebaut werden können. Dazu gehören die meisten Foliengewächshäuser oder Eigenkonstruktionen aus folienbespannten Rahmen oder Frühbeetfenstern. Wegen ihres meist schlechteren Wärmehaltevermögens eignen sie sich jedoch eher als Kalthäuser (ungeheizt oder gerade frostfrei geheizt, wenn sie entsprechend isoliert werden).

Gewächshäuser in Stabilbauweise dagegen verbleiben in der Regel dauerhaft an dem einmal gewählten Platz. Sie haben stabilere, stärkere Konstruktionen und werden auf ein solides Fun-

Das Kleingewächshaus und seine Technik.

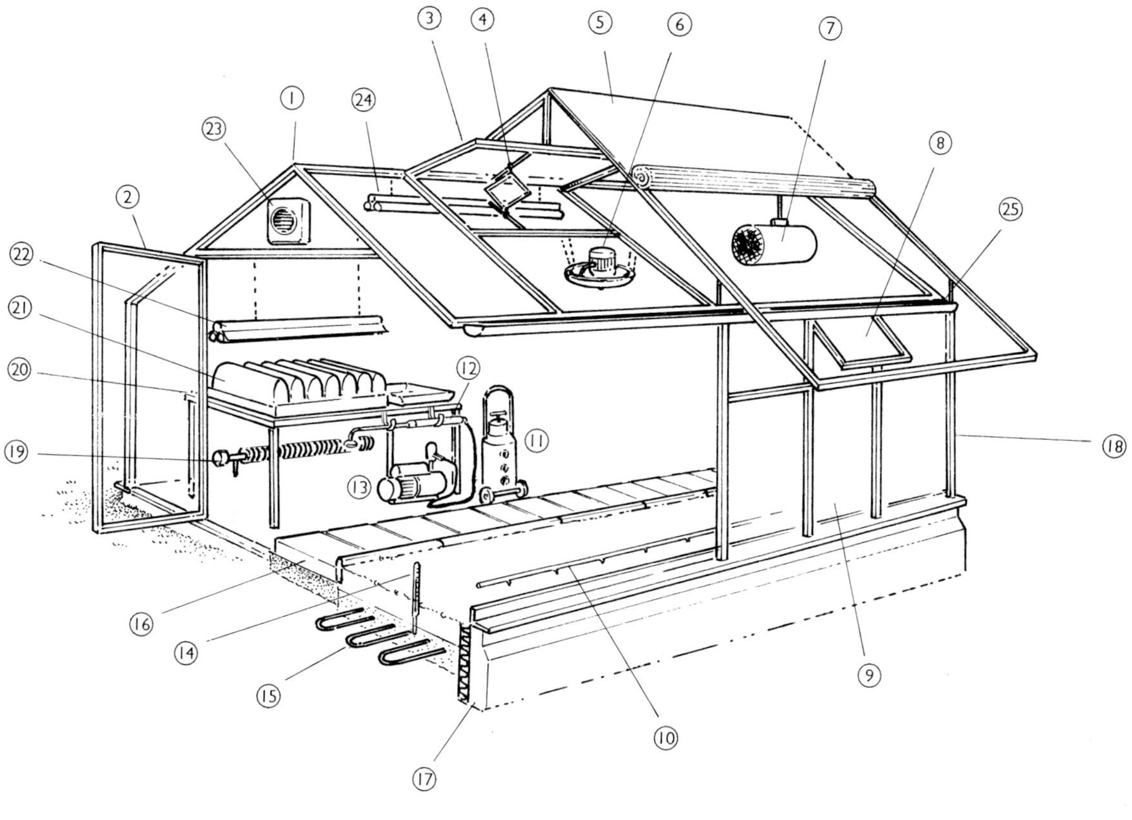

1 First, 2 Türe, 3 Dachfenster, 4 autom. Fensteröffner, 5 Außenschattierung, 6 Luftbefeuchter, 7 Umluftventilator, 8 Stellwandfenster, 9 Eindeckungsmaterial, 10 Tropfbewässerungsanlage, 11 Düngerbeimischer, 12 Gießgerät, 13 Gießwasserpumpautomat, 14 Erdthermometer, 15 Bodenheizkabel, 16 Betonplattenweg, 17 Fundament, 18 Konstruktion, 19 Rippenrohrheizkörper, 20 Gewächshaustisch, 21 Vermehrungsbeet, 22 Zusatzbelichtung, 23 Einbauventilator zur Zwangsent- und -belüftung, 24 Arbeitsbeleuchtung, 25 Traufenhöhe mit Dachrinne

Rechts: Mehrgiebeliges Gewächshaus.

Rechte Seiten oben: Kleine Folienhäuser sind in der Regel einfach und schnell aufzubauen.

Rechte Seite unten: Im Handel werden sehr unterschiedliche Bauformen für die verschiedenen Zwecke angeboten.

Unten: Die Bauteile eines einfachen freistehenden Gewächshauses werden auf diesem Bild deutlich (siehe auch Seite 37 ff.).

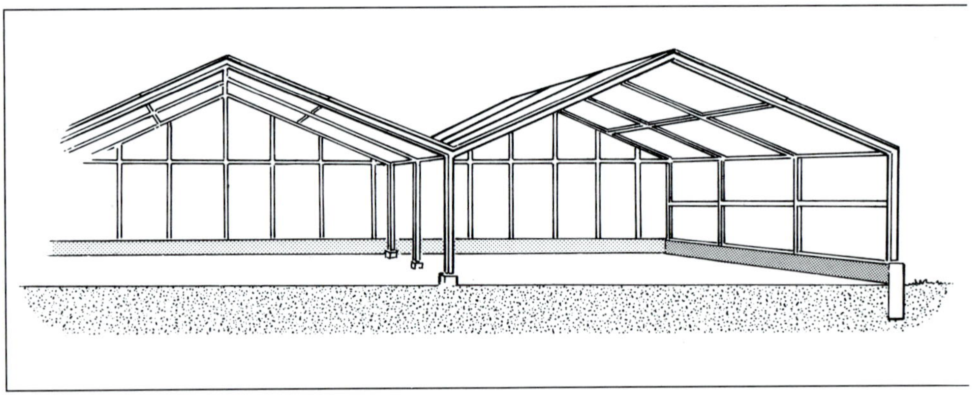

dament gesetzt. Sie sind »dichter« als solche in Leichtbauweise und lassen sich gut mit technischem Zubehör ausstatten. Die Stabilbauweise ist besonders für Gewächshäuser zu empfehlen, die im Winter beheizt werden sollen.

Welches Gewächshaus sich für welchen Garten eignet, hängt von den örtlichen Gegebenheiten und der späteren Nutzungsart ab.

Das freistehende Gewächshaus

Ein freistehendes, rechteckiges Gewächshaus ist durch 2 Stehwände,

die durch 2 Giebelseiten verbunden sind, gekennzeichnet. Giebel, Dach und Stehwände sind mit einem lichtdurchlässigen Material eingedeckt, so daß das Licht von allen Seiten ins Gewächshaus dringen kann. Nachteilig ist die vergleichsweise hohe Wärmedurchlässigkeit in alle Richtungen. Wird auf Tischen kultiviert, wie das bei kleinen Kakteen, Alpinpflanzen und ähnlichem üblich ist, kann das Fundament bis zur Tischhöhe hochgezogen werden. Der Vorteil ist eine geringere Wärmedurchlässigkeit der Stehwände, ohne daß dies den Lichtgenuß der Pflanzen auf den Tischen beeinträchtigt. Ist die Gewächshauswand jedoch bis zum Boden lichtdurchlässig, so können unter den Tischen Pflanzen aufgestellt werden, die einen geringeren Lichtbedarf haben.

Die gebräuchlichste Dachform für ein freistehendes Gewächshaus mit rechteckigem Grundriß ist ein gleichschenkeliges Satteldach, jedoch gibt es auch solche, bei denen eine Dachseite bis zum Boden heruntergezogen ist. Das Dach sollte an dieser Seite von außen zu öffnen sein, um bequemen Zugang zu den Pflanzen unter der Dachschräge zu haben.

Neben der eingiebeligen Bauweise gibt es bei größeren Gewächshäusern auch sogenannte Blockbauten (Reihenhäuser) mit und ohne Trennwände. Gegenüber mehreren, kleinen Einzelgewächshäusern haben sie einen gerin-

geren Heizbedarf, sind dafür jedoch häufig schlechter zu lüften.

Zunehmend werden auch runde oder ovale Pavillongewächshäuser angeboten mit manchmal türmchenähnlichen Dächern. Ihr Grundriß ist 6- bis 24eckig, und sie lassen sich zum Teil »wabenartig« zusammenstellen. In einem größeren Garten kann ein Pavillongewächshaus ein attraktiver Blickfang sein. Im Prinzip kann es wie jedes andere Gewächshaus genutzt werden, wenn auch der Gemüseanbau im Pavillongewächshaus unüblich ist. Eher wird es mit dekorativen Pflanzen ausgestattet und als Gartenpavillon oder »Wohngarten« genutzt. Mit der richtigen Ausstattung eignet es sich auch als Voliere oder Terrarium.

Freistehende Foliengewächshäuser mit rechteckigem Grundriß haben oft ein tunnelartiges oder ein »gotisches« Dach, das »nahtlos« in die Seitenwände übergeht. Die Folie ist in diesem Fall wie bei einem Zelt über gebogene Stahlrohre gespannt.

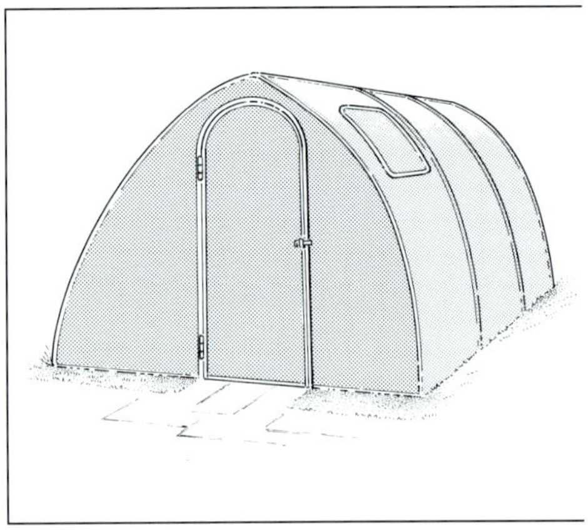

Freistehendes Foliengewächshaus mit einer Konstruktion aus gebogenen Stahlrohren.

Freistehende Gewächshäuser gibt es in den unterschiedlichsten Ausführungen und für alle Nutzungsarten. Gegenüber Erdhäusern und Anlehngewächshäusern haben sie einen höheren Heizbedarf, was wiederum durch die Wahl besser isolierender Konstruktions- und Eindeckungsmaterialien ausgeglichen werden kann.

Das Erdhaus

Ein Erdhaus ist im Grunde genommen ein freistehendes, begehbares Gewächshaus, bei dem allerdings nur das Dach mit einer niedrigen Stehwand über die Erdoberfläche herausragt. Ins Gewächshausinnere gelangt man über eine Treppe.

Ein Erdhaus hat geringere Wärmeverluste als ein ebenerdiges, freistehendes Gewächshaus, da der umgebende Boden als isolierendes Polster wirkt. Es eignet sich jedoch eher für die Kultur kleinbleibender Pflanzen, die auf Tischen aufgestellt oder in Tischbeeten angebaut werden. Erdhäuser sind besonders als Alpinen- und Kakteenhäuser beliebt, da nur wenig geheizt werden muß, um sie frostfrei zu halten. Aber auch kleinbleibende Gemüse wie Kopfsalat, Radieschen u. ä. können auf Tisch- oder Hochbeeten in Erdhäusern angebaut werden. Man

Ein Erdhaus, hier mit Trockenmauer, hat geringere Wärmeverluste und eignet sich vor allem für die Kultur kleinbleibender Pflanzen.

könnte sie auch als begehbare Frühbeete mit einer nutzerfreundlichen Arbeitshöhe bezeichnen. In Erdhäusern ohne Tische können Kübelpflanzen überwintert oder Gemüse gelagert werden.

Ein Erdhaus verändert das »Gesicht« des Gartens weniger als ein ebenerdiges Gewächshaus. Es versperrt nicht so sehr die Aussicht und läßt sich leichter harmonisch in das Gelände einfügen. Erdhäuser sind in der Anschaffung und hinsichtlich der Betriebskosten (Heizung) in der Regel preisgünstiger als ebenerdige, freistehende Gewächshäuser.

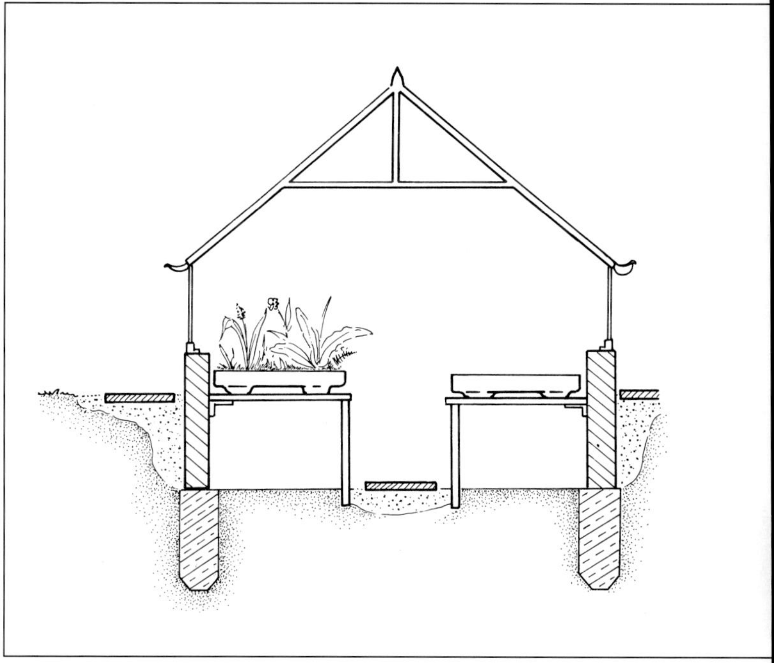

Erdhaus (hier als Alpinenhaus).

Das Anlehngewächshaus

Anlehngewächshäuser sind nicht freistehend, sondern werden mit einer Seite an einer Wohnhaus- oder Garagenwand befestigt. Sie stehen am besten auf der Südseite oder, falls dies nicht möglich ist, an der Ost- oder Westseite des Gebäudes oder der Mauer, an der sie angebracht werden. Anlehngewächshäuser sind meistens Häuser mit einem Pultdach. Aber auch Satteldachgewächshäuser können giebelseitig an eine Wand gebaut werden.

Anlehngewächshäuser erwärmen sich schneller und halten die Wärme besser als freistehende Gewächshäuser. Das ist im Winterhalbjahr ein Vorteil, kann aber im Sommer ohne Schattierung problematisch sein. Sie sind in der Regel preisgünstiger als freistehende Gewächshäuser. Anlehngewächshäuser gibt es für alle Ansprüche, vom einfachen Folienanlehngewächshaus bis zur thermisch getrennten Aluprofil-Konstruktion mit Isolierglaseindeckung.

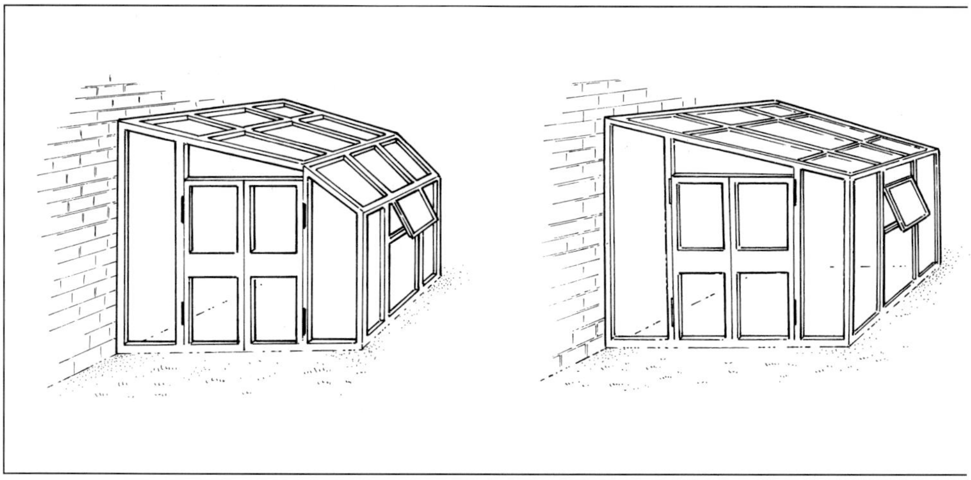

Anlehngewächshäuser mit Pultdach.

Idyllisches Anlehngewächshaus in einem Naturgarten.

Der Wintergarten

Im Prinzip ist auch der Wintergarten ein Anlehngewächshaus, bei dem jedoch das Wohnen mit Pflanzen im Vordergrund steht. Er dient der Erweiterung und Verschönerung des Wohnhauses und muß daher meist höchsten Ansprüchen hinsichtlich Aussehen und Klimatisierung gerecht werden.

Auch im Wintergarten kommt der Gewächshauseffekt zur Wirkung: Sonnenlicht wird in Wärme umgewandelt, wovon auch das Wohnhaus profitieren kann. Ein Wintergarten ermöglicht selbst im Winter, wenn draußen noch alle Pflanzen ohne Laub dastehen, ein gemütliches Sonntagsfrühstück auf der Terrasse inmitten üppiger Pflanzen. An einem sonnigen Tag kann bei –5 °C Außentemperatur auch ohne Heizung das Thermometer im Wintergarten bis auf 25 °C klettern. Bei trübem Wetter und vor allem nachts werden diese Temperaturen jedoch nicht erreicht. Um den Wintergarten frostfrei zu halten, muß er in der Regel beheizt werden.

Will man den Wintergarten ganzjährig wie ein Wohnhauszimmer benutzen können, muß seine Temperatur dementsprechend auf etwa 18 °C gehalten werden. Damit die Wärmeverluste, besonders nachts, möglichst gering sind, werden beheizte Wintergärten mit sehr gut isolierenden Konstruktionsprofilen (z. B. thermisch getrennte Aluminiumprofile) und Eindeckungsmaterialien (z. B. 20 mm Isolierverglasung für die Seiten und 24 mm Isoliersicherheitsglas für das Dach) gebaut.

Bei der Klimatisierung des Wintergartens wird häufig vergessen, daß er nicht nur eine überdachte Terrasse ist, die man ab und zu nutzt, sondern auch Pflanzenhaus. Wenn man Pflanzen aufgestellt hat, kann man nicht bei –15 °C Außentemperatur die Heizung des Wintergartens abschalten, weil man selbst in den Winterurlaub fährt. Genauso wenig dürfen an einem sonnigen Sommertag alle Lüftungsklappen geschlossen bleiben, wenn man über das Wochenende verreist. Eine Automatisierung der Lüftung, Schattierung und Heizung erleichtert die pflanzengerechte Temperierung. Das gilt nicht nur für Wintergärten, sondern für alle Gewächshäuser.

Nach der Temperatureinstellung richtet sich die Pflanzenauswahl. Am besten man entscheidet sich schon vor dem Kauf des Wintergartens, ob und wie hoch man ihn im Winter beheizen möchte, nicht zuletzt um eventuell Kosten bei der Eindeckung einsparen zu können. Sobald man die entsprechenden Pflanzen angeschafft hat, muß die Temperierung des Wintergartens konsequent durchgeführt werden. Hat man sich beispielsweise für einen gerade frostfreien Wintergarten entschieden und diesen mit den entsprechenden Pflanzen ausgestattet, dann muß im Winter mit Heizen, Lüften, Schattieren usw. dafür gesorgt werden, daß die Temperatur weder unter die Nullgradgrenze sinkt, noch allzuweit nach oben (möglichst nicht über 10 bis 15 °C) klettert. Hat man sich dagegen für einen zimmerwarmen Wintergarten entschieden und diesen mit wärmeliebenden Pflanzen bestückt, so muß die Temperatur ganzjährig über 16 bis 18 °C gehalten werden.

Wintergärten sollten mit großzügig bemessenen Türen und Lüftungsfenstern versehen sein, damit sie sich im Sommer nicht zu stark aufheizen. Auch außen angebrachte Markisen sorgen für Schatten und moderate Temperaturen.

Ausgebautes Blumenfenster, Pflanzenvitrine, Zimmergewächshaus, Balkongewächshaus

Auf einer »normalen« Fensterbank hat man nur sehr beschränkte Möglichkeiten der Pflanzenkultur. Meist reicht der Platz nur für ein paar Topfpflanzen, denen das jeweilige Zimmerklima bekommt. Mehr Möglichkeiten eröffnet da ein ausgebautes Blumenfenster. Man unterscheidet zum Zimmer hin offene und geschlossene Blumenfenster.

Schon eine normale Fensterbank läßt sich ohne großen Aufwand verbreitern. Reicht das Licht im hinteren Bereich nicht aus, wird eine Pflanzenleuchte

Wohnen im Grünen. Insbesondere die Temperierung entscheidet über die mögliche Pflanzenauswahl.

Pflanzen für den Wintergarten

Deutscher Name/ Botanischer Name	Blüten/ Frucht	Wuchs	Sonstiges/ Besonderheiten
Wintertemperatur 2 bis 10 °C			
Schönmalve *Abutilon*-Hybriden	weiß, rot, orange, gelb	strauchförmig, hochwachsend	Dauerblüher
Schmucklilie *Agapanthus*-Arten	weiß, blau	50–150 cm hoch	Hauptblüte im Juli
Agave *Agave*-Arten	weiß	Rosette aus dickfleischigen Blättern	anspruchslos
Akazie *Acacia*-Arten	gelb	strauch- oder baumförmig	Hauptblüte Winter bis Frühjahr
Erdbeerbaum *Arbutus unedo*	weiß, rosa/ Frucht rot, beerenartig	strauch- oder baumförmig	langsamwachsend, immergrün
Aukube *Aucuba japonica*	lange haftende rote Beeren	immergrüner Strauch	auch für schattigere Standorte
Bougainvillea *Bougainvillea glabra*	gefärbte Hochblätter	Kletterpflanze	Sorten in allen Farben, nicht unter 5 °C
Engelstrompete *Brugmansia*-Arten	weiß, gelb, orange, rosa	strauchartig	große glockenartige Blüten
Zylinderputzer *Callistemon*-Arten	rot, gelb	strauch- oder baumförmig	frühjahrs- oder sommerblühend
Kamelie *Camellia japonica*	weiß, rosa, rot	strauch- oder baumförmig	Winterblüher, meist immergrün
Hottentottenfeige *Carpobrotus*-Arten	(rosa)	sukkulenter Bodendecker	blüht bei uns selten
Gewürzrinde *Cassia corymbosa*	gelb	halbimmergrüner Strauch	Herbstblüher
Hammerstrauch *Cestrum aurantiacum*	orangegelb	Strauch oder Stämmchen	Hauptblüte im Winter
Zwergpalme *Chamaerops humilis*	–	bis 2 m	immergrün
Zitrus *Citrus*-Arten	weiß, Früchte gelb oder orange	strauch- oder baumförmig	viele Arten
Keulenlilie *Cordyline australis*	weiß	strauch- oder baumförmig	immergrün
Baumtomate *Cyphomandra crassicaulis*	blaßrosa, Früchte rot	baumförmig	Blüten duften, Früchte eßbar

Fortsetzung

Deutscher Name/ Botanischer Name	Blüten/ Frucht	Wuchs	Sonstiges/ Besonderheiten
Eukalyptus *Eucalyptus citriodora*	weiß	strauch- oder baumförmig	Blätter duften nach Zitronen, immergrün
Feige *Ficus carica*	unscheinbar	strauch- oder baumförmig	nur selbstfrucht-bare Sorten
Fuchsien *Fuchsia*-Arten	rosa, lila, weiß usw.	strauchförmig oder Stämmchen	viele Arten und Sorten
Silbereiche *Grevillea*-Arten	(weiß, orange, rot)	strauch- oder baumförmig	bei uns vor allem Blattschmuck-pflanze
Jasmin *Jasminum nitidum*	weiß	Strauch	große duftende Blüten
Wandelröschen *Lantana*-Arten	rosalila	Strauch, auch als Stämmchen	Dauerblüher
Lorbeer *Laurus nobilis*	gelblich, schwarze Bee-ren	strauch- oder baumförmig	ledrige, immer-grüne Blätter
Mahonie *Mahonia*-Arten	gelb, orange	Strauch	Winterblüher
Japanische Faserbanane *Musa basjoo*	bildet Früchte	baumförmig wach-sende Staude	bis 6 m
Oleander *Nerium oleander*	rosa, weiß, rot, gelb	strauchförmig oder als Stämmchen	immergrün
Olive *Olea europaea*	weiß-gelblich	immergrüner klein-kroniger Baum	langsam wach-send
Passionsblume *Passiflora caerulea*	cremeweiß	Kletterpflanze	Dauerblüher, duftend
Dattelpalme *Phoenix canariensis*	–	baumförmig	bei uns Blatt-pflanze
Bleiwurz *Plumbago auriculata*	blau, weiß	strauchförmig oder als Stämmchen	Sommerblüher
Granatapfel *Punica granatum*	rot, (weiß), Früchte rot	strauch- oder baumförmig	Sommerblüher
Rosmarin *Rosmarinus officinalis*	rosaviolett	strauchförmig oder kriechend	'Repens' als Bodendecker

Fortsetzung

Deutscher Name/ Botanischer Name	Blüten/ Frucht	Wuchs	Sonstiges/ Besonderheiten
Kapgeißblatt *Tecomaria capensis*	orangerot	strauchförmig, Stämmchen, als Spalierpflanze	blüht vom Sommer bis Winter sehr auffällig
Veilchenbaum *Tibouchina urvilleana*	violett	strauch- oder baumförmig	Dauerblüher
Wintertemperatur 10 bis 15 °C			
Seidenpflanze *Asclepias curassavica*	orange bis rot	Kleinstrauch	fast immergrün
Orchideenbaum *Bauhinia*-Arten	rosa, violett, weiß	Sträucher oder kleine Bäume	viele immergrün
Bougainvillea *Bougainvillea*-Hybriden	gefärbte Hochblätter	Kletterpflanze	fast immergrün, in vielen Farben
Puderquastenstrauch *Calliandra tweedii*	rosa, weiß, rot	strauchförmig	nadelkissenähnliche Blüten
Drachenbaum *Dracaena draco*	weiß	baumartig	Blattpflanze
Efeu *Hedera helix*	unscheinbar	Kletterpflanze oder Bodendecker	Blattpflanze
Gardenie *Gardenia jasminoides*	weiß	strauchförmig	Sommerblüher, immergrün
Baumwollrose *Hibiscus mutabilis*	rot-rosa-weiß	strauchartig	Winterblüher
Palisanderbaum *Jacaranda mimosifolia*	blau	baumförmig	schönes, gefiedertes Laub
Jakobinie *Jacobinia pauciflora*	gelbrot	strauchförmig	Winterblüher
Yucca *Yucca*-Arten	weiß	baumartiger Wuchs	Blattpflanze
Wintertemperatur über 15 °C			
Goldtrompete *Allamanda*-Arten	gelb	Schlingpflanze	Bodentemperatur über 18 °C

Fortsetzung

Deutscher Name/ Botanischer Name	Blüten/ Frucht	Wuchs	Sonstiges/ Besonderheiten
Cherimoya *Annona*-Arten	unscheinbar	baum- oder stauch-förmig	Fruchtgehölze. *A. cherimola* verträgt bis etwa 10 °C, *A. squamosa* besser über 18 °C
Brunfelsie *Brunfelsia*-Arten	weiß, purpur-farben	strauchförmig, aber klein	ledrige Blätter, langsamwachsend, blüht nur nach Kühlperiode
Papaya *Carica papaya*	gelbweiß	baumartig	tropische Frucht
Kerzenstrauch *Cassia didymobotrya*	gelb	strauchförmig	sehr dekorativ
Zypergras *Cyperus papyrus*	–	staudig	»Blattpflanze« Blüten unscheinbar
Dieffenbachie *Dieffenbachia*-Hybriden	–	»krautig«	»Blattpflanze« oft mit weißgrünem Laub
Rote Zierbanane *Ensete maurelii*	–	baumartig wachsende Staude	Blattstiele und -nerven rot
Benjamin/Gummibaum *Ficus*-Arten, die als Zimmerpflanzen angeboten werden	–	baumartig	»Blattpflanzen«
Ruhmeskrone *Gloriosa rothschildiana*	rotgelb	Kletterpflanze	sehr attraktive Blüten
Hibiskus *Hibiscus rosa-sinensis*	weiß, rosa, rot, orange	strauchförmig	auch gefüllt blühende Sorten
Wachsblume *Hoya*-Arten	weiß, rosa	Kletterpflanze, Hängepflanze	duftende Blüten
Ixorie *Ixora coccinea*	leuchtend rot	strauchförmig	immergrün
Passionsfrucht *Passiflora edulis*	weiß	Kletterpflanze	ältere Pflanzen auch kühler
Frangipani *Plumeria*-Arten	gelb-weiß, gelbrosa	baumförmig oder strauchartig	Blüten duften

Pflanzenvitrine.

installiert. An so einem Platz in einem warmen Wohnraum lassen sich beispielsweise Aussaaten aufstellen oder Zimmerpflanzen unterbringen. Am Blumenfenster eines ungeheizten, aber frostfreien Raumes können Bonsai, Kakteen und kleine Kübelpflanzen überwintert werden.

Im Winter kann die trockene Luft über der Heizung den Pflanzen zu schaffen machen. Eine Möglichkeit, die Luftfeuchte im Pflanzenbestand zu erhöhen, ist die Verwendung einer Fensterbankschale mit Gitterrost. Die Pflanzen stehen über dem Wasser, ohne nasse Füße zu bekommen. Man kann ein Blumenfenster auch mit einem Pflanzkasten ausstatten. Dadurch wird eine höhere Luftfeuchtigkeit erzielt als bei Einzeltöpfen.

Im geschlossenen Blumenfenster kann je nach technischer Ausstattung das Klima beinahe unabhängig vom Wohnraumklima eingestellt werden. Sie werden meist mit einer Bodenheizung, Luftbefeuchter, Pflanzenlampen sowie Thermostat, Hygrostat und einer Schaltuhr für die Beleuchtung ausgestattet. Hier wird man in der Regel Pflanzen unterbringen, die hohe Ansprüche an die Temperatur und die Luftfeuchtigkeit haben.

Die Bepflanzung des offenen und geschlossenen Blumenfensters richtet sich nach der Himmelsrichtung des Fensters und ob es schattiert werden kann sowie nach der sonstigen technischen Ausstattung.

Eine Pflanzenvitrine ist im Grunde ein bewegliches, geschlossenes Blumenfenster mit den gleichen technischen Ausstattungsmöglichkeiten. Hat sie Rollen oder Räder, kann man sie ohne viel Kraftaufwand beliebig verstellen.

Da die Luftfeuchtigkeit und die Temperatur in der Pflanzenvitrine unabhängig vom Raumklima eingestellt werden kann, wird sie gerne zur Bepflanzung mit ausgesprochenen Tropenpflanzen genutzt. Eine attraktiv gestaltete Pflanzenvitrine kann den Wohnraum oder den Wintergarten verschönern. Sie kann auch als Tropenkabine in einem Gewächshaus verwendet werden.

Zimmergewächshäuser sind meist recht klein und bieten nur wenigen Pflanzen Platz. Dafür sind sie aber sehr kunstvoll gestaltet. Sie dienen eher der Dekoration und sind kaum als Pflanzenkulturraum zu nutzen.

Balkongewächshäuser sind meistens kleine Anlehngewächshäuser mit Pultdach. Auch wer keinen Garten hat, muß nicht auf ein Gewächshaus verzichten. Wie andere Gewächshäuser können sie je nach Temperierung als Kalthaus, temperiertes Gewächshaus oder Warmhaus genutzt werden. Man kann in ihnen Kübelpflanzen oder Kübelobst überwintern, Jungpflanzen heranziehen, Kakteen überwintern und vieles mehr.

Die Bestandteile des Gewächshauses

Ein Gewächshaus besteht im wesentlichen aus Fundament, Konstruktion und Eindeckungsmaterial. Diesbezüglich sind beim Kauf oder der eigenen Planung die schwierigsten Entscheidungen zu treffen. Will man sich späteren Ärger ersparen, sollte auch der Ausstattung mit Türen und Fenstern von vorneherein größte Beachtung geschenkt werden. Je nach Art, Größe und Nutzung des Gewächshauses müssen die Bestandteile unterschiedliche Ansprüche erfüllen. Gleichzeitig sollten sie miteinander ein harmonisches Ganzes bilden.

Das Fundament

Das Fundament ist der Unterbau des Gewächshauses, durch den es fest mit dem Untergrund verbunden wird. Wie beim Wohnhaus, so muß auch das Fundament eines Gewächshauses die Standsicherheit des Gebäudes gewährleisten. Es muß alle anfallenden Kräfte wie Eigenlast, Dachlasten, Windsog und Winddruck aufnehmen können und das Gewächshaus einerseits vor dem Einsinken in das Erdreich und andererseits vor dem Abheben bewahren. Je nach Art des Fundamentes kann es außerdem als Schutz gegen Wärmeverluste über den Boden wirken.

Bei allen Fundamenten ist darauf zu achten, daß sie waagrecht verlaufen, was mit einer Wasserwaage kontrolliert werden sollte, bevor man die Gewächshauskonstruktion am Fundament befestigt.

Kein Fundament im eigentlichen Sinne benötigen kleine Folienhäuser in Leichtbauweise. Rohrkonstruktionen werden meist einfach in den Boden gesteckt und mit Erdankern aus (imprägniertem) Holz oder Metall zusätzlich gesichert. Ein einfacher Holzrahmen am Gewächshausgrund sorgt für einen dichten, optisch »sauberen« Abschluß und verhindert das »Auseinanderdriften« der Stehwände. Die Kombination von Holzrahmen und Erdanker wird auch als Holzrahmenfundament bezeichnet.

Größere Gewächshäuser und/oder Gewächshäuser mit schwereren Konstruktions- und Eindeckungsmaterialien benötigen ein entsprechend stabileres Fundament. Die gebräuchlichsten Fundamente für Kleingewächshäuser sind:

- Holzbalkenfundament
- Stahl- oder Aluminiumrahmenfundamente
- Beton-Ringfundament
- Beton-Punktfundament

Holzbalkenfundamente werden häufig aus Eisenbahnschwellen (Bohlen) selbst hergestellt. Die Holzbalken werden auf eine etwa 20 cm dicke, dränierende Kiesschicht in den Boden entsprechend dem Grundriß des Gewächshauses eingelassen, sodaß oberirdisch nur noch ein Sockel verbleibt, auf den das Gewächshaus geschraubt wird. Auch die Holzbalken müssen miteinander fest und

Bestandteile des Kleingewächshauses.

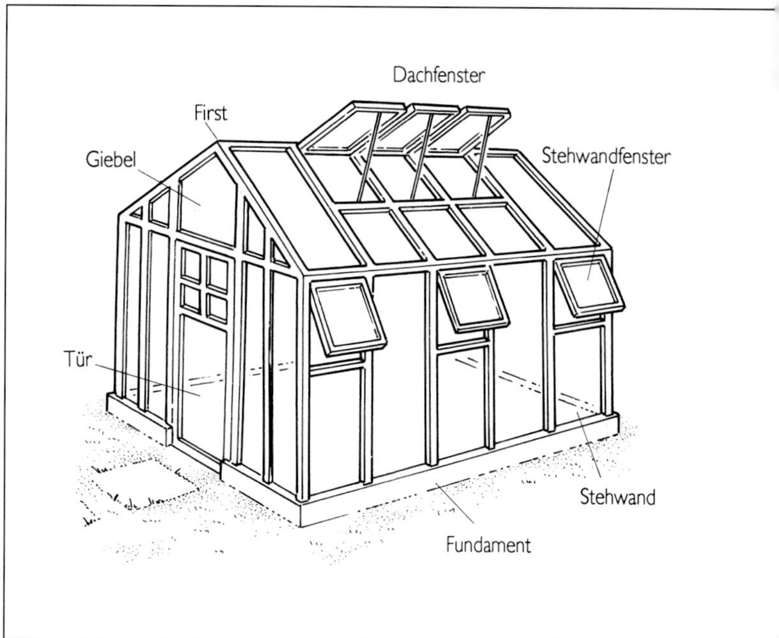

Aluminium-Rahmenfundament.

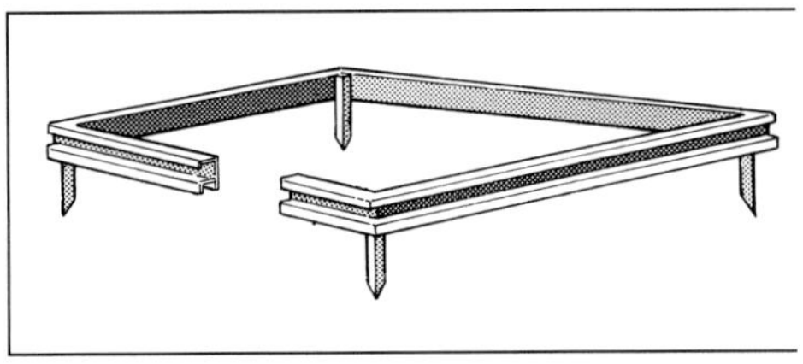

unverrückbar verbunden werden. Holzbalkenfundamente sollten zusätzlich mit Erdankern gesichert werden, da das Eigengewicht des Gewächshauses bei Stürmen nicht unbedingt ausreicht, das Gewächshaus am Boden zu halten. Holzbalkenfundamente sind kein tiefgehendes, isolierendes Fundament, sondern eher als Sockel mit Erdankern anzusehen. Sie eignen sich gut für kleinere, unbeheizte oder nur frostfrei geheizte Gewächshäuser.

Stahl- oder Aluminiumrahmenfundamente werden häufig von den Gewächshausfirmen passend zum jeweiligen Gewächshaus angeboten. Beide Materialien sind nahezu unverrottbar. Die Erdsporne werden entweder direkt in den Boden eingesenkt oder einbetoniert. An den Rahmen wird später die Gewächshauskonstruktion geschraubt. Auch Stahl- oder Aluminiumrahmenfundamente sind keine tiefgründenden, isolierende Fundamente. Sie eignen sich für kleinere, unbeheizte oder nur frostfrei gehaltene Gewächshäuser.

Beton-Ringfundament im Profil.

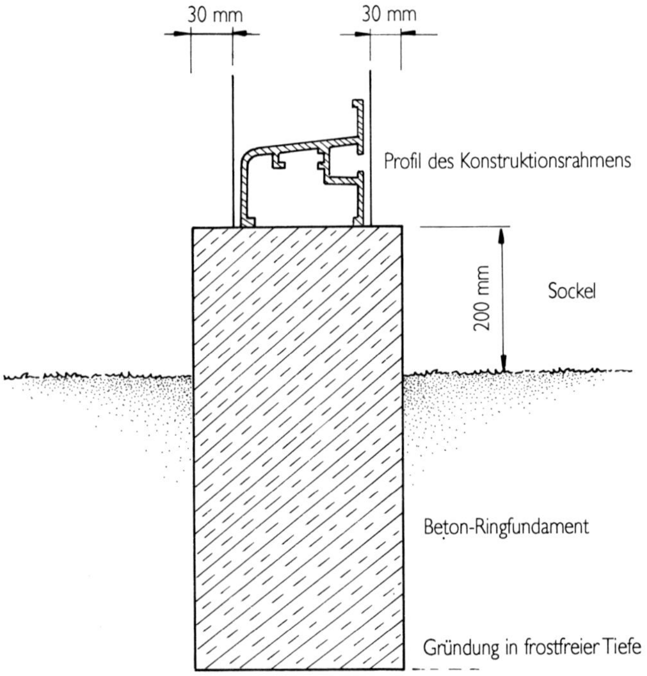

Ein sehr stabiles Fundament ist das **Beton-Ringfundament**, das unterhalb der gesamten Gewächshauswände verläuft. Beton-Ringfundamente haben den Vorteil, daß sie gleichzeitig auch als Isolierung gegen den Verlust von Bodenwärme zur Seite wirken. Außerdem werden Bodenschädlinge ferngehalten. Zusätzlich können zur weiteren Isolierung Dämmplatten an der Fundamentinnenwand angebracht werden.

Den Montage-Anleitungen der Gewächshausbausätze liegt in der Regel ein Fundamentplan für ein Beton-Ringfundament bei. Will man das Gewächshaus auf ein Beton-Ringfundament setzen, muß der Fundamentplan genauestens eingehalten werden. Die Fundamentsohle sollte auf frostfreier Tiefe (80 bis 100 cm) liegen. 20 bis 30 cm Breite sind in der Regel für Kleingewächshausfundamente ausreichend. Die Gewächshauskonstruktion wird entweder direkt auf das Fundament oder auf einen daraufgesetzten Sockel mittels Steinschrauben befestigt. Ein Beton-Ringfundament ist für größere Gewächshäuser sowie für temperierte Häuser und Warmhäuser zu empfehlen.

Ein Beton-Punktfundament ist nach dem Beton-Ringfundament die zweitstabilste Lösung, ein Gewächshaus kraftschlüssig zu verankern. Die Fundamentpunkte aus Beton werden an den Ecken und bei längeren Konstruktionen zusätzlich in die Mitte der Längsseiten gesetzt. Wie man Beton-Ring- oder -Punktfundamente erstellt, wird im Kapitel »Ein Gewächshaus selber bauen« (Seite 82 ff.) beschrieben.

Verschiedentlich werden Gewächshausfundamente auch mit Ziegelsteinen gemauert oder mit Betonsteinen gebaut. Bei allen Ausführungen, die nicht bis in frostfreie Tiefe gründen, sollte unterhalb der Gründungssohle eine etwa 20 cm dicke (gerüttelte) Kies-Dränageschicht eingebaut werden. Sie soll verhindern, daß das Fundament auffriert und das Gewächshaus dadurch instabil wird.

Die Konstruktion

Die Konstruktion bildet das Skelett des Gewächshauses oder Wintergartens. Sie gibt ihm die Form und hat die Aufgabe alle auftretenden Kräfte und Lasten auf das Fundament zu übertragen sowie die jeweiligen Eindeckungsmaterialien aufzunehmen. Als Konstruktionsmaterialien kommen vorwiegend Holz, feuerverzinkter Stahl und Aluminium zum Einsatz.

Holz ist ein gewachsenes, organisches Material, das auch nach längerer Trocknung und Lagerung unter Temperatur- und Witterungseinflüssen arbeitet. Als Folge davon können Undichtigkeiten oder Glasbrüche durch Zwängung auftreten. Ein weiterer Nachteil von Holz ist, daß es von Fäulnis, Pilzen und Schädlingen befallen werden kann. Um Holz in der relativ feuchten Gewächshausluft davor zu schützen, wird es am besten mit pflanzenverträglichen Mitteln imprägniert. Diese Maßnahme muß alle paar Jahre wiederholt werden, weshalb eine Holzkonstruktion relativ pflegeintensiv sein kann. Andererseits ist Holz ein billiges Konstruktionsmaterial. Es wird im Kleingewächshausbau jedoch fast ausschließlich für Folienhäuser verwendet, da sich Folie den Verän-

Holz ist für Kleingewächshäuser ein geeignetes, wenn auch pflegeintensives Baumaterial.

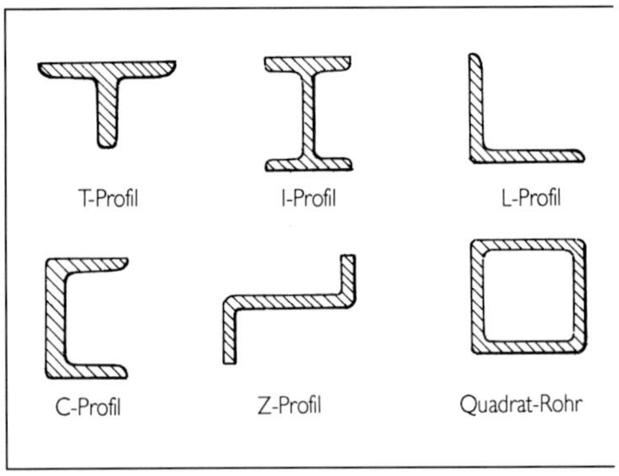

Gebräuchliche Stahlprofile.

derungen des Holzes anpassen kann und von Folienhäusern im allgemeinen eine weniger lange Lebensdauer erwartet wird. Wegen seiner ansprechenden, optischen Wirkung und der traditionellen Verwendung im Hausbau wird Holz jedoch auch gerne für Wintergartenkonstruktionen genutzt. Dazu wird allerdings entsprechend verarbeitetes Kernholz in massiveren Stärken verwendet.

Feuerverzinkter Stahl ist ein altbewährtes, inzwischen aber weniger gebräuchliches Konstruktionsmaterial für Kleingewächshäuser. Die fertigbearbeiteten Stahlprofile werden in ein Zinkbad getaucht und dadurch mit einer porenfreien, korrosionsbeständigen Zinkschicht überzogen. Nachträgliche Bohrungen und Bearbeitungen verletzen diese Schutzschicht. Die dabei entstehenden blanken Stahlflächen sollten mit Zinkstaubfarbe versiegelt werden. Diese Zinkstaubanstrichmittel enthalten etwa 96% Zinkpulver und lassen sich gut mit einem Pinsel auftragen oder spritzen. Aus Stahl lassen sich nur relativ einfache Profile fertigen, die zwar ausreichende Stabilität gewährleisten, aber ein hohes Eigengewicht haben.

Aluminium ist derzeit das meist verwendete Material für Kleingewächshauskonstruktionen. Es reagiert mit dem Sauerstoff der Luft und bildet eine witterungsbeständige Schutzschicht an der Oberfläche. Auch bei nachträglichen Bohrungen und Bearbeitungen wird dieser Korrosionsschutz selbsttätig aufgebaut. Aluminiumprofile sind leicht, was ein Vorteil bei Transport und Handhabung ist. Aus Aluminium lassen sich wesentlich aufwendigere Konstruktionsprofile unter dem Gesichtspunkt der optimalen Wärmedämmung und Stabilität fertigen.

Da Metalle eine hohe Wärmeleitfähigkeit besitzen, stellen die Konstruktionselemente eine permanente Wärmebrücke dar. Um diese Wärmeverluste zu minimieren, werden im Gewächshaus- und Wintergartenbau auch sogenannte thermisch getrennte Profile eingesetzt. Ihr Prinzip beruht darauf, daß zwischen dem nach innen gerichteten und dem nach außen weisenden Teil des Profils ein weniger wärmedurchlässiger Kunststoffsteg

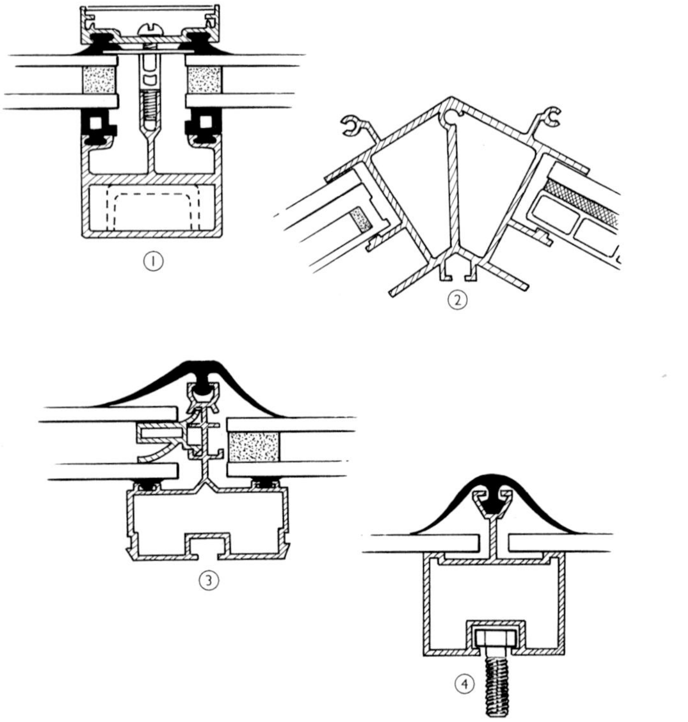

Verschiedene Aluminium-Profile: 1 thermisch-getrenntes Profil, 2 Firstprofil, 3 Aluminium-Pfostenprofil mit Glasklemmhalterung: links 2-Scheiben-Verglasung, rechts Isolierverglasung, 4 Pfostenprofil mit Einfachverglasung.

eingebaut ist, der den Wärmefluß von innen nach außen verringert.

Aluminiumprofile werden nicht nur in »natur«, sondern auch eloxiert oder in RAL-Farben pulverbeschichtet angeboten. Aluminium ohne besondere Behandlung wird unter Witterungseinflüssen rauh und verfärbt sich zu einem stumpfen Grau. Das Eloxalverfahren (Elektrolytische Oxidation des Aluminiums) verstärkt und verbessert den Oberflächenschutz, wobei die Oxidschicht häufig gleichzeitig eingefärbt wird. Eloxierte Aluminiumteile behalten ihre glatte, glänzende Oberfläche.

Bei der Pulverbeschichtung werden farbige Kunststoffpulver auf das Metall aufgebracht und durch Wärmeeinwirkung aufgeschmolzen.

Beim Vergleich der Angebote verschiedener Gewächshausfirmen sollten außer den Materialien auch die Verarbeitung, Materialstärken, Herstellergarantien und ähnliches berücksichtigt werden.

Die Eindeckung

Die Eindeckung stellt die trennende »Haut« zwischen Gewächshausinnerem und Umgebung dar. Sie soll einerseits Licht hindurchlassen und andererseits vor Wärmeverlusten schützen. Eine Maßzahl für den Wärmedurchgang eines Materials ist der k-Wert (Wärmedurchgangskoeffizient). Je größer der k-Wert, desto schlechter ist das Wärmedämmvermögen. Der k-Wert ist wichtig für die Berechnung der Heizung. Die in der Tabelle angegebenen Werte sind Mittelwerte aus den in verschiedenen Veröffentlichungen gefundenen Materialkennwerten.

Weiterhin wird von der Eindeckung eine gewisse mechanische Festigkeit verlangt, d. h., sie soll einen Ballwurf oder einen Hagelschauer möglichst unbeschadet überstehen. Ein weiteres Auswahlkriterium ist außerdem die Beständigkeit des Materials. Auch hier

Glas ist das klassische Eindeckungsmaterial.

sind Herstellergarantien zu berücksichtigen.

Als Eindeckungsmaterialien für Kleingewächshäuser kommen vor allem Glas, Kunststoffplatten (Stegdoppel- und -dreifachplatten) und Folien in Frage. Sie werden einzeln oder kombiniert verwendet.

Glas

Glas ist das klassische Eindeckungsmaterial für Gewächshhäuser aller Art. Es ist bis zu 93 % lichtdurchlässig und hat bei einer Dicke von 3 mm einen k-Wert von 6. Normalglas wird als Gartenblankglas (Tafelglas, Fensterglas) oder als Gartenklarglas (Gußglas, einseitig genörpelt) angeboten. Beide sind in verschiedenen Stärken auf dem Markt. Der Unterschied der beiden Glassorten besteht ausschließlich darin, daß Gartenklarglas durch die Nörpelung ein diffuses, weicheres Licht in das Gewächshaus einfallen läßt, was ein »Verbrennen« des Pflanzengewebes bei

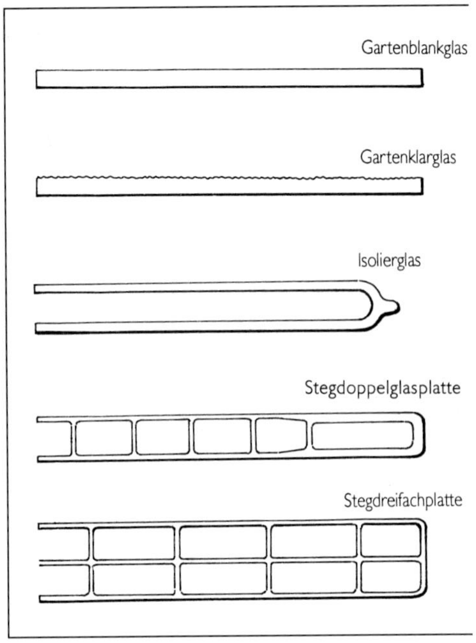

Verschiedene Eindeckungsmaterialien.

starker Sonneneinstrahlung verhindert. Die Nörpelung wird immer nach innen verlegt. Gartenblankglas hingegen ist auf beiden Seiten glatt und vollkommen durchsichtig.

Wer die Vorteile beider Glassorten ausnützen möchte, kann eine kombinierte Eindeckung vornehmen. Die Dachflächen werden mit Gartenklarglas, die Seiten- und Giebelwände mit Gartenblankglas versehen.

Eine weitere Eindeckungsmöglichkeit mit Glas ist die Doppelverglasung. Hierbei sind 2 Glasplatten an den Rändern rundumlaufend so verschweißt oder verklebt, daß ein Zwischenraum von 5 bis 10 mm entsteht. Die Luft oder das in den Zwischenraum eingebrachte Kohlendioxidgas (CO_2) wirkt isolierend, was eine Energieeinsparung von bis zu 40 % bewirkt. Die Verbindung der beiden verschweißten oder verklebten Glasscheiben muß dauerhaft dicht sein, da eindringender Staub und Schwitzwasserbildung an den Innenseiten zu einer Beeinträchtigung der Lichtdurchlässigkeit führen würde.

Als Nachteil von Glas ist vor allem das hohe Flächengewicht bei ausreichender Materialstärke zu vermerken, was stabilere und teurere Konstruktionen erforderlich macht. Insbesondere bei Isolierverglasungen ist dies von Bedeutung, da die Flächenlast sich hierbei gegenüber der Einfachverglasung noch einmal verdoppelt. Aus diesem Grund und wegen der hohen Glaskosten findet man Doppelverglasungen eigentlich nur bei Warmhäusern und warmen Wintergärten.

Die k-Werte verschiedener Eindeckungsmaterialien (in Watt/m²K)

Normalglas, 3 mm		6
Doppelglas (Isolierglas)		1,9
Doppelglas mit Spezialbeschichtung		1,3
Stegdoppelplatten	6 mm	3,5
Stegdoppelplatten	8 mm	3,3
Stegdoppelplatten	10 mm	3,1
Stegdoppelplatten	16 mm	2,7
Stegdoppelplatten	20 mm	2,2
Stegdreifachplatten	10 mm	2,8
Stegdreifachplatten	26 mm	2,4
Stegdreifachplatten	32 mm	1,9

Hartkunststoff

Zunehmend gelangen Stegdoppelplatten und Stegdreifachplatten (Doppelkammerplatten) aus Polycarbonat (Macrolon, Lexan) und Acrylglas (Plexiglas) im Hobbygewächshausbau zum Einsatz.

Die Lichtdurchlässigkeit von Stegdoppelplatten liegt je nach Stärke und Material zwischen 77 und 88 %, die von Stegdreifachplatten etwa zwischen 70 und 75 %. Acrylglas ist im Gegensatz zu den meisten anderen Eindeckungsmaterialien für Anteile des UV-Lichtbereiches durchlässig, was sich auf die Farbentwicklung bei Blütenpflanzen sowie auf die Geschmacksentwicklung bei Früchten positiv auswirken kann.

Der Vorteil aller Hartkunststoffeindeckungen liegt in ihrem guten Wärmedämmverhalten und dem geringen Materialgewicht bei hoher Eigenfestigkeit. Bei einem ähnlich geringen Wärmedurchgangswert wie Isolierglas beträgt das Gewicht nur etwa ein Drittel. Die Schlagzähigkeit dieser Materialien, speziell des Polycarbonats, macht sie hagelsicherer. Selbst große Hagelkörner durchschlagen fast nie beide Schichten der Stegdoppelplatten. Nach dem Hagelschlag müssen zwar die Scheiben ausgewechselt bzw. repariert werden, aber die Pflanzen im Gewächshaus bleiben unversehrt. Hartkunststoffplatten sind heutzutage weitgehend UV-beständig, spezielle Beschichtungen verhindern das »Altern«. Diese vom Hersteller in der Regel mit einer 10 Jahresgarantie versehenen Produkte sind meist mit dem Zusatz »LONG-LIFE« gekennzeichnet.

Die sogenannte »NO DROP-Beschichtung« verhindert die Tropfenbildung durch Schwitzwasser auf der nach innen gerichteten Seite der Eindeckung. Das Wasser fließt als dünner Film an der Oberfläche der Kunststoffplatten ab und tropft nicht auf die Pflanzen, was ansonsten bei starker Sonneneinstrahlung zu Verbrennungen führen könnte. Leider sind Stegmehrschichtplatten durch ihren Aufbau bedingt mehr oder weniger undurchsichtig, man wird also, wo es auf freie Durchsicht ankommt, auf Isoliergläser zurückgreifen müssen. Es ist auch eine kombinierte Eindekkung aus Glas (z. B. für die Stehwände) und Kunststoffplatten (z. B. für die Bedachung) möglich.

Der Preis von Kunststoffmehrschichtplatten liegt deutlich über dem von Gartenblank- und Gartenklarglas, aber unter dem von Isolierglas. Stegdoppel- und -dreifachplatten sind wie auch Isolierglas besonders für beheizte Gewächshäuser zu empfehlen, wo sie beträchtliche Energiemengen einsparen helfen und dadurch die Heizkosten senken.

Aus Kunststoffen wird eine Vielzahl vorzüglicher und gut wärmedämmender Eindeckungen gefertigt.

Zu erwähnen bleibt noch, daß die Luftfeuchte in Gewächshäusern mit Doppel- und Dreifachstegplatten- und Isolierglas-Eindeckung höher liegt als in einfach eingedeckten Häusern. In einfach eingedeckten Gewächshäusern kondensiert der Wasserdampf der Luft an der kalten Außenwand und läuft als Wasser nach unten ab, bei mehrwandigen Eindeckungsmaterialien ist die innere Wand vergleichsweise warm und es kommt weniger zur Kondensation, der Wasserdampf bleibt in der Luft.

Kunststoffolien

Kunststoffolien werden für unbeheizte Gewächshäuser verwendet, da sie einen hohen Wärmedurchgang haben. Die im Handel befindlichen Folien sind meist aus Polyethylen (PE) oder aus Polyvinylchlorid (PVC) und zwischen 0,1 und 0,2 mm dick. PE-Folien haben gegenübern den PVC-Folien den Vorteil, daß sie sich umweltfreundlicher entsorgen lassen. Die sogenannte Lichtkorrosion (Verspröden und Eintrüben der Folien durch Sonnenlicht) spielt bei den UV-stabilisierten Gartenbaufolien eine geringere Rolle. In der Praxis wird die

Luftpolsterfolien bieten bei einer Lichtdurchlässigkeit von 88 bis 90 % gute Isolationseigenschaften.

von den Herstellern garantierte Haltbarkeit von 3 Jahren um 2 und mehr Jahre ohne größere Qualitätseinbußen überdauert. Gitterverstärkte Folien besitzen eine höhere mechanische Festigkeitkeit, reduzieren aber den Lichteinfall. Fachmännisch verwendet widerstehen Gartenbaufolien auch extremen Witterungen. Sie stellen bei einer Lichtdurchlässigkeit von 92 bis 94 % eine kostengünstige Alternative zu Glas dar.

Luftpolsterfolien haben eine Lichtdurchlässigkeit von 88 bis 90 %. Sie haben sich vor allem als zusätzliche Isolierung während der Wintermonate bewährt. In Gewächshäusern mit Luftpolsterfolien-Eindeckungen liegt die Luftfeuchtigkeit höher als bei Glas- oder Einfachfolieneindeckung.

Ungeeignet zur Eindeckung von Gewächshäusern sind Folien aus dem Baustoffhandel, die als Verpackungs- oder Abdeckmaterialien angeboten werden.

Unabhängig von der Wahl des Materials ist auf alle Fälle auf eine winddichte Verbindung zwischen Eindeckung und Konstruktionsteilen zu achten, denn der beste k-Wert und eine noch so gute thermische Trennung der Konstruktionsprofile verlieren ihre Wirkung, wenn ein unerwünschter Luftaustausch zwischen Gewächshausluft und Außenluft stattfindet.

Türen

Gewächshaustüren sind entweder Flügel- oder Schiebetüren (Foliengewächshäuser werden teilweise statt mit Türen mit Falt- oder Spannbügelverschlüssen angeboten). Schiebetüren sind platzsparend, aber in der Ausführung nicht immer zufriedenstellend. Eine dauerhaft funktionierende Schiebetür muß über eine stabile, vor Beschädigungen und Verschmutzungen geschützte Lauf- und Führungsschiene verfügen sowie über leichtgängige, korrosionsbeständige Laufrollen. Die Tür selbst sollte verwindungssteif sein, damit sie nicht klemmt, und außerdem winddicht schließen. Eine qualitativ hochwertige Schiebetür schlägt sich auch im Preis eines Gewächshauses nieder, von »Billigprodukten« ist abzuraten, da der zu erwartende Ärger die Ersparnis in der Regel nicht rechtfertigt.

Flügeltüren brauchen mehr Platz, sind aber weniger störanfällig als Schiebetüren. Eine langjährige Funktionsfähigkeit setzt auch bei Flügeltüren eine ausreichende Stabilität und eine einwandfreie Verarbeitung voraus. Ein Verziehen des Türrahmens oder des Türblattes hätte unweigerlich zur Folge, daß die Tür schlecht schließt und nicht mehr winddicht ist, was im Winter zu beträchtlichen Wärmeverlusten führt. Neben den klassischen Flügeltüren werden auch solche angeboten, bei denen man die obere Hälfte öffnen kann, während die untere Hälfte geschlossen bleibt (Halbtür).

Die Gewächshaustür sollte über 70 cm breit sein, um auch mit einer

Schubkarre noch mühelos hindurchzukommen. Türen sollten mit einem leichtgängigen, funktionsfähigen Schloß ausgerüstet und sicher verschließbar sein.

Fenster und Lüftungen

Auch die Fenster müssen verwindungssteif und stabil sein und dicht schließen. Sie werden nach Möglichkeit an der Ost- oder Nordseite angebracht sein, da sie hier Stürmen weniger ausgesetzt sind, sie sollten auch im geöffneten Zustand einem plötzlich einsetzenden Sturm wenigstens einige Zeit standhalten können.

Der Be- und Entlüftung des Gewächshauses kommt eine besondere Bedeutung zu. Da die Temperatur auch an heißen Sommertagen möglichst 30 °C oder zumindest die Außenlufttemperatur nicht übersteigen soll, ist auf genügend Lüftungsflächen in den Seitenwänden und im Dach zu achten. Warme Luft ist leichter als kalte Luft und steigt nach oben, daher sollten die Dachflächenfenster, in der Regel Klappfenster, ihren Drehpunkt am höchsten Punkt des Gewächshauses, dem First, haben und zwischen 10 und 15° über die Horizontale zu öffnen sein. Ein optimaler Luftaustausch wird erzielt, wenn die Fenster in den Seitenwänden möglichst weit unten angebracht sind. Da es von der Gewächshauskonstruktion her einfacher ist, den Drehpunkt der Seiten-

Oben: Folien- und Glasbauweisen bieten jeweils andere Lösungen für Türen und Lüftung.

Unten: Breite Türen vereinfachen die Bearbeitung. Foliengewächshaus in Tunnelbauweise.

Links: Fenster müssen dicht schließen, stabil und einfach zu bedienen sein.

Rechts: Seitenwandfenster mit Arretiervorrichtung.

fenster an die Traufe zu legen, wird diese Lösung, abgesehen von einigen Ausnahmen, bevorzugt angeboten. Höher angebrachte Seitenfenster haben zudem den Vorteil, daß sie das Eindringen von Kleintieren verhindern oder zumindest erschweren.

Bei Kleingewächshäusern wird die Tür in das Lüftungssystem miteinbezogen. Die über die natürliche Lüftung erreichbare Abkühlung ist vom stündlichen Luftwechsel, d. h., wie oft das gesamte Luftvolumen des Gewächshauses pro Stunde ausgetauscht wird, abhängig und wird über die Luftwechselzahl angegeben. Eine Luftwechselzahl von 10 besagt beispielsweise, daß genügend Öffnungen vorhanden sind, um die Luft im Gewächshaus pro Stunde 10 mal auszutauschen. Anzustreben ist ein 20- bis 50facher Luftwechsel pro Stunde. Als Richtwert gilt, daß an einem heißen Sommertag die Haustemperatur bei 20fachem Luftwechsel etwa 5 °C höher liegt als die Außentemperatur. Die Erfahrung zeigt, daß besonders bei den preisgünstigen Gewächshäusern die serienmäßigen Lüftungsflächen nicht ausreichen. Zusätzliche Fenster werden gegen Aufpreis angeboten. In der Regel lohnt sich diese Investition und erspart die spätere Anschaffung von Ventilatoren zur Zwangsent- und -belüftung.

Unten: Natürliche Lüftung: die erwärmte Luft steigt nach oben und saugt kältere Außenluft an.

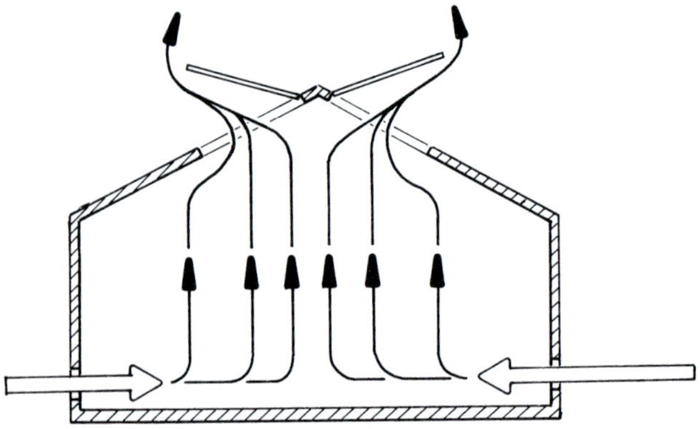

Der Luftwechsel in einem Gewächshaus hängt vom freien Querschnitt der Öffnungen ab, daher kann die Temperatur über ein mehr oder weniger weites Öffnen der Fenster beeinflußt werden. Die Fensterstellung wird im einfachsten Fall von Hand mittels einer Arretiervorrichtung vorgenommen. Fast alle Gewächshausfirmen bieten jedoch passend zu ihren Lüftungsfenstern automatische Fensteröffner an, bei einigen gehören sie sogar zur serienmäßigen Ausstattung.

Die Temperierungseinrichtungen

Heizen, Schattieren und Lüften sind die wichtigsten Maßnahmen zur Beeinflussung der Temperatur im Gewächshaus. Wer nicht im gesamten Gewächshaus das gleiche Klima möchte, richtet Kabinen ein, die unterschiedlich temperiert werden können. Auch das Vermehrungsbeet ist ein wärmerer »Raum im Raum«, der für die Anzucht und Vermehrung von Pflanzen genutzt werden kann.

Die Heizung

Die Heizung dient der Erwärmung des Gewächshauses. Sie muß so bemessen sein, daß die Temperatur auch im Winter und/oder in der Übergangszeit oberhalb einer durch die Nutzungsart bestimmten Grenze bleibt. Mit ihr werden die Wärmeverluste, die das Gewächshaus nach außen hat, ersetzt. Die Leistung, die eine Gewächshausheizung bringen muß um den Wärmebedarf zu decken, hängt ab von der Differenz zwischen Außen- und Innentemperatur, der Summe der wärmeabgebenden Außenflächen des Gewächshauses sowie dem Wärmedurchgangskoeffizienten des Materials. Einige Gewächshausanbieter geben den Wärmebedarf der Gewächshäuser zur Aufrechterhaltung einer bestimmten Temperatur in ihren Katalogen an. Andere berechnen ihn auf Wunsch.

Ermittlung des Wärmebedarfs

Wer den Wärmebedarf seines Gewächshauses selbst ermitteln möchte oder muß, setzt einfach seine Werte in die folgende Formel ein:

Wärmebedarf = Außenfläche × k-Wert × Temperaturdifferenz

Die Einzelflächen lassen sich folgendermaßen berechnen:
- 2 × Länge × Traufenhöhe = Flächen beider Stehwände
- 2 × Breite × Traufenhöhe = Flächen der Giebelwände bis Traufenhöhe
- Breite × (Firsthöhe - Traufenhöhe) = Fläche der »Giebelspitzen«
- 2 × Länge × gemessene Strecke von Traufe zu First (Dachschenkel) = beide Dachflächen

Zählt man alle Flächen zusammen, erhält man die gesamte wärmeabgebende Außenfläche.
Watt wird üblicherweise mit W abgekürzt. 1.000 W sind ein Kilowatt (kW).

Der ermittelte Wärmebedarf kann immer nur ein Anhaltspunkt sein, da weitere Faktoren, wie beispielsweise die Windlage, die Konstruktion, Undichtigkeiten sowie die Art der Heizung und wo sie sich im Gewächshaus befindet, den Wärmedurchgang nach außen und damit die notwendige Heizungsleistung beeinflussen. Daher sollte die Heizleistung nicht zu knapp bemessen werden.

Die Tiefsttemperatur ist von Gegend zu Gegend verschieden. Wirtschaftlich und technisch ist es nicht sinnvoll, Heizungen auf nur selten auftretende absolute Tiefsttemperaturen auszulegen. Daher sind die anzunehmenden Tiefsttemperaturen in einer Norm einheitlich festgelegt. Die DIN 4701 (Deutsche

Industrie Norm) gibt für Düsseldorf, Frankfurt, Karlsruhe und Köln −12 °C, für Braunschweig, Hannover, Stuttgart und Würzburg −15 °C, und für Augsburg, Nürnberg, München, Regensburg −18 °C an.

Beispiel 1: Die Flächen der Stehwände, Giebelwände und des Daches eines Gewächshauses betragen zusammengerechnet etwa 50 m^2 (Breite des Gewächshauses 3,23 m, Länge 5 m, Traufenhöhe 1,80 m, Firsthöhe 2,67). Man kann seine Gewächshausoberfläche selbst abmessen und die m^2 berechnen, in manchen Katalogen ist die jeweilige Glasfläche aber auch angegeben. Als tiefste Außentemperatur im Winter werden −15 °C angenommen. Im Gewächshaus soll eine Temperatur von +15 °C aufrechterhalten werden können (Zimmerpflanzen, Tropenpflanzen). Das ergibt im Winter eine maximale Temperaturdifferenz von 30 °C. Das Gewächshaus ist mit 16 mm Plexiglas-Stegdoppelplatten eingedeckt, die einen Wärmedurchgangskoeffizienten k von etwa 2,7 haben (Die Wärmedurchgangskoeffizienten = k-Werte der einzelnen Eindeckungsmaterialien findet man auf Seite 42). Setzt man die Zahlen in die Formel ein, so erhält man in diesem Beispiel einen Wärmebedarf von 50 × 2,7 × 30 = 4.050 W.

Beispiel 2: Die wärmeabgebenden Außenflächen des Gewächshauses betragen wieder 50 m^2. Das Gewächshaus soll nur in der Übergangszeit für den frühen und späten Gemüseanbau beheizt werden, im Winter steht es leer. In dieser Zeit ist die niedrigste Außentemperatur etwa −5 °C. Das Gewächshaus soll gerade frostfrei bleiben, die Temperatur nicht unter 2 °C sinken. Das ergibt eine maximale Temperaturdifferenz von 7 °C. Das Gewächshaus ist mit 3 mm dickem Glas eingedeckt, das einen k-Wert von etwa 6 hat. Setzt man die Werte in die Formel ein, erhält man in diesem Beispiel einen Wärmebedarf von 50 × 6 × 7 = 2.100 W. Wäre dasselbe Haus mit 6 mm Polycarbonat-Stegdoppelplatten eingedeckt (k-Wert 3,5), so reduziert sich der Wärmebedarf auf 50 × 3,5 × 7 = 1.225 W.

Beispiel 3: Für dieses Beispiel wählen wir ein kleineres Gewächshaus mit etwa 38 m^2 Gewächshausoberfläche (Breite 2,87 m, Länge 3,77 m, Firsthöhe 2,58 m und Traufenhöhe 1,80 m). Dieses Gewächshaus soll den ganzen Winter über frostfrei bei 2 °C gehalten werden (z. B. für die Überwinterung von Kübelpflanzen). Die tiefste Wintertemperatur beträgt −15 °C. Daraus ergibt sich eine Temperaturdifferenz von 17 °C. Das Gewächshaus ist mit 10 mm Polycarbonat-Stegdoppelplatten (k-Wert 3,1) eingedeckt. In die Formel eingesetzt, erhält man einen Wärmebedarf von 38 x 3,1 × 17 = 2.003 W. Wäre dieses Haus mit 16 mm Plexiglas-Stegdoppelplatten eingedeckt (k-Wert 2,7) und sollte auf 12 °C gehalten werden können, wäre dazu eine Heizung mit einer Leistung von 38 × 2,7 × 27 = 2.770 W nötig.

Wahl der Heizung

Zur Beheizung des Kleingewächshauses hat man verschiedene Möglichkeiten. Je nach Lage der Wärmequelle unterscheidet man Bodenheizung, Vegetationsheizung und Raumheizung. Bei der Bodenheizung befindet sich die Wärmequelle im Boden, meist unterhalb der Bearbeitungstiefe von 25 bis 30 cm. Bodenwärme fördert das Wachstum. Mit einer Bodenheizung allein kann man in der Regel aber kein Gewächshaus frostfrei halten. Günstig ist eine Kombination von Bodenheizung mit Raum- oder Vegetationsheizung. Bei der Vegetationsheizung befindet sich die Wärmequelle direkt in Höhe des Pflanzenbestandes. Dadurch wird die Wärme besser genutzt und Energie gespart. Bei der Raumheizung wird die gesamte

Gewächshausluft erwärmt. Da warme Luft aber nach oben steigt, geht ein Teil der Wärme verloren (was man jedoch durch die Installation eines Umluftventilators verringern kann).
Die wichtigsten Heizungsysteme sind:
- Warmwasserheizung
- Ölofen-Heizung
- Petroleum-Heizofen
- Gasheizung
- Elektroheizung

Wo man welches Heizungssystem beziehen kann, findet man in der »Marktübersicht für Kleingewächshäuser und Zubehör« (siehe Seite 370 ff.).

Warmwasserheizungen

Bei der Warmwasserheizung fließt erwärmtes Wasser durch Metallrohre, Kunststoffrohre, Schläuche oder Heizkörper, die die Wärme an die Umgebung abgeben. Warmwasserheizungen können als Raum-, Vegetations- oder Bodenheizung verwendet werden.

Ein Kleingewächshaus in der Nähe des Wohnhauses kann an dessen Zentralheizung angeschlossen werden, vorausgesetzt die Heizkapazität der Kesselanlage ist ausreichend. Das Gewächshaus sollte jedoch möglichst seinen eigenen Regelkreislauf haben,

Elektro-Warmwasserheizung

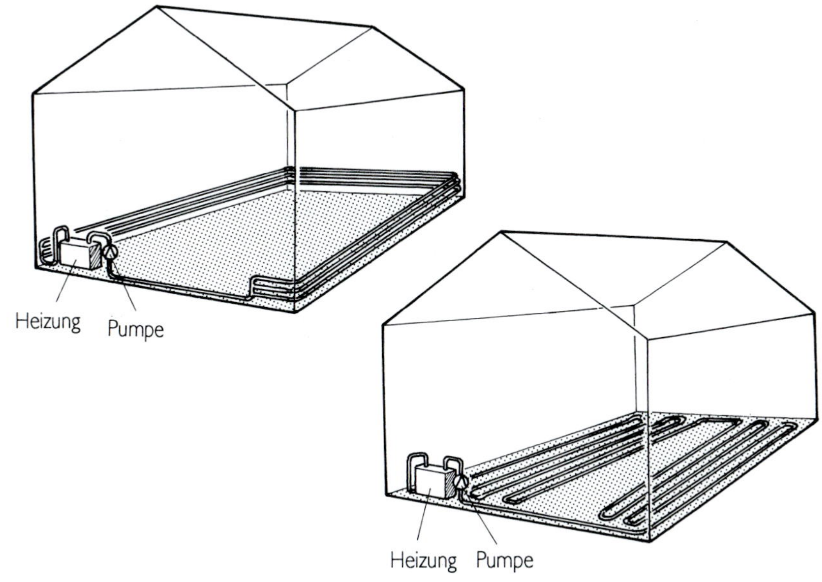

Verlegungsbeispiele für eine Elektro-Warmwasserheizung.

Das Kleingewächshaus funktioniert wie ein Sonnenkollektor. Ohne Heizung liegen die Nachttemperaturen aber nur wenig über den Außentemperaturen. Eine zusätzliche Nutzung von Solarenergie ist in Verbindung mit einem Wärmespeicher sinnvoll, da die Wärme vor allem nachts gebraucht wird.

nicht zuletzt damit im Störungsfall der Kreislauf des Gewächshauses abgekoppelt werden kann und nicht gleichzeitig die Wohnungsheizung ausfällt.

Die Wärmeabgabe der Warmwasserheizung richtet sich hauptsächlich nach der Wassertemperatur, der Temperatur im Gewächshaus, der Länge und Anzahl der Rohrstränge sowie dem Durchmesser der Rohre bzw. der wärmeabgebenden Oberfläche des Heizkörper. Man kann sich seine individuelle Warmwasserheizung von einem Fachmann konzipieren lassen, was sich besonders für Wintergärten, temperierte und Warmhäuser empfiehlt.

Verschiedene Gewächshausfirmen bieten auch fertige Systeme zum Anschluß des Kleingewächshauses an die Warmwasserheizung des Wohnhauses an. Meist sind dies feuerverzinkte 2"-Rohre mit einem Rückgiebelverbindungsrohr mit 3/4". Die Systeme sind komplett verschraubbar, mit Entleerungs- und Entlüftungseinrichtungen und anschlußfertig an eine vorhandene Zentralheizung mit einer 3/4"- Zuleitung, die man sich von einem Heizungsfachmann legen läßt.

Von einer Warmwasserheizung läßt sich auch eine Bodenheizung (z. B. für das Vermehrungsbeet) abzweigen. Verwendet werden dazu meist Kunststoffrohre aus schwarzem Polyethylen, die unterhalb der Bearbeitungstiefe von 25 bis 30 cm im gleichen Abstand voneinander verlegt werden. Die Wassertemperatur darf nur etwa 10 °C höher als die gewünschte Bodentemperatur sein.

Im Erwerbsgartenbau werden Gewächshäuser meist über eigene Warmwasser-Heizungsanlagen, die mit Öl oder Gas befeuert werden, beheizt. Mit ihnen lassen sich je nach Anlagengröße auch mehrere, große Gewächshäuser als Warmhaus temperieren. So eine Anlage ist für den Hobbygartenbau in der Regel viel zu groß und zu teuer. Es werden jedoch Elektro-Warmwasserheizungen für den Hobbygartenbau angeboten, die an eine 220 Volt-Steckdose angeschlossen werden können. So eine Anlage besteht in der Regel aus einem 2 kW-Elektroheizgerät, einer Umwälzpumpe, Füll- und Entleerungshähnen, Thermometer, Ausdehnungsgefäß und 25 m Vegetationsheizschlauch. Die Schläuche werden entweder auf dem Boden verlegt oder in Pflanzenhöhe an der Gewächshauswand entlang geleitet.

Die möglichen Umlauftemperaturen des Wassers liegen zwischen 10 und 70 °C. Die Rohre müssen so verlegt sein, daß die Pflanzen keine Verbrennungsschäden erleiden, d. h., nicht im direkten Kontakt mit dem Rohr stehen. Die Leistung dieser 2.000 Watt-Elektro-Warmwasserheizungen reicht jedoch nur dazu, Kleingewächshäuser mit einem gut isolierenden Eindeckungsmaterial frostfrei zu halten, wenn draußen Temperaturen von –15 °C herrschen. Außerdem ist Strom ein teurer Energielieferant.

Eine besondere Art der Warmwasserheizung sind die BETA SOLAR Wärmespeicherschläuche. Sie funktionieren wie ein Sonnenkollektor. Schwarze Polyethylenschläuche werden mit Wasser gefüllt und zwischen die Pflanzenreihen gelegt. Tagsüber erwärmt sich das Wasser in den Schläuchen, nachts wird die gespeicherte Wärme an den Boden und die Umgebungsluft abgegeben. Mit diesen Schläuchen kann man zwar kein Gewächshaus den ganzen Winter frostfrei halten, aber in den Übergangsphasen im Frühjahr und Herbst sind sie durchaus hilfreich und schützen vor zu tiefen Nachttemperaturen.

Ölofenheizungen

Gewächshaus-Ölöfen für Heizöl werden aus korrosionsgeschütztem Material, mit Regenhaube, Ofenrohr und Glasdurchführung angeboten. Die Abgase müssen über ein Ofenrohr nach außen geleitet werden. Im Gegensatz zur Warmwasserheizung, bei der die Wärme über die Leitungen gleichmäßig im Gewächshaus verteilt wird, geht die Erwärmung des Gewächshauses bei der Aufstellung eines Gewächshaus-Ölofens nur von einem Punkt aus. Die Temperatur in Ofennähe ist dann schon nahe an der Grenze der Pflanzenverträglichkeit, während die Temperatur am anderen Ende des Gewächshauses kaum angestiegen ist. Zur besseren Wärmeverteilung empfiehlt sich die Anbringung eines Ventilators. Für die Lagerung von Heizöl gibt es Vorschriften und man benötigt einen speziellen Tank. Gewächshaus-Ölofenheizung empfiehlt sich am ehesten, wenn auch das Wohnhaus mit Einzelölöfen geheizt wird.

Petroleum-Heizöfen für Kleingewächshäuser bestehen aus einem Doppelbrenner mit 2 Tanks à 3,1 l. Die Brenndauer einer Tankfüllung ist etwa 4 bis 6 Tage. Die Heizleistung beträgt etwa 1,5 kW. Ein Petroleum-Heizofen

BETA SOLAR-Wärmespeicherschläuche.

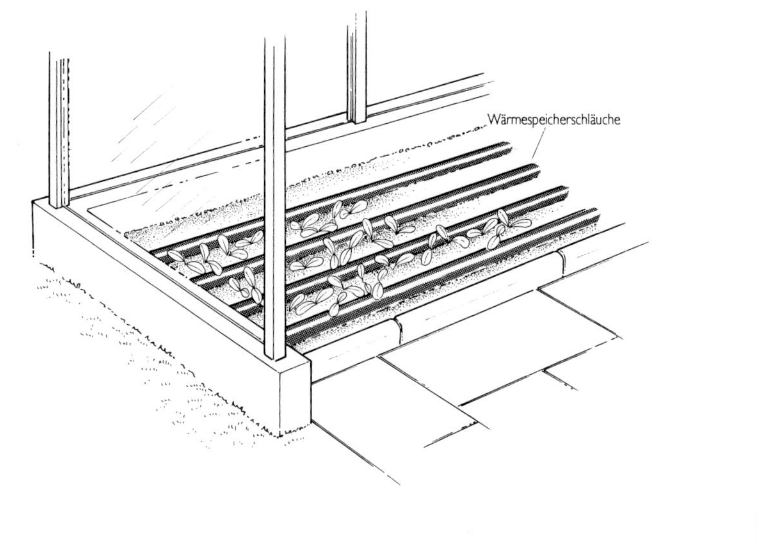

reicht aus, um kleinere Gewächshäuser in der Übergangszeit frostfrei zu halten.

Gasheizungen

Für die Temperierung des Kleingewächshauses werden verschiedene Gasheizungen angeboten. Der Allgasraumheizer ist ein vollemaillierter Heizkörper, der an eine Außenwand montiert wird. Er benötigt einen Abgaskamin. Die Temperatur wird über ein eingebautes, stromloses Raumthermostat geregelt. Er hat eine Leistung von etwa 2,5 kW. Das reicht, um ein kleines Gewächshaus auf etwa 10 °C zu halten, wenn es draußen –15 °C hat, vorausgesetzt das Haus ist mit 16 mm Plexiglas-Stegdoppelplatten (k-Wert 2,7) eingedeckt oder nachträglich isoliert worden.

Desweiteren werden Propangasheizungen mit Katalysatorbrennern angeboten. Sie sind mit einer thermostatischen Regelungsmöglichkeit von 2 bis 22 °C ausgestattet und sind in Ausführungen mit einer Leistung von 2 kW, 2,3 kW und 3,8 kW erhältlich. Auch für diese Heizung ist kein Stromanschluß notwendig. Vorteilhaft ist der hohe Wirkungsgrad von über 99 % bei der Gasverbrennung. Durch die Katalysatortechnik wird das Gas vollständig verbrannt und es entstehen keine schädlichen Abgase. Für die Nutzung in einem Gewächshaus mit blühenden Pflanzen sollte diese Heizung dennoch mit einer Abgasanlage ausgestattet werden, da durch die Gasverbrennung die Luft mit Kohlendioxid angereichert wird. Kohlendioxid benötigen Pflanzen für die Photosynthese (siehe auch Seite 109 ff.). Eine Anreicherung der Luft mit Kohlendioxid wirkt wachstumsfördernd. Bei blühenden Pflanzen kann eine zu hohe Kohlendioxid-Konzentration (wenn das Gewächshaus auch im Winter immer über 16 °C geheizt wird) jedoch zu einem schnelleren Abblühen führen.

Eine Gasheizung mit einer Leistung von 3,8 kW kann ein mittelgroßes Kleingewächshaus (50 m² wärmeabgebende Außenfläche) mit einer 16 mm-Plexiglas-Stegdoppelplatten-Eindeckung (k-Wert 2,7) bei guter Dichtigkeit und entsprechenden Konstruktionsprofilen auch noch bei –18 °C Außentemperatur auf 10 °C erwärmen, ein kleineres Gewächshaus mit derselben Eindeckung entsprechend höher.

Elektroheizungen

Elektrische Heizungen für Kleingewächshäuser sind problemlos an eine 220 Volt-Steckdose anzustecken. Sie erzeugen keine Abgase, ihre Betriebsko-

Oberes Bild: Propangasheizung.

Unteres Bild: Elektrische Heizkörper (rechts, vorn) und Gasheizkörper links hinten.

sten sind jedoch hoch, da Strom ein teurer Energielieferant ist.

Elektrische Rippenrohrheizungen haben Rohre, die zwecks Vergrößerung der wärmeabgebenden Oberfläche gerippt sind. Für Kleingewächshäuser werden sie in verschiedenen Längen mit unterschiedlichen Heizleistungen von 0,5 bis 4 kW angeboten. Elektrische Rohrheizkörper für Blumenfenster und Pflanzenvitrinen gibt es mit einer Leistung von 125 bis 750 W.

Elektroheizungen mit Gebläse für Kleingewächshäuser haben eine Leistung von 2 oder 3 kW und sind mit einem Thermostat ausgestattet. Geräte mit Lüfterstufe können im Sommer als Luftumwälzer (ohne Heizung) genutzt werden. Einige Geräte können auf 1.000 W zurückgeschaltet werden bzw. machen das automatisch. Dadurch kann die Temperatur genauer geregelt werden, was wiederum Energie spart.

Einige Heizlüfter führen Schwenkbewegungen aus, damit die erwärmte Luft nicht nur in eine Richtung geblasen wird. Zu empfehlen sind auch Umluftheizungen mit Ansaug- und Ausblasrohren. Die wärmere Luft unter dem Dach (warme Luft steigt nach oben) wird angesaugt, bei Bedarf erwärmt und als »Warmluftdusche« oder Freistrahl in Pflanzenhöhe wieder abgegeben.

Bei manchen Geräten läßt sich sogar eine Nachtabsenkung der Temperatur einstellen. Das spart nicht nur Energie, sondern bekommt auch den meisten Pflanzen sehr gut. Beim Kauf eines elektrischen Gerätes für das Gewächshaus sollte man immer darauf hinweisen, daß es sich hierbei um einen Feuchtraum handelt, um besonders in punkto Sicherheit entsprechend beraten zu werden.

Elektrische Bodenheizkabel dienen der wachstumsfördernden Bodenerwärmung (z. B. in Vermehrungsflächen), nicht jedoch zur Erwärmung der Gewächshausluft. Es gibt sie in vielen Längen von 2,30 bis 130 m. Die kunststoffüberzogenen Heizkabel werden etwa 20 cm tief im Abstand von 30 cm voneinander verlegt. In Beeten, in denen mit Gartenwerkzeugen gearbeitet wird, empfiehlt es sich, die Heizkabel mit einem Maschendraht zu schützen. Die Oberflächentemperatur der Kabel beträgt etwa 30 bis 40 °C. Die Bodentemperatur kann über einen Thermostat geregelt werden.

Elektrisch beheizte Wärmeplatten werden unter Pflanzschalen und Töpfen mit bodenwärmebedürftigen Pflanzen (z. B. Aussaaten) gelegt. Sie werden

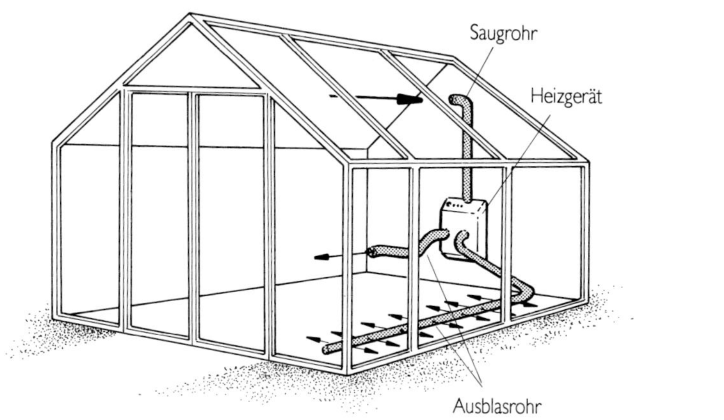

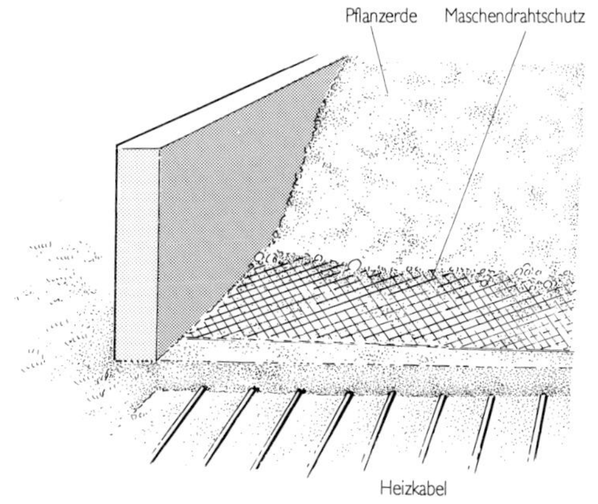

Oben: Umluftheizung.

Unten: Verlegung von Bodenheizkabeln.

Lüftungsautomat.

unter anderem in Vermehrungsbeeten und in Blumenfenstern eingesetzt.

Auch Infrarotlampen können zur Erwärmung genutzt werden. Ihre langwellige Strahlung erwärmt Flächen und Gegenstände, auf die sie auftrifft. Die wiederum geben Wärme an die Umgebungsluft ab. Der Infrarotstrahl sollte nicht direkt auf Pflanzen, sondern auf den Boden gerichtet werden.

Eine weitere Besonderheit ist die mit einer Umluftheizung kombinierte Entfeuchter-Wärmepumpe, wie sie vorwiegend für Wintergärten angeboten wird. Die Luft wird ohne Wärmeverluste entfeuchtet, da die Fenster nicht geöffnet werden müssen, um überschüssige Luftfeuchtigkeit hinauszulassen. Die Leistungsaufnahme der Wärmepumpe ist 500 W, die Wärmeabgabe (Rückführung) etwa 1.500 W. Die zuschaltbare Umluftheizung hat eine Leistung von 1.000 bzw. 2.000 W und eine Luftumwälzung von 100 bzw. 200 m^3 Luft pro Stunde. Luftfeuchtigkeit und Temperatur werden automatisch über Hygrostat und Thermostat geregelt.

Lüftung und Luftumwälzung

Die Lüftung dient der Frischluftzufuhr, dem Ableiten »verbrauchter« oder zu feuchter Luft sowie der Kühlung des Gewächshauses. Im Sommer wird es im Gewächshaus schnell zu warm, und die Lüftung ist dann wichtig bei der Temperaturregulierung. Im Winter kann die Temperatur an sonnigen Tagen unerwünscht hoch klettern. Beim Kauf oder bei der Planung eines Gewächshauses zum Selbstbau sollte auf ausreichend große Lüftungsfenster und Türen geachtet werden. Die Luft im Gewächshaus sollte pro Stunde 20- bis 50mal ausgetauscht werden können.

Lüftungsautomaten

Damit man die Lüftung nicht von Hand regulieren muß, werden von allen Gewächshausfirmen automatische Fensteröffner für Dach- und Stehwandfenster sowie teilweise auch für Türen angeboten. Diese Lüftungsautomaten funktionieren in der Regel stromlos über das Prinzip der Wärmeausdehnung. Es gibt sie in verschiedenen Ausführungen für unterschiedliche Fenstergewichte.

In den Katalogen der Gewächshausanbieter wird das Gewicht, das der Lüftungsautomat heben kann, zum Teil in Kilogramm (kg) zum Teil in Newton (N) angegeben. Aus wissenschaftlicher Sicht wäre es korrekt, alle Gewichte (Kräfte) in Newton anzugeben. Umgangssprachlich hat sich aber Kilogramm eingebürgert, obwohl das physikalisch gesehen eine Masseeinheit ist. Um die Angaben in den Katalogen vergleichen zu können, rechnet man einfachheitshalber: 1 Kilogramm entspricht etwa 10 Newton. Ein Lüftungsautomat, bei dem 70 N angegeben wird, hat also ungefähr die gleiche Kraft wie einer mit 7 kg. Für Wintergärten werden auch elektrische Dachfensteröffner angeboten. Weitere Kriterien, die neben der Hubkraft beim Kauf eines Lüftungsautomaten beachtet werden sollten, sind die Sturmsicherheit, der Regelbereich der Temperatur sowie die Garantie des Herstellers.

Sturmsichere Lüftungsautomaten sind zwar teurer, gewährleisten aber auch bei einem Gewitter mit Sturmböen bei gleichzeitig hohen Temperaturen, daß das Lüftungsfenster nicht geöffnet wird und beschädigt werden kann. Es lohnt sich daher, vor dem Kauf nach der Sturmsicherheit des Lüftungsautomaten zu fragen. Sturmsichere Lüftungsautomaten bietet beispielsweise die Firma Wagner (»Lüftcheck sturmsicher«) an. Auf den thermohydraulischen Teil ist eine Hemm-Mechanik aufgesetzt, die den Dachflügel in jeder Öffnungsstellung festhält und ein Aufreißen durch einen Sturm verhindert.

Der notwendige Regelbereich des Lüftungsautomaten richtet sich nach der Nutzungsart. Für ausgesprochene Warmhäuser eignen sich Lüftungsautomaten, deren Regelbereich erst bei 17 bis 18 °C beginnt, bei Kalthäusern dagegen muß die Lüftung spätestens bei 10 °C einsetzen können, um allzu große Temperaturschwankungen zwischen Tag und Nacht bei Sonnenschein in den Herbst-, Frühjahrs- und Wintermonaten zu vermeiden. Für die sehr kühle Überwinterung gerade über dem Gefrierpunkt ist ein Lüftungsautomat mit einem Regelbereich von 0 bis 30 °C zu empfehlen.

Die Regelbereiche der Lüftungsautomaten sind oft nicht in den Katalogen ausgewiesen und sollten unbedingt vor der Anschaffung erfragt werden, damit sie zur jeweiligen Nutzungsart passen.

Ventilatoren

Reicht die natürliche Lüftung über Türen, Dach- und Seitenfenster nicht aus, kann man mit Ventilatoren zwangsbelüften. Diese Ventilatoren werden in der Regel in einen Lochausschnitt oben am Giebel fest eingebaut.

Ventilatoren zur Zwangsentlüftung und -belüftung werden in der Regel oben im Giebel eingebaut.

Es gibt Ventilatoren, die nur von innen nach außen blasen (entlüftend) und solche deren Richtung man umschalten kann (ent- und belüftend). Der Querschnitt der Lufteintrittsöffnungen (Lüftungsfenster, Lüftungsklappen) sollte mindestens viermal so groß sein wie die Ventilatoröffnung, was in der Regel der Fall ist. Man sollte bei der Anbringung des Ventilators darauf achten, daß der Lufteintritt zur Kühlung des Gewächshauses von einer kühleren Seite und der Luftaustritt zur wärmeren Seite hin erfolgen sollte.

Entlüftende sowie ent- und belüftende Ventilatoren für Kleingewächshäuser werden mit einem Fördervolumen bis zu über 3.000 m³ Luft pro Stunde angeboten. In der Regel werden sie mit Strom aus der Steckdose betrieben, es gibt jedoch auch Solar-Gebläselüfter. Der Ventilator kann über einen Thermostat geregelt werden. Bei Unterschreiten einer vorgegebenen Temperatur wird er automatisch abgeschaltet und die

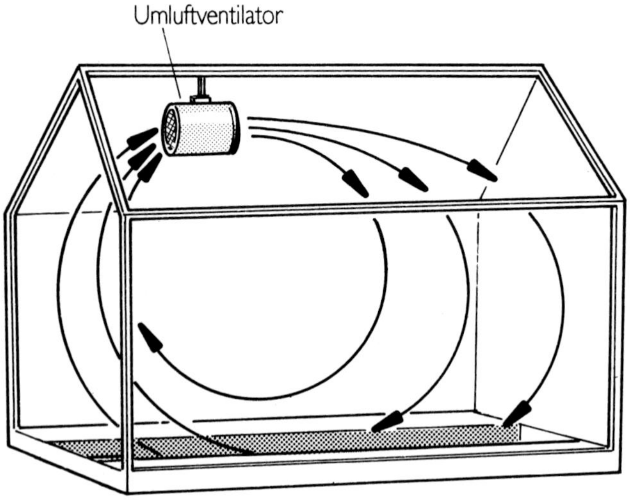

Oben: Luftumwälzung im Kleingewächshaus.

Unten: Umluftgebläse.

Ventilatoröffnung schließt sich. Die Ventilatordrehzahl kann mit einem Drehzahlsteller eingestellt werden. Mit Hilfe eines elektronischen Temperaturreglers kann die Ventilatordrehzahl vollautomatisch und stufenlos abhängig von der Temperatur geregelt werden.

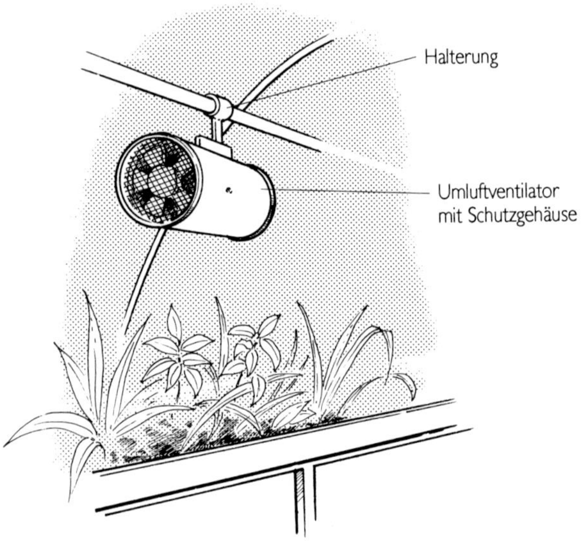

Es gibt nicht nur Ventilatoren für die Be- und Entlüftung, sondern auch solche für die Luftumwälzung. Sie werden meist unter dem Dach und über dem Pflanzenbestand aufgehängt. Die Luftbewegung sorgt für ein besseres Abtrocknen der Pflanzen, was wiederum vor Pilzkrankheiten schützt, bei manchen fördert sie die Befruchtung (z. B. Tomaten). Die Luftgeschwindigkeit an den Pflanzen sollte jedoch in der Regel kleiner als 0,5 m/s (Meter pro Sekunde) sein, die Luft etwa 10- bis 20mal pro Stunde umgewälzt werden.

Luftumwälzung ist auch zur Energieeinsparung wichtig. Da warme Luft nach oben steigt, während kalte absinkt, ist die Gewächshausluft unter dem Dach wärmer als im Pflanzenbestand. Ein Gewächshausventilator sorgt für eine gleichmäßigere Verteilung von Wärme und Luftfeuchtigkeit. Um die Luftumwälzung möglichst optimal zu gestalten, wird der Ventilator etwa in 0,5 bis 1 m Entfernung von einer Giebelseite angebracht. Die »Saugseite« sollte zur näheren Giebelseite zeigen, die »Blasseite« zur weiter entfernten Giebelseite. Im Gegensatz zu freien Deckenventilatoren in Wohnräumen befindet sich der Gewächshausventilator in einem Schutzgehäuse und der Drehradius des Ventilators steht senkrecht zur Bodenoberfläche. Bei der Anbringung von mehreren Geräten sollten alle in eine Richtung blasen. Das gilt auch für die Kombination mit einer Zwangsbe- oder -entlüftung.

Umluftventilatoren können auch mit einem sogenannten Klimaschlauch kombiniert werden, der unter den Tischen liegt. In diesem Fall sollte die »Saugseite« zur weiter entfernten Giebelseite zeigen. Die warme Luft unter dem Dach wird abgesaugt und über den Klimaschlauch nach unten in den Pflanzenbestand geführt.

Luftumwälzer für Kleingewächshäuser, Wintergärten und Pflanzenvitrinen werden mit verschiedenen Luftfördervolumina von 110 bis 840 m^3 Luft pro Stunde angeboten. Wer Strom sparen möchte, kann einen Solar-Umluftventilator anbringen, der mit Sonnenenergie arbeitet. Jedoch werden diese, soweit uns bekannt, bisher nur mit einem Luftfördervolumen von 144 m^3 Luft pro Stunde angeboten. Will ich errechnen, welche Leistung mein Gerät erbringen sollte, multipliziere ich das Luftvolumen meines Gewächshauses mit 20. Wer sich das Rechnen ersparen möchte, läßt sich von einer der Gewächshausfirmen beraten.

Die Schattierung

Die Schattierung dient neben ihrer Funktion als Schutz vor zu intensiver Sonneneinstrahlung auch zur Temperierung. Man unterscheidet Außen- und Innenschattierung. Die Außenschattierung verhindert, daß (zuviele) Sonnenstrahlen überhaupt in das Gewächshaus dringen und dort in Wärme umgewandelt werden. Als Folge davon bleibt es kühler. Eine Innenschattierung läßt die Sonnenstrahlen bis zur Schattierungseinrichtung vordringen, folglich ist die Wirkung geringer. Innenschattierung ist oft auch aus Platzgründen für das Kleingewächshaus weniger geeignet. Andererseits kann sie im Winter zur Energieeinsparung eingesetzt werden. Wird sie in kühlen Winternächten zugezogen, wirkt sie als »Energieschirm«, indem sie die Wärmestrahlung absorbiert und (zum Teil) wieder zurückwirft.

Die preisgünstigste Schattierungsmaßnahme ist das Anstreichen der Glaseindeckung mit Schattierfarbe. Sie kann aus 25 kg Schlämmkreide und 30 l Wasser selbst zusammengerührt werden. Auch Mischungen aus Weizenmehl und Wasser sind möglich. Der Regen wäscht die Farbe nach und nach wieder ab. Die Reste werden im Herbst mit warmem Wasser entfernt.

Im Sommer kann auch ein Bewuchs mit einjährigen Kletterpflanzen als Schattierung dienen. Ein Nachteil ist, daß die Schattierung auch an trüben Tagen weiterbesteht.

Ansonsten werden zur Schattierung von Gewächshäusern Kunststoffrohrmatten, Schilfrohrmatten, Lamellenschattierungsanlagen oder einfach Schattiergewebe eingesetzt, die bei trübem Wetter zusammengerollt oder -gerafft werden können.

Legt man die Außenschattierung direkt auf das Gewächshaus auf, hat das den Nachteil, daß die Dachfenster nicht zu öffnen sind. Besser, aber aufwendiger und teurer sind Konstruktionen mit einem Freiraum zwischen Außenschattierung und Gewächshaus. Für Wintergärten werden Lamellenschattierungen aus Kunststoff oder Metall, die photoelektrisch gesteuert werden können, angeboten.

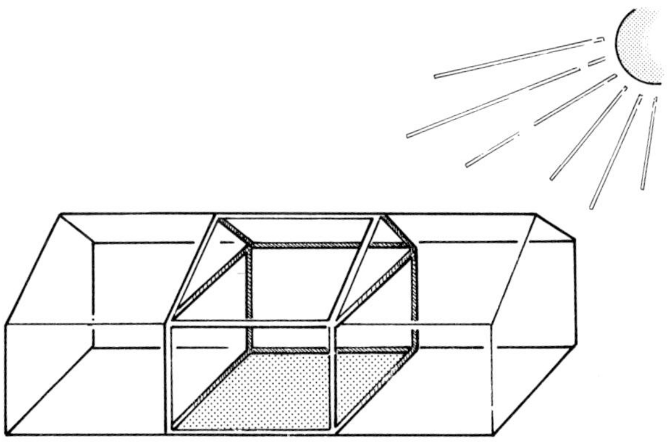

Oben: Aufteilung eines Gewächshauses in drei Temperaturbereiche (Beispiel).

Kühlung durch Verdunstung

Ein Gewächshaus kann auch zusätzlich durch Verdunstungskälte gekühlt werden. Wenn Wasser verdunstet, entzieht dieser Vorgang der Umgebung Wärme. Man kann sich dieses Prinzips bedienen, indem man Wege und Untertischflächen berieselt (nicht überschwemmt!). Die darüberstreichende Luft wird befeuchtet und kühlt gleichzeitig ab. Auch Springbrunnen, Wasserläufe und ähnliche Einrichtungen haben diesen Effekt.

Einrichtung von Kabinen

Durch den Einbau von flexiblen oder ortsfesten Trennwänden läßt sich ein Gewächshaus in Abteile und damit in verschiedene Temperatur- und Luftfeuchtigkeitsbereiche untergliedern.

Eine preisgünstige Möglichkeit, mehrere Abteile zu schaffen, ist die Abtrennung mittels »Vorhängen« aus stabiler Folie oder Luftpolster- oder Noppenfolie. Die Vorhänge sollten jeweils aus 2 Teilstücken bestehen, die sich im Durchgangsbereich überlappen und außerdem bis auf den Boden herunterhängen. Handelt es sich nur um einzelne Beete, die man besser gegen Wärmeverluste schützen möchte, können diese mit einem zeltartigen Überbau aus Gartenbaufolie versehen werden oder mit Folientunnel oder ähnlichem überbaut werden.

Besser abgrenzend bezüglich des Kabinenklimas sind feste Trennwände, die man beispielsweise als eine einfach oder mehrfach mit Folien bespannte Holzkonstruktion erstellen kann (Türe nicht vergessen). Von vielen Herstellern werden auch Trenngiebel passend zum jeweiligen Gewächshaus oder Verlängerungsanbauten angeboten. Beide sind auch nachträglich einzubauen.

Wird das Gewächshaus in mehrere Temperaturbereiche unterteilt, sollte das wärmste Abteil in der Mitte liegen, da hier die Wärmeverluste am geringsten sind. Die der Sonne abgewandte Kabine wird als kältestes Abteil genutzt.

Hat man nur wenige, kleinere Pflanzen mit einem höheren Luftfeuchte- oder Wärmeanspruch, ist das Aufstellen einer Pflanzenvitrine zu empfehlen. Diese Lösung ist vor allem immer dann ratsam, wenn eine gute optische Wirkung gewünscht ist, beispielsweise in einem Wintergarten. Pflanzenvitrinen können mit Bodenheizung, Luftbefeuch-

Linke Seite: Außenschattieranlage bei einem Alpinenhaus.

Oben: Für das Einrichten von verschiedenen Temperatur- und Luftfeuchtigkeitsbereichen sind Kabinen sinnvoll.

ter, Zusatzbelichtung und vielen anderen technischen Einrichtungen ausgestattet werden, sodaß in ihnen ein vom umgebenden Wintergarten oder Kleingewächshaus nahezu unabhängiges Klima geschaffen werden kann.

Das Vermehrungsbeet

Mit einem Vermehrungsbeet wird auf einer kleinen Fläche ein wärmerer Raum (vor allem mit ausreichender Bodenwärme) und höherer Luftfeuchte zur Anzucht und Vermehrung von Pflanzen geschaffen. Auf diese Weise können auch in einem niedriger temperierten Gewächshaus mit trockenerer Luft optimale Keimbedingungen geschaffen werden.

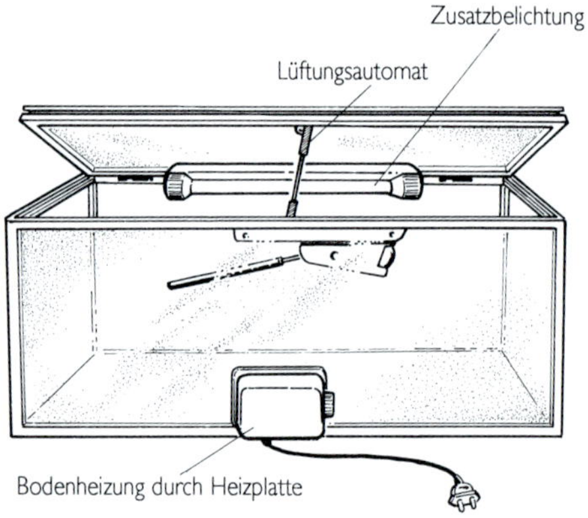

Rechts: Das Vermehrungsbeet bietet einen warmen Platz für die Aufzucht und Vermehrung.

Die einfachste Möglichkeit zu einem Anzuchtkasten oder Vermehrungsbeet zu kommen, ist der Kauf eines Bausatzes bei einem der Gewächshausanbieter. So ein Anzuchtkasten besteht in der Regel aus einer Aluminiumkonstruktion und einer Eindeckung aus Stegdoppelplatten. Er ist meist serienmäßig mit einer thermostatgesteuerten Heizplatte ausgestattet. Zusätzlich kann man ihn mit einem automatischen Fensteröffner und Einrichtungen zur Zusatzbelichtung versehen. Als Minivermehrungsbeete kann man elektrisch beheizte Anzuchtschalen bezeichnen.

Es lassen sich aber auch leicht Tischbeete in Vermehrungsflächen umwandeln. Unter Tisch verlegte Warmwasserheizungsrohre, im Tischbeet verlegte Bodenheizkabel oder auf dem Tisch aufgestellte Wärmeplatten sorgen für genügend Bodenwärme. Eine Abdeckung mit Folien- oder Glashauben sorgt für ausreichende Luftfeuchtigkeit.

Beispiele für den Aufbau von selbstgebauten Vermehrungsbeeten zeigt die Abbildung. Wegen der benutzerfreundlicheren Arbeitshöhe sind Tischbeete Grundbeeten vorzuziehen. Die Bodenwärme wird entweder über elektrische Heizkabel oder über eine unter dem Tisch angebrachte Warmwasserheizung geliefert, wenn in ein Tischbeet gesät oder gepflanzt wird. Geht es nur darum, Aussaatschalen warm aufzustellen, reicht es, Wärmeplatten entsprechend mit seitlicher Isolierung und einer lichtdurchlässigen Abdeckung zu »überbauen«. Auch ein Grundbeet kann als Vermehrungsbeet genutzt werden, indem man elektrische Bodenheizkabel verlegt (siehe auch Seite 53), zur Seite wird mit eingesenkten Styropor- oder auch Holzplatten isoliert. Als Abdekkung verwendet man Glasfenster, Stegdoppelplattenfenster oder auch Hauben aus Hartkunststoff. Eine einfache Lösung ist die Abdeckung mit Folie oder Vlies.

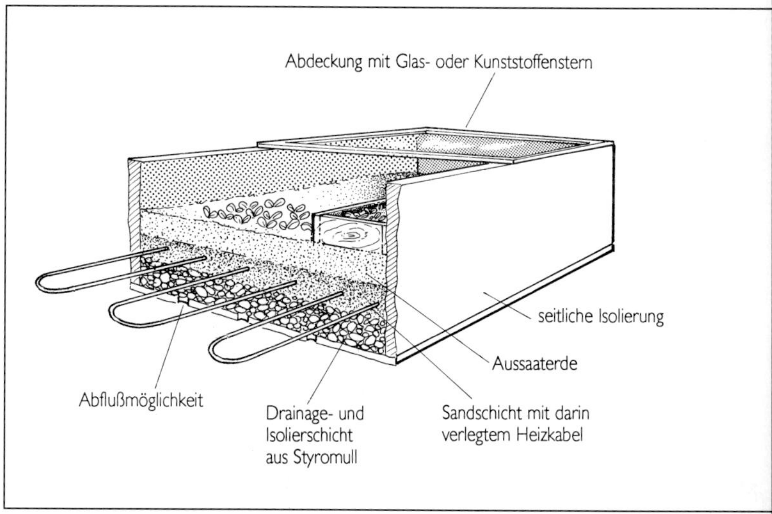

Oben: Ein Vermehrungsbeet mit Heizkabeln zum Aufbau auf einen Kulturtisch.

Links: Ein Vermehrungsbeet mit unter dem Tisch verlegten Warmwasserheizungsrohren.

Nachträgliche Wärmedämmung und Energieeinsparung

Durch verschiedene Maßnahmen können die Wärmeverluste des Gewächshauses verringert werden. Geht es darum, Pflanzen in einem ungeheizten

Sommerblumen- und Gemüseanzucht in einem Grundbeet mit Erdkabelheizung.

Gewächshaus während extremer Kälteperioden vor allzu tiefen Temperaturen zu schützen, kann während dieser Periode das gesamte Gewächshaus mit Strohmatten abgedeckt werden, da sich die Pflanzen in einer Ruhephase befinden und nicht lichtbedürftig sind. Maßnahmen zur Wärmedämmung sind aber besonders bei beheizten Gewächshäusern wichtig, wo es gilt Energie und Heizkosten einzusparen.

Energieverluste können beispielsweise beim Zu- und Rücklauf zur Warmwasserheizung auftreten, die Rohre sollten daher mit Rohrschalen isoliert werden. Undichtigkeiten wie nicht dicht schließende Fenster oder Türen können unter Umständen mit einem Dichtband ausreichend abgedichtet werden. Zur dauerhaften Abdichtung der »Nahtstellen« zwischen Aluminium- und Wandflächen wird Silikon-Kautschuk in den Farben weiß, braun oder Alu angeboten, der mit einer Handspritze aufgetragen wird. Wärmedämmend wirkt auch eine Sprossenabdeckung aus UV-beständigem PVC und ähnlichem, wie sie von einigen Gewächshausanbietern zur Nachrüstung ihrer Gewächshäuser und Wintergärten angeboten wird.

Eine Energieeinsparung von bis zu 30 % bewirkt die Anbringung von Luftpolster- oder Noppenfolie an der Gewächshauseindeckung. Nachteilig ist jedoch die lichtmindernde Wirkung von etwa 10 %. Die Luftpolster- oder Noppenfolie kann innen oder außen angebracht werden. Befestigt wird sie in der Regel mit Noppenfolienhaltern, die dauerhaft mit einem wasserfesten Spezialkleber angebracht werden und ein bequemes Anbringen und Auswechseln ermöglichen. Die Außenanbringung ist wegen der verschiedenen Gewächshausvorrichtungen im Inneren in der Regel einfacher als die Innenanbringung. Andererseits bleibt die Qualität der Folie bei Innenanbringung länger erhalten, da sie weniger dem UV-Licht ausgesetzt ist. Um den Lichtgenuß der Pflanzen möglichst gut zu erhalten, können auch nur die Seitenwände mit Luftpolster- oder Noppenfolie ausgestattet werden, während die Dachflächen freigelassen werden, allerdings ist dann die Energieeinsparung geringer. Auch Stegdoppel- und Stegdreifachplatten können während der kalten Jahreszeit als Stehwandisolierung bei einfach verglasten Gewächshäusern eingesetzt werden.

Vorhänge aus Folie oder Luftpolsterfolie in gewissem Abstand zur Eingangstür verhindern, daß beim Betreten des Gewächshauses in der kälteren Jahreszeit kalte Außenluft über wärmebedürftige Pflanzen streicht. Der so geschaffene »Vorraum« wirkt als Wärmepuffer und hilft Energie einzusparen. Je nach Größe und Temperatur können hier auch unempfindlichere Pflanzen überwintert oder Gemüse eingelagert werden (siehe auch Seite 59).

Mit der Anbringung von Styroporplatten an der Nordseite des Gewächshauses kann außerdem eine beträchtliche Energiemenge eingespart werden. Bei Tischkultur können die Stehwände bis zur Höhe des Tisches mit Styropor ausgekleidet werden. Die Innenseite des Fundamentes kann mit Hartschaumwärmedämmplatten zusätzlich isoliert werden, um dadurch die Wärmeverluste über den Boden zu verringern.

Das Zuziehen einer vorhandenen Schattierung bei Nacht bringt eine Wärmeeinsparung von etwa 6 bis 12 %. Noch besser wirken spezielle Energieschirme (Isolierfolie, aluminisiertes Polyestergewebe, Isolierlamellen), die nachts zugezogen bzw. geschlossen werden.

Auch wer für saubere Glasscheiben oder anderes Eindeckungsmaterial sorgt, spart Energie. Je sauberer und lichtdurchlässiger das Eindeckungsmaterial, desto mehr Licht dringt in das Gewächshaus, wo es in Wärme umgewandelt wird.

Da der größte Teil der Energie nachts verbraucht wird, spart eine nächtliche Temperaturabsenkung Heizkosten. Aber auch die Wahl der Bewässerung beeinflußt den Energieverbrauch. Wer mit Tröpfchenbewässerung gezielt gießt, reduziert die Verdunstung und die dadurch entstehende Verdunstungskühlung.

Bewässerungseinrichtungen und Luftbefeuchtung

Wasser ist neben Licht und Wärme ein wesentlicher Wachstumsfaktor für Pflanzen, der sowohl als Wasser im Boden als auch als Luftfeuchte von Bedeutung ist (siehe auch Seite 105 ff.).

Wasser- und Kanalanschluß

Kalthäuser benötigen nicht unbedingt einen eigenen Wasseranschluß, wenn sie im Sommer und in der Übergangszeit mit einem Gartenschlauch zu erreichen sind. Hat man sich dennoch für einen Anschluß entschieden, kann der im Winter abgestellt werden. Zum Gießen überwinternder Pflanzen können die geringeren Wassermengen auch mit einer Gießkanne vom Wohnhaus zum Gewächshaus befördert werden.

Anders sieht es bei einem Gewächshaus aus, das als temperiertes oder Warmhaus genutzt wird. In diesem Fall einer ganzjährig intensiven Nutzung ist ein Wasseranschluß zu empfehlen, der in frostfreier Tiefe von 80 bis 100 cm verlegt sein muß. Um den Pflanzen beim Gießen keinen Kälteschock zu versetzen, wird das Gießwasser zunächst in einen Wasserbehälter gefüllt, damit es Raumtemperatur annehmen kann, bevor man es benutzt.

Ein Kanalanschluß empfiehlt sich bei Häusern mit Tischkultur und betonierten Wegen, besonders wenn auch die Untertischflächen versiegelt sind. Wege, Tische und andere Flächen lassen sich dann sauber ausspritzen, ohne daß es zu einer Überschwemmung im Gewächshaus kommt. Wasser- und Kanalanschluß sollten vor dem Gewächshauskauf oder -bau geplant werden.

Regenwassersammelanlagen

Sauberes Regenwasser ist für viele Pflanzen das beste Gießwasser. Es kann pur oder als Verschnitt mit Leitungswasser verwendet werden. Regenwasser kann vom Gewächshaus- und/oder Wohnhausdach gesammelt werden, wobei letzteres in der Regel im Hobbygartenbau eine wesentlich größere Auffangfläche bietet.

Viele Gewächshausfirmen bieten Regenwassersammelrinnen für ihre Gewächshäuser an, die leicht an einen Schlauch angeschlossen werden können, der wiederum in ein Regenfaß o. ä. geleitet wird. Wesentlich ergiebiger sind

Sauberes Regenwasser ist für viele Pflanzen das beste Gießwasser und sollte vom Gewächshausdach gesammelt werden.

komplette Regenwassersammelanlagen für Wohnhäuser mit Keller- oder Erdtank.

Besonders nach längeren Trockenperioden befinden sich auf der Dachfläche viel Staub und andere unerwünschte Ablagerungen aus der Luft. Damit das gesammelte Wasser möglichst wenig Verunreinigungen und Schadstoffe enthält, wird mit dem Sammeln erst begonnen, wenn die Auffangflächen durch den ersten Regen abgewaschen und damit sauber sind. Hilfreich ist ein Regensammler mit automatischem Schmutzwasserablauf, der bei leichten Nieselregen das Wasser abfließen läßt und nur bei stärkerem Regen (stromlos) auf Sammeln umschaltet.

Auffangflächen und Regenrinnen sollten möglichst nicht aus Kupfer gefertigt sein, da Kupferteilchen durch Regenwasser herausgelöst werden können, was auf Dauer zu einer Anreicherung im Boden und als Folge zu Pflanzenschäden führen kann. Auch verzinkte Rohre können in dieser Hinsicht problematisch sein. Geeignetere Materialien sind Edelstahl, Kunststoff und Aluminium. Vorhandene Auffangflächen und Regenrinnen können nachträglich mit einer Schutzfarbe versiegelt werden.

Bewässerung und automatische Bewässerung

Das Gießwasser wird entweder einem Leitungswasserhahn oder einem Wasserbehälter entnommen, wobei für letzteren Fall unter Umständen die Anschaffung einer Pumpe (gibt es im Gartencenter) sinnvoll sein kann. Auf die Wasserqualität und Wasserenthärtung wird auf Seite 107 eingegangen.

Unabhängig davon, ob man das Wasser von Hand verteilt oder ein Bewässerungssystem installiert, sollte nach Möglichkeit nur in den Wurzelbereich und nicht über die Pflanze bewässert werden, denn an Pflanzenteilen, die über eine gewisse Zeit naß bleiben, können sich leicht Pilzkrankheiten ansiedeln.

Bewässerung mit Schlauch und Kanne

Gegossen wird bei der einfachen Bewässerung »von Hand« (manuell) mit einer Gießkanne oder über einen Schlauch, an den ein Gießgerät angebracht wurde. Ein Aufsatz an der Gießkanne oder am Schlauch bzw. Gießgerät sorgt dafür, daß das Wasser nicht als ein harter Strahl oder Schwall, der alles wegschwemmen würde, sondern als Brause oder feindosiert und drucklos auf die Gießfläche auftrifft. Diese Art der Wasserverteilung, bei der man von

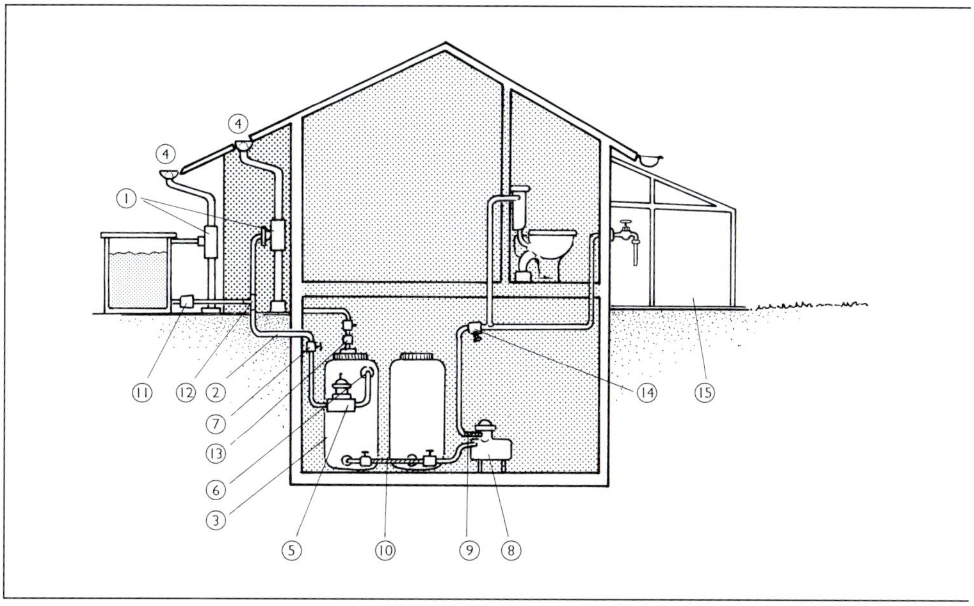

Regenwasser-Sammelanlage: 1 Regensammler, 2 1-Zoll-Gartenschlauch, 3 Sammeltank, 4 Laubfangkorb, 5 Filter, 6 Schwimmerventil, 7 1-Zoll-Schlauchhahn, 8 Pumpanlage, 9 1-Zoll-Panzerschlauch, 10 Spiralschlauch, 11 3/4-Zoll-Rückschlagventil, 12 Schlauchverteiler (1 Zoll/3/4Zoll/1 Zoll), 13 Trinkwasser-Nachspeisesatz, 14 Feinfilter, 15 Anlehngewächshaus.

Pflanze zu Pflanze gehen muß, ist jedoch ziemlich zeitaufwendig, besonders im Sommer, wenn an heißen Tagen oft mehrmals täglich gegossen werden muß. Man neigt dann dazu, möglichst große Mengen auf einmal zu verabreichen, um diesen Arbeitsgang nicht zu oft wiederholen zu müssen. Dies hat aber häufig die unerwünschte Nebenwirkung, daß wertvolle Nährstoffe ausgewaschen werden oder daß die Pflanzen bei einem plötzlichen Wetterumschwung mit zu nassen Füßen dastehen, was wiederum Wurzelkrankheiten und/oder Befall mit Trauermückenlarven zur Folge haben kann.

Man kann sich die Gießarbeit jedoch wesentlich erleichtern. Dazu werden verschiedene Bewässerungssysteme angeboten, wobei wir hier nur auf die im Kleingewächshausanbau sinnvollen und praktikablen Möglichkeiten eingehen.

Speichersysteme für Topfpflanzen

Wer keine Bewässerungsanlage installieren kann oder will, kann die Gießarbeit bei Topfpflanzen durch die Verwendung von Wasserspeichertöpfen und -kästen verringern. Sie bestehen aus dem eigentlichen Pflanzgefäß und einem Wasservorratsbehälter. Das Wasser gelangt über einen Docht aus dem Vorratsbereich in den Wurzelraum.

Das Prinzip der Dochtbewässerung, wie es als Bewässerungskästen und

Unten: Wasserspeicherkasten. Dochte leiten das Wasser aus dem Vorratsbereich noch in den Wurzelbereich.

Dochtbewässerung bei Töpfen und Blumenkästen.

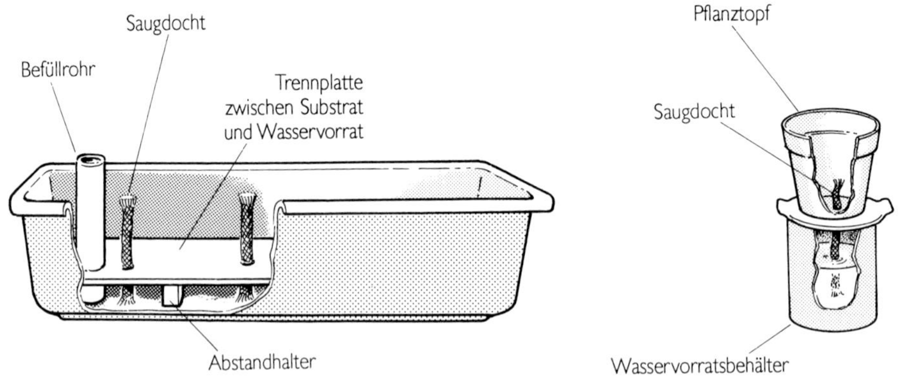

-töpfe in Gartencentern angeboten wird, kann man sich für eigene Konstruktionen zunutze machen. Legt man beispielsweise ein Gitter über eine mit Wasser befüllte Wanne und läßt von darauf gestellten Töpfen jeweils einen Docht in den Wasservorrat hängen, bewässern sich die Töpfe von selbst, nur die Wanne muß von Zeit zu Zeit aufgefüllt werden.

Eine einfache Möglichkeit ist die Aufstellung kleinerer Töpfe auf einen Tisch mit etwa 4 bis 5 cm hoher Randleiste. Der Tisch wird vorher mit einer Polyethylenfolie ausgekleidet und mit einer Sandschicht (kalkfreier Sand) oder einer Bewässerungsmatte ausgelegt. Die Pflanzen werden gleichmäßig und gerade darauf gestellt, wobei der Topfboden (mit Loch) engen Kontakt mit der Unterlage haben muß. Anstelle jede einzelne Pflanze zu gießen, muß nun nur der Sand oder die Bewässerungsmatte feuchtgehalten werden. Das Wasser wird aus der Unterlage in den Topf und damit zu den Wurzeln »gesaugt«.

Auch Hydrokultur- und andere Langzeitsysteme für Topfpflanzen (sie werden auf Seite 345 ff. beschrieben) ermöglichen eine geringere Gießhäufigkeit.

Tropfbewässerungssysteme.

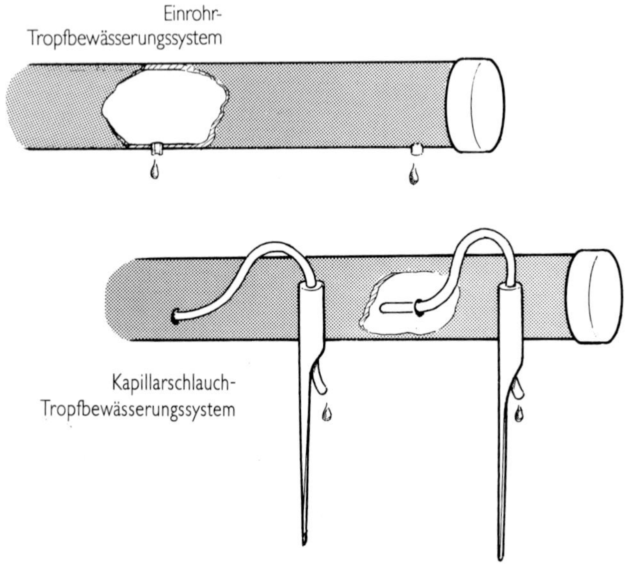

Tropfbewässerungssysteme

Einen weiteren Anwendungsbereich als die Mattenbewässerung hat die Tropfbewässerung. Man unterscheidet das Einrohrsystem und das Kapillarschlauchsystem.

Beim Einrohrsystem wird ein Tropfschlauch verlegt, der in bestimmten Abständen feine Austrittsöffnungen hat. Das Wasser fließt im Schlauch nahezu drucklos und tropft aus den Öffnungen. Das Einrohrsystem eignet sich für die Bewässerung von Pflanzen in Bodenbeeten und auf Tischen mit Erde, Sand oder Bewässerungsmatten.

Beim Kapillarschlauchsystem (Tropfbewässerung mit »Spaghettischläuchen«) gehen von einem Zuleitungs- oder Verteilerschlauch jeweils dünnere Tropfschläuche (0,7 bis 2,0 mm) zu den Pflanzen oder den Pflanzgefäßen. Das Wasser tropft (drucklos) aus dem Tropfschlauch. Damit der feine Schlauch nicht auf der Erde aufliegt und unter Umständen verstopft, wird er von einem Stäbchen gehalten. Bei manchen Systemen ist jeder Tropfschlauch mit einem Regler versehen, der automatisch durch die Bodenfeuchte/-trockenheit geöffnet oder geschlossen wird (z. B. Tropf-Blumat). Der »Trockenheitsgrad«, bei dem der Regler den Wasserdurchfluß freigibt, kann jeweils eingestellt werden.

Kapillarschlauchsysteme können zur direkten Einzelpflanzen-, aber auch zur Sammelbewässerung (zum Beispiel Befeuchten einer Bewässerungsmatte) genutzt werden. Bei hartem Wasser können sie nach längerem Gebrauch verkalken. Um den Kalk zu entfernen, kann man beispielsweise Essigwasser durch das System (in einen Eimer) laufen lassen.

Bei der Verwendung einer Tropfbewässerung wirkt die Erde oberflächlich fast immer trocken, nur direkt unter der Tropfstelle ist sie feucht und dunkler. Das muß jedoch nicht beunruhigen, denn das Wasser breitet sich unterirdisch in Form einer Zwiebel aus und gelangt so zu den Pflanzenwurzeln.

Tropfbewässerungssysteme müssen bei Veränderung der Bepflanzung oder der Pflanzenaufstellung neu eingestellt werden. Dafür bieten sie den Vorteil gezielter Wassergaben und eignen sich auch für Wintergärten, Balkone und ähnliche Räumlichkeiten, die nicht »überschwemmt« werden dürfen.

Beregnung

Inzwischen weniger gebräuchlich und auch weniger empfehlenswert als die obengenannten Bewässerungssysteme ist die Sprühbewässerung/Beregnung »über Kopf«. Ausnahmen sind nur besonders feuchtigkeitsliebende Tropenpflanzen. Aber auch bei ihnen sollte darauf geachtet werden, daß sie nicht naß in die Nacht gehen. Bei dieser Art der Bewässerung wird zudem wesentlich mehr Wasser verbraucht, als bei der gezielt in den Wurzelbereich verabreichten Wassergabe, da eine beträchtliche Menge Wasser an der Pflanze haftet und verdunstet. Dies hat außerdem eine hohe Luftfeuchtigkeit zur Folge, was nicht jeder Pflanze bekommt, besonders weil dies auch zur Taubildung in der (kühleren) Nacht führt. Die Überkopfberegnungs- oder Sprühanlagen haben allerdings den Vorteil, daß sie einen geringeren Wartungsbedarf haben und nicht ständig neu eingerichtet werden müssen.

Tropfbewässerung.

Teilautomatische und automatische Steuerung

Bisher haben wir nur über die Bewässerungssysteme gesprochen, die sich durch Auf- und Zudrehen des Wasserhahns an- und abstellen lassen. Man kann die Bewässerung jedoch auch ganz oder teilweise automatisieren. Dazu gibt es verschiedene Möglichkeiten.

Wassermengendosierer schließen nach Durchfluß einer vorgegebenen Wassermenge das Ventil. Der Wassermengendosierer verhindert Überschwemmungen, wenn das Abschalten der Bewässerung vergessen wird. Auch zeitgesteuerte Abschaltgeräte können für diesen Zweck genutzt werden (z. B. GARDENA Watertimer).

Elektrische Zeitschaltuhren (Batterie oder Stromanschluß) schalten die Bewässerung zu einer gewünschten Zeit an und beenden sie nach Ablauf einer vorgegebenen Zeit. Wichtig ist, daß die Bewässerungsdauer auch auf Zeiten unter 10 Minuten zuverlässig eingestellt werden kann. Bei »normalen« Zeitschaltuhren ist die Einstellung für jeden Tag gleich. Bei einigen Geräten kann

Unten: Möglichkeiten zur Automatisierung der Bewässerung. Die Bewässerung kann wahlweise betrieben werden durch:
1
Auf- und Zudrehen des Wasserhahns
2
Mit Bewässerungscomputer (Gardena)
3
Mit Beta-Pilot-System (Beckmann)

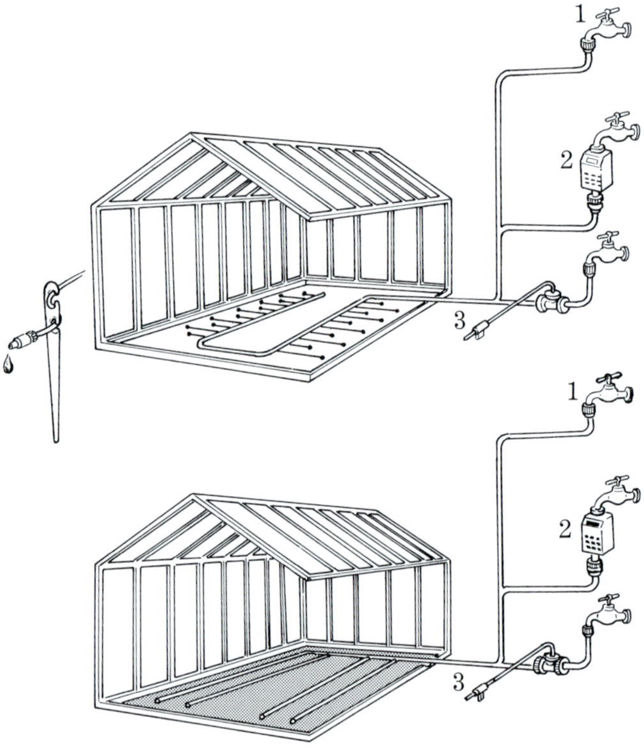

programmiert werden, an welchen Wochentagen das Bewässerungsprogramm ablaufen soll. Sie werden als »Bewässerungscomputer« angeboten. Bei der Steuerung der Bewässerung über Zeitschaltuhren wird die Bewässerungshäufigkeit und -dauer nach Erfahrungswerten eingestellt, der tatsächliche Bodenfeuchtezustand hat dabei zunächst keinen Einfluß.

Ein Bodenfeuchtefühler kann dagegen auf Bodenfeuchtigkeit reagieren und die Bewässerung dementsprechend steuern. Auch Zeitschaltuhren können mit einem Feuchtefühler kombiniert werden. Ist der Boden zum vorprogrammierten Gießzeitpunkt noch feucht genug, so bleibt die Bewässerung abgeschaltet (z. B. GARDENA-Bewässerungscomputer kombiniert mit GARDENA-Feuchtefühler). Bei anderen Systemen regelt der Feuchtefühler mehr oder weniger direkt den Bewässerungsvorgang. Die Gießdauer ist dann entweder vorgegeben oder wird auch durch den Feuchtefühler/-regler beendet. Bodenfeuchtefühler/-regler arbeiten je nach Art stromlos oder mit Schwachstrom. Unter den Feuchtereglern gibt es solche, die die Bewässerung direkt an der Tropfstelle an- oder abstellen (Tropf-Blumat, BETA 8) und solche, die ein Ventil direkt (BETA Pilot) oder über einen Schaltkasten (System Weihenstephan) betätigen. Einige Feuchtefühler funktionieren über das Prinzip des Aufquellens und Zusammenziehens von Holz bei Feuchte bzw. Trockenwerden, ihre Zuverlässigkeit läßt bei längerem Gebrauch, besonders bei kalkhaltigem Wasser, nach, und sie müssen ausgetauscht werden. Andere besitzen einen mit Wasser befüllten Keramikkörper und machen sich den Unterdruck zunutze, der entsteht, wenn bei Bodentrockenheit das Wasser aus der Tonzelle »gesaugt« wird.

Gleichzeitig mit der Bewässerung kann auch gedüngt werden. Dazu werden Flüssigdünger bzw. wasserlösliche Dünger verwendet, die über einen Düngerbeimischer zudosiert werden.

In Gartencentern und von Gewächshaus- und Bewässerungsfirmen werden Bewässerungssysteme mit den dazu passenden Automatisierungseinrichtungen angeboten.

Tropfbewässerung mit Makrotropfschlauch (Einrohrtropfbewässerungssystem von Beckmann): Im Verteilerschlauch sind alle 20 cm Was-

Linke Seite oben: Mit dem batteriebetriebenen Bewässerungscomputer kann bis zu sechsmal täglich automatisch bewässert werden.

Linke Seite unten: Die Zuleitung wird über den aufquellenden oder sich zusammenziehenden Holzkörper geschlossen bzw. geöffnet.

Links: Der Tensioschalter setzt die Bewässerung bei Bedarf in Gang.

Unten: Blumat-Bewässerungssystem.

seraustrittsöffnungen. Pro laufendem Meter werden 5 l Wasser pro Stunde abgegeben. Bewässert wird entweder manuell durch Auf- und Zudrehen des Wasserhahns, mittels Beta-Pilot (mit Bodenfeuchtefühler ohne Strom) oder per batteriebetriebenem Bewässerungscomputer.

Tropfbewässerung BETA 12 (Kapillarschlauch-Tropfbewässerungssystem von Beckmann): Abstand und Lage der Tropfschläuche kann individuell bestimmt werden. Der Zuleitungsschlauch hat 12 mm, die Tropfschläuche haben 2 mm Durchmesser. Die Tropfschläuche werden problemlos in den Zuleitungsschlauch gesteckt. Jeder Tropfschlauch hat regulierbare Tropfer. Das System kann manuell, mittels Beta-Pilot (mit Feuchtefühler ohne Strom) oder per batteriebetriebenem Bewässerungscomputer betrieben werden.

Tropfbewässerung BETA 8 (Kapillarschlauchsystem von Beckmann): Der Zuleitungsschlauch hat 6 mm Durchmesser, der Tropfschlauch 2 mm. Sie werden problemlos ineinander gesteckt. Jeder Tropfschlauch hat seinen eigenen (stromlosen) Feuchtefühler/-regler.

Tropf-Blumat (Kapillarschlauch-Tropfbewässerungssystem): Bodenfeuchteabhängiges Bewässerungssystem ohne Strom. Jeder Tropfschlauch hat seinen eigenen Regler.

Mikro-Drip-System (GARDENA): Ein sogenanntes Basisgerät mindert den Wasserdruck auf 1,5 bar und filtert das Wasser. An ein Verlege- oder Verteilerrohr werden Tropfer oder Sprühdüsen montiert. Automatisiert werden kann die Bewässerung über den GARDENA-Bewässerungscomputer (am besten kombiniert mit dem GARDENA-Feuchtefühler).

Automatische Tropfbewässerung »System Weihenstephan«: Dieses Kapillarschlauch-Bewässerungssystem hat sich sowohl im Erwerbsgartenbau als auch bei der Balkonbewässerung bewährt und eignet sich genauso zur automatischen Tropfbewässerung im Kleingewächshaus. Die Tropfschläuche werden in den Zuleitungsschlauch gesteckt und mit Haltestäbchen fixiert. Das Herzstück der Automatisierung ist ein Tensioschalter. Er besteht aus einem Keramikkörper mit einem Plexiglasrohr, das wiederum mit einem speziellen Unterdruckschalter ausgestattet ist. Das Plexiglasrohr wird mit Wasser befüllt, und der Keramikkörper des Tensiometers in die Erde gesteckt. Ist der Boden oder das Substrat trocken, wird Wasser aus dem Keramikkörper in den Boden »gesaugt«. Dadurch entsteht ein Unterdruck im Plexiglasrohr, wodurch der Schalter betätigt wird. Über eine 24 Volt Schwachstromleitung wird einem angeschlossenen Schaltgerät der Wasserbedarf »gemeldet«, das wiederum ein Magnetventil öffnet. Ist der Boden oder das Topfsubstrat um den Tensio herum wieder feucht, wird der Unterdruck abgebaut. Im Erwerbsgartenbau wird dieses System über ein sogenanntes KliWaDu-Computerprogramm geschaltet, mit dessen Hilfe **Kli**maregelung, **Wa**sser- und **Du**engergaben automatisiert werden können.

Luftbefeuchtung

Für die meisten Nutzungsarten ist die »normale« Luftfeuchte im Gewächshaus ausreichend und es müssen keine besonderen Maßnahmen zur Erhöhung der Luftfeuchtigkeit ergriffen werden.

Einige Pflanzenarten (viele Farne, Palmen und Orchideen) benötigen eine hohe Luftfeuchtigkeit. Auch in reinen Vermehrungshäusern ist eine höhere Luftfeuchtigkeit zu empfehlen. Maßnahmen zur Erhöhung der Luftfeuchtigkeit sind Sprühen (per Hand oder Nebelsprühanlagen), Berieseln von Wegen und Untertischflächen (von denen aus das Wasser verdunsten kann), großflächiges Gießen, »Überkopf«-Bewässerung und das Anlegen von Wasserläufen und Springbrunnen. Beim Vergleich verschiedener Angebote von Nebelsprühanlagen muß darauf geachtet werden, ob der Preis den Kompressor zur Erzeugung der Druckluft mit einschließt oder nicht.

Zur Erhöhung der Luftfeuchtigkeit in Blumenfenstern, Wohnräumen, Wintergärten und Gewächshäusern werden auch spezielle Luftbefeuchter angeboten. Sie werden mit Strom betrieben und über einen Hygrostat (Luftfeuchteschalter) geschaltet. Beim Vergleich der verschiedenen Geräte ist die Zerstäuberleistung ausschlaggebend. Für das Blumenfenster oder Balkongewächshaus sind Luftbefeuchter mit einer Verdunstungsleistung von 0,5 l Wasser pro Stunde in der Regel ausreichend. Für Kleingewächshäuser werden Luftbefeuchter mit einer Zerstäuberleistung von bis zu 7 l pro Stunde angeboten.

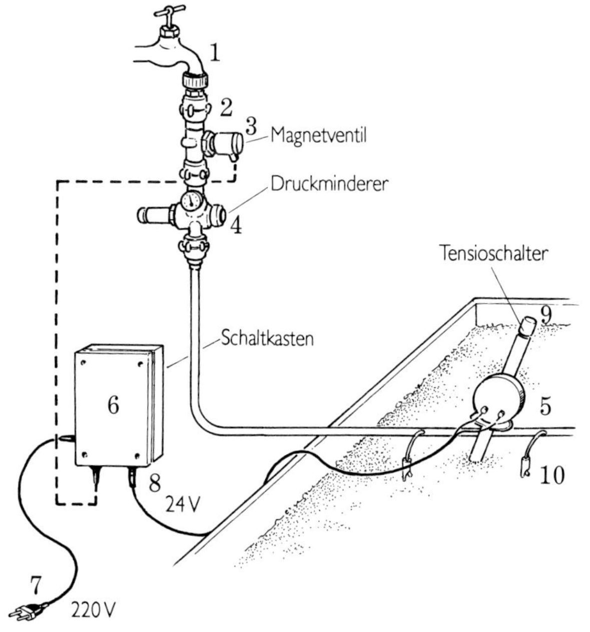

Tropfbewässerung (System Weihenstephan): 1 Belüfteter Wasserhahn, 2 Kupplungen, 3 Magnetventil (24 Volt), 4 Druckminderer mit Filter und Manometer, 5 Tropfbewässerungssystem, 6 Schaltgerät mit 7 220-Volt-Anschluß zum Magnetventil und 8 24-Volt-Anschluß für den Tensioschalter, 9 Tensioschalter, 10 Tropfstelle.

Strom im Kleingewächshaus

Elektrische Anschlüsse und Geräte

Strom wird für die Licht-, Wärme- und Krafterzeugung im Gewächshaus eingesetzt. Die Installation darf nur von einem eingetragenen Elektrofachmann gemäß den VDE-Bestimmungen und den technischen Anschlußbedingungen der EVU durchgeführt werden. VDE steht für Verband Deutscher Elektrotechniker. EVU ist die Abkürzung für Elektrizitätsversorgungsunternehmen.

Zum Betreiben elektrischer Geräte wird im Kleingewächshaus üblicherweise 220 Volt (V) Wechselstrom verwendet. Für Steuerleitungen, wie beispielsweise bei Thermostaten, Hygrostaten und Tensioschaltern, wird Niederspannungsstrom (12 oder 24 V) eingesetzt. Volt ist das Maß für die Stromspannung. Weitere Fachbegriffe der Elektrotechnik sind Stromstärke und Leistung. Die Stromstärke wird in Ampere (A) angegeben und die Leistung in Watt (W). Die Leistung ist rechnerisch das Produkt aus Stromstärke × Stromspannung. Bei der Bemessung der ganzen Anlage ist von der Leistung aller gleichzeitig betriebenen Geräte auszugehen, wobei auch für die Zukunft geplante Geräteanschaffungen berücksichtigt werden sollten.

Gewächshäuser werden nach einer DIN-Bestimmung zu den feuchten und nassen Bereichen gezählt. Nässe und Feuchtigkeit führen zu einer erhöhten Belastung für Elektrogeräte. Sie müssen auch aus Sicherheitsgründen einer entsprechenden Schutzart entsprechen.

In den Katalogen der Gewächshausfirmen findet man in der Regel Angaben zur Schutzart der angebotenen Geräte (z. B. IP 54). IP ist die Abkürzung für International Protection. Die

erste Ziffer, in diesem Fall die 5, gibt den Schutzgrad für Berührungs- und Fremdkörperschutz an (0 = Kein Schutz, 1 = Schutz gegen große Fremdkörper, 2 = Schutz gegen mittelgroße Fremdkörper, 3 = Schutz gegen kleine Fremdkörper, 4 = Schutz gegen kornförmige Fremdkörper, 5 = Schutz gegen Staubablagerung, 6 = Schutz gegen Staubeintritt). Die zweite Ziffer, im Beispiel die 4, gibt den Schutzgrad für Wasserschutz an (0 = kein Schutz, 1 = Schutz gegen senkrecht auffallendes Tropfwasser, 2 = Schutz gegen schrägfallendes Tropfwasser,
3 = Schutz gegen Sprühwasser,
4 = Schutz gegen Spritzwasser,
5 = Schutz gegen Strahlwasser,
6 = Schutz bei Überflutung,
7 = Schutz beim Eintauchen,
8 = Schutz beim Untertauchen). Es ist wichtig, beim Kauf eines Gerätes auf die Schutzart zu achten. Geräte im Kleingewächshaus müssen mindestens tropfwassergeschützt sein. Geräte mit der Schutzart IP 54 sind gegen Staubablagerung und gegen Spritzwasser geschützt, sie eignen sich daher auch für die Anbringung im Sprühbereich. Elektrische Leitungen und Kabel müssen unbeschädigt bleiben und sollten nicht zweckentfremdet (z. B. als Aufhängevorrichtung) werden. Am besten werden sie in Installationskanäle aus Kunststoff oder Metall verlegt.

Auch Kabel und Leitungen sowie Meß-, Steuerungs- und Regelgeräte müssen den Bestimmungen für feuchte Räume entsprechen. Sinnvoll sind sogenannte Leistungsschütze, die den Elektrogeräten vorgeschaltet werden. Sie dienen als Überspannungs- oder Überstromschutz und verlängern die Lebenszeit des Gerätes.

Natriumdampf-Hochdrucklampe.

Beleuchtung und Zusatzbelichtung

Die meisten Pflanzen vertragen direktes Sonnenlicht, wenn die sonstigen Kulturbedingungen, vor allem Temperatur, Luftfeuchte und das Substratvolumen, stimmen. Empfindlich sind vor allem Jungpflanzen und andere Pflanzen, die an ihrem natürlichen Standort im Schatten von anderen leben. Sie wünschen auch im Gewächshaus gestreutes, nicht zu starkes Licht. Eine zu intensive Sonnenstrahlung im Frühjahr und Sommer kann durch eine Schattierung reduziert werden (siehe auch Seite 57 ff.).

Während unserer lichtarmen Herbst- und Wintermonate ist die natürliche Einstrahlung für manche Pflanzen im Gewächshaus, Wintergarten und auf der Fensterbank dagegen zu gering. Sie benötigen eine Zusatzbelichtung. Das gilt vor allem für Pflanzen, die warm kultiviert werden und sich im Wachstum befinden, wie das beispielsweise bei der Jungpflanzenanzucht oder im Tropenpflanzenhaus der Fall ist. Aber auch für die Anzucht von Sommerblumen und Gemüsen, mit der schon ab Dezember/Januar begonnen wird, ist eine Zusatzbelichtung zu empfehlen.

Assimilationslicht

Für ihre Aufbauprozesse (Photosynthese) benötigen Pflanzen Licht mit bestimmten Wellenlängen (siehe auch Seite 98 ff.). Es eignen sich nur spezielle Lampentypen, deren Lichtausbeute (Lumen/Watt) entsprechend hoch ist und deren Spektralbereich mit den photosynthetischen Bedürfnissen übereinstimmen.

Zusatzlicht wird in der Regel nur in beheizten Gewächshäusern, Wintergärten sowie ausgebauten Blumenfenstern gegeben, damit Licht- und Wärmeangebot harmonieren. Bei Pflanzen mit sehr hohem Lichtanspruch ist unter Umständen schon ab Mitte September, spätestens Ende Oktober, eine Zusatzbelichtung anzuraten. Ende März kann man die Zusatzbelichtung in der Regel wieder einstellen.

Die Pflanzen sollten maximal 16 Stunden pro Tag Licht haben. Eine Nachtruhe von mindestens 6 Stunden sollte eingehalten werden. Die Zusatzbelichtung ist wirkungslos, wenn die natürliche Einstrahlung über 10.000 bis 15.000 Lux liegt.

In der gärtnerischen Praxis wird meist mit 3.000 bis 5.000 Lux zusatzbelichtet (Assimilationslicht). Dazu werden Lampen mit einer installierten Leistung von etwa 120 bis 200 W pro m^2 verwendet. Zusatzbelichtung steigert die Qualität und verkürzt die Kulturzeit während der Herbst- und Wintermonate. Im Kleingewächshaus werden meist niedrigere Beleuchtungsstärken gegeben. Ist die natürliche Einstrahlung tagsüber ausreichend hoch (10.000 Lux), wird die Zusatzbelichtung abgeschaltet, um Energie zu sparen.

Zusatzlicht zur Anregung der Blütenbildung bei Langtagpflanzen

Einige Pflanzen gelangen nur zur Blüte, wenn eine bestimmte Tageslänge über- bzw. unterschritten wird (siehe auch Seite 104). Durch eine sogenannte photoperiodische Belichtung wird die

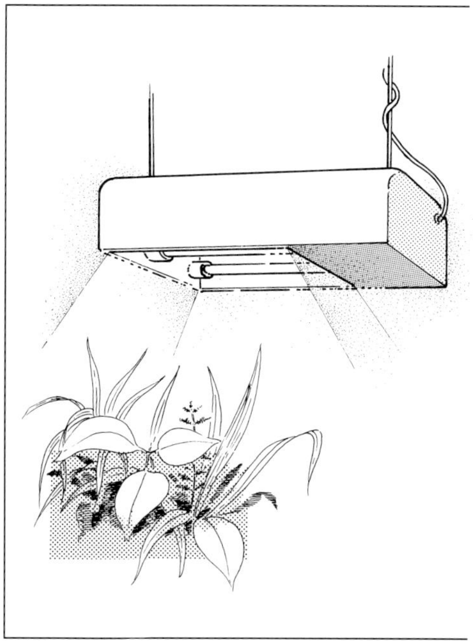

Zusatzbelichtung im Kleingewächshaus.

natürliche Tageslänge künstlich verlängert. Der wirksame Spektralbereich dafür liegt bei 660 nm. Die photoperiodisch gesteuerten Prozesse der Pflanzen können so nach Bedarf und unabhängig von der natürlichen Tageslänge ausgelöst werden. Bei Langtagpflanzen kann durch eine Tagverlängerung die Blüte eingeleitet, bei Kurztagpflanzen verhindert werden. Die benötigte Lichtintensität und damit die zu installierende Leistung sind relativ gering. Für eine photoperiodische Belichtung eignen sich normale Glühlampen.

Um eine Langtagpflanze im Winter zur Blüte anzuregen, muß nicht unbedingt über die gesamte Zeitdauer der erforderlichen Tageslänge belichtet werden. Die Pflanze reagiert auch auf eine Nachtunterbrechung, bei der um Mitternacht, je nach Pflanzenart und natürlicher Tageslänge, 1 bis 3 Stunden belichtet wird. Dafür reicht in der Regel schon eine Beleuchtungsstärke von 50 Lux (das entspricht ungefähr der Lichtintensität einer 40-Watt-Glühlampe, die 75 cm über der betreffenden Pflanze hängt). Zum automatischen An- und Abschalten benutzt man eine Zeitschaltuhr. Eine weitere Möglichkeit ist die zyklische Beleuchtung, bei der innerhalb dieser Nachtunterbrechung nur z. B. 15 Minuten pro Stunde belichtet werden muß.

Lampen für das Kleingewächshaus

Da die meisten Lampen neben Licht auch Wärme abstrahlen, tragen sie zur Temperierung des Gewächshauses bei. Wegen der Wärmeabstrahlung muß ein Mindestabstand zu den Pflanzen eingehalten werden. Lampen bis 65 W sollten mindestens 0,10 bis 0,50 m über dem Pflanzenbestand angebracht werden, Lampen bis 250 W mindestens 0,80 m, und Lampen bis 400 W müssen mindestens 1,10 m über dem Pflanzenbestand hängen. Letztere sind daher bei Tischkultur nur für höhere Gewächshäuser geeignet.

Beim Lampenkauf für größere Gewächshäuser sollte gefragt werden, wie groß die Fläche ist, die mit der Lampe belichtet werden kann, dementsprechend müssen unter Umständen mehrere Lampen angeschafft werden.

Glühlampen: Sie sind als Arbeitsbeleuchtung und zur Auslösung eines photoperiodischen Reizes brauchbar. Zur Assimilationsbelichtung eignen sie sich dagegen nicht, da sie dafür ein ungünstiges Lichtspektrum haben, ihre Lichtausbeute zu gering ist, und sie zuviel Wärme abstrahlen.

Leuchtstofflampen: Leuchtstofflampen sind stabförmige Lichtquellen in verschiedenen Längen mit einer Leistungsaufnahme ab 18 W. Sie werden auch als Niederdruck-Gasentladungslampen bezeichnet. Die Röhren für die Pflanzenbelichtung sind in der Regel mit Quecksilberdampf gefüllt und innen mit Leuchtstoff beschichtet. Füllgas und Leuchtstoff bestimmen die Lichtfarbe und die Spektralverteilung. Sie eignen sich als Arbeitsbeleuchtung sowie unterschiedlich gut für die photoperiodische Belichtung und zur Assimilationsbelichtung. Spezialtypen wie Osram-Fluora und Sylvania Gro-Lux wurden speziell für die Pflanzenbelichtung entwickelt.

Natriumdampf-Hochdrucklampen: Sie haben zwar kein optimales Lichtspektrum, werden aber wegen ihrer hohen Lichtausbeute zur Assimilationsbelichtung verwendet. Für das Kleingewächshaus werden sie mit 70 W Leistungsaufnahme angeboten, für größere Gewächshäuser mit 400 W.

Technische Daten verschiedener Lampentypen (nach Jansen und Bachthaler 1989)

Lichtquelle	Leistungsgröße in Watt	Mittlere Lebensdauer in h	Lichtausbeute in lum/W
Glühlampe	15–300 (–2000)	1000	8– 16
Leuchtstofflampe			
weiß de Luxe	20– 65 (–140)	7500	42– 50
Warmton			62– 78
Fluora			35– 45
Super d-84	18– 58	7500	78– 91
Quecksilberdampf-Hochdrucklampe mit Reflektor	50–400 (–2000)	6000	46– 51
Natriumdampf-Hochdrucklampe	150 u. 400 (–1000)	6000	100–120 (130)

Quecksilberdampf-Hochdrucklampen: Sie haben eine hohe Lichtausbeute und liefern gutes Assimilationslicht. Für das Kleingewächshaus werden sie ab einer Leistung von 80 W angeboten.

> Der Begriff Lampe bezeichnet die eigentliche Lichtquelle (z. B. Glühlampe oder Leuchtstofflampe). Leuchten bezeichnen das Gehäuse mit oder ohne Reflektor. Die Beleuchtungsstärke wird in Lux oder Lumen pro m^2 (lm/m^2) gemessen und gibt den auf eine Fläche auftreffenden Lichtstrom an. Die aufgenommene Leistung der Lampe wird in Watt (W) angegeben, die Lichtausbeute in Lumen pro Watt (lm/W).

Meß-, Steuerungs- und Regelgeräte

Das Gewächshaus soll den Pflanzen möglichst optimale Wachstumsbedingungen bieten. Dazu müssen die einzelnen Faktoren gemessen und geregelt werden.

Temperaturmessung und -regelung

Die Temperatur wird entweder durch die Wärmeausdehnung (technische Thermometer: z. B. Quecksilberthermometer, Bimetallthermometer), die Änderung des elektrischen Widerstandes bei Änderung der Temperatur (elektrische Widerstandsthermometer) oder durch die unterschiedliche Thermospannung eines Thermoelementes bei verschiedenen Temperaturen gemessen.

Im allgemeinen wird die Temperatur in °C gemessen und angegeben. Im wissenschaftlichen Bereich wird die Temperaturangabe Kelvin (K) verwendet. Der Gefrierpunkt des Wassers von 0 °C entspricht 273,16 K. Die Temperatur in Kelvin läßt sich aus der Temperatur in °C + 273,16 errechnen. Eine vor allem in den USA verwendete Einheit für die Temperatur ist Grad Fahrenheit. Der Gefrierpunkt des Wassers entspricht 32 Grad Fahrenheit (°F), der Siedepunkt liegt bei 212 Grad Fahrenheit.

Zur Messung der aktuellen Lufttemperatur im Gewächshaus können in der Regel einfache Raumthermometer verwendet werden. Das Thermometer oder der Temperaturfühler sollte im Pflanzenbereich aufgehängt werden, da hier die Temperatur in der Regel niedriger ist als unter dem Dach oder in Augenhöhe. Außerdem kann der Meßwert durch die Einstrahlung verfälscht werden, es empfiehlt sich daher, das Thermometer bzw. den Temperaturfühler durch ein Aluminiumblech oder ähnliches vor der Sonnenstrahlung abzuschirmen.

Ein Minimum-Maximum-Thermometer zeigt zusätzlich zur aktuellen Temperatur die höchste und die niedrigste Temperatur an, die im Gewächshaus seit der letzten Einstellung erreicht wurden. Desweiteren gibt es Thermometer, die die Innen- und die Außentemperatur (über 2 Temperaturfühler) messen und anzeigen können. Die Bodentemperatur wird über ein spezielles Bodenthermometer, das in die Erde oder das Substrat gesteckt wird, gemessen.

Sollen Entlüftungsventilatoren, Heizkörper u. ä. über die Temperatur gesteuert werden, wird dem Gerät ein Thermostat (Temperaturschalter) vorgeschaltet. Beim Kauf des Thermostaten muß darauf geachtet werden, für welchen Temperaturbereich er geeignet ist, und ob er den Schutzbestimmungen für den Raum, in dem er angebracht werden soll, entspricht. Besondere Thermostate, die auch für das Kleingewächshaus angeboten werden, sind Thermostate mit lichtabhängiger

Nachtabsenkung und Thermotimer, wobei letztere zeit- und temperaturabhängig regeln.

Luftfeuchtemessung und -regelung

Abhängig von der Temperatur kann Luft eine bestimmte Wasserdampfmenge aufnehmen. Je höher die Temperatur, desto mehr Wasserdampf kann gehalten werden. Ist die vollständige Sättigung bei der jeweiligen Temperatur erreicht, so entspricht dies einer relativen Feuchte von 100 %. Bei einer relativen Feuchte von 50 % sind 50 % der maximalen Wasserdampfmenge in der Luft enthalten.

Für die meisten Pflanzen sind 50 bis 60 % relative Feuchte ausreichend, einige bevorzugen höhere Luftfeuchtigkeit.

Die Luftfeuchtigkeit kann mit Hilfe eines Hygrometers gemessen und angezeigt werden. Das Hygro-Thermometer ist somit ein kombiniertes Gerät zur Anzeige von Temperatur und Luftfeuchtigkeit.

Luftent- oder -befeuchtende Geräte können luftfeuchteabhängig mit Hilfe eines Hygrostaten (Luftfeuchteschalters) gesteuert werden. Beim Kauf eines Hygrostaten ist auf dessen Regelbereich zu achten. Die gewünschte Einstellung muß im Regelbereich des Hygrostaten liegen.

Sonstige Meß- und Regelgeräte

Die Beleuchtungsstärke mißt man in der Regel mit einem Luxmeter (siehe auch Seite 99). Photoperiodische Belichtung und Assimilationsbelichtung können über eine Zeitschaltuhr zeitabhängig oder einen Dämmerungsschalter tageslichtabhängig gesteuert werden.

Die Bodenfeuchtigkeit kann von einem Tensiometer gemessen werden. Er funktioniert im Prinzip wie der Tensioschalter, der schon bei der automatischen Bewässerung beschrieben wurde. Statt des Schalters hat er zusätzlich eine Anzeige.

Wer nicht nur die Steuerung einzelner Faktoren automatisieren will, kann sich einen Klimasteuerungs- und Schaltschrank für die Steuerung von Be- und Entfeuchtung, Beschattung, Antrieb der Lüftungsklappen, Ventilator und Heizung anschaffen. Solch eine Automatisierung ist beispielsweise für einen Wintergarten der exklusiveren Art zu empfehlen.

Die höchste Stufe der Automatisierung für den Anbau im Gewächshaus ist der Einsatz eines Computerprogramms zur Steuerung von Klima, Wasser und Düngung (KliWaDu-Programm aus Weihenstephan). Die Meßdaten der einzelnen Fühler gehen an den Computer, der anhand des Programmes weiß, wie auf welche Meldung zu reagieren ist, und die entsprechenden Maßnahmen veranlaßt. Im Kleingewächshaus wird derart anspruchsvolle Technik jedoch kaum eingesetzt, da man den Kontakt zur einzelnen Pflanze möglichst eng gestalten möchte. Die Installierung der Anlage und die Bedienung eines solchen Programms setzt technische und EDV-Kenntnisse voraus.

Die Ausstattung des Kleingewächshauses

Wege

Durch die Wege im Gewächshaus sollen die Pflanzen sowie wartungsbedürftige Installationen bequem zu erreichen sein. In einem kleinen Gewächshaus mit der Tür in der Giebelseite wird in der Regel ein Weg von der Tür zur gegenüberliegenden Wand geführt, bei größeren werden seitliche Stichwege, 2 oder mehrere parallele Längswege oder ein Rundweg angelegt. Im allgemeinen ergibt sich die Wegeführung, das Material, die Ausführung und auch die Breite der Wege aus der individuellen Nutzung eines Gewächshauses.

Eine einfache und preiswerte Lösung, beispielsweise für gemüsebaulich genutzte Gewächshäuser, sind Holzroste. Zur Bodenbearbeitung können sie mit einem Handgriff entfernt werden. Eine weitere preisgünstige und einfache Methode ist das Auslegen von aufrollbaren Laufstegen aus Kunststoff oder Holzlatten. Für Gewächshäuser mit Tischkultur sind Betonsteinplatten als Wegbelag zu empfehlen. Für diesen Zweck eignen sich auch Betonformsteine in U-Profilform. Die eleganteste und auf Dauer sauberste Lösung besteht darin, links und rechts des geplanten Weges Rasenkantensteine, wie sie im Baustoffhandel überall erhältlich sind, einzulassen und auf ein verdichtetes Kiesbeet zu pflastern oder Platten zu legen. Allgemein sollten Wege leicht zu reinigen, bequem zu begehen und bei größeren Gewächshäusern auch mit einer Schubkarre zu befahren sein.

Tische und Regale

Für die anfallenden Arbeiten bei Aussaat, Vermehrung und Pflege der Pflanzen ist ein Arbeitstisch mit Ablagen für Werkzeuge, Saatkisten und andere Utensilien eine große Hilfe, der alle Verrichtungen im Stehen ermöglicht.

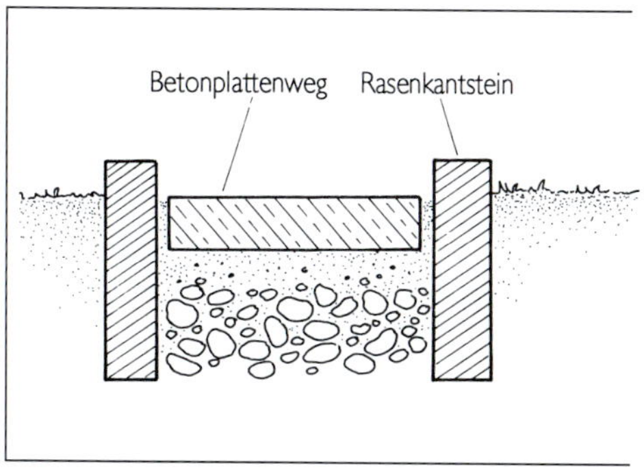

Als Arbeitstisch eignen sich Konstruktionen mit einer glatten, ungelochten Ablagefläche. Sind die Seiten des Tisches hochgezogen, können Erde und Töpfe nicht vom Tisch rutschen.

Andere Firmen bieten Konstruktionen mit rundum aufgekanteten Blechen an, die man umdrehen kann und je nach Bedarf als Wanne (und damit als Pflanztisch) oder als Tisch mit den Kanten nach unten verwenden kann.

Pflanztische (Stellagen), Hängeregale und ähnliche Vorrichtungen bieten zusätzliche Stellfläche und erweitern damit den Kulturraum. Pflanztische mit durchgehendem, ungelochtem Boden

Oben: Rasenkantensteine als Wegbegrenzung und Holzpanele als Weg.

Links: Betonplattenweg im Querschnitt.

Je nach Nutzung des Gewächshauses werden Stellagen, Ablagen und Tische notwendig.

und rundum hochgezogenen Seiten können zur Mattenbewässerung, als Tischbeet, als Vermehrungsbeet oder einfach zum Aufstellen genutzt werden. Bei der Mattenbewässerung wird die Tischwanne mit Folie ausgekleidet, darauf eine Bewässerungsmatte ausgelegt und auf diese werden die Topfpflanzen aufgestellt. Die Pflanzenwurzeln holen sich ihr Wasser von der feuchten Matte (siehe auch Seite 66). Die Tischwanne kann auch mit Erde befüllt werden und Töpfe in diese eingeschlagen werden, bzw. es wird direkt in das Tischbeet gepflanzt. Soll der Wannentisch als Vermehrungsbeet genutzt werden, können Wärmekabel für Bodenwärme verlegt werden und der Tisch mit einer Folienhaube oder ähnlichem abgedeckt werden.

Will man in mehreren Etagen gärtnern, eignen sich besser Pflanztische und Hängeregale mit Abstellflächen aus verzinkten oder kunststoffummantelten Drahtgittern, da zwischen den aufgestellten Töpfen und Schalen Licht zu weiter unten stehenden Pflanzen im Grundbeet gelangen kann und die Luftzirkulation besser ist als bei durchgehenden Regal- und Tischböden. Einige Hersteller bieten auch Regalböden aus Stegdoppelplatten an, die aber den Nachteil haben, daß die Oberfläche mit der Zeit verkratzt und ein Teil der Lichtdurchlässigkeit verloren geht.

Töpfe und Schalen

Töpfe, Kübel und andere Gefäße müssen Standfestigkeit gewähren und genügend Platz für die Wurzeln bieten. Die am häufigsten verwendeten Materialien sind Ton und Kunststoff. Daneben wird auch Holz (für Übertöpfe), glasierter Ton, Styropor, Stein und Eternit angeboten.

Die Diskussion, ob ein Tontopf besser als ein Kunststofftopf ist, wird wohl nie enden. Beide haben ihre Vor- und Nachteile. Tontöpfe sind luft- und wasserdurchlässig. Gießt man einmal zuviel, so trocknet das Substrat relativ schnell wieder ab. Die Durchlässigkeit läßt aber auch sonst das Wasser schnell verdunsten, und es muß häufiger gegossen werden. Mit diesem Verdunstungsstrom gelangen Salze mit durch die Topfwand und es bildet sich ein krustiger Belag an der Topfaußenwand. Durch die Verdunstung kühlen der Topf und das Substrat ab, wodurch das Wachstum unter Umständen verlangsamt wird. Tontöpfe sind schwer, was zwar beim Transport ungünstig ist, jedoch eine bessere Standfestigkeit bei hohen Pflanzen mit sich bringt. Tontöpfe werden vor dem Bepflanzen mit kalkempfindlichen Pflanzen gründlich gewässert, um eventuell anhaftenden, alkalischen Staub zu entfernen.

Der Plastiktopf dagegen ist wasserundurchlässig, aus ihm verdunstet weniger und es muß nicht so oft gegossen werden. Diese Eigenschaft zeigt sich jedoch dann als ungünstig, wenn man einmal zuviel gegossen hat, es dauert lange bis das Zuviel wieder abgetrocknet ist, was wiederum zu Wurzelschäden führen kann.

Kunststoff ist leicht, was angenehm beim Transport ist, bietet jedoch hohen Pflanzen oft nicht genügend Standfestigkeit. Ein Problem kann die dunkle Farbe der Kunststofftöpfe mit sich bringen. Das Material kann sich bei voller Besonnung zu stark erhitzen. Bei Kübelpflanzen ist eine Unterpflanzung mit Hängepflanzen, wie beispielsweise Lobelie und Sanvitalia, eine attraktive Gegenmaßnahme.

Die Pflanze braucht spätestens dann einen größeren Topf, wenn die Erde vollständig durchwurzelt oder bereits stark verdichtet ist, oder wenn starke Salzablagerungen (weißer, krustiger Belag) auf dem Substrat zu sehen sind.

Wenn die Erde schimmelt oder kleine, quirlige Insekten (Springschwänze) beim Gießen auf dem Wasser im Topf treiben oder wenn Trauermücken auftreten, ist dies ein Anzeichen, daß zuviel gegossen wurde. Auch in diesem Fall wird umgetopft und danach vorsichtiger gegossen. Die beste Zeit des Umtopfens ist während oder gegen Ende einer Ruhephase.

Schalen eignen sich besser für Gruppenpflanzungen oder für Pflanzen, die seitliche Ausläufer bilden. Auch sie gibt es sowohl aus Kunststoff als auch aus

Tische und Hängeregale bieten zusätzliche Stellfläche.

Ton. Schalen aus Styropor brechen leicht.

Alle Pflanzgefäße sollten unten ein oder mehrere Abzugslöcher haben. Sie können entweder direkt oder in einem Übertopf beziehungsweise einer Überschale aufgestellt werden. Töpfe, die von unten über eine Matte bewässert werden, müssen direkt aufstehen. Plastiktöpfe, die von oben bewässert werden, sollten unten einen kleinen Abstandshalter haben, so daß überschüssiges Wasser ablaufen kann.

Gefäße für die Vermehrung

Für die Aussaat und für die Jungpflanzenanzucht gibt es spezielle Schalen aus Kunststoff oder Ton. Die Vor- und Nachteile von Ton und Kunststoff wurden bereits weiter oben besprochen.

Multitopfplatten bestehen aus vielen, kleinen Einzeltöpfen, die miteinander verbunden sind und dadurch eine Transporteinheit bilden. Man kann sie mit oder ohne Untersetzer in jedem Gartencenter kaufen. Als Notbehelf können auch Eierbehälter und Joghurtbecher dienen. Für die Weiterkultur von Jungpflanzen eignen sich neben kleinen Ton- und Plastiktöpfen auch Torfquelltöpfe, Torfanzuchttöpfe (Jiffy-Pots), Erdpreßtöpfe und Recyclingtöpfe. Torfquelltöpfe sind keine Töpfe im Sinne eines Behälters, sondern bestehen aus gepreßtem Torfsubstrat. Werden sie in Wasser gelegt, quellen sie auf. Jeder Torfquelltopf ist von einem Plastiknetz umgeben, der das Substrat zusammenhält. Torfanzuchttöpfe sind Behälter aus gepreßtem Torf. Recyclingtöpfe werden aus Altpapier hergestellt. Bei ihrer Verwendung muß mit einem höheren Stickstoffbedarf der Pflanzen gerechnet werden, da der Verrottungsprozeß des Materials dem Substrat Stickstoff entzieht. Erdpreßtöpfe sind in Form gepreßtes Erdsubstrat ohne jede Umhüllung. Erdtopfpressen werden auch für den Hobbygärtner angeboten (siehe »Marktübersicht«, Seite 375). Torfquelltöpfe, Torfanzuchttöpfe, Erdpreßtöpfe und Recyclingtöpfe lösen sich nach der Pflanzung in Erde auf. Bei den Torfquelltöpfen findet man jedoch später im Beet die Plastiknetze wieder.

Wichtige Werkzeuge und Hilfsmittel für die Anzucht sind: ein Brett zum Glattstreichen der Aussaaterde in der Saatschale, ein Brett mit Griff zum Andrücken der Samen, ein Sieb zum Übersieben der Aussaaten und ein Pikierstab zum Vereinzeln der gekeimten Pflanzen. Aussaaten und Jungpflanzen werden mit Hilfe eines Brauseaufsatzes für die Gießkanne oder den Gartenschlauch »weich« überbraust, damit sie nicht umfallen oder weggeschwemmt werden (siehe auch Seite 64).

Geräte und Hilfsmittel für die Pflanzen- und Bodenpflege

Für die Beetkultur im Kleingewächshaus benötigt man im Grunde dieselben Werkzeuge wie im Garten: Grabgabel oder Sauzahn, Hacke, Rechen, Reihenzieher, Schnur und Pflanzkelle. Für die Aussaat ins Beet werden im Gartenfachhandel auch verschiedene Sägeräte angeboten, die eine Verteilung des Saatgutes erleichtern. Möglichkeiten zur Bewässerung müssen in jedem Fall geschaffen werden (siehe Seite 63 ff.).

Wer Kübelpflanzen im Kleingewächshaus überwintert oder große Zimmerpflanzen im Wintergarten umstellen will, erleichtert sich den Transport mit einer Sackkarre oder einem anderen fahrbaren Untersatz. Für den Rückschnitt von dickeren, verholzten Trieben sind Baum- und Astscheren geeignet, feine Triebe werden mit einer einfachen, scharfen Haushaltsschere geschnitten.

Zur Kultur von »normalen« Topfpflanzen werden eigentlich keine speziellen Werkzeuge benötigt. Ein Messer zum Aufschneiden von Substratsäcken sowie eine Schere zum Entfernen abgestorbener Triebe sollten dennoch einen ständigen Platz im Gewächshaus haben. Arbeitshandschuhe erleichtern den Umgang mit wehrhaften Pflanzen wie Stechpalmen und Kakteen. Für letztere lohnt sich eventuell die Anschaffung einer Gurkenzange, um sich das Umsetzen zu erleichtern. Hinweise auf Werkzeuge für Spezialkulturen werden in den jeweiligen Kapiteln gegeben.

Ein Kleingewächshaus selber bauen

In Anbetracht der nicht unerheblichen Kosten, die der Erwerb eines Gewächshauses oder eines Wintergartens mit sich bringen, stellt sich für viele Interessenten die Frage nach einem Eigenbau.

Bei größeren Objekten (insbesondere Wintergärten) ist ein umfassendes technisches Wissen notwendig und fehlerhafte Planung oder Ausführung können zu teuren Fehlschlägen führen. Solche Vorhaben sollten nur in Zusammenarbeit mit einer Fachfirma, also mit einer Zimmerei oder Metallbaufirma, angegangen werden. Ein mißlungener Eigenbau wird durch Schäden und deren Nachbesserungen schnell teurer als eine professionelle Fertiglösung.

Gewächshäuser in Leichtbauweise oder selbsterdachte Folienkonstruktionen bieten dem handwerklichen Ehrgeiz dagegen ein breites Betätigungsfeld. Bei höheren Qualitätsansprüchen sind die industriell gefertigten Kleingewächshäuser allerdings die bessere Wahl, insbesondere was ihre Haltbarkeit und ihre ausgereiften Lüftungs-, Heizungs- und anderen Zusatzeinrichtungen betrifft. Auch sind die jeweils geeigneten Spezialwerkstoffe oder -profile nicht immer leicht verfügbar oder im Einzeleinkauf sogar unverhältnismäßig teurer. Sinnvolle Einsparungsmöglichkeiten bestehen in erster Linie in der Eigenmontage vorgefertigter Bausätze und Ausführung der Fundamente. Das Erstellen der Fundamente nach Fundamentplan, der Selbstaufbau nach Bauanleitung und eventuell auch die Selbstabholung ab Werk sind Eigenleistungen, die bis zu 30 % der Kosten sparen können.

Die in diesem Kapitel beschriebenen Eigenleistungen können von jedem halbwegs geschickten Heimwerker ausgeführt werden. Auf eine gewisse Grundausstattung an Werkzeugen kann nicht verzichtet werden. Werkzeuge wie Betonmischer oder Kappsäge, deren Anschaffung sich für ein einmaliges Projekt nicht lohnt, lassen sich bei Werkzeugverleihfirmen ausleihen.

Die wichtigsten Werkzeuge

Werkzeuge zum Messen und Markieren

- Meterstab oder Bandmaß, zum Vermessen von Längen, Breiten und Höhen.
- Wasserwaage, zur Kontrolle der waagrechten oder senkrechten Lage von Bauteilen.
- Richtlatte: Die waagrechte Lage und Ebenheit einer Fläche können mit Wasserwaage und Richtlatte überprüft und eingemessen werden.
- Schlauchwaage: Um den Untergrund bei größeren Flächen oder Entfernungen waagrecht zu gestalten, ist eine Schlauchwaage äußerst hilfreich.
- Winkellineal: Mit dem Winkellineal wird die Rechtwinkligkeit kleinerer Bauteile überprüft.
- Richtschnur und Pflöcke: Mit der Richtschnur werden Höhen und Fluchten ausgesteckt.
- Zimmermannsbleistift und Reißnadel, zum Markieren von Längen und Höhen.

Werkzeuge für Erdarbeiten

- Spaten: Fundamentgräben werden mit dem Spaten senkrecht abgestochen.
- Pickel: Mit einem Pickel wird das auszuhebende Erdreich gelockert.
- Große Schaufel, für Aushubarbeiten.
- Schubkarre, für Transport von Aushub und Baumaterial.

Werkzeuge für Maurer- und Betonarbeiten

– Betonmischmaschine, zum Herstellen von größeren Mengen Beton.
– Maurerkelle, zum Aufbringen von Mörtel.
– Reibebrett: Mit verschiedenen Reibebrettern werden Putz- oder Estrichflächen geglättet und strukturiert.

Werkzeuge zum Schneiden und Trennen

Beim Schneiden von Kunststoffeindeckmaterialien sollte man darauf achten, daß die werkseitig aufgeklebte Kunststoffolie noch vorhanden ist, um ein Verkratzen der Scheibe zu verhindern.
– Schere, Cutter oder Teppichmesser, zum Schneiden von Folie, Isolier- und Dichtmaterial.
–Glasschneider, zum Zuschneiden von Einfachglasscheiben. Bevor man das Glas über eine Kante bricht, sollte man mit dem Griff des Glasschneider an der Schnittstelle entlang klopfen, um einen glatten, sauberen Bruch zu erzielen.
– Verschiedene Handsägen: Fuchsschwanz, Feinsäge und Spannsäge zum Schneiden von allen Holzbauteilen sowie Gasbetonsteinen und Kunststoffbauteilen.
– Eisensäge, zum Schneiden von Metallbauteilen.
– Gehrungslade: Mit einer einstellbaren Gehrungslade können beliebige Winkel exakt geschnitten werden.
– Tisch- oder Handkreissäge, für den Zuschnitt von Platten und Brettern.
– Kappsäge, zum Ablängen von Brettern, Holz und Metallprofilen.
– Stichsäge, für Ausschnitte in Holz und Kunstoff.
– Winkelschleifer »Flex«: Mit dem Winkelschleifer und einer Trennscheibe werden Betonsteine und -platten oder starke Eisenteile sauber getrennt. Bei der Arbeit mit der »Flex« müssen Schutzbrille und -handschuhe getragen werden, da es sonst leicht zu Verletzungen kommen kann.
– Stemmeisen: Zum Herstellen und Einpassen von Holzverbindungen werden verschiedene Stemmeisen benötigt.

Werkzeuge zum Bohren und Schleifen

– Bohrmaschine: Um auch beim Bohren von Beton keine Probleme zu bekommen, ist eine leistungsstarke, möglichst elektronisch geregelte Maschine nötig.
– Bohrer: Spezialbohrer für die verschiedenen Baumaterialien gewährleisten optimale Bohrergebnisse.
– Schmirgelpapier: Mit Schmirgelpapier werden entweder von Hand oder mit unterschiedlichen Schleifmaschinen wie Bandschleifer, Exzenterschleifer oder Schwingschleifer Oberflächen entweder angerauht oder geglättet und Grate gebrochen.
– Raspeln und Feilen: Schnittkanten an Holz, Metall oder Kunststoffbauteilen werden mit Raspel oder Feile abgerichtet.
– Drahtbürste: Bei kleineren Bauteilen lassen sich lose Farbe oder Rost mit einer Drahtbürse entfernen.

Werkzeuge zum Befestigen

– Hammer, zum Einschlagen von Nägeln und Klammern.
– Tacker: Mit einem Tacker wird Folie einfach und schnell an Holzkonstruktionen befestigt.
– Schraubenzieher, Akkuschrauber, zum Eindrehen von Schrauben.
– Schraubenschlüssel, Imbusschlüssel, zum Festziehen von Metallschrauben.
– Heißklebepistole: Kunststoffe, aber auch Holz und Metall lassen sich mit Heißklebern dauerhaft verbinden.
– Auspreßpistole, zum sauberen Verfugen mit Silikon und anderen Abfugmassen.

Ein Fundament bauen

Bei der Fundamentplanung muß zunächst geprüft werden, ob ein Brauchwasseranschluß im Gewächshaus gewünscht wird. Ist dies der Fall, wird die Rohrleitung von einem Abzweig der Wasserversorgung im Wohnhaus in einem Graben bis zur Zapfstelle verlegt. Für eine ganzjährige Nutzung sollte die Leitung in frostfreier Tiefe liegen (80 cm), ansonsten sollte ihre Tiefe mindestens unter der Fundamentsohle liegen. Ein Sperrhahn und ein Ablaßventil verhindern das Auffrieren von nicht frostsicher verlegten Wasserleitungen. Im Winter wird die Außenzapfstelle durch den Sperrhahn von der Hauswasserversorgung getrennt, und die Rohre werden über den Ablaßhahn geleert.

Die Größe, das Gewicht, aber auch die zukünftige Nutzung des zu errichtenden Gebäudes sind die maßgebenden Faktoren für die Fundamentart und -dimensionierung. Für Kleingewächshäuser sind in der Regel Streifen mit Betonsteinen oder Holzbalken, die auf einem 30 bis 40 cm tiefen, verdichteten Unterbau verlegt werden, oder Betonpunktfundamente ausreichend. Bei größeren Gewächshäusern oder Wintergärten sind in der Regel Betonringfundamente notwendig.

Fundamente für Kleingewächshäuser

Jedem Bausatz liegt ein Fundamentplan bei. Alle Maße und sonstigen Angaben müssen auf das Genaueste eingehalten werden. Bei Eigenkonstruktionen werden die Abmessungen der Gründung aus vorher erstellten maßgenauen Konstruktionszeichungen entnommen.

Bei allen Fundamentierungsarbeiten sind einige grundsätzliche Regeln einzuhalten:
- Alle Arbeiten müssen sorgfältig und maßgenau ausgeführt werden.
- Die Fundamente müssen rechtwinklig zueinander verlaufen.
- Jede Fundamentoberfläche muß waagrecht und eben sein.

Einmessen des Fundaments

Zuerst wird das Gelände, in das das Fundament eingebracht werden soll, annähernd waagrecht eingeebnet, die genaue Lage des Fundamentgrabens eingemessen und mit Pflöcken markiert. Die Rechtwinkligkeit des Vierecks wird durch das Diagonalmaß überprüft. Sind beide Diagonalen gleich lang, so liegen alle Seiten des Vierecks im rechten Winkel zueinander. Um bei den Erdarbeiten für den Fundamentgraben die Meßpunkte nicht zu verlieren, wird die Position der Markierungspflöcke mit Hilfe eines sogenannten Schnurgerüsts gesichert.

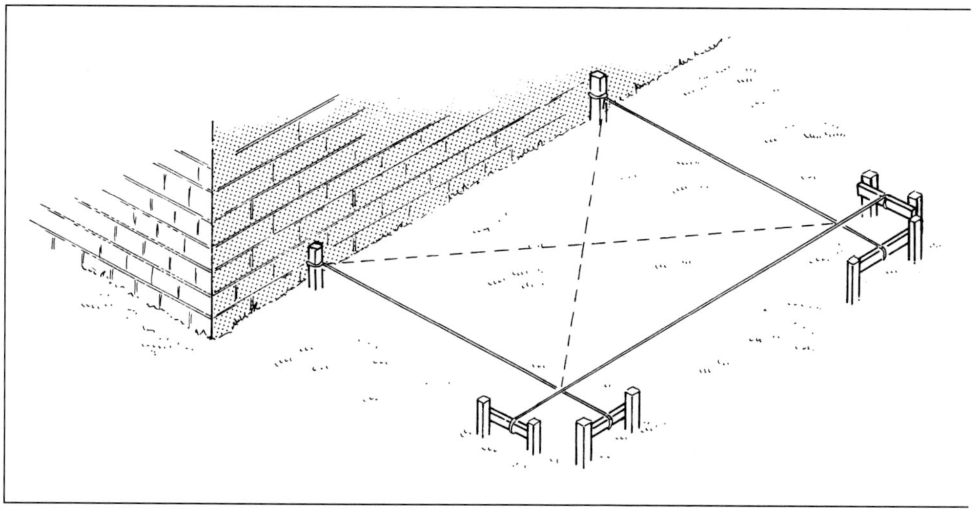

Einmessen des Fundamentes mit Schnurgerüsten.

Schnurgerüstbock.

Rechte Seite oben: Vorgefertigte Betonpunktfundamente.

Rechte Seite unten: Fundament aus Rasenkantensteinen.

Fundamente, hier ein Aluminiumfundamentrahmen auf Betonplatten, muß waagrecht gebaut sein.

Dazu werden in den Fluchten der Markierungspfähle Schnüre gespannt und an den in etwa 1 m Abstand vom Grabenbereich errichteten Gerüstböcken befestigt. Für die Gewährleistung des waagrechten Schnurverlaufs müssen die Schnurbretter vorher mit Wasserwaage und Meßlatte oder mit einer Schlauchwaage auf gleiche Höhe eingemessen werden. Die Schnüre kreuzen sich genau über den Eckpunkten des zukünftigen Fundaments. Die genaue Lage der Schnüre wird durch in die Schnurbretter geschnittene Kerben gekennzeichnet.

Fundamente aus Holzbalken und Betonsteinen

Wenn Größe und Gewicht des Gewächshauses es zulassen, genügen Fundamente aus Holzbalken, Betonrandsteinen oder Betonplatten auf einem Unterbau aus frostsicherem Material wie Kies oder Riesel. Diese Dränageschicht sollte zwischen 30 cm und 40 cm dick sein, der Fundamentgraben muß also dementsprechend tief ausgehoben werden. Um das Eindringen des Dränagematerials in das Grundbeet des Gewächshauses oder ein späteres Untergraben des Fundaments zu verhindern, werden entlang der Fundamentinnenkante Hartschaumdämmplatten aufgestellt und mit an der Innenseite senkrecht eingeschlagenen Holzpflöcken fixiert. Anschließend wird der Kies in den Graben eingebracht und durch Stampfen verdichtet.

Die **Betonsteine** werden auf das Kiesbett gesetzt, auf ihre richtige Lage geprüft und mit Magerbeton fixiert. Das Mischungsverhältnis von Zement und Kies (Körnung 0–32) liegt etwa

zwischen 1 : 5 und 1 : 8. Auf eine Schaufel Zement kommen also 5 bis 8 Schaufeln Kies. Es wird nur soviel Anmachwasser zugegeben, daß der Beton eine leicht bröselige, nicht zerfließende Konsistenz hat. Fundamente aus Betonplatten erhalten einen entsprechenden Unterbau und sollten zur leichteren Verlegung auf ein zusätzliches Rieselbett gelegt werden.

Holzbalkenfundamente sollten aus 10 x 15 cm, besser 14 x 15 cm starken kesseldruckimprägnierten oder mehrfach mit pflanzenverträglichen Holzschutzmitteln gestrichenen Bohlen bestehen, die rechtwinklig miteinander verbunden sind. Eine Überplattung an allen 4 Ecken ist eine einfache, aber dennoch stabile Lösung. Dabei werden die Balken an ihren Enden jeweils um eine Balkenbreite und eine halbe Balkenhöhe ausgeschnitten und anschließend rechtwinklig und unverrückbar verschraubt. Die Schnittflächen sind vorher mit Holzschutzmittel oder Bitu-

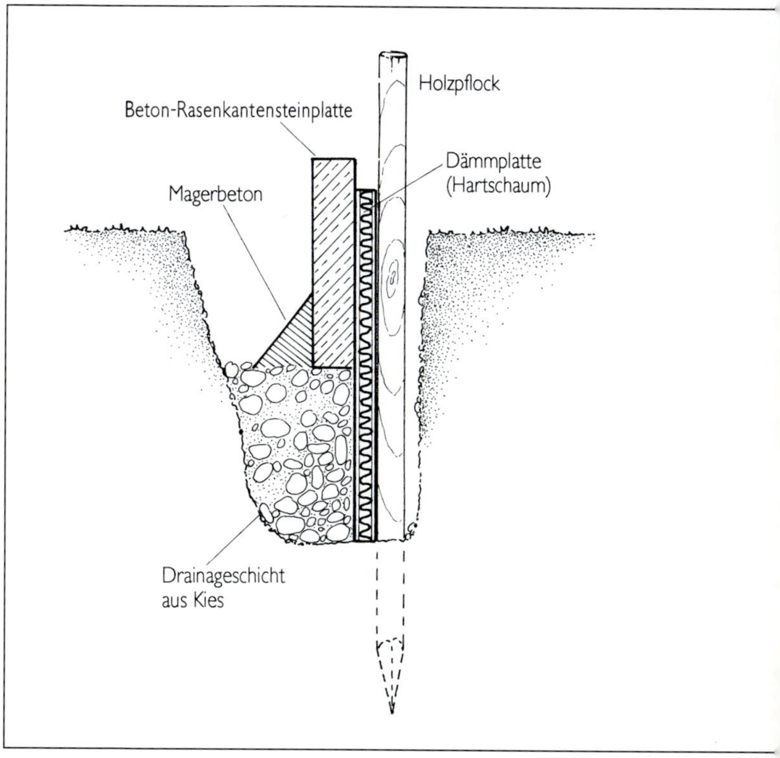

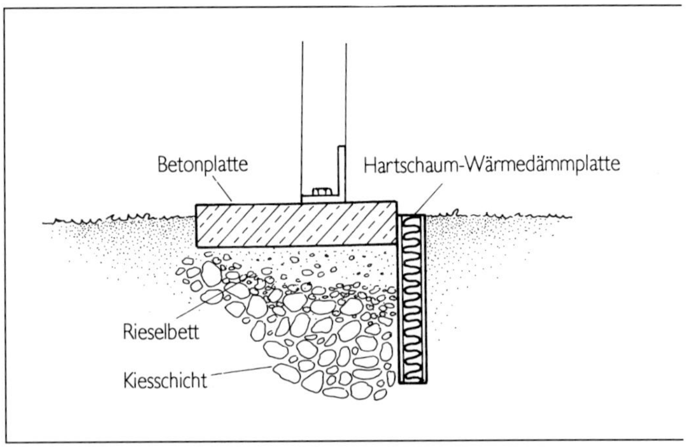

Oben: Betonplatten – Streifenfundament im Querschnitt.

men zu behandeln, um Fäulnis zu verhindern. Ist dieser Rahmen fertiggestellt, wird er auf die Dränschicht im Fundamentgraben gelegt und durch Rütteln und Klopfen in seine endgültige Position gebracht. Der Fundamentrahmen muß mit Erdankern zusätzlich gesichert werden.

Überplattung – eine einfache und stabile Verbindung.

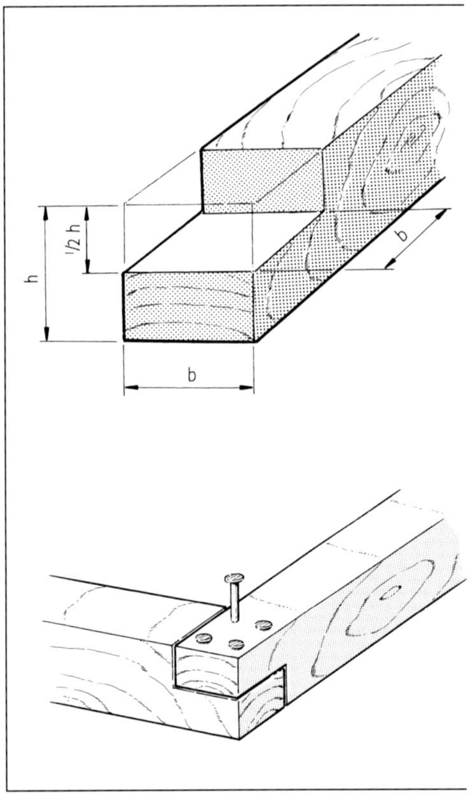

Betonpunktfundamente

Von den meisten Gewächshausherstellern sind für die von ihnen angebotenen Aluminium- oder Stahlfundamentrahmen Betonpunktfundamente vorgesehen. Die Anzahl der Punkte ist von der Größe des Glashauses abhängig und kann aus dem jeweiligen Fundamentplan entnommen werden.

Nach der Festlegung des Gewächshausstandortes wird für jeden Verankerungspunkt ein etwa 30 x 30 cm großes und etwa 80 cm tiefes Loch ausgehoben. Über diese Löcher wird anschließend der vormontierte Fundamentrahmen ausgelegt.

Nun wird der Rahmen wie oben beschrieben rechtwinklig ausgerichtet und mit Hilfe von Holzkeilen und/oder Holzbrettchen in die Waagrechte gebracht und so fixiert, daß er beim Ausgießen der Löcher mit Beton nicht mehr verrutschen kann. Für das Gießen von Punktfundamenten benötigt man einen Beton von plastischer, teigiger Konsistenz. Das Mischungsverhältnis von Zement und Kies (Körnung 0–32) sollte etwa bei 1 : 3 liegen.

Um eine eventuelle Gefährdung der Gewächshausstandsicherheit durch auffrierende Erde zu verhindern, sollte man unter den Aluminium- oder Stahlrahmen Styroporstreifen von etwa 10 cm Stärke legen.

Fundamente für größere Gewächshäuser

Wintergärten, große Anlehngewächshäuser und große freistehende Gewächshäuser benötigen zur Gewährleistung ihrer Standsicherheit Betonringfundamente (Streifenfundamente).

Die statischen und wärmetechnischen Anforderungen an das Fundament, speziell bei bewohnten Wintergärten und bei Warmhäusern, können in der Regel nur von geschalten und unter Umständen sogar bewehrten (Stahlbeton) Fundamenten erfüllt werden. Die dabei anfallenden Arbeiten können im allgemeinen nur unter fachlicher Anleitung selbst ausgeführt werden.

Im folgenden wird der Selbstbau von Betonstreifenfundamenten beschrieben, die weitgehend ohne Schalung erstellt werden können, so wie sie für die meisten Gewächshäuser geeignet sind.

Der Fundamentgraben wird mindestens 80 cm tief und etwa 30 bis 40 cm breit ausgehoben. Die Grabenwände werden mit einem Spaten möglichst senkrecht abgestochen, da zumindest die äußere Wand die Begrenzung für den Beton bildet. An der Innenseite werden wiederum Hartschaumdämmplatten gestellt, die hier die Aufgabe einer Schalung übernehmen und daher in ihrer Position gut befestigt sein müssen, um durch den Druck des Naßbetons nicht verschoben zu werden. Anschließend wird der Beton in den Graben gefüllt und durch Stampfen verdichtet. Nach dem Austrocknen des eingebrachten Bodenfundaments wird der noch vorhandene Teil des Grabens wieder gefüllt und auf der Fundamentoberfläche eine Sperrschicht aus Dachpappe aufgebracht. Die Dachpappe verhindert das Aufsteigen von Feuchtigkeit in den auf das Fundament gemauerten Sockel aus Ziegel oder anderen Mauersteinen.

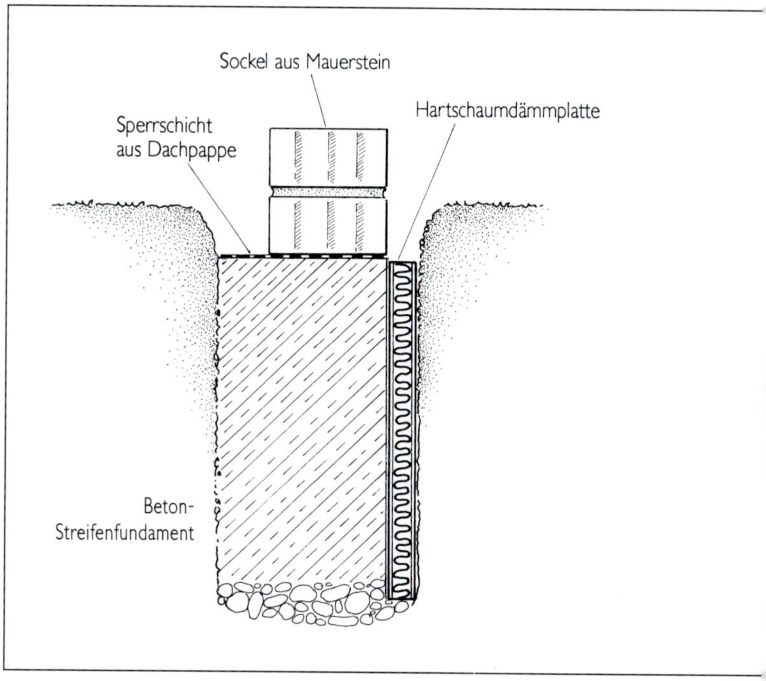

Streifenfundament aus Stampfbeton.

Gemauerte Fundamente müssen immer 80 cm tief frostfrei gegründet werden.

Steckverbinder für Folienhäuser in Leichtbauweise.

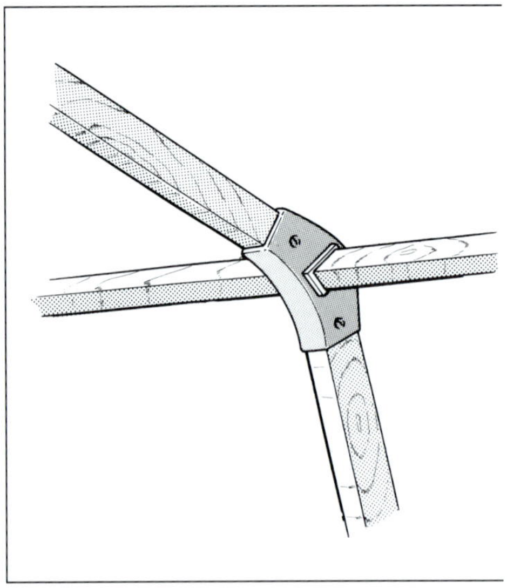

Unten: Beim Vorbereiten des Fundamentes ist äußerste Meßgenauigkeit einzuhalten. Hier wurden vorgefertigte Betonplatten und Dämmelemente verwendet.

Aufbauen des Gewächshauses

Eigenbau eines Folienhauses mit Holzkonstruktion

Kleinere Folienhäuser mit Konstruktionen aus Dachlatten lassen sich leicht und schnell mit Hilfe von im Fachhandel angebotenen Verbindungssystemen herstellen.

Für alle Eck- und Verbindungspunkte gibt es bruchfeste, aus Kunststoff hergestellte Steckverbindungen (z. B. Fa. Dörken: Delta Steckverbinder). Diesen Verbindungssystemen liegt in der Regel eine Bauanleitung bei, nach der die Latten zugeschnitten werden. Anschließend werden die Dachlatten mittels der Steckverbinder zur Unterkonstruktion zusammengefügt und verschraubt.

Darüber wird die Folie gespannt und mit Klammern befestigt. Geeignet sind UV-stabilisierte Gartenbaufolien oder entsprechende gitterverstärkte Folien. Die Steckverbinder sind für das Lattenformat 24/48 mm und 37/57 mm erhältlich. In wenigen Stunden kann ein Kleingewächshaus dieser Art errichtet werden.

Mit in allen Baumärkten erhältlichen Nagelplatten aus verzinktem Stahlblech lassen sich ebenfalls einfach stabile Unterkonstruktionen aus Holz für Folienhäuser zusammmenfügen, da die Bleche in verschiedenen, für die jeweilige Verbindung angepaßten Ausformungen erhältlich sind.

Montage eines Gewächshausbausatzes

Bevor man mit dem eigentlichen Aufbau beginnt, empfiehlt es sich, die Montageanleitung genau und in aller Ruhe durchzulesen. Anschließend überprüft man anhand der mitgelieferten Stückliste die Vollständigkeit des Bausatzes. Sind alle Teile und die benötigten Werkzeuge vorhanden, kann die Arbeit beginnen. Für jeden Arbeitsschritt stellt man sich zunächst das benötigte Zubehör zusammen.

Nachdem das Fundament genau anhand des Fundamentplans erstellt wurde, werden als erstes die Seitenwände zusammengebaut, anschließend Tür- und Hintergiebel. Bei der Vormontage werden die Schrauben und Muttern nur leicht angezogen.

Danach werden die Giebel- und Seitenwände zusammengeschraubt. Dazu sind in der Regel zwei Helfer nötig. Anschließend werden das Firstprofil

Links oben: Die Bauteile werden verschraubt.

Rechts oben: Zunächst werden der Rahmen und die Eckpfosten aufgebaut und verstrebt.

Links unten: Die Giebel werden am Boden vormontiert.

Rechts unten: Stück für Stück wächst das Haus.

Zum Schluß wird das Haus eingedeckt.

und die Dachsprossen montiert. Nun werden die Tür und die Fenster vormontiert und eingebaut. Nachdem alle Konstruktionselemente zusammengefügt sind, werden alle Schrauben mit mäßigem Druck angezogen.

Als letztes wird die Eindeckung mit Glas oder Stegmehrfachplatten vorgenommen. Um die Dichtigkeit zu gewährleisten, sind die Glas- und Kunststoffplatten sorgfältig in die Dichtungen einzubringen und diese an Stößen und Eckpunkten eventuell mit Silikon auszuspritzen.

Pflege, Wartung und Reparatur des Gewächshauses

Im allgemeinen sind Kleingewächshäuser recht pflegeleicht. Zur Reinigung des Eindeckungsmaterials kann ein Schlauch mit Bürstenaufsatz oder ein Schwamm und warmes Wasser (evtl. mit Spülmittelzusatz) verwendet werden. Kunststoffmaterialien dürfen keinesfalls mit Scheuermitteln oder Stahlschwämmen behandelt werden, Acrylglas (Plexiglas) nicht mit Nitroverdünnung oder Aceton. Spezialreiniger, wie sie von manchen Firmen für Aluminiumkonstruktionen mit Acrylglaseindeckung angeboten werden, eignen sich nicht für eloxiertes Aluminium. Auch das Innere von Tür- und Fensterrahmen wird von Verschmutzungen befreit, da sie ansonsten nicht mehr dicht schließen.

Aluminiumkonstruktionen müssen in der Regel nicht gewartet werden, bei verzinkten Stahlkonstruktionen werden Bohrstellen oder andere Verletzungen der Zinkschutzschicht durch Kaltverzinken versiegelt. Die Lebensdauer von Holzkonstruktionen kann verlängert werden, wenn man sie regelmäßig einer Oberflächenbehandlung mit umwelt- und pflanzenfreundlichen Holzpflegemitteln (z. B. mit natürlichen Ölen oder Harzen) unterzieht. Ist die Stabilität nicht mehr ausreichend gewährleistet, müssen sie ausgetauscht werden. Das gilt auch für Holzbalken- und Holzrahmenfundamente.

Folien sollten etwa alle 5 Jahre ausgewechselt werden, da sie sonst nicht mehr ausreichend lichtdurchlässig sind, spröde werden und oft auch bereits Löcher, Risse und andere Undichtigkeiten aufweisen. Glas hat eine nahezu unbegrenzte Lebensdauer, solange es nicht durch Hagelschlag, Steinwurf oder ähnliches zu Bruch geht. Vor dem Winterhalbjahr sollten Undichtigkeiten abgedichtet werden. Angebrochene Scheiben werden ersetzt.

Stegmehrfachplatten werden ausgewechselt, wenn sie nicht mehr genügend lichtdurchlässig oder beschädigt sind. Vom Hersteller wird in der Regel eine zehnjährige Lebensdauer garantiert. Ist eine Stegdoppelseite aus Acrylglas einseitig gebrochen, so kann sie mittels flüssigem Acryl und mit einer 1 mm dicken Acrylglasscheibe repariert werden, es werden dazu spezielle Reparatursets angeboten.

Automatische Lüftungen, sofern sie nicht selbstschmierend sind, Tür- und Fensterscharniere und ähnliche bewegliche Einrichtungen werden von Zeit zu Zeit geölt. Bei Heizrohren ist ab und zu eine Erneuerung des Rostschutzanstriches notwendig.

Eine Schneeauflage kann bei ungeheizten und gerade frostfrei geheizten Gewächshäusern als isolierendes Polster auf dem Dach belassen werden, solange sein Gewicht nicht die Tragfähigkeit der Konstruktion und des Eindeckungsmaterials übersteigt. Von Folienhäusern wird Schnee abgekehrt, da die Schneelast unter Umständen zu einer Dehnung des Materials führen kann. Auch bei wärmer beheizten Gewächshäusern entfernt man ihn, wenn er nicht von alleine abrutscht, da er den Lichteinfall verhindert und Pflanzen in einem beheizten Gewächshaus auch im Winter lichtbedürftig sind.

Klima, Wachstum und Kulturmaßnahmen im Kleingewächshaus

Alle Pflanzen haben entsprechend ihrem Heimatstandort bestimmte Ansprüche an die Wachstumsfaktoren Temperatur, Licht, Luft und Wasser sowie den Boden. Das Kleingewächshaus gibt uns daher die Möglichkeit, in einem geschützten Kulturraum ein Klima zu schaffen, das je nach technischer Ausstattung nahezu unabhängig vom Außenklima sein kann.

Auch der Wintergarten und das ausgebaute Blumenfenster sind geschützte Kulturräume. Beide lassen sich nicht nur als Platz für Zimmerpflanzen nutzen. Hier kann beispielsweise auch die Anzucht von Pflanzen für Haus und Garten durchgeführt werden, vorausgesetzt man schafft die entsprechenden Bedingungen. Wie für das Gewächshaus, so gilt auch für den Wintergarten und das ausgebaute Blumenfenster, daß wir die Auswahl der Pflanzen oder die Nutzungsart dem Wärme-, Licht- und Luftfeuchtigkeitsangebot anpassen müssen oder umgekehrt, wir schaffen mit ein paar technischen Kniffen (und Investitionen) das Klima, das den Pflanzen gut behagt.

Die Temperatur

Die Lebensvorgänge von Pflanzen wie Wachstum, Photosynthese und Atmung sind temperaturabhängig. Beim Unterschreiten des Temperaturminimums stirbt die Pflanze, unterhalb des Wachstumsminimums wächst sie nicht, im Optimalbereich gedeiht sie prächtig, oberhalb des Wachstumsmaximums stellt sie ihr Wachstum ein und oberhalb des Temperaturmaximums stirbt sie ab.

Diese Grenztemperaturen sind von Pflanzenart zu Pflanzenart verschieden. Sie lassen sich auf die Gegebenheiten des natürlichen Verbreitungsgebietes zurückführen.

Sie variieren auch je nach Alter und dem Entwicklungsstadium der Pflanze, dem Abhärtungsgrad und der jahreszeitlichen Erscheinungsform.

Aber auch die anderen Wachstumsfaktoren, wie die Lichtintensität und der Kohlendioxidgehalt der Luft, verändern diese Temperaturgrößen. Aus diesem Grunde sollte man die einzelnen Wachstumsfaktoren im Zusammenhang betrachten. Für die meisten Pflanzen gilt: Je höher die Temperatur, desto mehr Licht benötigt die Pflanze für ein gesundes Wachstum. Können keine optimalen Lichtverhältnisse geschaffen werden (beispielsweise im Winter), so sollten auch die Temperaturen eher tiefer sein. Dieses Prinzip wird beispielsweise bei der kühlen Kübelpflanzenüberwinterung angewendet.

Aus diesem Grundsatz ergibt sich genauso, daß die optimale Gewächshaustemperatur an trüben Tagen etwas niedriger liegt als an sonnigen Tagen. Auch eine Temperaturabsenkung um einige Grade während der Nachtstunden wirkt sich auf das Pflanzenwachstum günstig aus. Dies wird im Erwerbsgartenbau auch aus Gründen der Energieeinsparung praktiziert.

Die Widerstandsfähigkeit gegen tiefe Temperaturen ist bei trockenen Samen am größten (bei manchen geht sie sogar bis –258 °C!). Arktische Pflanzen überleben bis zu –60 °C und auch mehrfaches Gefrieren und Auftauen. Das halten aber schon unsere heimischen Pflanzen nicht aus, und manche tropische Pflanzenart stirbt sogar schon bei Temperaturen von +3 °C.

Zur Keimung benötigen Pflanzen in der Regel eine höhere Temperatur als in ihrer Jugendphase oder dann später im »Erwachsenenalter«. Zur Keimung von Kohlrabisamen beispielsweise ist eine Temperatur von tagsüber 16 und nachts 12 °C zu empfehlen, nach der Keimung kultiviert man die Pflanzen tagsüber bei 12 und nachts bei 10 °C, später dann bei tagsüber 10 und nachts bei nur 6 °C (Daten für den Frühjahrs- und Herbstanbau im Erwerbsgartenbau).

Auch die Blütenbildung kann temperaturabhängig sein. Manche Pflanzenarten werden durch hohe, andere durch niedrige Temperaturen zur Blütenbildung angeregt.

Das Kleingewächshaus schützt hauptsächlich vor Wind und Regen und die Strahlungsenergie der Sonne wird in Wärme umgewandelt, die zum Teil im Gewächshaus bleibt. Der Gewächshauseffekt alleine kann jedoch nicht unsere tiefen Wintertemperaturen ausgleichen und im Gewächshaus im Winter für ein subtropisches oder tropisches Klima sorgen. Dafür wird eine Heizung benötigt. Aus Energiespargründen wird man nicht immer die optimale Wachstumstemperatur des Heimatstandortes einstellen wollen, sondern die Pflanze in einer Art Ruhephase über den Winter bringen. Diese sollte möglichst kurz gehalten werden, und die Wachstumsphase im Sommer mit den bestmöglichen Kulturbedingungen unterstützt werden.

Im Sommer erwärmt sich das Gewächshaus häufig zu stark. Überschüssige Wärme wird durch Lüften und andere Maßnahmen entfernt. Man sollte sich bei der Temperierung nicht nur auf sein Gefühl verlassen, sondern die Temperatur messen.

An verschiedenen Stellen im Gewächshaus ist es unterschiedlich warm, daher sollte sich das Thermometer in Höhe des Pflanzenbestandes befinden und beschattet sein. Auf die Temperierungseinrichtungen sowie Meß-, Steuerungs- und Regelgeräte wurde bereits im ersten Teil des Buches ausführlich eingegangen.

Auf das Pflanzenwachstum wirkt sich nicht nur die Raum-, sondern auch die Bodentemperatur aus. Im Winter sollte sie ein paar Grad über der Lufttemperatur liegen, dadurch wird das Wurzelwachstum gefördert. Zur Messung der Bodentemperatur gibt es spezielle Bodenthermometer.

Je nach Temperatureinstellung bzw. Auslegung der Heizung eignet sich das Kleingewächshaus, aber auch der Wintergarten und das ausgebaute Blumenfenster für unterschiedliche Pflanzen- und Nutzungsarten. Begrenzender Faktor ist in der Regel die Temperierbarkeit im Winter. Je nach Temperaturein-

Das Pflanzenwachstum ist temperaturabhängig. Jede Pflanzenart hat ihren Optimalbereich, in dem sie am besten wächst.

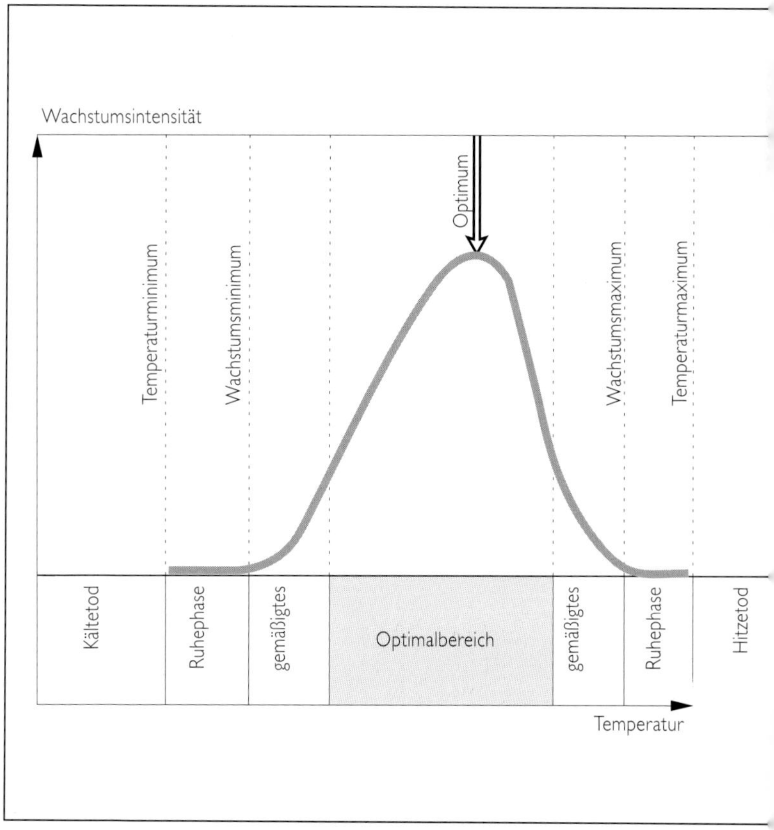

Rechte Seite oben: Unbeheizte Gewächshäuser werden überwiegend für den Gemüse- und Kräuteranbau genutzt.

Rechte Seite unten: Vlies bietet einen zusätzlichen Kälteschutz beim frühzeitigen Anbau.

Unten: Die wichtigsten Nutzungsmöglichkeiten und Pflanzengruppen im Warmhaus, je nach Temperaturführung.

stellung spricht der Fachmann vom Kalthaus (bis 12 °C), vom temperierten Gewächshaus (12 bis 18 °C) und vom Warmhaus (über 18 °C).

Das Kalthaus

Das Kalthaus wird als ein Gewächshaus definiert, das gar nicht oder bis maximal 12 °C geheizt wird (im Sommer liegt die Temperatur natürlich höher). Wegen der unterschiedlichen Nutzungsmöglichkeiten unterscheiden wir das unbeheizte und das beheizte Kalthaus.

Das unbeheizte Kalthaus

Ein unbeheiztes Kalthaus hat keine Heizvorrichtung und friert in unseren Breiten im Winter durch. Nachts liegen hier die Tiefsttemperaturen im Winter um 1 bis 5 °C höher als draußen. In praller Sonne und ohne Lüftung steigen die Temperaturen, besonders in den Übergangszeiten, schnell auf 20 °C und mehr. Rechtzeitiges Lüften und damit Absenken der Tagestemperaturen im Spätwinter und Frühjahr ist wichtig und verhindert einen allzu frühen Austrieb, der besonders spätfrostgefährdet wäre.

Unbeheizte Kalthäuser werden überwiegend für den Gemüse- und Kräuteranbau genutzt. Frühjahrskulturen sind beispielsweise Kohlrabi, Rettich und Kopfsalat. Im Sommer werden Tomaten, Paprika, Gurken und Bohnen angebaut, gefolgt von Radieschen, Feldsalat, Spinat, Löffelkraut und Winterportulak. Letztere können hier aber auch über den Winter stehen bleiben und sind eher erntereif als im Freiland.

An frostfreien Tagen kann auch im unbeheizten Gewächshaus mitten im Winter geerntet werden, vorausgesetzt man hatte rechtzeitig gepflanzt oder gesät.

Im unbeheizten Kalthaus kann außerdem Wein kultiviert und Gemüse eingelagert werden. Auch frostunempfindlichere Kübelpflanzen wie Gartenbambus und Aukube sowie Obstgehölze in Kübeln können überwintert werden. Frostverträgliche alpine Pflanzen sind hier vor zuviel Nässe und starken Frösten geschützt, und Stauden und Zweijahresblumen blühen etwas früher, wenn man sie im Kalthaus überwintert.

Frostschutz und Ernteverfrühung im ungeheizten Gewächshaus

Auch wenn im unbeheizten Gewächshaus keine Heizung fest installiert ist, können Maßnahmen ergriffen werden, die Temperatur im Pflanzenbereich zu erhöhen. Lichtdurchlässige Vliese, Schlitz- und Lochfolien können nicht nur im Freiland, sondern auch im ungeheizten Gewächshaus zur Ernteverfrühung und/oder als Kälteschutz verwendet werden. Man setzt sie vor-

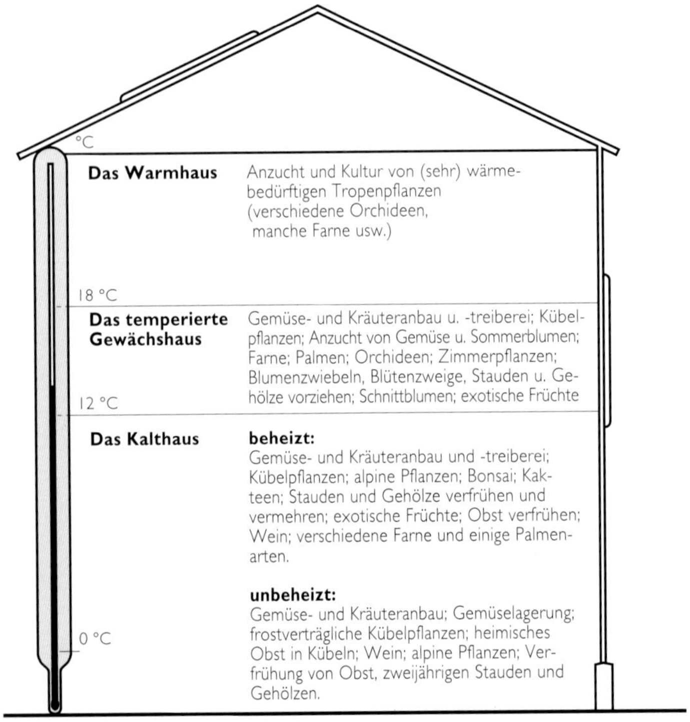

wiegend im Herbst, um das Gewächshaus länger für frostempfindliche Herbstkulturen nutzen zu können, und im Frühjahr ein, um früher mit der Frühjahrpflanzung beginnen zu können. Sie werden locker, aber an den Rändern gut abschließend über die Pflanzen gelegt. Sie verkürzen die Kulturzeit, da die Temperatur unter ihnen höher ist als die der Umgebungsluft. Sie schützen die Pflanzen auch dann noch vor Frost, wenn die Temperatur im Gewächshaus bis auf –3 bis –5 °C sinkt. Im Frühjahr können auch 2 Vliese übereinander gelegt werden. Vlies- und Folienabdekkungen dürfen in der Regel nicht bis zum Ende der Kultur auf den Pflanzen bleiben. Das gilt besonders, wenn die Kultur in die wärmere Jahreszeit reicht.

Sagt der Wetterbericht im Frühjahr nach der Pflanzung ins ungeheizte Gewächshaus nochmals einen kurzfristigen Kälteeinbruch voraus, können die Pflanzen auch dadurch geschützt werden, daß man sie nachts einfach mit mehreren Zeitungspapierlagen bedeckt.

Eine Vegetationsheizung für das unbeheizte Gewächshaus, die nur mit Sonnenenergie funktioniert, schnell verlegt ist und die Temperatur an der Pflanze um ein paar Grad erhöhen kann, sind Wärmespeicherschläuche aus schwarzem Polyethylen (BETA SOLAR, siehe auch Seite 51). Die mit Wasser befüllten schwarzen Schläuche heizen sich tagsüber auf und geben die Wärme nachts kontinuierlich ab, solange die Raum- und Bodentemperaturen unter der Wassertemperatur in den Schläuchen liegen.

Als Bodenheizungen ohne Energieverbrauch könnte man schwarze Mulchfolien und -vliese bezeichnen. Sie werden auf den Beeten verlegt, an den Pflanzstellen mit Schlitzen versehen, in die gepflanzt wird. Wegen der schwarzen Farbe absorbieren sie die Sonnenstrahlen besonders gut und wandeln sie in Wärme um. Unter ihnen erhöht sich die Bodentemperatur im ungeheizten Kalt-

haus um etwa 3 °C. Sie haben zudem noch den Effekt, daß sie das Bodenleben fördern und Unkraut unterdrücken. Mulchvliese oder Schlitzfolien haben

gegenüber ungelochten Mulchfolien den Vorteil, daß sie eine problemlose Bewässerung über die Folie zulassen. Mulchfolien und -vliese bleiben bis zum Ende der Kultur auf dem Boden liegen.

Eine weitere Frostschutzmöglichkeit ist das Abdecken des Gewächshauses mit dicken Schilfmatten oder ähnlichem bei anhaltenden Dauerfrösten. Dieses Verfahren wird besonders bei unbeheizten Alpinenhäusern, aber auch bei der Gemüseeinlagerung angewendet.

Das geheizte Kalthaus

Ein geheiztes Kalthaus mit einer Temperatur von +2 bis +12 °C im Winter eignet sich für den Gemüse- und Kräuteranbau, zur Überwinterung von Kübelpflanzen und manchen Palmen- und Farnarten, als Alpinenhaus, für Bonsai und Kakteen, zum Verfrühen von Stauden und Gehölzen, von Erdbeeren und Wein. Hier finden südländische Fruchtgehölze wie das Zitronenbäumchen, der Feigenbaum, die Kiwi und der Granatapfelbaum einen Überwinterungsplatz.

An sonnigen Tagen im Spätwinter und Frühjahr kann sich das Kleingewächshaus bereits stark erhitzen. 15 bis 20 °C oder zumindest die Außentemperatur sollen auch im frostfreien Kalthaus zu dieser Jahreszeit nicht überschritten werden, daher muß bei der Anschaffung bzw. dem Selbstbau auf ausreichende Lüftungsmöglichkeiten geachtet werden.

Heizen verbraucht Energie. Im Erwerbsgartenbau rechnet man mit einem Heizölverbrauch von etwa 19 l pro m² und Jahr, um die Gewächshaustemperatur beispielsweise ganzjährig tagsüber nicht unter 8 und nachts nicht unter 6 °C sinken zu lassen. Bei Kleingewächshäusern muß mit einem höheren Energieaufwand gerechnet werden, da hier das Verhältnis zwischen wärmeabgebender Außenwand und isolierendem Innenluftraum sowie licht- (und damit wärme-) speichernder Grundfläche wesentlich ungünstiger ist. Der tatsächliche Energieverbrauch ist jedoch von der Wahl des Eindeckungs- und Konstruktionsmaterials abhängig.

Seite 96: Unter schwarzen Mulchfolien ist die Bodentemperatur höher und die Pflanzen können sparsamer bewässert werden, weil die Verdunstung eingeschränkt ist. Zudem hat man keine Probleme mit dem Unkraut.

Seite 97 oben: Die klassischen Kübelpflanzen müssen frostfrei überwintert werden.

Seite 97 unten: Die meisten tropischen und subtropischen Zierpflanzen brauchen ein temperiertes Haus oder ein Warmhaus.

Das temperierte Gewächshaus

Im temperierten Gewächshaus sinkt die Temperatur ganzjährig nicht unter 12 bis 18 °C ab. Der Übergang zum frostfreien Kalthaus und zum Warmhaus ist tagsüber fließend. Im temperierten Gewächshaus lassen sich Gemüse- und Kräuterarten ganzjährig ziehen, Sommerblumen und Gemüse für den Garten vorziehen, wärmebedürftige Kübelpflanzen wie Hibiskus und Palisander überwintern sowie Zimmerpflanzen anziehen und kultivieren. Blumenzwiebeln, Blütenzweige, Stauden und Gehölze werden im temperierten Gewächshaus vorgetrieben und Erdbeeren verfrüht. Wärmebedürftige tropische Früchte wie Passionsfrucht und Papaya können angebaut werden und auch viele Palmen-, Farn- und Orchideenarten fühlen sich hier wohl.

Für die Beheizung eines temperierten Gewächshauses wird wesentlich mehr Energie verbraucht als für das Frostfreihalten eines Kalthauses und die Heizkosten sind dementsprechend höher. Zur Energieeinsparung sollte ein gut isolierendes Eindeckungsmaterial, wie beispielsweise Stegdoppel- oder -dreifachplatten, gewählt werden. Sinnvoll ist auch das Anbringen von isolierender Luftpolsternoppenfolie (jedoch leider auf Kosten des ohnehin schon geringen Lichteinfalls) während der Wintermonate.

Das Warmhaus

Das Warmhaus wird ganzjährig auf 18 bis 24 °C und wärmer geheizt. Hier werden die hohen Temperaturansprüche von tropischen Raritäten wie manchen Orchideen, Bromelien, Kannenpflanzen und anderen erfüllt. Ganz besonders für das Warmhaus gilt, daß möglichst gut isolierende Materialien für die Gewächshauseindeckung und -konstruktion zu wählen sind, um die Wärmeverluste gering zu halten.

Wer nicht das gesamte Gewächshaus als temperiertes Haus oder als Warmhaus beheizen will, sondern nur einen wärmeren Platz für die Vermehrung braucht, baut oder kauft sich ein Vermehrungsbeet bzw. legt Kabinen an, in denen die Temperatur höher eingestellt werden kann als im umliegenden Gewächshaus (siehe auch Seite 59 ff.).

Licht und Schatten

Jede Pflanze braucht Licht. Es liefert ihr zum einen Energie für den Aufbau organischer Substanz und ist andererseits Auslöser für bestimmte Entwicklungsvorgänge wie Keimung, Wachstum, Blütenbildung und Ruhephasen.

Wie an die Temperatur, so haben sich die Pflanzen auch an die Lichtverhältnisse ihres Heimatstandortes angepaßt. Im tropischen Regenwald beispielsweise entwickelten sich durch den stetigen und unerbittlichen Kampf um das Licht Riesenbäume, die bis zu 70 m hoch werden, und Riesenstauden wie die Bananengewächse sowie Lianen und Aufsitzerpflanzen (Epiphyten). Sie haben sich im Laufe der Evolution auf ihre Art dem Licht genähert, während diejenigen, die am Boden im Schatten von all den anderen geblieben sind (verschiedene Farne, manche Begonienarten, Ingwer u. a.), mit dem wenigen Licht, das bis zum Boden gelangt, auskommen mußten.

Pflanzen, die an ihrem Heimatstandort mit wenig Licht leben, benötigen auch im Gewächshaus, Wintergarten oder am Fenster einen schattigen, lichtärmeren Platz. Pflanzen, die durch ihren Heimatstandort an volles Sonnenlicht gewöhnt sind, benötigen auch in der Kultur einen möglichst hellen Platz. Manche Pflanzen, die an ihrem natürlichen Standort in der prallen Sonne stehen, vertragen dies im Gewächshaus, noch dazu wenn sie in einem Topf stehen, nicht unbedingt, obwohl häufig nicht die hohe Lichtintensität, sondern die daraus resultierende hohe Temperatur am Blatt problematisch ist.

Die Helligkeit oder Beleuchtungsstärke wird in Lux (lx) gemessen. Zur Messung gibt es spezielle Meßgeräte, Luxmeter genannt. Einen ungefähren Wert erhält man, wenn man statt des Luxmeters einen Belichtungsmesser mit Diffusor (Streuscheibe, -rollo, -kalotte) verwendet und das Ergebnis in Lux umrechnet.

Man stellt dazu den Belichtungsmesser auf eine Filmempfindlichkeit von 50 ASA (= 18 DIN) und liest den Blendenwert bei 1/30 Sekunden Verschlußzeit ab. Daraus ergibt sich die ungefähre Beleuchtungsstärke in Lux.

Wird ein Lichtmesser ohne Diffusor verwendet, darf die Meßöffnung nicht direkt auf die Lichtquelle, also Sonne, Himmel oder Lampe, gerichtet werden, sondern es sollte eine mittelstark reflektierende Fläche angepeilt werden. Das Ergebnis ist deswegen jedoch sehr ungenau.

Im Freien wird bei voller Sonneneinstrahlung im Sommer während der Mittagsstunden in unseren Breiten eine Lichtintensität von 60.000 bis 80.000 Lux erreicht, bei bedecktem Himmel nur etwa 10.000 bis 30.000 Lux. In dichten Wäldern erreichen nur etwa 1 bis 2 % des Lichtes den Boden, also 100 bis 1.600 Lux.

Je nach Art, Alter und Verschmutzung der Gewächshauseindeckung dringen 40 bis 94 % des natürlichen Lichtes bis zu den Pflanzen vor. Das kann für eine Schattenpflanze an einem sonnigen Tag ohne Schattierung zuviel sein und für eine Lichtpflanze an einem trüben Tag zu wenig.

Die Wahl und Pflege des Eindekkungsmaterials bestimmt die Lichtdurchlässigkeit. Folieneindeckungen können oft nur 3 bis 5 Jahre genutzt werden, da sie schnell altern bzw. unbehebbar verschmutzen. Sie müssen regelmäßig ersetzt werden, um genügend lichtdurchlässig zu sein. Alle Eindekkungsmaterialien sollten mindestens einmal im Jahr, am besten im Herbst, gereinigt werden.

Die ungefähre Beleuchtungsstärke läßt sich auch mittels Belichtungsmesser mit Diffusor feststellen
(50 ASA, 1/30 Sek. Verschlußzeit, Rücker 1990).

Blende		Lux
1,4	=	360
2,8	=	1 450
4	=	2 900
5,6	=	5 700
8	=	11 500
11	=	23 000
16	=	45 000
22	=	90 000

Bei den Messungen der Lichtintensität wird man feststellen, wie unterschiedlich die Lichtverteilung im Kleingewächshaus, Wintergarten und im Blumenfenster ist und wie sie sich im Laufe des Tages (und des Jahres) verändert. Dementsprechend wird man seine Pflanzen aufstellen. Die Lichtintensität sollte auch bei ausgesprochenen Schattenpflanzen nicht dauerhaft unter 500 besser 700 Lux liegen; sie vertragen aber auch wesentlich mehr, je nach Art 5.000 bis 10.000 Lux. Lichtbedürftige Pflanzen benötigen mindestens 1.000 bis 2.000 Lux, besser gedeihen sie jedoch bei höherer Lichtintensität, je nach Art aber nicht über 50.000 bis 80.000 Lux.

Will ich Schattenpflanzen oder Keimlinge vor zu starker Einstrahlung schützen, muß ich schattieren. Dabei spielt es keine Rolle, ob ich die Schattierung innen oder außen anbringe. Will ich mit der Schattierung jedoch zusätzlich erreichen, daß die Temperatur im

Jungpflanzen benötigen viel Licht.

Gewächshaus nicht so stark ansteigt, so ist dafür besser eine Außenschattierung geeignet. Die einzelnen Möglichkeiten zur Schattierung werden auf Seite 57 ff. näher erläutert.

Licht und Pflanzenwachstum

Menschen und Tiere gewinnen die für ihre Lebensvorgänge notwendige Energie aus der Nahrung. Diese Möglichkeit hat die Pflanze nicht, da sie ja am Anfang der Nahrungskette steht. Sie muß energiehaltige Substanzen mit Hilfe des Sonnenlichtes selber aufbauen.

Die Pflanze wandelt in ihren Blättern mit Hilfe des Sonnenlichtes Kohlendioxid und Wasser in energiereiche Kohlenhydrate um. Das Kohlendioxid erhält sie aus der Luft, das Wasser über die Wurzeln aus dem Boden. Dieser Umwandlungsprozeß durch die Pflanze wird Photosynthese oder Assimilation genannt. Die Pflanze verwertet dazu hauptsächlich einfallendes Licht im roten (600 bis 700 Nanometer) und im blauen (400 bis 500 Nanometer) Spektralbereich. Was das menschliche Auge als Sonnenlicht wahrnimmt, sind Strahlen mit einer Wellenlänge von 360 bis 760 Nanometer, darin sind alle für die Assimilation wichtigen Wellenlängen enthalten. Zwar wirkt auch eine Glühlampe für unser Auge hell, jedoch produziert sie hauptsächlich Strahlen mit einer Wellenlänge über 600 Nanometer, also im roten und auch infraroten Bereich, der blaue Bereich fehlt. Als Spender von Assimilationslicht sind Glühlampen daher nicht geeignet.

Die bei der Photosynthese produzierten Kohlenhydrate liefern die notwendige Energie für die Lebensvorgänge der Pflanze. Sie werden zum Teil auch in Reserven umgewandelt und/oder für den Aufbau von Eiweißbausteinen verwendet. Außer über die Photosynthese wirkt das Licht auch direkt auf Wachstum und Organbildung.

Pflanzen unterschiedlicher Herkunft stellen unterschiedliche Ansprüche an die Lichtintensität, die Lichtqualität (Spektralbereich) und die Tageslänge. Wird eine Pflanze mit hohem Lichtanspruch bei sonst günstigen Kulturbedingungen zu dunkel gehalten, so beantwortet sie dies mit blassen, langen, blattarmen Trieben (Vergeilung). Wird eine Schattenpflanze Starklicht oder praller Sonne ausgesetzt, so »verbrennt« sie. Eine Gebirgspflanze ist auf den hohen Ultraviolettanteil des Gebirgslichtes eingestellt und zeigt in der Ebene häufig einen für sie untypischen, mastigen Wuchs.

Der größte Teil unserer Kulturpflanzen benötigt viel Licht. Das sollte schon bei der Planung des Kleingewächshauses bedacht werden. Man wählt am besten einen unbeschatteten, offenen Platz. Auch die Aufstellungsrichtung hat einen Einfluß auf den Lichtgenuß der Pflanzen, was besonders in unseren lichtarmen Wintern zum Tragen kommt. Ein Gewächshaus mit Satteldach wird am besten von Ost nach West aufgestellt, ein Anlehngewächshaus, ein ausgebautes Blumenfenster und ein Wintergarten haben den höchsten Lichtgenuß, wenn sie nach Süden schauen.

Will ich sowohl mehr als auch weniger lichtbedürftige Pflanzen kultivieren, braucht auch nur ein Teil des Gewächshauses schattiert zu werden oder die Pflanzen werden so aufgestellt, daß die einen die anderen beschatten. Auch die Standweite bestimmt, wieviel Licht die einzelne Pflanze erhält. Bei engem Stand erhalten nur die oberen Spitzen Licht, was dazu führt, daß alle Pflanzen möglichst schnell nach oben wachsen und keine Seitentriebe bilden. Das mag in Wirtschaftswäldern, wo es darum geht lange, gerade Holzstämme zu produzieren vielleicht sinnvoll sein, nicht jedoch im Gartenbau, wo jede einzelne Pflanze kompakt und standfest sein soll.

MOWI
A/S MOWI NORWEGIAN SALMON

Der Lichtanspruch von Zierpflanzen für Kleingewächshaus, Wintergarten und Blumenfenster

(in alphabetischer Reihenfolge der botanischen Gattungsnamen;
– nicht geeignet, +/– bedingt geeignet, + gut geeignet)

	Lichtärmerer Standort aber mind. 500 Lux	Lichtreicher Standort/keine pralle Sonne/ mind. 1.000 Lux	Lichtreicher Standort/volle Sonne
Schönmalve, *Abutilon*	–	+	+/–
Katzenschwanz, *Acalypha*	+	+/–	–
Frauenhaarfarn, *Adiantum*	+/–	+	–
(Bromelie), *Aechmea*	+/–	+	–
Schmucklilie, *Agapanthus*	–	+	+
Kolbenfaden, *Aglaonema*	+	+/–	–
Allamande, *Allamanda*	–	+	+/–
Glanzkölbchen, *Aphelandra*	+/–	+	–
Araukarie, *Araucaria*	–	+	+/–
Strauchmargerite, *Argyranthemum*	–	+	+
Nestfarn, *Asplenium*	+/–	+	–
Begonie, *Begonia*	+/–	+	–
Bougainvillea	–	+/–	+
Engelstrompete, *Brugmansia*	–	+	+
Korbmaranthe, *Calathea*	+	+	–
Zylinderputzer, *Callistemon*	–	+	+
Calliandra	–	+	–
Kassie, *Cassia*	–	+	+
Kamelie, *Camellia*	–	+	–
Grünlilie, *Chlorophytum*	+/–	+	–
Zitrusgewächse, *Citrus*	–	+	+
Alpenveilchen, *Cyclamen*	+	+/–	–
(Orchidee), *Cymbidium*	–	+	–
Dipladenie, *Dipladenia*	–	+/–	+
Drachenbaum, *Dracaena*	+/–	+	+/–
Weichnachtsstern, *Euphorbia*	–	+/–	+
Eukalyptus, *Eucalyptus*	–	+	+/–
Fittonie, *Fittonia*	+	+/–	–
Fuchsie, *Fuchsia*	+/–	+	+/–
Gardenie, *Gardenia*	–	+	+/–
Gerbera	–	+	+/–
Ruhmesblume, *Gloriosa*	–	+	–
Australische Silbereiche, *Grevillea*	–	+	+
Heliotrop, *Heliotropium*	–	+/–	+
Roseneibisch, *Hibiscus*	–	+	+/–
»Amaryllis«, *Hippeastrum*	+/–	+	–
Wachsblume, *Hoya*	–	+	+/–

Fortsetzung

(in alphabetischer Reihenfolge der botanischen Gattungsnamen;
— nicht geeignet, +/— bedingt geeignet, + gut geeignet)

	Lichtärmerer Standort aber mind. 500 Lux	Lichtreicher Standort/keine pralle Sonne/ mind. 1.000 Lux	Lichtreicher Standort/volle Sonne
Hortensie, *Hydrangea*	—	+	+/—
Jacaranda	—	+	—
Flammendes Käthchen, *Kalanchoe*	—	+/—	+
Lantane, *Lantana*	—	+	+
Lobelie, *Lobelia*	—	+	+
Pfeilwurz, *Maranta*	—/+	+	—
Sinnpflanze, *Mimosa*	—	+	+/—
Fensterblatt, *Monstera*	+/—	+	+/—
Banane, *Musa*	+/—	+	+/—
Oleander, *Nerium*	—	+	+
Passionsblume, *Passiflora*	—	+/—	+
Geranie, *Pelargonium*	—	+/—	+
Zwergpfeffer, *Peperomia*	+/-	+	—
(Orchidee), *Phalaenopsis*	+	+/—	—
Baumfreund, *Philodendron*	+/—	+	—
Dattelpalme, *Phoenix*	—	+	+
Kanonierblume, *Pilea*	+/—	+	—
Bleiwurz, *Plumbago*	—	+	+/—
Wunderbaum, *Ricinus*	—	+/—	+
Umsambaraveilchen, *Saintpaulia*	+	+/—	—
Bogenhanf, *Sansevieria*	+/—	+	—
Kranzschlinge, *Stephanotis*	—	+	—
Paradiesvogelblume, *Strelitzia*	+/—	+	—
Tibouchina	—	+	+/—
Tillandsia	—	+	+/—
Vriesea	—	+	—
Yuccapalme, *Yucca*	+/—	+	+/—

Gemüsepflanzen und Obstgewächse sind alle lichtbedürftig. Eine Schattierung kann aber auch helfen, die Temperatur nicht zu hoch klettern zu lassen. Aussaaten oder frisch pikierte Pflänzchen sind für eine vorübergehende Schattierung dankbar. Sobald sie jedoch gekeimt bzw. angewachsen sind, benötigen sie unbedingt genügend Licht, damit sie kräftig und gedrungen wachsen.

Auch der Abstand, in dem die Pflanzen aufgestellt oder gepflanzt werden, bestimmt den Lichtgenuß. Die optimale

Standweite oder der Pflanzenabstand, bei dem Gemüse oder Kräuter genügend Platz und Licht erhalten, wird auf den Samentüten oder in Katalogen angegeben.

Licht und Keimung

Bei manchen Pflanzenarten wird die Keimung der Samen durch Licht beeinflußt. Dunkelkeimer wie Amarant oder Kürbis keimen nur, wenn sie bei der Aussaat ausreichend vor Lichteinfall geschützt sind. Lichtkeimer wie Tabak keimen, wenn sie im gequollenen Zustand dem Licht (wichtig ist der hellrote Spektralbereich von 660 nm) ausgesetzt werden.

Tageslänge und Blütenbildung

Die Tageslänge hat bei manchen Pflanzen Einfluß auf die Blütenbildung (um korrekt zu sein: es ist die Dauer ununterbrochener Dunkelheit, die der Pflanze das Signal gibt).

Langtagpflanzen blühen, wenn eine bestimmte »kritische« Tageslänge überschritten wird. Je nach Pflanzenart und Anbauzweck ist dies erwünscht oder unerwünscht. Spinat beispielsweise ist eine Langtagpflanze, die beim Sommeranbau in die in diesem Fall unerwünschte Blüte gehen würde; inzwischen wurden jedoch Sommersorten gezüchtet, die dieses Verhalten nicht mehr haben. Die Angaben auf den Samenpackungen, ob eine Sorte für den Frühjahrs-, Sommer- oder Herbstanbau geeignet ist, sollte (nicht nur bei Spinat) immer beachtet werden.

Kurztagpflanzen blühen, wenn eine bestimmte »kritische« Tageslänge unterschritten wird. Sie werden durch unsere kurzen Tageslängen im Winter zur Blütenbildung angeregt. Dieser Vorgang kann bei diesen Pflanzen jedoch manchmal schon durch eine benachbarte Straßenlaterne oder durch vorbeifahrende Autolichter gestört werden. Zu den Kurztagpflanzen gehören beispielsweise das Flammende Käthchen, der Weihnachtsstern und die Chrysantheme.

Der Einfachheit halber werden Langtagpflanzen meist als Pflanzen definiert, die bei einer Tageslänge über 12 Stunden in Blüte gehen, und Kurztagpflanzen als solche, die bei einer Tageslänge unter 12 Stunden in Blüte gehen. Jedoch ist die sogenannte »kritische« Tageslänge arten- und sortenspezifisch und oft auch von der Temperatur abhängig.

Will man Kurztagpflanzen während des Sommers zur Blütenbildung anregen, muß die Nacht durch Verdunklungsmaßnahmen künstlich verlängert werden. Dazu sind beispielsweise übergestülpte Eimer, Kartons oder schwarze Folien geeignet; es muß nur sichergestellt sein, daß nachts mindestens 12 Stunden lang kein Licht an die Pflanze dringt.

Um Langtagpflanzen während des Winters zum Blühen bringen, muß der natürliche Tag durch Zusatzbelichtung verlängert oder die Nacht ein- oder mehrmals mit Licht unterbrochen werden. Zur Auslösung des photoperiodischen Reizes ist nur der Rotlichtanteil von Bedeutung. Daher sind auch normale Glühlampen geeignet (siehe auch Seite 73).

Von der Tages- und Nachtlänge kann außerdem der Beginn und das Ende von Ruheperioden, die Wachstumsrate, die Stecklingsbewurzelung, die Blattgestalt, die Bildung von Speicherorganen, der Blattfall sowie die Frostresistenz beeinflußt werden.

Diese Zusammenhänge sind noch weitaus komplizierter, als hier dargestellt, da der Faktor Licht auch immer im Zusammenhang mit der Temperatur gesehen werden muß. Außerdem gibt es auch Kurzlangtagpflanzen und Langkurztagpflanzen, bei denen Perioden unterschiedlicher Tageslängen in bestimmter Reihenfolge aufeinanderfolgen müssen. Soweit die Tageslänge für den Hobbygärtner von Bedeutung ist, wird in den jeweiligen Kapiteln darauf hingewiesen.

Informationen zu den geeigneten Lampen für den jeweiligen Zweck, finden Sie auf Seite 72 ff. Der Gartenfachhandel bietet dem Hobbygärtner entsprechende Produkte an. Die empfohlenen Abstände der Lichtquelle zum Pflanzenbestand sollten beachtet werden.

Wasser und Luft

Luft ist das Gasgemisch, das unsere Erde umgibt. Sie besteht im wesentlichen aus Stickstoff (78,09 %vol), Sauerstoff (20,95 %vol), Argon (0,93 %vol) und Kohlendioxid (0,03 %vol). Luft kann aber auch beträchtliche Mengen Wasser in Form von Wasserdampf aufnehmen. Je wärmer die Luft ist, desto mehr Wasserdampf kann sie mengenmäßig halten. Die maximale Wasserdampfmenge ist also temperaturabhängig. Bei 100 % Luftfeuchte bei 10 °C ist weniger Wasserdampf in der Luft als bei 30 °C. Sinkt nun die Temperatur plötzlich ab, dann kann die Luft die hohe Wasserdampfmenge nicht mehr halten und es bildet sich Tau. Diesen Vorgang können wir besonders in den Herbstmonaten mit seinen kühlen Nächten nach warmen Tagen beobachten.

Wasser als Wachstumsfaktor

Pflanzen bestehen zu 85 bis 98 % aus Wasser. In der Pflanze dient Wasser als Quellungs- und Lösungsmittel, als Baustoff und als Transportmittel. Weil gerade das Gießen am häufigsten falsch gemacht wird, lohnt es sich, sich mit einigen pflanzenphysiologischen Zusammenhängen vertraut zu machen.

Eine hohe Luftfeuchtigkeit ist für die Regenwaldpflanzen besonders wichtig.

Grundsätzlich gilt, je wärmer es ist, desto aktiver ist die Pflanze und desto mehr Wasser benötigt sie. In kühlen Überwinterungsphasen darf nur wenig bis gar nicht gegossen werden. In der warmen und lichtreichen Jahreszeit ist der Wasserbedarf aber wesentlich größer. Die Kunst des richtigen Gießens und die Steuerung der Luftfeuchtigkeit ist ausschlaggebend für das Gedeihen und die Gesundheit der Pflanzen.

Auf das Pflanzenwachstum wirkt sich sowohl das Wasser im Boden als auch die Luftfeuchtigkeit der Umgebungsluft aus. Viele Pflanzenarten entnehmen Wasser hauptsächlich mit Hilfe ihrer Wurzeln aus dem Boden. Eine andere Lösung haben die Epiphyten, wie manche Orchideen oder viele Bromeliengewächse, gefunden, die an ihrem Heimatstandort nicht im Boden verankert sind, sondern auf anderen Pflanzen aufsitzend leben und Wasser in Form von Tau, Luftfeuchte oder Regenwasser direkt aufnehmen.

Entscheidend für alle Pflanzen ist die Wasserbilanz in der Pflanze. Die Wasserabgabe durch Verdunstung (Transpiration) muß kleiner sein als die Wasseraufnahme, sonst welkt die Pflanze.

Die Verdunstung ist umso größer, je niedriger die relative Luftfeuchte (= Wasserdampfsättigung der Luft) ist. Um möglichst wenig Wasser zu verdunsten, haben sich an wasserarmen Standorten im Laufe der Evolution Pflanzen mit Verdunstungsschutzmaßnahmen entwickelt. Beispielsweise können Pflanzen mit einer geringen Oberfläche, die dadurch auch nur eine kleine Verdunstungsoberfläche haben, trockene Lebensbedingungen besser ertragen (beispielsweise die Kugel- und Säulenform der Kakteen).

Andere Pflanzen bildeten eine dicke äußere Blattschicht, um die Wasserabgabe zu verringern (hartlaubige Pflanzen). Daneben gibt es noch weitere Anpassungen, wie die Modifikation der Wasseraufnahme (z. B. den Tau über die Dornen bei manchen Kakteenarten) oder die Bildung von Wasserspeichergewebe (Kakteen und andere Sukkulenten). Mit all diesen Anpassungsmechanismen haben sich Pflanzen ihr Überleben an Standorten mit langen Trockenperioden sowie unregelmäßigen und/oder geringen Niederschlägen gesichert. Sie benötigen im Gewächshaus in der Regel eine niedrige Luftfeuchtigkeit und Ruheperioden bezüglich Wasser- und Nährstoffgaben.

Die Pflanzen des Regenwaldes haben keinen Verdunstungsschutz entwickelt, denn zum einen steht ihnen an ihrem Heimatstandort ganzjährig genügend Wasser zur Verfügung, zum anderen ist die Luftfeuchtigkeit dort innerhalb des Bestandes so hoch, daß die Pflanzen wenig verdunsten. Im Gegenteil, diese Pflanzen helfen der Verdunstung noch zusätzlich nach, indem sie größere Verdunstungsoberflächen schaffen. In einem Gewächshaus mit trockener Luft würden sie über die Blätter mehr Wasser abgeben, als ihre Wurzeln von unten nachliefern können. Zunächst würden die Blattspitzen welken und dann die Blätter abfallen. Um dies zu verhindern, muß die Luftfeuchtigkeit für die Kultur von Pflanzen aus Regenwäldern hoch gehalten und ein gleichmäßiger Wassernachschub über die Wurzeln ermöglicht werden.

Aus diesen Zusammenhängen wird ersichtlich, daß beispielsweise »Wüstenpflanzen« und Pflanzen aus tropischen Regenwäldern besser nicht in dem gleichen Gewächshausklima kultiviert werden. Selbst wenn sie teilweise ähnliche Temperaturansprüche haben, passen sie bezüglich ihrer Ansprüche an die Luftfeuchtigkeit nicht unbedingt zusammen. Man kann diesem Problem jedoch aus dem Weg gehen, indem man verschiedene Kabinen im Gewächshaus anlegt, in denen man die Luftfeuchtigkeit unterschiedlich reguliert, so daß sich jede Pflanze »wie zu Hause fühlen kann«.

Die Verdunstung ist die Triebkraft für den Wasser- und Nährstofftransport in der Pflanze. Man kann sich das vereinfacht als Sogwirkung vorstellen. Die Transpiration hat außerdem eine Kühlwirkung, die eine Überhitzung verhindern kann. Bei sehr hoher Luftfeuchtigkeit findet keine Verdunstung statt. Damit auch dann der Wasserstrom in der Pflanze aufrecht erhalten wird, geben manche Pflanzen aktiv flüssiges Wasser in Tropfenform ab (Guttation). Dies ist häufig bei Frauenmantel, Fuchsie und Kapuzinerkresse zu beobachten und wird oft mit Tautropfen verwechselt.

Im Gewächshaus wird sehr leicht eine hohe Luftfeuchtigkeit erreicht, die aber nicht jeder Pflanzenart paßt. Durch Heizen und Lüften sowie gezielte Wassergaben nur in den Wurzelbereich der Pflanzen wird die Luftfeuchtigkeit gesenkt. Durch Sprühen und großflächige Wassergaben wird die Luftfeuchtigkeit erhöht.

Maßnahmen und Einrichtungen zur Veränderung der Luftfeuchtigkeit im Kleingewächshaus

Erhöhen	**Senken**
Sprühen	Lüften und Heizen
Berieseln der Wege und Untertischflächen	Wege und Untertischflächen trocken halten
Breitflächiges Gießen	Gezieltes Gießen in den Wurzelbereich
Luftbefeuchter	Entfeuchtungsanlage
Springbrunnen	

Wasserqualität

Zum Gießen von Bodenkulturen sollte der Härtegrad (Gesamthärte) des Wassers auf Dauer nicht über 18 °dH liegen, da sich sonst Salze (Kalk, Magnesiumkarbonat, Natriumchlorid, Magnesiumchlorid unter anderem) in zu hoher Konzentration in der Wurzelzone anreichern können.

Aber schon ab 15 °dH ist eine Aufbereitung des Wassers sinnvoll, weil dann die Qualität des Gewächshausbodens länger erhalten bleibt. Die meisten Topfpflanzen vertragen auf Dauer nur Wasser mit einer Karbonathärte von maximal 15 °dH. Kalkmeidende Pflanzen wie Azaleen und Orchideen vertragen kein Wasser über 10 °dH. Hartes Wasser verursacht auch Kalkflecken auf den Blättern, wenn über Kopf bewässert wird.

Bei Leitungswasser ist die Qualität von Region zu Region, besonders hinsichtlich der Wasserhärte, unterschiedlich. Auskunft über die regionale Wasserhärte erhält man beim örtlichen Wasserwerk.

Zur Enthärtung des Wassers gibt es verschiedene Methoden. Kleine Mengen Wasser können durch Abkochen enthärtet werden. Diese Prozedur verbraucht jedoch Energie und danach muß die Wassertemperatur wieder auf Gewächshaustemperatur heruntergekühlt werden, bevor das Wasser zum Gießen verwendet werden kann. Eine bessere und umweltfreundlichere Möglichkeit die Wasserhärte zu reduzieren, ist das Vermischen des Leitungswassers mit Regenwasser.

Wer Regenwasser auffängt, sollte dies jedoch nicht sofort nach einer längeren Trockenperiode tun, da dann der Regen unerwünschte Schmutzteilchen und Schadstoffe aus der Luft enthält. Mit dem Auffangen beginnt man erst, wenn die Auffangfläche und die Luft saubergewaschen sind. Regensammler mit automatischem Schmutzwasserablauf, wie sie im Gartenfachhandel angeboten werden, können in vorhandene Fallrohre eingebaut werden.

Regenwasser kann aus Kupfer-, Zink- oder verzinkten Rohren, Auffangflächen und Behältern unter Umständen Kupfer und Zink herauslösen, was auf Dauer zu einer pflanzenschädigenden Anreicherung im Boden führen kann. Als Materialien sind daher besser Aluminium, Edelstahl oder schadstofffreie Kunststoffe geeignet. Vorhandene Flächen können auch mit einer Schutzfarbe versiegelt werden.

Wer nur Leitungswasser hat, muß sich anders behelfen, um die Wasserhärte zu senken. Der Gartenfachhandel bietet verschiedene Produkte zur Wasserenthärtung an (z. B. Ionenaustauscher), die sehr einfach anwendbar sind.

Der Erwerbsgärtner reduziert seine Wasserhärte durch die Zugabe von Schwefelsäure. Pro 1 °dH Verringerung werden 10 cm^3 konzentrierte Schwefelsäure pro m^3 Wasser hinzugefügt. Bei höheren Härtegraden empfiehlt sich die Verwendung von Oxalsäure. Pro 1 °dH Verringerung werden 22,5 g kristalliner Oxalsäure gegeben. Jedoch ist größte Vorsicht beim Umgang mit Säuren geboten, und es dürfen auch nur säurefeste Behälter verwendet werden. Diese Methoden sind nur Personen mit Chemiekenntnissen zu empfehlen.

Härteskala des Wassers

Härteskala	°dH (Grad deutscher Härte)
sehr weiches Wasser	0–4
weiches Wasser	4–8
mittelhartes Wasser	8–12
etwas hartes Wasser	12–18
hartes Wasser	18–30
sehr hartes Wasser	über 30

Unabhängig davon, welche Methode man wählt, sollte Wasser nicht unter 5 °dH enthärtet werden, da sonst Pflanzenschäden auftreten können. Die Wasserhärte läßt sich leicht mit einem Indikator aus der Zoohandlung oder Teststäbchen aus dem Chemiefachhandel ermitteln.

Sauberes Regenwasser ist wichtig. Den ersten Teil des Regenwassers, mit dem viele Schmutzpartikel von den Dachflächen geschwemmt werden, leitet diese Vorrichtung automatisch in die Kanalisation. Erst danach läuft das Wasser in das Faß.

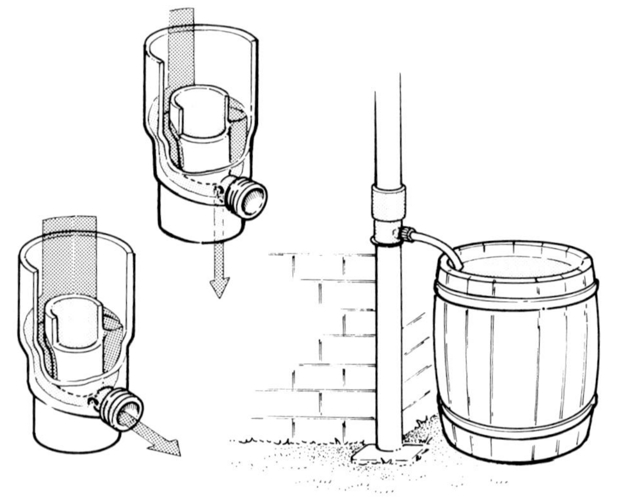

Wann und wie oft gießen?

Die Wassermenge und die Gießhäufigkeit ist von der Pflanzenart und -größe abhängig. Es ist unmöglich, allgemeingültige Empfehlungen zu geben, da außerdem die Temperatur, die Luftfeuchtigkeit, die Erde bzw. das Substrat und das Topfmaterial eine Rolle spielen. Die Hinweise zum Wasserbedarf in den Nutzungskapiteln geben nur einen Anhaltspunkt. Die genaue Beobachtung durch den Gärtner kann dadurch nicht ersetzt werden.

Am besten wird in der Regel morgens gegossen. An heißen Tagen kann jedoch auch mehrmaliges Gießen notwendig sein. Auf keinen Fall sollten die Blätter abends mit Wasser benetzt werden und über Nacht naß bleiben, da dies die Ansiedelung von Pilzkrankheiten begünstigt.

Pflanzen in durchlässigem Boden werden öfter und mit kleinerer Wassermenge gegossen. Pflanzen in undurchlässigen Böden werden weniger häufig, dafür aber mit einer größeren Wassergabe gegossen. Im Winter sollte nur (abgestandenes) Wasser, das die Gewächshaustemperatur angenommen hat, verwendet werden, damit die Pflanzen keinen Kälteschock bekommen. Das gilt besonders für Orchideen und andere empfindliche Pflanzen. Das Wasser wird daher am besten aus einem Wasservorratsbehälter im Gewächshaus entnommen.

Luft als Umgebungsluft und Luft im Boden

Tagsüber nehmen Pflanzen über die winzigen Spaltöffnungen der Blätter Kohlendioxid aus der Umgebungsluft auf und verarbeiten es bei der Photosynthese (Assimilation) mit Hilfe der Sonnenenergie zu Kohlenhydraten. Dabei wird Sauerstoff frei, der die Pflanzen über die Spaltöffnungen wieder verläßt, falls er nicht zur Atmung der Pflanze benötigt wird.

Die Lebensvorgänge in der Pflanze benötigen Energie. Sie wird über die Atmung gewonnen. Dies ist der Umkehrvorgang zur Assimilation. Sauerstoff aus der Umgebungsluft wird verbraucht und Kohlendioxid und Energie werden frei. Am Tage überwiegt die Photosynthese und damit die Kohlendioxid-Einbindung und damit die Speicherung der aufgenommenen Lichtenergie. Nachts ohne Licht kann die Pflanze nicht assimilieren und verbraucht Kohlenhydratenergie zur Aufrechterhaltung ihrer Lebensvorgänge.

Je höher die Temperatur, desto stärker sind diese Veratmungsvorgänge. Aus diesem Grunde ist für die meisten Pflanzen eine etwas niedrigere Nachttemperatur günstiger. Dem trägt der Profigärtner Rechnung, indem er nachts eine etwas niedrigere Gewächshaustemperatur einstellt als tagsüber. So baut die Pflanze tagsüber auf und nachts verbraucht sie weniger von ihrer Substanz.

Unsere Außenluft enthält ungefähr 0,03 %vol Kohlendioxid. Im dicht geschlossenen Gewächshaus kann dieser Wert durch den Verbrauch der Pflanzen jedoch merklich unterschritten werden. Der Gehalt an Kohlendioxid kann durch Lüften wieder erhöht werden. Auch bei Umsetzungsvorgängen im Boden, besonders bei organischer Düngung und einem aktiven Bodenleben, wird Kohlendioxid frei.

Ein Argument, das für die regelmäßige Versorgung des Bodens mit organischem Material spricht.

Methoden der gezielten Kohlendioxid-Düngung sind die Begasung mit Kohlendioxid aus Flaschen und die Verbrennung von Propan- und Butangas. Während ersteres eher für den Erwerbsgartenbau in Frage kommt, werden auch für den Hobbygärtner Propangasheizungen mit vollständiger Verbrennung durch Katalysatorbrenner angeboten, deren »Abgase« (in diesem Fall Kohlendioxid) im Gewächshaus verbleiben können und so als Kohlendioxid-Dünger wirken (siehe auch Seite 52). Pflanzen können Kohlendioxid jedoch nur bei ausreichender Lichtintensität nutzen. Die Kohlendioxid-Konzentration sollte 0,1 Volumenprozent nicht zu weit übersteigen, da sonst Pflanzenschäden auftreten können.

Luft ist nicht nur oberirdisch, sondern auch im Boden von Bedeutung. Die Luft im Boden beinflußt zum einen die Aktivität des Bodenlebens, zum anderen benötigen die Pflanzenwurzeln Sauerstoff für die Wurzelatmung. Die Versorgung des Wurzelbereiches mit Luft ist von der Bodenstruktur abhängig (siehe Seite 110 ff.). Wasser verdrängt Luft im Boden. Überreiche Wassergaben schädigen, allerdings nicht nur aus diesem Grunde, die Wurzeln. Das Schadbild ist ähnlich dem Verwelken bei Wassermangel, da die Wurzeln ihre Aufgaben nicht mehr erfüllen können.

Böden, Erden, Substrate und Düngung

Auch wenn die Wurzeln der Pflanzen unterirdisch wachsen und nicht zu sehen sind, bestimmt ihr Wohlergehen das Wohlergehen der ganzen Pflanze. Sie geben ihr Halt und versorgen sie mit Wasser und Nährstoffen, die sie aus dem Boden, der Erde oder dem Substrat aufnehmen.

Böden

Unter Boden versteht man die oberste Verwitterungsschicht der Erdoberfläche, die von Pflanzen und anderen höheren und niederen Organismen besiedelt wird. Die Böden im Gewächshaus unterscheiden sich zunächst nicht von Freilandböden. Durch die höheren Bodentemperaturen gehen hier jedoch Abbau- und Umbauprozesse schneller vonstatten. Wer sein Gewächshaus für die Kultur von Gemüse oder Schnittblumen nutzt, wird in der Regel direkt im Boden anbauen.

Die Bodenfruchtbarkeit wird maßgeblich durch die Durchwurzelbarkeit, das Wasser- und Lufthaltevermögen, die Erwärmbarkeit, den pH-Wert sowie den Nährstoffgehalt und dessen Verfügbarkeit bestimmt. Diese Faktoren sind vom Ausgangsgestein, der Entstehung des Bodens sowie dem Gehalt an abgestorbener organischer Substanz im Zusammenspiel mit dem Bodenleben abhängig.

Der pH-Wert gibt Aufschluß über die Bodenreaktion. Die meisten Kulturpflanzen bevorzugen einen schwachsauren Boden mit pH-Werten zwischen 6

Bodenflora und -fauna.

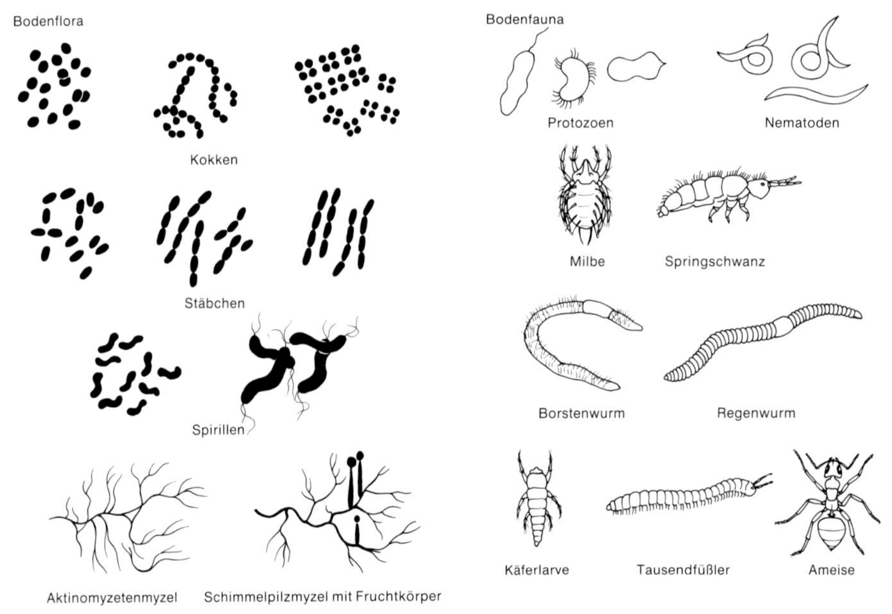

Einstufung der Böden nach dem pH-Wert ($CaCl_2$)

Reaktionsbezeichnung	pH	Reaktionsbezeichnung	pH
neutral	7,0		
schwach sauer	6,9–6,0	schwach alkalisch	7,1– 8,0
mäßig sauer	5,9–5,0	mäßig alkalisch	8,1– 9,0
stark sauer	4,9–4,0	stark alkalisch	9,1–10,0
sehr stark sauer	3,9–3,0	sehr stark alkalisch	10,1–11,0
extrem sauer	<3,0	extrem alkalisch	>11,0

und 7. Liegt der pH-Wert unter 7, spricht man von einer sauren Bodenreaktion, liegt er über 7, ist die Bodenreaktion alkalisch. Da Kalk Säuren bindet, verändert er den pH-Wert in Richtung auf den alkalischen Bereich.

Die Krümeligkeit sowie die Korngrößenverteilung und die Anzahl der Poren im Boden sind ausschlaggebend für das Wasser- und Lufthaltevermögen und die Durchwurzelbarkeit des Bodens. Große Poren ermöglichen den Luftaustausch zwischen Boden und Umgebungsluft, sehr kleine Poren speichern Wasser. Wichtig ist, daß alle Porengrößen in einem günstigen Verhältnis zueinander vorhanden sind.

In einem **Tonboden** (schwerer Boden) sind die Poren sehr klein. Er speichert gut Nährstoffe, (zu) gut Wasser, aber wenig Luft. Diese Bodenart ist schwer zu bearbeiten und für die Pflanze schwer zu durchwurzeln. Tonboden neigt zu Staunässe und Verschlämmung und erwärmt sich im Frühjahr nur langsam. Ein reiner Tonboden ist für den Anbau im Gewächshaus ungeeignet. Er sollte, wenn Bodenkultur im Kleingewächshaus geplant ist, durch eine Fertigerde (z. B. Einheitserde oder Rindenkultursubstrat) oder eine selbsthergestellte Mischung aus Gartenerde, Kompost und Sand oder Torf ersetzt werden.

Im Gegensatz dazu enthält ein **Sandboden** (leichter Boden) hauptsächlich große Poren, durch die Wasser sofort versickert. Der Boden trocknet schnell ab und enthält viel Luft. Er ist gut durchwurzelbar und erwärmt sich gut im Frühjahr. Jedoch ist sein Wasser- und Nährstoffspeicherungsvermögen gering. Auch ein reiner Sandboden ist für den Anbau im Kleingewächshaus in der Regel weniger gut geeignet.

Moorböden sind aus organischen Ablagerungen entstanden. Hochmoorböden sind kalk- und nährstoffarm. Niedermoorböden dagegen sind kalk- und nährstoffreich. Beide verfügen über ein gutes Wasser- und Lufthaltevermögen. Sie sind jedoch nach einem vollkommenen Austrocknen nur schwer wiederbenetzbar.

Lehmböden enthalten verschiedene Porengrößen und vereinen die Eigenschaften von Ton- und Sandböden. Meist liegt im Garten ein Lehmboden vor. Er bildet ein gutes Ausgangsmaterial für einen dauerhaft fruchtbaren Gewächshausboden. Neben dieser groben Einteilung gibt es noch viele Mischformen.

Bodenbearbeitung und -verbesserung

Durch Bodenbearbeitung wie Umgraben, Krailen und Hacken wird die oberste Bodenschicht gelockert. In der Regel muß diese Lockerung nicht tiefer als 30 cm gehen, sonst wird unbelebter Unterboden nach oben geholt. Ausnahme ist ein schwerer Tonboden, der aufgebrochen werden sollte.

Jedoch gibt es zum Thema Bodenlokkerung im Gewächshaus unterschiedliche Meinungen. Teilweise wird 2 Spaten tief gegraben. Dabei sollte man jedoch darauf achten, daß die beiden Schichten nicht durcheinander geraten. Erst wird die obere Schicht abgetragen und seitlich gelagert, dann die zweite, untere Schicht umgegraben und anschließend die erste Schicht wieder aufgefüllt. Viele Hobbygärtner verzichten inzwischen ganz auf das Umgraben und lokkern den Boden mit einem »Sauzahn« (sichelförmig gebogener Zinken) oder der Grabgabel, ohne den Boden zu wenden, damit die Bodenorganismen der verschiedenen Schichten nicht gestört werden.

Die rein mechanische Veränderung der Bodenstruktur ist jedoch in keinem Fall zur Bodenverbesserung ausreichend. Sie geht nach einigen Gießvorgängen wieder verloren. Nur das regelmäßige Einbringen von organischer Substanz bewirkt über die Förderung des Bodenlebens und den Eintrag von Humus eine langfristige Bodenverbesserung.

Bis vor kurzem wurde hauptsächlich Torf zur Verbesserung der Bodenstruktur im Garten eingesetzt. Er bringt Luft in schwere Böden und verbessert das Nährstoff- und Wasserhaltevermögen bei leichten Böden. Er ist allerdings nährstoffarm, hat eine saure Bodenreaktion und wirkt auch nicht sehr lange.

Langfristig erhält man sowohl im Garten als auch im Gewächshausboden eine stabile Krümelstruktur durch den Einsatz von Gartenkompost, Rindenhumus oder abgelagertem Rindermist. Dabei muß jedoch jeweils der Nährstoffgehalt berücksichtigt werden.

Das »Bodenleben« lebt von den eingebrachten organischen Substanzen, zerkleinert sie und schafft im Boden eine stabile Krümelstruktur durch die Lebendverbauung von organischen und anorganischen Substanzen, wobei Nährstoffe und CO_2 für die Pflanzen verfügbar werden. Diese Krümel verbessern die Luftführung, das Wasserhaltevermögen und die Nährstoffspeicherkapazität. Vom Regenwurm bis zur winzigsten Bakterie sind viele Bodenlebewesen an diesem Um- und Abbau beteiligt und erfüllen damit eine wichtige Aufgabe.

Die Gewächshausfläche ist eine wertvolle Fläche, die man möglichst intensiv für den Anbau der Kulturpflanzen nutzen möchte. Dennoch kann die Einsaat von **Gründüngungspflanzen** sinnvoll und nützlich sein, wenn beispielsweise
– der Boden vor der ersten Nutzung verbessert werden soll;
– im Frühjahr keine Gemüsejungpflanzen zur Verfügung stehen oder man keine Zeit für die Pflanzung hat;
– der Boden zwischen noch jungen Sommerkulturen wie Tomaten und Paprika mit einer Untersaat bedeckt werden soll;
– wenn der Gewächshausboden ab Herbst nicht genutzt wird.

Gründüngung bringt organische Substanz in den Boden und fördert dadurch das Bodenleben. Durch die Durchwurzelung wird der Boden gelockert. Durch die Bedeckung verdunstet weniger Wasser, was auch den Salztransport nach oben vermindert und dadurch die Gefahr der Versalzung des Gewächshausbodens verringert. Gründüngung bindet außerdem überschüssige Nährstoffe und verwandelt sie in Pflanzenmasse. Gründüngungspflanzen wie auch Unkräuter sollten daran gehindert werden, im Gewächshaus auszusamen. Sie werden vorher abgeschnitten, abgemäht oder aus der Erde gezogen. Frieren die Pflanzen im Winter ab, können sie als Mulchdecke auf der Erde liegen bleiben. Im Frühjahr oder vor der ersten Kultur werden sie abgerecht und auf den Kompost gegeben.

Bei der Verwendung von Gründüngung muß einkalkuliert werden, daß auch diese Pflanzen Nährstoffe und Wasser zum Leben benötigen. Aus

Gründüngungspflanzen

Pflanze	Aussaat-monate	Saatgut-menge in g/m²	Saat-tiefe in cm	winter-hart ja/nein	Besonderheiten
Ackerbohne	II–VII	20	5–10	ja	Stickstoffsammler, Tiefenwurzler, trockenheitsverträglich
Bitterlupine	IV–IX	20	3–4	nein	Stickstoffsammler, Tiefenwurzler, guter Bodenaufschließer
Buchweizen	V–VIII	10	2–4	nein	gut für Fruchtwechsel
Dinkel	XI–XII	16	4	ja	gut für schwere Böden
Feldsalat	VIII–X	2,5	2–3	ja	schmackhafter Salat, gut für Fruchtfolge, viel Wurzelmasse
Flachs	IV–VII	4	2–3	nein	guter Bodenlockerer
Hafer	III	16	4	nein	gut für Fruchtwechsel im Gemüsebau
Inkarnatklee	VII–IV	3–4	1–2	ja	Stickstoffsammler, viel Grünmasse
Luzerne	III–VIII	2	2–3	ja	Stickstoffsammler, Tiefwurzler
Phacelia	III–VIII	1,5	1–2	bis –8 °C	viel Wurzelmasse, gut für Fruchtfolge
Winterwicke	IX–X	15	2–3	ja	Stickstoffsammler, ohne Stützpflanze auf dem Boden aufliegend

Fruchtfolgegründen wird im Gemüseanbau auf die Gründüngung mit Ölrettich, Raps und Senf verzichtet.

In der Vergangenheit wurde häufig Kalk als ein Allheilmittel zur Verbesserung der Bodenstruktur empfohlen. Dies ist jedoch nicht unbedingt der Fall. Nur wenn der Gewächshausboden für kalkverträglichere Pflanzen genutzt wird und wenn der pH-Wert unter 7 liegt, kann ein schwerer Boden mit Kalk verbessert werden. Das regelmäßige Einbringen von organischer Substanz erhält die Bodenfruchtbarkeit auf Dauer.

Tonmehle wie Montmorillonit und Bentonit verbessern durch ihr hohes Quellungs- und damit Nährstoff- und Wasserhaltevermögen leichte, sandige Böden. Will man Böden mit hohem pH-Wert mit Steinmehl versorgen, wählt man solche aus den Gesteinen Gneis, Granit, Trachyt oder Porphyr.

Steinmehle aus Basalt und Diabas eignen sich eher für saurere Böden, da sie neben wertvollen Silikatverbindungen auch noch reichlich Kalk enthalten.

Kalkmeidende Pflanzen wünschen aber einen sauren Boden bzw. saure Kulturerde oder Substrat. Dazu gehören Rhododendron, Azaleen, Eriken u. a. Für sie ist Torf zur Bodenverbesserung geeignet. Damit der Boden den niedrigen pH-Wert behält, werden sie mit Regenwasser oder einem -verschnitt oder mit entkarbonisierten Wasser gegossen. Zur Düngung werden sauer wirkende Dünger oder Azaleendünger verwendet.

Die meisten unserer Kulturpflanzen liegen jedoch mit ihren Ansprüchen im schwachsauren und Neutralbereich. Hier kann auf Torf zur Bodenverbesserung verzichtet und statt dessen Kompost, Rindenhumus oder gut abgelagerter Stallmist eingesetzt werden. Ist der pH-Wert im Gewächshausboden zu hoch, kann er durch Einbringen von ungedüngtem Torf gesenkt werden. Noch besser ist es, von vorneherein mit Regenwasser, -verschnitt oder mit entkarbonisiertem Wasser statt mit hartem Leitungswasser zu gießen. Auch mit der Wahl des Düngers kann auf den pH-Wert Einfluß genommen werden. Sauer wirkend sind beispielsweise Ammonsulfatsalpeter und schwefelsaures Ammoniak. Ist der pH-Wert zu niedrig, wird mit Kalk gedüngt, bzw. alkalisch wirkende Dünger verabreicht. Auskunft über den Bodenzustand gibt das Ergebnis einer Bodenuntersuchung.

Im Gewächshaus herrscht in der Regel ein arides Klima, d. h., die Wasserverdunstung aus dem Boden ist größer als die Niederschläge (Bewässerung). Wenn Wasser an der Oberfläche verdunstet, wird dadurch Wasser aus dem Boden »nachgesaugt«. Besonders wenn das Gewächshaus im Winter nicht genutzt wird, findet dieser Verdunstungsstrom statt und bringt Mineralsalze an die Oberfläche, was sich als weißlicher Belag bemerkbar macht. Vermeiden läßt sich dies zum Teil, indem man zum einen nicht überdüngt (weder mineralisch noch organisch) und andererseits den Boden mit einem Mulchmaterial oder Gründüngung bedeckt hält, um die Verdunstung gering zu halten. Ist der Belag bereits da, kann die oberste Erdschicht ausgetauscht werden.

Eine Bodenuntersuchung kann unter anderem darüber Aufschluß geben, ob die Salzkonzentration im Boden zu hoch ist.

Bodenanalyse

Untersuchungen von Böden in Privatgärten haben gezeigt, daß sehr viele Böden mit Kalk, Phosphor und Kali überdüngt sind, weil mehr Nährstoffe über Kalk, Kompost, Stallmist oder Mineraldünger verabreicht wurden, als die Pflanzen verbrauchen konnten. Im Erwerbsgartenbau sind Bodenuntersuchungen inzwischen längst praxisüblich, weil Dünger teuer sind, eine Anreicherung zu hohen Salzgehalten im Boden führen kann und die Umwelt sinnlos belastet wird.

Der Erwerbsgärtner weiß aufgrund der Bodenanalyse um seinen Bodenzustand und düngt bedarfsgerecht zu. Diese Praxis hält auch im Hobbygarten Einzug und ist besonders für Kleingewächshausböden wichtig, da hier sehr schnell eine zu hohe Salzkonzentration erreicht werden kann, weil die Ausschwemmungen durch Regenfälle in den Untergrund (und damit auch in das Grundwasser) fehlen.

Im Handel sind verschiedene Testsets für die eigene Bodenanalyse verfügbar. Sie sind allerdings wegen ihrer Unzuverlässigkeit oder ihres zu hohen Anspruchs an die labortechnischen Fähigkeiten des Anwenders oft nicht zu empfehlen. Zuverlässiger und einfacher ist es, eine Bodenanalyse bei einem professionellen Labor durchführen zu lassen.

Zunächst muß eine Bodenprobe erstellt werden, die den tatsächlichen Zustand des Bodens wiederspiegelt. Dazu werden Proben an 10 verschiedenen Stellen einer einheitlich genutzten Fläche, also des Kleingewächshauses, entnommen, in einem Eimer gemischt und etwa 500 g davon in einer beschrifteten Plastiktüte mit einem Begleitschreiben mit Angaben über die Nutzungsart der Fläche und der gewünschten Analyse an das Bodenuntersuchungslabor geschickt. Sind bereits Symptome aufgetreten, die sich eventuell auf eine Fehlernährung zurückführen lassen, so sollte darauf hingewiesen werden.

Die Proben können mit einem Bohrstock, den man sich beim zuständigen Amt für Landwirtschaft oder einem Ringwart ausleihen kann, oder mit einem Spaten oder einer Handschaufel entnommen werden. Bodenuntersuchungen werden am besten vor Kulturbeginn im Frühjahr durchgeführt. Die Untersuchungen sollten etwa alle 3 bis 5 Jahre wiederholt werden.

Eine Standarduntersuchung (Adressen von Labors im Anhang) kostet etwa 15 bis 20 DM. Sie gibt Auskunft über die Bodenart, den pH-Wert und Kalkgehalt sowie den Phosphor- und Kaligehalt des Bodens. Auf Wunsch wird eine Düngeempfehlung mitgeliefert. Zusätzlich kann man bei Verdacht auf Magnesiummangel den Magnesiumgehalt des Bodens untersuchen lassen. Der Gehalt an pflanzenverfügbarem Stickstoff wird bei den Standarduntersuchungen nicht geprüft, da er instabil ist und sich bereits beim Transport der Bodenprobe durch Umsetzungen verändern kann.

Die spezifischen Ansprüche der einzelnen Kulturen an Boden, Erde und Substrat werden in den jeweiligen Kapiteln besprochen.

Erden und Substrate

In der Jungpflanzenanzucht sowie bei der Kultur in Kisten, Töpfen und Kübeln oder auf Tischbeeten ersetzen Substrate den gewachsenen Boden. Die Bezeichnung »Erde« ist heute nicht mehr so gebräuchlich, da manche Substrate keine »erdigen« Bestandteile haben. Die Anforderungen an Substrate bezüglich Wasser-, Luft- und Nährstoffspeichervermögen sind höher als an den Boden.

Die Struktur der Substrate soll lange erhalten bleiben, und sie sollen eine gewisse Pufferfähigkeit gegenüber kalkhaltigem Wasser oder zu hohen Mineralstoffkonzentrationen haben.

Für die Pflanzenanzucht werden feinkrümeligere, nährstoffärmere Aussaat- oder Pikiererden verwendet. Kalkmeidende Pflanzen werden in ungedüngtem Torf, Azaleen- oder Rhododendronerde kultiviert, Kakteen und Sukkulenten in durchlässige Kakteenerden gepflanzt. Auch für Palmen und Orchideen sind Spezialerden im Fachhandel erhältlich. Die Ansprüche der einzelnen Kulturen an das Substrat werden in den jeweiligen Kapiteln angesprochen.

Torfkultursubstrate (TKS) bestehen aus reinem Torf, der mit Kalk und anderen Düngern je nach Verwendungszweck aufbereitet wurde. Es gibt sie als Aussaat-, Pikier-, Pflanz- und andere Spezialerden.

Einheitserden, die von verschiedenen Herstellern, aber in einheitlicher Zusammensetzung angeboten werden, gibt es ebenfalls in verschieden aufgedüngten Varianten. Sie bestehen aus Torf, Ton und Dünger.

Nicht standardisierte Blumenerden können je nach Qualität der verwendeten Materialien sehr große Unterschiede aufweisen. Zu erwähnen ist, daß torfhaltige Substrate nach dem Austrocknen »puffig« werden können, d. h., sie lassen sich nur schwer wieder mit Wasser benetzen. Da hilft nur mehrmaliges Begießen und Umschaufeln, bis das Substrat gleichmäßig feucht, aber nicht naß ist.

Sowohl im Hobby- als auch im Erwerbsgartenbau wird die Torfverwendung zunehmend reduziert.

Der Torfanteil in neueren Produkten wird häufig durch Rindenhumus (kompostierte Rinde), Grüngutkompost, Holzfaserstoffe und andere Beigaben ganz oder teilweise ersetzt. Dadurch sollen

Substratbestandteile und Zuschlagstoffe

Substratbestand-teil/Zuschlag-stoff	Eigenschaften	Verwendung
Bimskies	geringes Gewicht, auflockernder Effekt, enthält keine Nährstoffe	zur Abmagerung von Substraten
Blähton	poröses Tongranulat, leicht, strukturstabil, unverrottbar, enthält keine Nährstoffe	Hydrokultursubstrate, als Beimischung zu anderen Substraten (z. B. statt Lavagrus in Kakteenerde, für Orchideenerden u. a.)
Einheitserde	im Handel werden verschiedene Typen angeboten, Hauptbestandteile sind Torf und Ton	werden entweder pur dem Typ entsprechend oder als Bestandteil eigener Mischungen verwendet
	– Typ 0: nährstofffrei	pur als Vermehrungssubstrat
	– Typ VM: besonders locker nährstoffarm	pur als Vermehrungssubstrat
	– Typ P: leicht gedüngt	pur als Pikiererde
	– Typ T: enthält sofort verfügbare Nährstoffe	pur für Topf-, Beet- und Balkonpflanzen
	– Typ ED 83: wie T plus Dauerdünger	wie T, in kleinen Abpackungen im Handel als 'frux'
Gartenerde/ humoser Oberboden	hohes Gewicht, muß frei von Unkrautsamen, Wurzelunkräutern und Krankheiten sein, Qualität sehr unterschiedlich, in der Regel gutes Wasserhaltevermögen, gutes Pufferungsvermögen	eigene Mischungen von Aussaaterde, Topf- und Kübelpflanzen-, Kakteenerde und andere Spezialerden; je höher der Anteil, desto schwerer ist das Substrat (Vorsicht bei hängenden Balkonkästen und Blumenampeln)
reifer Gartenkompost	nährstoffreich, gute Krümelstruktur, wiegt schwer, gutes Puffervermögen, muß frei von Unkraut und Krankheiten sein	eigene Substratmischungen (Aussaaterde, Topf-, und Kübelpflanzensubstrat u. a.); je höher der Kompostanteil, desto höher das Gewicht und desto höher der Nährstoffgehalt des Substrates
Holzfaserstoffe (aufbereitete Holzabfälle)	werden im Gartenfachhandel angeboten (z. B. Toresa, Culti Fibre), Eigenschaften ähnlich wie Torf	Bestandteil torfreduzierter und torffreier Blumenerden, auch für eigene Substratmischungen (siehe Rezeptbeispiele)

Fortsetzung

Substratbestandteil/Zuschlagstoff	Eigenschaften	Verwendung
Lavagrus/ Urgesteinsgrus	muß vor Verwendung gespült werden um Feinbestandteile zu entfernen, dient der Verbesserung der Wasserdurchlässigkeit	Zuschlagstoff für Kakteenerde
Erde von Maulwurfshügeln	meist lehmig, durch das Aufwühlen krümelig (keine dauerhafte Krümelstruktur), ansonsten siehe Gartenerde	siehe Gartenerde
Perlite, Vermiculit	poröses, strukturstabiles, unverrottbares Granulat	anstelle von Sand zur Beimischung in Substraten
Rindenhumus (aufbereitete Rinde)	wird im Gartenfachhandel zur Bodenverbesserung angeboten, Eigenschaften ähnlich Gartenkompost	Bestandteil torfreduzierter und torffreier Blumenerden, auch für eigene Substratmischungen geeignet (siehe Rezeptbeispiele, nicht verwechseln mit Rindenmulch)
Sand	sollte kalkfrei oder kalkarm sein, Feinbestandteile werden herausgewaschen, er wiegt schwer und enthält keine Nährstoffe, er fördert das Lufthaltevermögen	ist in manchen käuflichen Erden enthalten (z. B. Kakteenerde) und eignet sich auch für eigene Mischungen von Aussaaterde, Stecklingssubstrat, Kakteenerde und anderen, Verwendung auch als Drainage sowie als Einfütterungsmaterial von Pflanzen in Töpfen
Styropor	Polystyrolschaumstoff in Flockenform, sehr leicht, nährstofffrei, dient der Strukturverbesserung und zur besseren Durchlüftung, zersetzt sich nicht	ist in manchen käuflichen Erden enthalten, auch für die eigene Herstellung von Aussaaterden, Kakteenerden und anderen Substraten geeignet
Ton (Montmorillonit-Ton)	hohes Sorptions- und Pufferungsvermögen, reich an Spurenelementen	in Einheitserde und auch anderen Erden enthalten, auch für eigene Mischungen
Torf (Weißtorf, Düngetorf)	leicht, lockere Struktur, nährstoffarm, niedriger pH-Wert (saure Bodenreaktion), hohes Luft- und Wasserspeichervermögen	industrielle Torfkultursubstrate (aufgedüngter und aufgekalkter Torf) und andere käufliche Erden, eigene Substratmischungen; je höher der Torfanteil, desto geringer das Gewicht des Substrates

Beispiele für bewährte Substratmischungen

Substratart	Mischung
Aussaaterde	1/3 Gartenerde, 1/3 gewaschener Quarzsand (0–3 mm) 1/3 Torf oder 1/3 reifer Kompost (Komposterde) 1/3 gewaschener Quarzsand (0–3 mm) 1/3 Torf
Substrat für Alpine Pflanzen	1/3 reifer Kompost (Komposterde) 1/3 gute Gartenerde oder Erde von Maulwurfshügeln 1/3 Torf eventuell mit Sand, Lavatuff und ähnlichem abmagern
Kakteenerde	1/3 Sand 1/3 Lava- oder Urgesteinsgrus oder Blähtongranulat 1/3 Einheitserde (Typ ED 83, Frux)
Substrat für die Stecklingsvermehrung	1/2 Torf 1/2 gewaschener Quarzsand
Substrate für Topf-, Balkon- und Gemüsepflanzen	1/3 reifer Kompost (Komposterde) 1/3 gute Gartenerde oder Erde von Maulwurfshügeln 1/3 Torf oder 1/3 Rindenhumus 1/3 gute Gartenerde oder Erde von Maulwurfshügeln 1/3 Torf oder 3,5 Teile Holzfaserstoffe 3 Teile Rindenhumus 2,5 Teile Gartenkompost 1 Teil Ton

die Moore geschützt werden. Aussaat- und Pikiererden sind in der Regel jedoch nach wie vor torfhaltig, da Torf Ausgangsbasis für ein feinkrümeliges, nährstoffarmes Substrat ist. Jedoch fallen die kleineren Mengen, die für die Jungpflanzenanzucht benötigt werden, weniger ins Gewicht.

Erden können auch selbst hergestellt werden. Ein günstiges Mischverhältnis für die »durchschnittliche« Pflanze im Topf, Kübel oder einem anderen Behälter sind je 1/3 Komposterde oder Rindenhumus, Gartenerde und Torf. Bei empfindlicheren Pflanzen sollte der Kompostanteil geringer ausfallen. Wer ganz auf Torf verzichten will, kann ihn durch Sand und/oder Gartenerde ersetzen. Zu bedenken ist jedoch, daß das Substrat dadurch schwerer wird. Wer nur Kompost und Gartenerde je zur Hälfte mischt, erhält ein schweres, nährstoffreiches Substrat, das nicht von allen Pflanzen (besonders Aussaaten) vertragen wird.

Eine selbsthergestellte Erdmischung eignet sich auch, wenn der Gewächshausboden insgesamt ausgetauscht werden soll, wobei der Torf- und der Kompostanteil dann geringer ausfallen kann.

Fachgerechte Düngung

Die Hauptnährstoffe, die die Pflanze zum Aufbau ihrer Substanz benötigt, sind Stickstoff, Phosphor, Kalium, Kalzium, Magnesium und Schwefel. Die Spurennährstoffe Eisen, Mangan, Kupfer, Zink, Molybdän, Chlor und Bor werden in viel kleineren Mengen benötigt. Sie sind wie auch der Schwefel in der Regel in ausreichender Menge im Boden vorhanden. Die Spurenelemente sind jedoch je nach pH-Wert unterschiedlich verfügbar. Außer Molybdän sind alle Spurenelemente bei einer sauren Bodenreaktion besser aufnehmbar und werden bei einer alkalischen Bodenreaktion in nicht mehr pflanzenverfügbarer Form festgelegt. Insbesondere Eisenmangel tritt bei zu hohen pH-Werten auf. Es darf also nur nach Bedarf gekalkt werden, will man die Spurenelemente nicht im Boden festlegen.

Neben den Spurenelementen, die lebenswichtig sind, gibt es noch einige nützliche Mineralstoffe, die das Wachstum einiger Pflanzenarten fördern, wie Natrium (Salzpflanzen), Aluminium (Tee), Silizium (fördert Resistenz gegenüber Pilzkrankheiten) und Kobalt (Leguminosen).

Der Pflanze ist es gleich, ob die Nährstoffe, die sie aufnimmt, organischen oder mineralischen Ursprungs sind. Organische Dünger müssen zuerst durch das Bodenleben aufgeschlossen werden. Sie fördern somit dessen Aktivität und bewirken indirekt eine Verbesserung der Bodeneigenschaften. Sie wirken jedoch langsamer.

Was bewirken die einzelnen Nährstoffe und Spurenelemente in der Pflanze

Nährstoff	Funktion
Stickstoff	fördert das Blatt- und Triebwachstum. Er ist wesentlicher Bestandteil von Aminosäuren, aus denen die Pflanze Eiweißstoffe und Enzyme herstellt. Er ist in bestimmten Vitaminen, in Chlorophyll und in den Trägern der Erbsubstanz enthalten.
Phosphor	fördert die Blüten- und Fruchtbildung. Er dient u. a. der Übertragung und Speicherung von Energie im pflanzlichen Organismus.
Schwefel	ist Baustein von Eiweißstoffen, Enzymen und Vitaminen.
Kalium	regelt den Wasserhaushalt der Pflanze und festigt das Gewebe. Es erhöht die Frostresistenz und die Resistenz gegen tierische und pilzliche Schädlinge. Es verbessert die Lagerfähigkeit der Ernteprodukte.
Kalzium	fördert das Wurzelwachstum, das Längenwachstum und die Zellvermehrung. Es fördert die Festigkeit der Zellwände. Bei zu hohem Kalziumangebot ist die Kaliumaufnahme vermindert und umgekehrt.
Magnesium	ist Bestandteil des grünen Pflanzenfarbstoffes Chlorophyll, mit dessen Hilfe die Stoffbildung (Assimilation) der Pflanzen erst möglich ist.
Eisen	ist für die Chlorophyllbildung notwendig und Baustein von Enzymen. Zu kalkhaltige Böden halten Eisen fest, so daß es nicht mehr pflanzenverfügbar ist.
Mangan	fördert zahlreiche Enzyme und ist für die Assimilationsvorgänge wichtig.

Fortsetzung

Nährstoff	Funktion
Molybdän	ist Bestandteil eines Enzyms für die Nitratumwandlung in der Pflanze.
Kupfer	ist Bestandteil mehrerer Enzyme.
Zink	aktiviert Enzyme und hat Einfluß auf die Wuchsstoffbildung in der Pflanze.
Bor	ist für den Aufbau der Zellwände und das Wachstum wichtig.
Chlor	hat Einfluß auf die Enzymtätigkeit.

Die häufigsten Pflanzenschäden durch falsche Ernährung

Symptome	Ursache	Bemerkungen
ältere Blätter werden gelb, schlechtes Wachstum, blasses Aussehen, kleine Blätter	Stickstoffmangel	Ähnliches Schadbild bei: Spinnmilbenbefall, Staunässe, Lichtmangel, Wurzeltrockenheit
mastiger Wuchs, Einrollen der Blätter und Triebe, wenig Blütenbildung	Stickstoffüberschuß	Düngung einstellen, bei Bodenkultur eventuell Untersaat von Gründüngung
schmutziggrüne bis violette Verfärbungen an den Blättern, kümmerlicher Wuchs bei starrer Blatthaltung, schlechte Blüten- und Fruchtbildung	Phosphormangel	selten in Gartenböden
Blätter wirken schlaff, Aufhellungen und Absterbeerscheinungen vom Rand her	Kaliummangel	selten in Gartenböden, nicht mit Welkekrankheiten verwechseln
Stippigkeit bei Äpfeln, Blütenendfäule an Tomaten, Absterben des Blattrandes bei Kopfsalat usw., Aufhellungen jüngerer Blätter	Kalzium-Mangel	Meist ist genügend Kalzium im Boden vorhanden, jedoch wegen Trockenheit oder Überdüngung mit Kalium und Stickstoff nicht verfügbar.
ältere Blätter werden gelb gesprenkelt, Blattadern bleiben grün	Magnesiummangel	
jüngere Blätter werden gelb, Blattadern dunkler	Eisenmangel	Ursache oft zu kalkhaltiges Gießwasser oder/und zu hoher Kalkgehalt im Boden bei kalkempfindlichen Pflanzen

Kompost

Gartenkompost ist nicht nur ein wertvolles Bodenverbesserungsmittel, sondern muß wegen seines hohen Nährstoffgehaltes als Düngemittel betrachtet werden. Er ist aus Gartenabfällen, Rasenschnitt und anderen organischen Materialien entstanden, und die Nährstoffe, die vorher in diesen Materialien gebunden waren, werden nun nach und nach wieder verfügbar. Der Nährstoffkreislauf schließt sich.

5 bis 10 l Kompost pro m^2, das entspricht einer Schichtdicke von 0,5 bis 1 cm, sollen pro Jahr höchstens verabreicht werden, um den Boden nicht zu überdüngen. Diese Menge versorgt den Boden mit organischer Substanz und deckt bereits zu einem großen Teil den Nährstoffbedarf der Pflanzen ab. 5 l Kompost enthalten ungefähr 20 g Stickstoff (N), 10 g Phosphat (P_2O_5) und 17 g Kali (K_2O) sowie Kalk, Schwefel, Magnesium, Spurenelemente und nützliche Mineralstoffe.

Die Nährstoffe sind jedoch nicht sofort alle verfügbar, sondern werden erst langsam frei.

An Gartenkompost wird häufig kritisiert, daß man mit ihm auch Unkrautsamen und Krankheiten in das Gewächshaus bringen kann. In dem kleinen Komposthaufen, wie man ihn in der Regel im Garten hat, werden keine Temperaturen über 40 °C erreicht. Krankheitserreger und Unkrautsamen werden daher nicht ausreichend abgetötet.

Blühendes Unkraut, Unkraut mit Ausläufern sowie krankes Pflanzenmaterial gehören daher nicht auf den Gartenkompost, sondern in die Biotonne. Wer dennoch viele Unkrautsamen in seinen Gewächshausbeeten hat, richtet das Beet bereits einige Wochen vor der geplanten Aussaat her, gießt und wartet bis das Unkraut sprießt. An einem sonnigen Tag wird oberflächlich durchgehackt, und man läßt das Unkraut auf dem Beet vertrocknen. Danach wird es abgerecht. Dieses Verfahren kann im Bedarfsfall mehrmals wiederholt werden.

Wichtig ist, daß die Erde nach der Behandlung und vor der Saat oder Pflanzung nicht mehr tiefer bearbeitet wird, damit keine neuen Unkrautsamen aus tieferen Schichten nach oben geholt werden.

Kompost wird zu Kulturbeginn leicht in die oberste Bodenschicht eingearbeitet. Das früher empfohlene tiefe Eingraben von großen Mengen an Mist führt auf Dauer zu einer hohen Nährstoffkonzentration im Boden beziehungsweise zu einer Belastung des Grundwassers, wenn man, wie auch nicht mehr zu empfehlen, 150 l Wasser pro m^2 Gewächshausboden aufwendet, um den Boden durchzuspülen. In einem Garten mit Kompostwirtschaft ist Mist eigentlich überflüssig.

Möchte man aber auf die alljährliche Mistpackung seiner Gewächshausbeete im Frühjahr nicht verzichten, so sollte man jeweils die vom Jahr vorher entfernen und als Dünger über die Gartenbeete und den Rasen verteilen.

Organische und anorganische Dünger

Sachgerechte Düngung entsprechend dem Entzug der Pflanzen sowie dem Vorrat im Boden hilft, eine Bodenversalzung zu vermeiden. Da ein großer Teil der Nährstoffe bereits im Boden, der Erde oder dem Substrat vorhanden sind bzw. mit dem Kompost gegeben wurden, muß nur der zusätzliche Bedarf nachgedüngt werden.

Dafür stehen uns Ein- und Mehrnährstoffdünger in fester und flüssiger, in organischer und mineralischer Form zur Verfügung. Langsamwirkende Dünger, wie beispielsweise die organischen Dünger oder Depotdünger, werden vor der Wachstumsphase gegeben. Schnellwirkende Dünger werden mit Beginn und während der Wachstumsphase gegeben. Vor und während Ruhephasen wird nicht gedüngt.

Organische und organisch-mineralische Dünger

(da die Nährstoffgehalte dieser Dünger manchmal geändert werden, sollte man die auf der Packung angegebenen Werte beachten)

Dünger	Gehalt	Verwendung/Bemerkungen
Blutmehl		Stickstoffdünger, im Gartenfachhandel erhältlich (z. B. von Günther)
Engelharts Gartendünger	7 % Stickstoff 7 % Phosphat 7 % Kali	organisch-mineralischer Volldünger auf Horn-, Knochen-, Blutmehlbasis, im Gartenfachhandel erhältlich, für Blühpflanzen, nicht bei hohem Bodenphosphatgehalt
Engelharts Stipka	7 % Stickstoff 4 % Phosphat 8 % Kali	wie Engelharts Gartendünger mit reduziertem Phosphatgehalt, empfehlenswerter Universaldünger
Guano	13 % Stickstoff 10 % Phosphat 2 % Kali 12–20 % Kalzium reichlich Spurenelemente	kaliumarmer Mehrnährstoffdünger (z. B. von Compo), nicht bei hohem Bodenphosphatgehalt
Holzasche	2–4 % Phosphat 6–10 % Kali 30–35 % Kalzium viel Spurenelemente	fällt bei der Holzverbrennung an, Vorsicht Schwermetallanreicherung, nicht allgemein zu empfehlen
Hornspäne/ Hornmehl	10–14 % Stickstoff 6 % Kalzium	Stickstoffdünger, je gröber, desto langsamer wirkt er, im Gartenfachhandel erhältlich (z. B. von Günther, Compo, Manna, Oscorna, Florabella), zur gezielten Stickstoffdüngung, als Zugabe zu Substraten, Beimengung zu Rindenmulch im Garten
Hornoska	7 % Stickstoff 4 % Phosphat 8 % Kali	organisch-mineralischer Volldünger, erhältlich im Gartenfachhandel (Günther), empfehlenswerter Universaldünger
Hornoska spezial	8 % Stickstoff 7 % Phosphat 10 % Kali	organisch-mineralischer Volldünger, im Gartenfachhandel erhältlich (Günther), nicht bei hohem Phosphat- oder Kaligehalt des Bodens
Knochenmehl		Phosphatdünger, nicht für Böden, die bereits viel Phosphat enthalten, im Gartenfachhandel erhältlich (z. B. von Günther)

Fortsetzung

Dünger	Gehalt	Verwendung/Bemerkungen
Orgamin	10 % Stickstoff 5 % Phosphat 5 % Kali	organisch-mineralischer Volldünger mit niedrigem Phosphat- und Kaliumgehalt
getrockneter Rindermist		Volldünger, kaliumbetont, wird im Gartenfachhandel angeboten (z. B. California Rinderdung, Oscorna)

Mineralische Dünger

Dünger	Gehalt	Verwendung/Bemerkung
Stickstoffdünger		
Ammonsulfat-salpeter	25 % Stickstoff	Stickstoffdünger, wasserlöslich, sauer wirkend, für eine gezielte Stickstoffdüngung
Kalkammon-salpeter	26 % Stickstoff 10 % Kalzium	Stickstoffdünger, schwach sauer wirkend, für eine gezielte Stickstoffdüngung
Kalkstickstoff	ca. 22 % Stickstoff 20 % Kalziumoxid	Stickstoffdünger, Wirkung gegen Unkräuter, Ausbringung ca. 14 Tage vor Pflanzung oder Saat, da pflanzenschädlich, wirkt physiologisch alkalisch
Schwefelsaures Ammoniak	21 % Stickstoff	Stickstoffdünger, wirkt physiologisch sauer, wasserlöslich
Phosphordünger		
Superphosphat	18 % Phosphat	Phosphatdünger, wirkt physiologisch sauer
Thomasphosphat	15 % Phosphat	Phosphatdünger, wirkt alkalisch, enthält auch Kalk, Eisen, Mangan und Magnesium
Kaliumdünger		
Kaliumsulfat	50 % Kali	Kaliumdünger, für eine gezielte Kalidüngung
Patentkali (Kalimagnesia)	30 % Kali 5 % Magnesium	Kaliumdünger, für eine gezielte Kalidüngung
Kalziumdünger		
Kohlensaurer Kalk/ Kalkmergel/ Kalziumkarbonat	50 % Kalzium (entspricht 90 % Kalkanteil am Dünger)	gut verträglicher Kalkdünger mit unterschiedlich hohem Magnesiumanteil

Fortsetzung

Dünger	Gehalt	Verwendung/Bemerkung
Magnesiumdünger		
Bittersalz	16 % Magnesium	Magnesiumdünger, wasserlöslich, zur Behebung von Magnesiummangel
Mehrnährstoffdünger		
Hakaphos blau	15 % Stickstoff 11 % Phosphat 15 % Kali 1 % Magnesiumoxid Spurenelemente	wasserlösliches Volldüngersalz zur Flüssigdüngung, universell einsetzbar, chloridarm
Mairol	14 % Stickstoff 12 % Phosphat 14 % Kali 0,3 % Magnesium Spurenelemente	chloridarmer Flüssigdünger (Volldünger), universell einsetzbar
Nitrophoska perfekt (Blaudünger)	15 % Stickstoff 5 % Phosphat 20 % Kali 2 % Magnesiumoxid Spurenelemente	chloridarmer Volldünger, günstiges Nährstoffverhältnis, universell einsetzbar außer bei kaliüberversorgten Böden
Nitrophoska permanent (Blaudünger)	15 % Stickstoff 9 % Phosphat 15 % Kali 2 % Magnesiumoxid Spurenelemente	chloridarmer Langzeit-Volldünger (langsam verfügbare Stickstoffform), universell einsetzbar
Nitrophoska spezial (Blaudünger)	12 % Stickstoff 12 % Phosphat 17 % Kali 2 % Magnesiumoxid Spurenelemente	chloridarmer Volldünger, nicht für phosphat- und kaliüberversorgte Böden und Substrate
Osmocote/ Plantacote/ Basacote/ Nutricote	verschiedene Nährstoffzusammensetzungen	ummantelte Volldünger, daher Langzeitwirkung, wird dem Substrat bei der Pflanzung beigemischt, Nährstofffreisetzung temperatur- und feuchtigkeitsabhängig
Wuxal normal	12 % Stickstoff 4 % Phosphat 6 % Kali Spurenelemente	chloridarmer Flüssigdünger (Volldünger), stickstoffbetont (z. B. Blattgemüse und Grünpflanzen)
Wuxal super		chloridarmer Flüssigdünger (Volldünger), universell einsetzbar

Für die Kultur im Boden eignen sich sehr gut feste Dünger. Oft ergibt die Bodenanalyse, daß ausreichend Phosphor und Kali im Boden vorhanden sind, dann braucht nur Stickstoff beispielsweise als Hornmehl nachgedüngt werden. Das gilt auch bei der regelmäßigen Verwendung von Kompost beispielsweise für die Gemüsekultur. Meist muß dann nur Stickstoff oder nur Stickstoff und Kalium, und das auch nur bei Starkzehrern, nachgedüngt werden. Wer seine Düngung am Bedarf der Pflanzen orientiert, erhält seine Bodenfruchtbarkeit, denn der Boden »versalzt« nicht.

Im Gartenfachhandel werden flüssige Dünger angeboten, die dem Gießwasser beigegeben werden (z. B. Wuxal, Mairol oder Gabi Flüssigdünger). Sie eignen sich besonders für Topf- und Kübelpflanzen. Die Handhabung ist sehr einfach. Die Dosierung und Düngungshäufigkeit, die auf der Packung empfohlen wird, sollte eingehalten werden, damit die Salzkonzentration in der Topferde nicht zu hoch wird und die Wurzeln Schaden erleiden. Flüssigdünger wirken schnell und eignen sich auch für Bodenkulturen, wenn ein akuter Nährstoffmangel schnell ausgeglichen werden soll.

Wasserlöslicher Festdünger (z. B. Hakaphos blau) werden in Wasser gelöst und dann wie Flüssigdünger verwendet. Die Konzentration sollte dabei je nach Pflanzenart bei 0,1 bis 0,2 % liegen, was 1 bis 2 g Nährsalz pro l Gießwasser entspricht. Salzempfindliche Pflanzen erhalten die niedrigere, verträglichere Pflanzen die höhere Konzentration. Je nach Pflanzenart werden diese Düngelösungen alle 1 oder 2 Wochen während der Wachstumsphase verabreicht. Düngelösungen werden möglichst nicht auf einen vollkommen trockenen Boden bzw. Erde ausgebracht, sondern diese vorher leicht mit reinem Wasser vorgegossen. Soll permanent bei jedem Gießen oder mittels eines Düngebeimischers über eine Tropfbewässerung gedüngt werden, konzentriert man auf nur 0,05 %. Das entspricht 0,5 g Nährsalz pro l Gießwasser.

Orchideen, Kakteen und Azaleen werden in der Regel mit Spezialdüngern gedüngt, die zwar teurer sind, jedoch die besonderen Ansprüche dieser Pflanzen erfüllen. Der Fachhandel bietet Bonsaidünger, Kakteendünger, Orchideendünger und andere Spezialdünger in verschiedenen Packungsgrößen an.

Bei einer festgestellten Überversorgung stellt man die Düngung zumindest mit diesem Nährstoff ein. Bei einer Unterversorgung wird der fehlende Nährstoff mit einem Einzelnährstoffdünger gegeben. Wenn mehrere Nährstoffe fehlen, kann ein entsprechender Mehrnährstoffdünger verabreicht werden.

Wird ein Spurenelementemangel diagnostiziert, so kann dieses Spurenelement gezielt gegeben werden (Spurenelementdünger, Eisendünger). Oft ist jedoch nicht das Fehlen des Spurenelements die Ursache, sondern es ist wegen zu hohem Kalkgehalt nicht verfügbar. Bei zu hohen pH-Werten sollte die Bewässerung auf kalkarmes Wasser umgestellt werden. Auch der Einsatz von sauer wirkenden Düngern oder gar das Umtopfen in ein frisches Substrat kann sinnvoll sein. Zu hohe Kalkgehalte im Boden können ebenfalls durch die Verwendung sauer wirkender Dünger oder im Notfall auch durch Torfzugabe kompensiert werden.

Die Anzucht von Gemüsen, Kräutern, Sommerblumen, Stauden und Gehölzen für den Garten

Wer seine Jungpflanzen zukauft, dem steht nur ein beschränktes Sortiment an Gemüse und Sommerblumen zur Verfügung. Meist werden beim Gärtner, auf dem Markt und im Gartencenter nur die »gängigen« Arten und Sorten angeboten. Wer seine Jungpflanzen jedoch selber heranzieht, hat eine viel breitere Arten- und Sortenpalette zur Verfügung, denn der Gartenfachhandel bietet jedes Jahr neue, interessante Sommerblumen- und Gemüsesamen an, die es lohnt auszuprobieren. Mancheiner sammelt auch Samen in der Natur, im eigenen Garten oder bei Freunden. Meist fehlt jedoch der richtige Platz, um daraus kräftige und gesunde Jungpflanzen heranzuziehen. Auf der »normalen« Fensterbank ist es entweder zu warm oder zu kalt, und wenn sie dann gekeimt sind, fristen diese Aussaaten meist ein kümmerliches Dasein. Sie rekken sich alle in eine Richtung, nämlich zum Licht, solange bis sie dann umfallen und oft genug auch absterben.

Für die Jungpflanzenanzucht benötigt man einen rundum hellen, warmen Platz. Diese Bedingungen lassen sich im

Ein Vermehrungshaus.

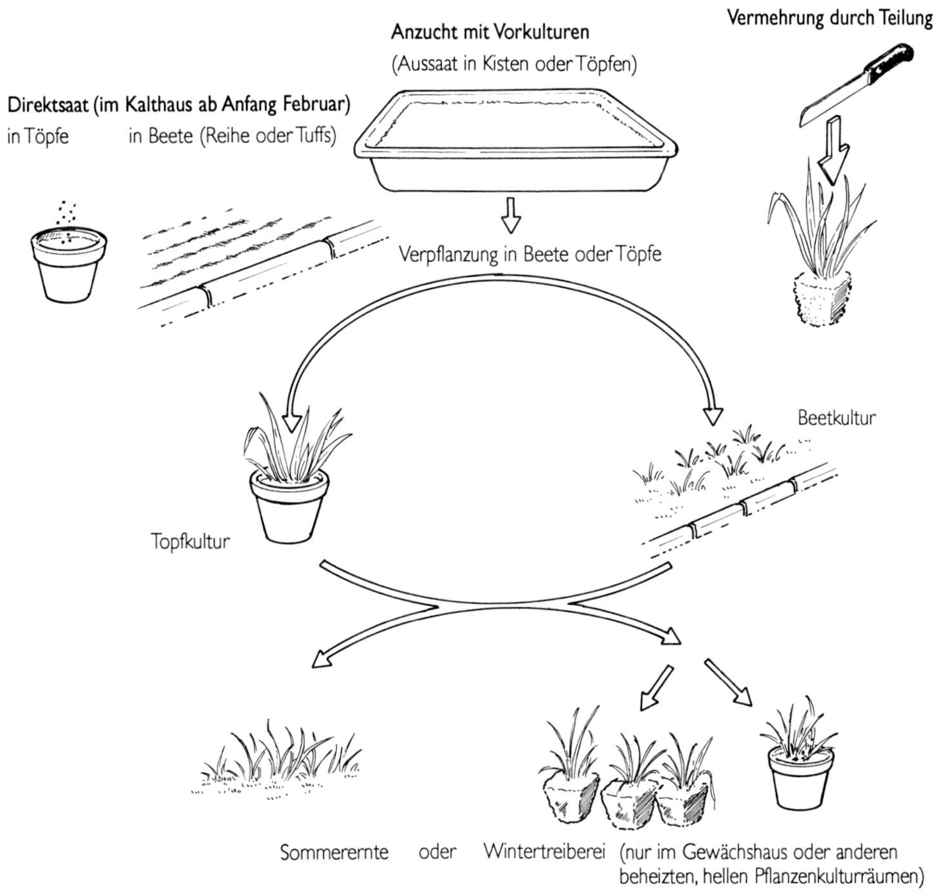

Möglichkeiten der Vermehrung und die daraus folgenden Kulturvarianten.

Gewächshaus, Wintergarten und einem entsprechend ausgestatteten Blumenfenster einrichten.

Das Gewächshaus, seine Ausstattung und Kulturmaßnahmen

Die Ausstattung

Für die Pflanzenanzucht eignen sich alle Gewächshausbauformen vom Anlehngewächshaus, Erdgewächshaus (wenn auf Tischen kultiviert wird) und Wintergarten bis zum freistehenden Gewächshaus. Auch Blumenfenster können zur Anzucht genutzt werden, benötigen aber dann fast immer eine Zusatzbelichtungseinrichtung.

Während der Anzuchtphase sollte die Temperatur nicht unter 15 °C fallen, dementsprechend muß die Heizung ausgelegt sein. Die optimale Keimtemperatur der meisten Sommerblumen- und Gemüsearten liegt allerdings zwischen 18 und 25 °C. Wer aus Energiespargründen nicht das ganze Gewächshaus oder den gesamten Wintergarten so hoch heizen möchte, richtet ein Vermehrungsbeet ein bzw. stellt einen beheizbaren Frühbeetkasten ins Gewächshaus.

Die Lüftung sollte so konzipiert sein, daß auch bei intensiver Frühjahrssonne 28 bis 30 °C nicht überschritten werden. Höhere Keimtemperaturen werden zwar von Melone, Gurke, Tomate und ein paar anderen vertragen, bewirken aber unter Umständen eine Qualitätsabnahme der Jungpflanzen. Schnittlauch, Sellerie und Kopfsalat beispielsweise keimen bei Temperaturen über 30 °C in der Regel überhaupt nicht.

Bei starker Sonneneinstrahlung müssen junge Keimlinge schattiert werden können. Wer das ganze Gewächshaus zur Anzucht nutzt, für den lohnt sich unter Umständen die Anbringung einer Schattiervorrichtung, ansonsten reicht es, Schattiermatten oder -gewebe außen über den zur Anzucht genutzten Gewächshausteil oder über das Vermehrungsbeet zu legen, wenn die Einstrahlung zu intensiv wird oder die Temperatur im Gewächshaus zu stark ansteigt.

Keimvorgang bei einer Bohne.

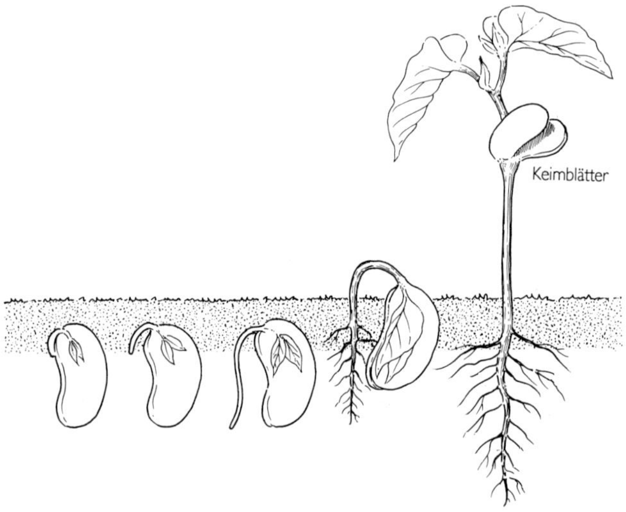

Für die frühe Anzucht ab Dezember/Januar ist eine Zusatzbelichtung, die zumindest an trüben Tagen eingeschaltet werden kann, unbedingt zu empfehlen. Das gilt besonders, wenn ein Blumenfenster zur Anzucht genutzt wird, da hier das Licht nur von einer Seite einfallen kann. Im Pflanzenbereich sollte eine Lichtintensität von mindestens 2.000 Lux erreicht werden, und das mindestens 8, aber besser 12 bis 16 Stunden am Tag. Aber Vorsicht: Langtagpflanzen, die nicht blühen sollen, werden nur 8 bis 10 Stunden belichtet. Kopfsalat beispielsweise ist je nach Sorte eine Langtagpflanze oder eine tagneutrale Pflanze, ausgesprochene Frühjahrs- oder Herbstsorten »schossen« unter Umständen im Langtag, d. h., sie bilden keinen Kopf, sondern blühen.

Für die Zusatzbelichtung eignen sich Pflanzenleuchten, wie sie im Gartenfachhandel und von Kleingewächshausfirmen als Zubehör angeboten werden. Die Zusatzbelichtung verbessert die Qualität der Jungpflanzen und verkürzt die Anzuchtphase um 7 bis 14 Tage.

Zumindest für Arbeiten wie Aussaat und Pikieren sollte ein Arbeitstisch vorhanden sein. Aber allgemein erleichtert das Aufstellen auf Tischen die Kontrolle und Betreuung der Jungpflanzen. Auch das Vermehrungsbeet erhält am besten einen Platz in Arbeitshöhe.

Die Klimaführung

Die Temperatur für die Keimung sollte tagsüber zwischen 18 und 25 °C und nachts zwischen 15 und 18 °C liegen. Dieser Kompromiß zwischen den für die jeweiligen Kulturen optimalen Temperaturen entspricht ausreichend den Ansprüchen der meisten Gemüse und Sommerblumen und gewährleistet ein zügiges Auflaufen. Den wärmsten Platz erhalten die Aussaaten und Jungpflanzen von Auberginen, Gurken, Melonen, Paprika, Stangenbohne und

Tomaten (tagsüber 22 bis 24 °C und nachts 18 bis 20 °C). Etwas kühler mögen es beispielsweise Kohlrabi, Fenchel und Kopfsalat.

Zur Keimung benötigen die meisten eine etwas höhere Temperatur als während der Jungpflanzenphase. Um Energie zu sparen, kann man die Temperatur also nach der Keimung etwas absenken bzw. die gekeimten Pflanzen aus dem warmen Vermehrungsbeet nehmen und in das temperierte Gewächshaus stellen. Es ist bei Aussaaten besonders wichtig, daß die Temperatur im Pflanzenbereich bzw. im Substrat gemessen wird, damit die Temperaturen auch wirklich dort erreicht werden, wo sie gebraucht werden.

Pralle Sonne kann die Temperatur zu hoch treiben. Aus diesem Grund und weil viele Keimlinge empfindlich auf zu starkes Licht reagieren, werden Neuaussaaten nicht der prallen Sonne ausgesetzt, sondern an klaren Tagen leicht schattiert.

Die Luftfeuchtigkeit des Kleingewächshauses muß nicht insgesamt künstlich erhöht werden. Damit das Substrat während der Keimungsphase nicht so schnell abtrocknet, kann man nach der Aussaat Zeitungspapier, Vlies, Folie oder ähnliches über die Aussaatgefäße legen. Unter den Abdeckungen stellt sich dann eine höhere Luftfeuchtigkeit ein.

Sobald die Samen gekeimt sind, müssen die Abdeckungen entfernt werden, denn die jungen Pflänzchen brauchen viel frische Luft. Ab jetzt muß besonders umsichtig gegossen werden, damit die Jungpflanzen nicht von Pilzkrankheiten befallen werden. Die gefürchteten Keimlings- und Umfallkrankheiten an Gemüsen und Sommerblumen treten bei Übernässung, zu niedriger Temperatur sowie zu dichter Saat und zu hoher Luftfeuchtigkeit auf.

Gegen Ende der Anzuchtphase werden die jungen Pflanzen langsam an die Außentemperaturen bzw. an die Temperaturen ihres späteren Standortes gewöhnt.

Das Saatgut

Am besten keimt frisches Saatgut der letzten Ernte. Die Keimfähigkeit der Samen ist je nach Pflanzenart sehr unterschiedlich und liegt zwischen 30 und 90 %, d. h., von 100 ausgesäten Samenkörnern entwickelt sich nur ein bestimmter Prozentsatz zu vollausgebildeten, kräftigen Keimlingen.

Oft hat man noch gekauftes Saatgut vom Vorjahr oder sogar vom Jahr davor übrig. Die Keimfähigkeit nimmt mit dem Alter ab. Samen sind unterschiedlich lange haltbar. Die Samen der meisten Sommerblumen können etwa 2 bis 3 Jahre gelagert werden.

Im Zweifelsfalle führt man vor der eigentlichen Aussaat eine Keimprobe durch, um sich unnötige Arbeit, Materialverluste und die Enttäuschung zur ersparen. Dazu verteilt man eine abgezählte Samenzahl auf feuchtes Löschpapier oder dickes Vlies auf einem Teller und deckt das Ganze mit einer Haube ab oder stülpt eine Plastiktüte über. Für die Keimprobe bei groben Sämereien eignen sich auch Schälchen mit Sand. Unter der Haube soll eine hohe Luftfeuchtigkeit (über 90 % relative Luftfeuchte) erreicht werden. Ab und zu muß die Unterlage wieder nachgefeuchtet werden. Dazu gießt man entweder vorsichtig seitlich etwas Wasser auf das Vlies oder greift zur Sprühflasche. Die Keimprobe sollte unter optimalen Temperaturbedingungen durchgeführt werden. Samen, deren Keimung durch Licht gefördert wird, erhalten einen Platz mit Licht und eine lichtdurchlässige Abdekkung. Die meisten Samen stellen jedoch in dieser Hinsicht keine Ansprüche. Dunkelkeimer wie Kürbis und Amarant werden verdunkelt. Nach Ablauf der Keimdauer stellt man fest, ob genügend Samen gekeimt sind.

Nach der Keimung werden die Abdeckungen entfernt, damit genügend Luft an die Pflanzen gelangt.

Der Gärtner unterscheidet Normalsaatgut und kalibriertes Saatgut. Ersteres ist frei von Verunreinigungen, letzteres ist zusätzlich auf eine einheitliche Korngröße sortiert worden. Gebeiztes Saatgut ist mit chemischen Pflanzenschutzmitteln zum Schutz gegen Pilzkrankheiten behandelt worden. Die Beizung muß auf der Samenpackung angegeben werden. Pilliertes Saatgut ist mit einer Hüllmasse ummantelt. Es ist dadurch größer und damit einfacher auszusäen. Die Umhüllung löst sich beim Feuchtwerden auf. Im Saatband befinden sich die Samen bereits im endgültigen Pflanzabstand. Das Material Zellulose, aus dem das Band besteht, löst sich im Boden auf. Saatbänder eignen sich für die Direktsaat in den Boden und werden hier nur der Vollständigkeit halber erwähnt.

F_1-Hybrid-Saatgut ist Saatgut mit besonders guten, einheitlichen Sorteneigenschaften. Pflanzen aus Hybridsaatgut bringen einen höheren Ertrag und zeichnen sich durch besonders gute Qualität aus, denn sie vereinen die besten Eigenschaften des elterlichen Erbgutes in optimaler Kombination. Jedoch zeigt nur diese eine Generation die hervorragenden Merkmale. Würde man von diesen Pflanzen Samen gewinnen, erhielte man in der nächsten Pflanzengeneration lauter unterschiedliche Pflanzen. Da die Gewinnung von Hybridsaatgut sehr aufwendig ist, ist dieses Saatgut auch teurer.

Einige Samenproduzenten bieten Sämereien in Keimschutzverpackungen an und versehen die Tütchen mit einem Haltbarkeitsdatum. Solange die Keimschutzverpackung nicht aufgebrochen oder das Haltbarkeitsdatum abgelaufen ist, hat man die Garantie, daß es sich um keimfähiges Saatgut handelt.

Überzähliges Saatgut sollte trocken (möglichst bei einer relativen Luftfeuchte unter 25 %) und kühl (unter 10 °C) aufbewahrt werden. Wer Saatgut selbst gewinnen will, sollte die Früchte oder die Samenstände möglichst lange an der Pflanze ausreifen lassen, bevor er die Samen herauslöst. Die Samen

Keimfähigkeit verschiedener Gemüse- und Kräutersamen in Jahren bei fachgerechter Lagerung.

Tomaten	2–6
Kürbis	5–8
Melonen	6–8
Gurken	4–8
Sellerie	3–5
Kohlarten	4–5
Kohlrabi	4–5
Aubergine	4–5
Endivie	4–5
Rettich	4–5
Porree	1–2
Bohnen	3–4
Zwiebeln	3–4
Kopfsalat	3–4
Petersilie	2–3
Schnittlauch	1–2
Kerbel	1–2
Dill	2–3
Fenchel	2–3

werden zunächst in einem warmen Raum mit niedriger Luftfeuchte getrocknet und dann wie oben beschrieben gelagert. Für die Aufbewahrung von kleinen Samenmengen eignen sich beispielsweise leere Filmdöschen und ansonsten verschließbare Gläser, die man mit einfachen Etiketten beklebt und beschriftet (Erntejahr nicht vergessen).

Substrate und Erden

Junge Keimlinge vertragen keine hohen Nährsalzkonzentrationen. Sie benötigen eine Erde, die wenig Nährstoffe in mineralischer Form enthält, feinkrümelig und frei von Krankheiten und Schädlingen ist und deren pH-Wert im neutralen Bereich liegt. Bewährt haben sich Aussaat- und Pikiererden, wie sie im Gartenfachhandel angeboten werden (z. B. Frux Aussaaterde, TKS I). Diese industriell hergestellten Erden sind strukturstabil und hinsichtlich ihrer Qualität und Inhaltsstoffe gleichbleibend und sicher.

Aussaat- und Pikiererden können auch selbst hergestellt werden. Rezepte, die sich bei Hobbygärtnern bewährt haben, sind beispielsweise:
- Gartenerde, Kompost und Quarzsand je ein Drittel
- Gartenerde, Kompost und Torf je ein Drittel

Grobe Bestandteile (z. B. unverrottete Holzstücke) werden herausgesiebt. Wer seine Erde sterilisieren will, füllt sie in einen Topf mit geschlossenem Deckel und stellt sie für eine halbe Stunde in den Backofen bei 150 °C. In der Mikrowelle wird eine kleine Menge Erde in etwa 15 Minuten bei 600 W sterilisiert. Fallen öfter größere Mengen Erde an, die keimfrei gemacht werden sollen, lohnt sich eventuell die Anschaffung eines Dämpfgerätes. Für ein Gerät mit 75 l Fassungsvermögen muß man jedoch mit einem Preis von über 2.500 DM rechnen. Billiger ist dann schon ein selbstgebauter Solar-Erderhitzer.

Sämereien und pikierte Pflanzen sollten mit einer feinen Brause gegossen werden.

Die Aussaat- und Pikiertechnik

Jungpflanzen kann man zwar auch im Boden anziehen – vorausgesetzt die Bodenqualität ist entsprechend – in der Regel wird man jedoch in Töpfe oder Schalen aus Ton oder Kunststoff aussäen. Tongefäße müssen zwar intensiver betreut werden, weil öfter gegossen werden muß, erfahrungsgemäß hat man aber weniger Probleme mit Umfallkrankheiten an Jungpflanzen. Wer viel Platz hat, der kann gleich im Endabstand der Jungpflanzenkultur säen (z. B. einzeln in Torfquelltöpfe, Erdpreßtöpfe oder in die Zellen von Eierkartons). Ansonsten sät man zunächst dicht und pikiert – darunter versteht der Gärtner das Versetzen auf einen größeren Abstand – sobald die Pflänzchen gekeimt und gut greifbar sind.

Wie wird die Aussaat fachmännisch durchgeführt?

Das Aussaatsubstrat sollte feucht, aber nicht naß sein. Gerade torfhaltige Substrate sind nach einem Austrocknen nur schwer wieder mit Wasser benetzbar.

Aussaatkisten sollten eben abgezogen sein (1). Aussäen kann man direkt aus der Tüte. Eine bessere Kontrolle über die Menge hat man mit einem Blatt Papier (2). Die Aussaat wird etikettiert (3) und so hoch übersiebt, wie das Pflanzenkorn dick ist (4) und angedrückt (5). Anschließend wird mit einer feinen (!) Brause angenossen (6).

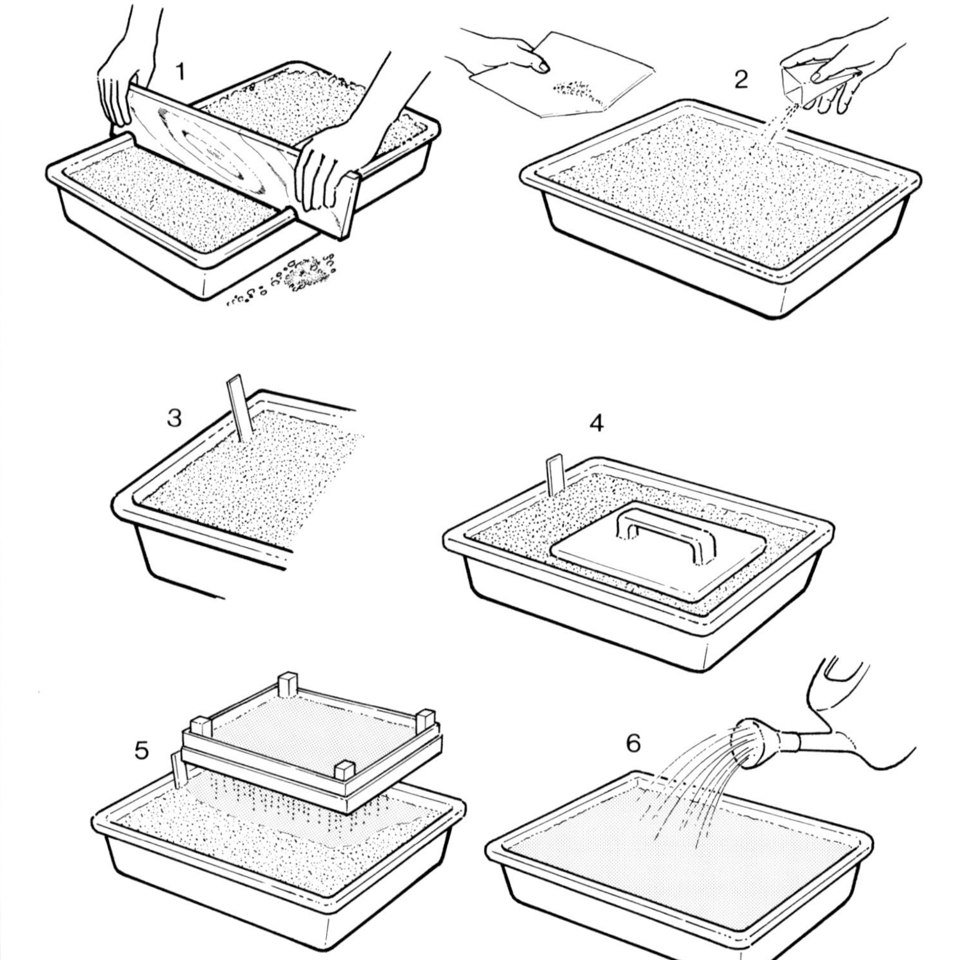

Um sie zu befeuchten, muß man sie vor der Verwendung mehrmals hintereinander abwechselnd mit Wasser begießen und mischen, und zwar so lange bis sich das Substrat wieder feucht anfühlt, aber beim Zusammendrücken zwischen den Fingern kein Wasser entweicht.

Zunächst wird die Aussaaterde lose in die Aussaatschale gefüllt, die Aussaatschale mehrmals gerüttelt, damit sich das Substrat setzt. Dann wird es mit den Händen an den Rändern angedrückt. Danach wird das über den Rand stehende Substrat mit einer Latte abgezogen, sodaß die Schale bis zum Rand gefüllt ist.

Nun wird ausgesät. Dazu klopft man den Samen vorsichtig aus der waagrecht gehaltenen Samentüte oder streut sie mit der Hand auf die Erde. Das Saatgut sollte möglichst gleichmäßig ausgebracht werden und nur so dicht,

Keimdauer und optimale Keimtemperaturen verschiedener Gemüse, Kräuter und Sommerblumen

	Keimdauer in Tagen	Optimale Keimtemperatur in °C
Gemüse und Kräuter		
Andenbeere	14–28	22–25
Artischocke	14–21	22
Aubergine	14–28	25–28
Basilikum	14–21	20–25
Beifuß	14–21	20
Bohnen	7–10	25
Bohnenkraut	14–21	20–25
Endivien	10–21	20–22
Estragon	7–14	20–24
Feldsalat	14–28	15–20
Gurken	5–14	25–28
Kapuzinerkresse	7–14	20–25
Kohlarten	5–18	18–22
Kohlrabi	5–14	20
Kopfsalat	6–10	15–18
Kürbis	5–12	25–28
Lavendel	21–28	20–25
Majoran	21–28	20–25
Melonen	7–21	25–28
Okra	7–21	20–25
Oregano	14–28	20–25
Paprika	10–21	25
Pfefferminze	10–21	20–25
Petersilie	12–21	25
Porree	12–28	20
Rettich	7–14	20
Rosmarin	14–28	20–25
Salbei	14–21	20–25
Knollensellerie	14–21	22–28
Thymian	7–21	20
Tomaten	5–15	20–25
Ysop	14–21	20–25
Zitronenmelisse	21–28	20–25
Zucchini	7–14	25
Zwiebeln	14–28	18–25
Sommerblumen für Beet und Balkon		
Leberbalsam, *Ageratum*	8–12	20
Fuchsschwanz, *Amaranthus*	8–14	15–18
Löwenmäulchen, *Antirrhinum*	14–21	18
Margerite, *Argyranthemum, Leucanthemum*	15–21	18

Fortsetzung

	Keimdauer in Tagen	Optimale Keimtemperatur in °C
Begonie, *Begonia*	10–14	22
Australisches Gänseblümchen, *Brachycome*	7–14	20–22
Pantoffelblume, *Calceolaria*	15–20	18
Ringelblume, *Calendula*	10–14	15
Hahnenkamm, *Celosia*	8–14	20
Schmuckkörbchen, *Cosmos*	12–18	18–20
Rittersporn (einjährig), *Delphinum*	18–25	10
Kapkörbchen, *Dimorphotheca*	7–14	15
Gazanie, *Gazania*	12–15	15–18
Sonnenblume, *Helianthus*	7–14	15
Fleißiges Lieschen, *Impatiens*	14–20	18–24
Lobelie, *Lobelia*	7–14	18–22
Steinrich, *Lobularia*	8–14	18–20
Levkoje, *Matthiola*	7–14	18
Sterntaler, *Melampodium*	7–20	20
Ziertabak, *Nicotiana*	14–20	18–20
Balkongeranie, *Pelargonium*	7–10	22
Petunie, *Petunia*	10–18	20
Wunderbaum, *Ricinus*	14–20	20
Salvie, *Salvia*	12–20	18
Husarenknopf, *Sanvitalia*	7–14	15–20
Studentenblume, *Tagetes*	10	18
Thymophylla	7–10	18–20
Eisenkraut, *Verbena*	12–20	15–20
Zinnie, *Zinnia*	7–10	20
Einjährige Kletterpflanzen		
Glockenrebe, *Cobaea*	15	20
Japanischer Hopfen, *Humulus*	12–20	17
Prunkwinde, *Ipomoea*	10–14	20
Wicken, *Lathyrus*	14	15
Schwarzäugige Susanne, *Thunbergia*	12–20	20

wie die Keimlinge später stehen sollen, wobei die Keimfähigkeit berücksichtigt wird. Bei älterem Saatgut mit einer geringeren Keimfähigkeit sät man etwas dichter. Im Zweifelsfalle wählt man jedoch immer einen weiteren Abstand.

Als nächstes wird das Saatgut mit einem kleinen Holzbrett, an dem zur besseren Handhabung ein Griff angebracht ist, leicht angedrückt. Dabei achtet man darauf, daß hinterher keine Samen am Holz haften bleiben.

Die Samen werden dann etwas stärker als »samendick« mit Aussaaterde übersiebt. Gurken- und Zucchinisamen werden etwas stärker abgedeckt. Nicht abgedeckt werden Lichtkeimer oder sehr feine Sämereien. Dazu gehören Begonien, Ziertabak, Petunien, Buntnesseln, Primeln, Majoran, Basilikum, Baldrian, Beifuß, Bohnenkraut, Estragon, Gartenkresse, Kamille, Kerbel, Kümmel, Majoran, Oregano, Pfefferminze, Sauerampfer, Thymian, Weinraute, Wermut, Winterkresse, Ysop, Sellerie und Zitronenmelisse. In der Regel ist auf der Samentüte angegeben, ob und wie hoch der Samen mit Erde bedeckt wird.

Nach der Aussaat wird mit einer Gießkanne mit Brauseaufsatz angegossen. Man beginnt mit dem Gießen neben der Saatschale. Erst wenn das Wasser gleichmäßig und weich aus der Brause austritt, wird der Strahl auf die Schale gelenkt. Nun bewegt man den Strahl einige Male über die Aussaaten. Ist das Substrat ausreichend befeuchtet, führt man den Strahl wieder neben die Aussaatschale und setzt dann erst die Gießkanne ab. So vermeidet man beim Gießen das Ausschwemmen der Samen. Werden die Aussaaten nicht im Vermehrungsbeet aufgestellt, können sie bis zur Keimung mit 2 bis 3 Lagen Vlies bedeckt werden, damit das Substrat nicht so schnell abtrocknet.

Das Pikieren

Erhalten die Samen die entsprechende Wärme und Substratfeuchte, beginnen sie zu quellen und bald zeigt sich der Keimling. Bevor es den Pflänzchen zu eng wird, pikiert man. Dazu entnimmt man der Saatschale jeweils eine Pflanze, indem man sie mit der einen Hand festhält und mit der anderen Hand einen Pikierstab, einen Bleistift oder ein ähnliches Werkzeug unter die Wurzel führt und dann die Pflanze anhebt. Sie wird in das vorbereitete Pflanzgefäß (in das Substrat hat man bereits mit dem Pikierstab ein Loch für die Wurzeln gebohrt) eingesetzt und man drückt mit dem Pikierstab von der Seite her die Erde an die Wurzeln. Die Pflanzen müssen so fest mit dem Substrat verbunden sein, daß sie sich bei leichtem Ziehen nicht aus dem Substrat lösen.

Nur kräftige, gesunde Pflänzchen werden pikiert. Beim Pikieren verlieren die jungen Pflanzen einen Teil ihrer winzigen Haarwurzeln, mit denen sie Wasser und Nährstoffe aufnehmen. Je jünger die Pflänzchen sind, desto besser

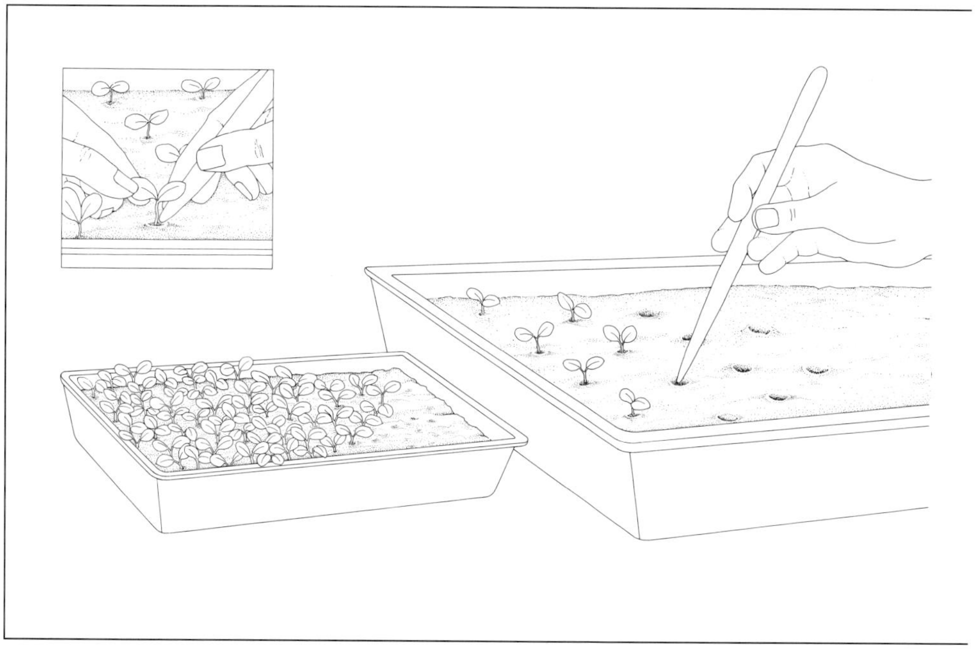

Beim Pikieren sollte man die feinen Wurzeln möglichst wenig verletzen.

Bei der Verwendung von Erdpreßtöpfen entsteht kein »Topfabfall«. Nur gesunde, wüchsige Pflanzen werden pikiert.

überwinden sie diesen Verpflanzschock. Das neue Pflanzgefäß sollte so beschaffen sein, daß beim endgültigen Auspflanzen, der gesamte Wurzelballen samt Substrat ausgepflanzt werden kann, um einen weiteren Verpflanzschock zu vermeiden.

Geeignete Jungpflanzenanzuchtsgefäße sind Tontöpfe, Plastiktöpfe, Multitopfplatten, Torfanzuchttöpfe (Jiffy-Pots), Recyclingtöpfe, Torfquelltöpfe, Eierkartons oder auch Erdpreßtöpfe, wobei außer den Ton- und Plastikbehältern alle anderen mit ausgepflanzt werden können, da sie aus organischem Material sind und nach und nach verrotten.

Nach dem Pikieren werden die Jungpflanzen sofort angegossen. Dennoch zeigen frischpikierte Pflanzen für einige Tage Welkeerscheinungen; so lange dauert es, bis sich neue Haarwurzeln gebildet haben und sie wieder Wasser und Nährstoffe aufnehmen können.

Während dieser Zeit sollten aber die Pflanzen vor zu hohen Temperaturen und direkter Sonneneinstrahlung geschützt werden. Auch niedrige Luftfeuchte wird während dieser Phase nicht gut vertragen.

Nährstoffversorgung bei Jungpflanzen

Bis zum Abschluß der Keimung ernährt sich der Keimling von seinen Reservestoffen, dann erst beginnen die Wurzeln langsam mit der Nährstoffaufnahme. Die komposthaltigen, selbsthergestellten Substrate enthalten einen gewissen Nährstoffvorrat, der nach und nach freigesetzt wird und in der Regel für die Jungpflanzenanzucht ausreicht. Bei der Verwendung gekaufter Aussaat- oder Pikiererden muß in der Regel zugedüngt werden. Neben organisch-mineralischen Düngern, wie beispielsweise Hornoska (7 % Stickstoff, 4 % Phosphor, 8 % Kali) oder feingesiebtem Kompost, kann auch Flüssigdünger bzw. gelöster, wasserlöslicher Mineraldünger, wie z. B. Hakaphos blau (15 % Stickstoff, 11 % Phosphor, 15 % Kali, 1 % Magnesium) oder Wuxal (12 % Stickstoff, 4 % Phosphor, 6 % Kali, plus Spurenelemente), verwendet werden.

Organische Dünger müssen frühzeitig gegeben werden, da die Nährstoffe erst umgebaut und pflanzenverfügbar gemacht werden müssen. Flüssige Dünger wirken schnell und eignen sich besonders gut zur Düngung bei der Jungpflanzenanzucht, auch wenn es darum geht einen akuten Mangel zu beheben. Auf einen Nährstoffmangel bei Jungpflanzen kann man schließen, wenn trotz guter Kulturbedingungen das Wachstum stockt und die Blätter blaß wirken.

Die Bewässerung

Zum Auflaufen und während der Jungpflanzenphase sollte das Substrat gleichmäßig feucht, aber nicht naß sein. Aussaaten und frischpikierte Pflanzen gießt man mit einer weichen Brause »überkopf«, größere, angewachsene Jungpflanzen können auch gezielt in den Topf gegossen werden. Bei Aussaaten oder Jungpflanzen wird so gegossen, daß keine Verschwemmungen auftreten (siehe auch Seite 135).

Die Feuchtigkeit des Substrates sollte mindestens einmal täglich kontrolliert und wenn nötig durch Gießen ergänzt werden. Nach dem Auflaufen gießt man keinesfalls am Abend, sondern so, daß die oberirdischen Pflanzenteile nachts trocken sind, um zu verhindern, daß sich Pilze ansiedeln.

Termingerechte Aussaat von Gemüsen und Sommerblumen

Mit der Anzucht von Gemüsen und Sommerblumen muß rechtzeitig begonnen werden, damit diese zur Pflanzzeit ausreichend entwickelt sind. Zu frühe Aussaat kann dazu führen, daß die Pflanzen zu lange im engen Jungpflanzenquartier stehen, wo sie meist an Lichtmangel und zu geringem Wurzelraum leiden.

Bei den Sommerblumen werden einjährige und zweijährige unterschieden. Einjährige Sommerblumen werden in der Regel im Frühjahr vorkultiviert und

Sommerblumen-aussaaten.

Termingerechte Aussaat von Gemüsen

	Anzuchtdauer (Wochen)	Pflanztermin	Pflanzort
Aussaat ab Mitte Januar			
Kopfsalat	6–7	Anfang März	Gewächshaus
Kohlrabi	6–7	Anfang März	Gewächshaus
Aussaat Ende Januar			
Rettich	4–5	Anfang März	Gewächshaus
Aussaat ab Mitte Februar			
Auberginen	9–10	Ende April	Gewächshaus
Paprika	8–9	Ende April	Gewächshaus
Frühkohl (Weißkohl, Wirsing, Blumenkohl)	6–7	Anfang April	Freiland
Kohlrabi	6–7	Anfang April	Freiland
Kopfsalat	6	Ende März	Freiland

Fortsetzung

	Anzuchtdauer (Wochen)	Pflanztermin	Pflanzort
Aussaat Anfang März			
Auberginen	9–10	Mitte Mai	Freiland
Aussaat ab Mitte März			
Paprika	8–9	Mitte Mai	hochgestelltes Frühbeet, Freiland
Tomaten	7–8	Anfang Mai	Gewächshaus
Brokkoli	5	Ende April	Freiland
Knollenfenchel	6	Ende April	Freiland
Sommerweißkohl	5	Ende April	Freiland
Sommerblumenkohl	5	Ende April	Freiland
Sellerie	8	Mitte Mai	Freiland
Okra	9	Mitte Mai	Gewächshaus
Andenbeere	9	Ende Mai	Gewächshaus
Aussaat ab Ende März			
Tomaten	7–8	Mitte Mai	hochgestelltes Frühbeet, Freiland
Melone	7–8	Ende Mai	Gewächshaus, Frühbeet
Aussaat Anfang April			
Gurken	5–6	Mitte Mai	Gewächshaus
Aussaat ab Mitte April			
Gurken	5–6	Ende Mai	Frühbeet
Spätkohlarten	6	Ende Mai	Freiland
Eis-, Pflück-, Bindesalat	5–6	Ende Mai	Freiland
Aussaat ab Anfang Mai			
Buschbohnen	3	Ende Mai	Freiland
Stangenbohnen	3	Ende Mai	Freiland
Zucchini	3–4	Ende Mai	Freiland
Aussaat ab Ende Mai			
Grünkohl	4	Ende Juni	Freiland
Aussaat ab Mitte Juni			
Endivien	4	Mitte Juli	Freiland
Aussaat ab Ende Juni			
Chinakohl	3	Mitte August	Freiland
Endivien	4	Ende August	Gewächshaus, Frühbeet

Aussaat von Sommerblumen für die Pflanzung Mitte Mai (einjährige) beziehungsweise für das Frühjahr im Folgejahr (zweijährige)

	Blütezeit	für Standort	Verwendung
Aussaat ab Januar			
Begonie, *Begonia*	Mai–Okt.	Sonne/ Halbschatten	Beet, Balkon
Pantoffelblume, *Calceolaria*	Mai–Okt.	Sonne/ Halbschatten	Beet, Balkon
Wucherblume, *Chrysanthemum*	Juni–Okt.	Sonne	Beet, Balkon
Vanilleblume, *Heliotropium*	Mai–Okt.	Sonne	Beet, Balkon
Fleißiges Lieschen, *Impatiens*	Mai–Okt.	Sonne/ Halbschatten	Beet, Balkon
Männertreu, *Lobelia*	April–Okt.	Sonne	Balkon
Sterntaler, *Melampodium*	ab Mai	Sonne	Beet, Balkon
»Geranie«, *Pelargonium*	Mai–Okt.	Sonne	Beet, Balkon
Petunie, *Petunia*	Mai–Okt.	Sonne/ Halbschatten	Balkon
Aussaat ab Februar			
Ageratum	Mai–Okt.	Sonne	Beet, Balkon
Löwenmaul, *Antirrhinum*	Juni–Sept.	Sonne	Beet, Balkon
Australisches Gänseblümchen, *Brachycome*	Mai–Sept.	Sonne	Beet, Balkon
Glockenrebe, *Cobaea*	Juli–Okt.	Sonne/ Halbschatten	Kletterpflanze
Duftsteinrich, *Lobularia*	Mai–Okt.	Sonne/ Halbschatten	Beet, Balkon
Salbei, *Salvia*	Juni–Okt.	Sonne/ Halbschatten	Beet, Balkon
Studentenblume, *Tagetes*	Mai–Okt.	Sonne/ Halbschatten	Beet, Balkon
Thymophylla	Mai–Okt.	Sonne	Beet, Balkon
Eisenkraut, *Verbena*	Mai–Okt.	Sonne/ Halbschatten	Balkon
Zinnie, *Zinnia*	ab Mai	Sonne	Beet, Balkon
Aussaat ab März			
Fuchsschwanz, *Amaranthus*	Mai–Aug.	Sonne	Beet
Sommeraster, *Callistephus*	Juli–Okt.	Sonne	Beet
Spinnenpflanze, *Cleome*	ab Juli	Sonne	Beet
Zigarettenblümchen, *Cuphea*	ab Mai	Sonne	Beet, Balkon
Rittersporn (einjährig), *Delphinum*	ab Juli	Sonne	Beet
Gazanie, *Gazania*	August–Okt.	Sonne	Beet, Balkon
Godetie, *Godetia*	Juli–Sept.	Sonne	Beet
Gipskraut, *Gypsophila*	ab Mai	Sonne	Beet
Strohblume, *Helichrysum*	Juli–Sept.	Sonne	Beet
Levkoje, *Matthiola*	Mai–Sept.	Sonne	Beet

Fortsetzung

	Blütezeit	für Standort	Verwendung
Ziertabak, *Nicotiana*	Mai–Sept.	Sonne	Beet, Balkon
Jungfer im Grünen, *Nigella*	Juli–Sept.	Sonne	Beet
Portulakröschen, *Portulaca*	ab Mai	Sonne	Beet
Flammenblume, *Phlox*	Juli–Sept.	Sonne	Beet
Husarenknopf, *Sanvitalia*	Mai–Okt.	Sonne/ Halbschatten	Balkon
Aussaat ab April			
Mandelröschen, *Clarkia*	ab Juni	Sonne	Beet
Kapkörbchen, *Dimorphoteca*	ab Juni	Sonne	Balkon
Schlafmützchen, *Eschscholzia*	ab Juni	Sonne	Beet, Balkon
Sonnenblume, *Helianthus*	August–Okt.	Sonne	Beet
Prunkwinde, *Ipomoea*	Juli–Sept.	Sonne	Kletterpflanze
Edelwicke, *Lathyrus*	Juni–Aug.	Sonne	Kletterpflanze
Bechermalve, *Lavatera*	ab Mai	Sonne	Beet
Aussaat ab Mai (Zweijährige Beet- und Balkonpflanzen für die Blüte im Folgejahr)			
Steckrose, *Alcea*	ab Juli	Sonne	Beet
Maßliebchen, *Bellis*	ab März	Sonne/ Halbschatten	Beet, Balkon
Marienglockenblume, *Campanula*	Mai–Juli	Sonne/ Halbschatten	Beet, Balkon
Goldlack, *Cheiranthus*	April–Juni	Sonne	Beet, Balkon
Bartnelke, *Dianthus*	Juni–Juli	Sonne	Beet, Balkon
Fingerhut, *Digitalis*	Juni–Juli	Halbschatten	Beet
Silberling, *Lunaria*	Samenkapseln im August	Halbschatten	Beet
Vergißmeinnicht, *Myosotis*	März–Mai	Halbschatten	Beet, Balkon
Stiefmütterchen, *Viola*	ab März	Sonne/ Halbschatten	Beet, Balkon

dann ab Mitte Mai nach den Eisheiligen ausgepflanzt. Sie sterben bei Frosteintritt im Herbst ab. Zu den einjährigen Sommerblumen werden meist auch diejenigen gezählt, die in ihrer Heimat mehrjährig sind, bei uns aber nur einjährig kultiviert werden, wie beispielsweise Fuchsie und Geranie.

Zweijährige Beet- und Balkonpflanzen bilden im ersten Jahr nur Blätter und Triebe aus und blühen im zweiten Jahr. Danach sterben sie ab oder blühen in den Folgejahren nicht mehr so prächtig. Sie werden ab Mai für die Blüte im Folgejahr ausgesät. Die bekanntesten sind Stiefmütterchen, Bellis, Vergißmeinnicht, Goldlack und andere.

Verschiedene Sommerblumen eignen sich für unterschiedliche Standorte im Garten. Die einen benötigen für ein kräftiges Wachstum und üppige Blütenfülle möglichst viel Sonne, die anderen vertragen auch einen schattigeren Platz. Um eine standortgerechte Auswahl zu ermöglichen, wurde der jeweilige Anspruch an den Standort im Garten oder auf dem Balkon in der Tabelle angegeben. Sommerblumen, die ganztägig vollen Schatten mögen, gibt es leider nicht. Einige von ihnen vertragen jedoch lichten Schatten bzw. wünschen Schatten während der heißen Mittagsstunden.

Einige Beet- und Balkonpflanzen können über Stecklinge vermehrt werden, dazu gehören beispielsweise das Blaue Gänseblümchen, Pantoffelblume, Zigarettenblümchen, Elfensporn, Kapkörbchen, Fuchsie, Geranie, Vanilleblume, Fleißiges Lieschen, Verbene und andere (zur Stecklingsvermehrung siehe Seite 150).

Anzucht von Gemüsen und Kräutern für Balkon und Terrasse

Es müssen nicht immer die typischen Zierpflanzen sein, die Balkon und Terrasse verschönern, auch Gemüse und Kräuter können äußerst dekorativ wirken und gleichzeitig den Speisezettel bereichern. Mancher Hobbygärtner hat vielleicht ein Kleingewächshaus in einer Kleingartenanlage und zu Hause nur einen Balkon. Er kann sich seine Jungpflanzen im Gewächshaus selber heranziehen, später in einen Balkonkasten oder Kübel auspflanzen und so auch zu Hause frische Gemüse und Kräuter ernten.

Gemüse und Kräuter für Balkonkästen

Besonders hübsch und mit einem Flair von Bauerngärten sind Kombinationen von Gemüsen und Kräutern mit Sommerblumen und/oder Erdbeeren. Das hat zudem den Vorteil, daß man nicht weit gehen muß, um bei Bedarf schnell ein paar frische Kräuter, Salat oder Tomaten zu ernten. Die Pflanzen werden im Gewächshaus, Wintergarten oder auf einer hellen, warmen Fensterbank vorgezogen, später zusammengepflanzt und dürfen ab Mitte Mai, wenn kein Frost mehr zu erwarten ist, ins Freie, wo sie einen sonnigen, warmen Platz erhalten sollten.

Die Anzucht von Gemüsen und Kräutern für den Garten, Balkon oder die Terrasse ist zwar gleich, jedoch sind nicht alle Arten und Sorten gleichermaßen geeignet. Für die Kultur im Balkonkasten wählt man kleinwüchsige Gemüse und Kräuter.

Der Samenfachhandel bietet beispielsweise kleinwüchsige Tomatensorten für den Balkonkasten an. Pepinopflanzen können sehr einfach zu der gewünschten Form und Größe »erzogen« werden (siehe auch Seite 204).

Tomaten, Paprika und Auberginen für den Balkonkasten werden ab Mitte März ausgesät; werden sie später zu lang, stutzt man sie einfach. Dadurch wird das Längenwachstum gebremst und die Seitentriebbildung angeregt. Auch Radieschen, Pflücksalat und Kopfsalat sind für den Balkonkasten geeignet. Radieschen werden entweder direkt in den Kasten gesät oder gepflanzt. Alle anderen kultiviert man in der Regel vor und pflanzt sie nach der Jungpflanzenphase zusammen mit Sommerblumen in den Balkonkasten.

Wann mit der Anzucht zu beginnen ist, damit die Pflanzen bis dahin groß genug sind, ist den Tabellen zu entnehmen.

Um von Anfang an einen Eindruck von Üppigkeit zu erzielen, neigt man dazu, den Kasten mit möglichst vielen Pflanzen zu bestücken. Bis zu einem gewissen Grad ist das auch möglich, vorausgesetzt Substrat, Bewässerung und Düngung stimmen. Manche Pflanzen nehmen jedoch eine zu enge Standweite übel. Radieschen beispielsweise bilden bei zu enger Saat keine Knolle aus. Damit der Kasten von Anfang an

Eine attraktive Mischung aus Gemüsen, Kräutern und Sommerblumen im Balkonkasten. Die Pflanzen wurden im Gewächshaus vorgezogen.

dekorativ aussieht, werden Gemüse mit unterschiedlicher Kulturzeit und Sommerblumen zusammengepflanzt. So können sich Tomaten, Paprika, buschige Kräuter und Sommerblumen richtig ausbreiten, sobald Salat und Kohlrabi geerntet sind.

Gemüse und Kräuter in Kübeln

Wem hat es nicht schon mal leid getan, daß er die Schönheit seiner Zucchiniblüten nur genießen kann, wenn er gerade im Gemüsegarten arbeitet. Pflanzt man die Zucchinipflanze jedoch in einen Kübel und stellt sie auf der Terrasse auf, kann man sich den ganzen Sommer über an der dekorativen Wirkung der schöngeformten Blätter, der riesigen gelben Blüten und der Früchte erfreuen. Ende April wird im Kleingewächshaus mit der Anzucht begonnen. Es kann direkt in den Kübel gesät oder zunächst in einem Topf vorkultiviert und später in den Kübel umgepflanzt werden. Ab Ende Mai können Zucchinipflanzen ins Freie. In einem Kübel sollten maximal 2 Pflanzen stehen. Nicht nur als Solitärpflanze, sondern auch – vorausgesetzt der Kübel ist groß genug – als Unterpflanzung erzielt die Zucchini eine große Wirkung.

Weitere Gemüse, die sich hervorragend für die Kübelkultur eignen, sind Zuckermais (»bambusartiger« Effekt), Artischocke und Cardy (attraktive Blätter, Knospen und Blüten). Zuckermais wird für die Kübelkultur ab Ende April im Kleingewächshaus, Wintergarten oder an einem hellen Fenster vorgezogen. Ab Mitte Mai darf er ins Freie.

Artischocke und Cardy sind mehrjährige Gemüsepflanzen. Sie werden ab Anfang April ausgesät. In den Kübel wird jeweils nur eine Pflanze gepflanzt. Ab Mitte Mai können Artischocke und Cardy ins Freie. Für den Verzehr eignen sich die dickfleischigen Blütenböden und die unteren verdickten Teile der Blütenblätter der geschlossenen Artischocken-Blütenknospen, die bereits im ersten Jahr ab Anfang August bis Ende September geerntet werden können. Von Cardy sind die dicken, fleischigen Blattstiele, besonders in gebleichtem Zustand, eine spargelähnliche Delikatesse. Artischocke und Cardy sind bei uns nur bedingt und nur mit Schutz winterhart. Pflanzen, die im Kübel kultiviert werden, überwintert man am besten im frostfreien Gewächshaus.

Von den Gewürzpflanzen eignen sich besonders Rosmarin, Lavendel und Liebstöckl für die Kübelkultur. Alle 3 sind mehrjährig. Rosmarin ist ein immergrüner Strauch mit kleinen rosafarbenen Blüten, der 1 bis 3 m hoch werden kann, jedoch dauert es oft mehrere Jahre bis er eine beachtliche Größe erreicht oder mit der Blüte beginnt. Ausgesät wird Rosmarin bei 18 bis 25 °C ab März im Kleingewächshaus, Wintergarten oder auf der hellen Fensterbank. Ab Ende Mai gibt man ihm einen hellen warmen Platz im Freien. Vor den ersten Frösten wird Rosmarin

Die Artischocke eignet sich wegen ihrer eindrucksvollen Blätter, Knospen und Blüten auch als Kübelpflanze.

Rosmarin kann bei uns nur so eine stattliche Größe erreichen, wenn er im Gewächshaus überwintert wird.

zur Überwinterung an einen frostfreien, hellen Platz gebracht.

Auch Lavendel wird ab März ausgesät. Die optimale Keimtemperatur liegt bei 20 bis 25 °C. Ab Mai bis in den Herbst hinein kann Kübel-Lavendel im Freien stehen. Er ist frosthärter als Rosmarin und verträgt Temperaturen bis –12 °C.

Für die Kübelkultur wird Liebstöckl, auch Maggikraut genannt, ab Anfang März vorgezogen. Mitte Mai darf er dann ins Freie.

Zwar ist ausgepflanzter Liebstöckl bei uns völlig winterhart und treibt jedes Jahr wieder aus dem gleichen Wurzelstock aus, dennoch sollte er als Kübelpflanze geschützt im Kleingewächshaus oder im Boden eingesenkt überwintert werden.

Der Stauden-Rittersporn kann durch Aussaat, Teilung und Stecklinge vermehrt werden.

Spaliere

Auch Spaliere können mit Gemüse äußerst dekorativ begrünt werden. Besonders geeignet sind Melone (warmer Standort), Kürbis und (Prunk-) Bohnen. Alle 3 sind auch für die Kultur unter Glas geeignet.

Vermehrung von Gartenstauden

Stauden sind krautige, mehrjährige Pflanzen, die jedes Jahr neu austreiben. Bei den meisten von ihnen sterben in der kalten Jahreszeit die alten, oberirdischen Pflanzenteile ab und sie überdauern nur unterirdisch oder mit kleinen oberirdischen Erneuerungsknospen. Im Spätwinter oder im Frühjahr beginnen sie mit den Neuaustrieb. Manche Stauden (z. B. verschiedene Polsterstauden) überwintern auch mit oberirdischen Pflanzenteilen. Zwiebel- und Knollengewächse, Gräser, Farne sowie die Sumpf- und Wasserpflanzen werden zu den Stauden gezählt.

Bevor man mit der Anzucht und Vermehrung von Stauden beginnt, sollte man überlegen, welchen Standort sie im Garten erhalten werden und dementsprechend seine Auswahl treffen. Nach den Standortansprüchen werden Stauden in Lebensbereiche zusammengefaßt.

Lebensbereich Gehölz: Stauden des Lebensbereiches Gehölz vertragen Schatten, dazu gehören beispielsweise Elfenblume, Waldmeister, Leberblümchen, Funkie, Trichterfarn, Schaumblüte und Immergrün.
Lebensbereich Gehölzrand: Dem Lebensbereich Gehölzrand mit Halbschatten und frischem Boden sind beispielsweise Akelei, Waldrebe (Clematis), Malve, Johanniskraut, Purpurglöckchen und Eisenhut zuzuordnen.
Lebensbereich Freifläche: Zur Gruppe für den Lebensbereich Freifläche mit

warmem, vollsonnigen Standort und durchlässigem, trockenen Boden gehören beispielsweise Schafgarbe, Graslilie, Strohblume, Edelraute und Margerite.
Lebensbereich Blumenwiese in sonniger Lage: Für die Blumenwiese am sonnigen Standort mit feuchtem Boden eignen sich Knäuelglockenblume, Margerite (auch für trockenen Boden), Wiesenstorchenschnabel, Kuckuckslichtnelke, Wiesensalbei (auch für trockenen Boden), Seifenkraut und Wiesenschaumkraut.
Lebensbereich Blumenwiese in halbschattiger Lage: Sowohl für trockenen als auch feuchten Boden in halbschattiger Lage eignen sich Pfirsichblättrige Glockenblume, Waldstorchschnabel und Schlüsselblumen.
Lebensbereich Steinanlage: In einem von Kies und Felsbrocken durchsetzten, wasserdurchlässigen Boden gedeihen beispielsweise Stachelnüßchen, Steinkraut, Gänsekresse, Alpenaster, Blaukissen, Schleierkraut, Fetthenne und Hauswurz.
Lebensbereich Beet: Hier fühlen sich die sogenannten Beet- und Prachtstauden wohl. Sie benötigen einen humosen, nährstoffreichen, frischen Boden, der zwischen den Pflanzen durch Hacken oder Mulchen offen gehalten wird. Zu den Beetstauden gehören beispielsweise Stockrose, Astern, Rittersporn, Sonnenhut, Flammenblume und Pfingstrosen.
Lebensbereich Wasserrand: Sumpfstauden für feuchten bis nassen, zeitweise überfluteten Boden sind Sumpfkalla und Wollgras.

Die meisten Gartenstauden können zwar auch im Freien herangezogen und vermehrt werden, jedoch sind sie im Gewächshaus vor Wind und Wetter geschützt, wodurch in der Regel eine höhere Erfolgsrate und eine kürzere Jungpflanzenanzuchtphase erreicht wird. Für manche Vermehrungsart ist das Gewächshaus bzw. ein Vermehrungsbeet aber auch Voraussetzung (zum Beispiel Stecklingsvermehrung).

Für das Gewächshaus zur Vermehrung von Stauden gilt hinsichtlich der Bauart und Ausstattung ähnliches wie für das Gewächshaus zur Anzucht von Sommerblumen und Gemüsen (siehe Seite 127 ff.).

Stauden können durch Aussaat (generativ) oder durch Pflanzenteile (vegetativ) vermehrt werden. Die generative Vermehrung beruht auf der sexuellen Fortpflanzung. Die Blüten fungieren dabei als die Geschlechtsorgane der Pflanzen. Männliche Geschlechtszellen (Pollen) werden durch Insekten oder Wind auf die weiblichen im Fruchtknoten (Eizelle) übertragen. Aus der befruchteten Eizelle entsteht der Samen.

Bei gekauftem Saatgut, bei selbstgesammeltem Saatgut gut samenvermehrbarer Sorten und bei gesammeltem Saatgut reiner Arten (Wildstauden) kann man davon ausgehen, daß die daraus gezogenen Jungpflanzen alle ein weitgehend gleiches Aussehen und gleiche Eigenschaften haben.

Dies ist bei Samen vieler Kultur- und Gartenformen (Sorten), die meist durch unzählige Kreuzungen und Selektionen entstanden sind, nicht der Fall. Wer Samen von hochgezüchteten Pflanzen sammelt, muß damit rechnen, daß die Nachkommen ganz andere Eigenschaften (Wuchskraft, Blütenfarbe usw.) als die Mutterpflanzen haben und kaum eine der anderen gleicht. Dies muß nicht unbedingt nachteilig sein, bereitet es dem einen oder anderen Gartenfreund doch viel Freude, auf diese Art seine eigenen Sorten auszulesen.

Die vegetative Vermehrung ist ungeschlechtlich. Die Nachkommen werden aus Pflanzenteilen der Elternpflanze gezogen. Sie haben dieselben Erbanlagen wie diese und daher auch dieselben Eigenschaften. Diese Vermehrungsart führt man durch, wenn Pflanzen keine Samen ansetzen (z. B. bei sterilen Sor-

Stauden selbst vermehren

Name	Vermehrung über Samen			Vermehrung über Pflanzenteile
	Aussaatzeit I–XII	Keimdauer in Tagen	Stratifikation ja/nein	
Schafgarbe, *Achillea*	II–IV	15–30	nein	Stecklinge von April bis Juni, Teilung Oktober bis März
Eisenhut, *Aconitum*	I–IV	35–50	ja	Teilung Oktober bis März
Adonisröschen, *Adonis*	II–VI	30–50	ja	Teilung nach der Blüte im Frühjahr
Steinkraut, *Alyssum*	I–V	14–21	nein	Stecklinge im Frühsommer nach der Blüte
Akelei, *Aquilegia*	I–V	20–35	nein	Teilung nach der Blüte im Juli/August
Gänsekresse, *Arabis*	I–VI	20–30	nein	Teilung im März/April oder Sommer, Stecklinge im Februar/März oder August
Staudenaster, *Aster*	IV–VI	14–20	nein	Teilung Oktober bis März
Bergenie, *Bergenia*	XII–VI	20–30	ja	Teilung nach der Blüte im Juli oder Oktober bis März
Staudenglockenblume, *Campanula*	XII–IV	15–30	nein	Teilung Oktober bis März, Basalstecklinge von April bis Mai
Flockenblume, *Centaurea*	I–VI	10–14	nein	Teilung oder Wurzelschnittlinge Oktober bis März
Mädchenauge, *Coreopsis*	I–VI	15–21	nein	Teilung im Herbst oder März
Staudenrittersporn, *Delphinium*	XII–VI	20–30	nein	Teilung von September bis März, Basalstecklinge (mit Holzansatz) im April
Staudennelke, *Dianthus*	III–VII	7–14	nein	Teilung im Frühjahr oder Sommer, Basalstecklinge mit Holzansatz (Abrißstecklinge) im Herbst
Tränendes Herz, *Dicentra*	IX–VI	20–50	ja	Teilung im Frühjahr oder nach der Blüte im Juni, Stecklinge im Frühjahr nach dem Austrieb (mit Holzansatz)

Fortsetzung

Name	Vermehrung über Samen Aussaatzeit I–XII	 Keimdauer in Tagen	 Stratifikation ja/nein	Vermehrung über Pflanzenteile
Fingerhut, *Digitalis*	III–VI	15–20	nein	–
Gemswurz, *Doronicum*	II–V	15–21	nein	Teilung im März
Feinstrahlaster, *Erigeron*	II–IV	20–30	nein	Teilung im Frühjahr oder nach der Blüte, Basalstecklinge im Frühjahr mit einem Ansatz des alten Holzes
Kokardenblume, *Gaillardia*	IV–VII	14–20	nein	–
Enzian, *Gentiana*	XII–III	25–40	ja	Teilung im zeitigen Frühjahr oder nach der Blüte im Herbst (Herbstenzian)
Nelkenwurz, *Geum*	II–V	20–30	nein	–
Schleierkraut, *Gypsophila*	III–VII	14–20	nein	Basalstecklinge von März bis Mai
Sonnenbraut, *Helenium*	I–VI	14–20	nein	Teilung Oktober bis April, Stecklinge im Frühjahr
Purpurglöckchen, *Heuchera*	XII–IV	10–20	nein	Stecklinge nach der Blüte im Sommer, Abreißen der Stecklinge vom Wurzelstock (Abrißstecklinge)
Schleifenblume, *Iberis*	I–V	14–20	nein	Kopfstecklinge im Spätsommer und Herbst
Fackellilie, *Kniphofia*	III–VII	14–20	nein	Teilung im April
Küchenschelle, *Pulsatilla*	X–III	35–50	ja	–
Prachtscharte, *Liatris*	III–VI	20–30	nein	Teilung November bis März
Staudenlupine, *Lupinus*	XII–VI	14–20	nein	Basalstecklinge mit einem Stück des alten Holzes im März/April
Lichtnelke, *Lychnis*	I–V	15–25	nein	Basalstecklinge im April, Teilung im Herbst oder Frühjahr

Fortsetzung

Name	Vermehrung über Samen			Vermehrung über Pflanzenteile
	Aussaatzeit I–XII	Keimdauer in Tagen	Stratifikation ja/nein	
Staudenmohn, *Papaver*	III–VI	14–20	nein	Teilung März/April, Wurzelschnittlinge von August bis März
Staudenphlox, *Phlox*	XII–III	20–35	nein	Teilung im Frühjahr, Kopfstecklinge von Mai bis Juni von Seitentrieben, Wurzelschnittlinge im Februar/März
Kugelprimel, *Primula*	II–IV	14–20	nein	Wurzelschnittlinge
Große Sommermargerite, *Leucanthemum*	II–VI	12–20	nein	Teilung im März/April oder nach der Blüte im Juli, Stecklinge im zeitigen Frühjahr
Sonnenhut, *Rudbeckia*	I–VI	15–20	nein	Teilung von Oktober bis März
Fetthenne, *Sedum*	II–V	14–20	nein	Teilung im Herbst oder Frühjahr, auch unbewurzelte Stücke wachsen an
Trollblume, *Trollius*	XII–III	20–30	ja	Teilung von Oktober bis April, aber auch ganzjährig möglich
Ehrenpreis, *Veronica*	II–V	14–20	nein	Teilung von Oktober bis März, Stecklinge von Frühjahr bis Herbst
Hornveilchen, *Viola*	II–VIII	15–25	nein	Teilung von September bis März
Duftveilchen, *Viola*	X–XI	30–150	ja	bewurzelte Ausläufer abtrennen

ten), wenn die Vermehrung über Saatgut schwierig ist und wenn Aufspaltungen bei Sorten vermieden werden sollen.

Die Vermehrung von Stauden durch Samen

Da die günstigen Aussaatzeiten für eine zügige Pflanzenentwicklung und eine früh einsetzende Blüte in die kalte Jahreszeit fallen, empfiehlt sich die Aussaat im Kleingewächshaus, Wintergarten oder an einem hellen Blumenfenster. Die optimale Keimtemperatur der meisten Staudensamen liegt bei 15 bis 20 °C. Wer nicht das gesamte Gewächshaus oder den Wintergarten so hoch temperieren will, stellt die Aussaaten in das Vermehrungsbeet oder in eine abgetrennte, warme Kabine.

Auch bei der Aussaat von Stauden gilt, daß möglichst frisches Saatgut der letzten Ernte verwendet werden sollte. Wer selbst Samen sammelt, erntet ihn möglichst gut ausgereift. Der Samen wird getrocknet, von Unreinheiten befreit und dann kühl und trocken in geschlossenen Behältern gelagert.

Im Prinzip erfolgt die Jungpflanzenanzucht von Stauden aus Samen wie die von Sommerblumen und Gemüse (siehe Seite 131 ff.). Es wird ausgesät, pikiert und später getopft oder an Ort und Stelle ausgepflanzt. Die Samen werden bei der Aussaat in zweifacher Samenkornstärke mit Erde übersiebt, feine Samen jedoch nicht abgedeckt. Als Substrat eignen sich Aussaaterde oder eigene Mischungen aus Torf, Sand und Gartenerde. Staudensamen keimen zum Teil sehr ungleichmäßig und werden daher in Etappen pikiert. Sehr zarte Sämlinge werden tuffweise zusammen pikiert.

Licht- und Dunkelkeimer bei Stauden

Ob das Auftreffen von Licht auf die Aussaatfläche für die Keimung mancher Arten förderlich oder hinderlich ist, ist heutzutage umstritten. Sehr feine Samen werden grundsätzlich nicht mit Erde übersiebt. Sie müssen daher nicht unbedingt zu den lichtgeförderten Samen zählen, oft sind die winzigen Keimlinge nur zu schwach, das auf ihnen lastende Substrat wegzudrücken. Bei vielen fördert dennoch das lose Abdekken mit Zeitungspapier die Keimung, da dann die Temperatur ausgeglichener und die Luftfeuchtigkeit um den Samen herum höher ist und er besser aufquillt.

Für die meisten Staudenaussaaten ist es unerheblich, ob die Aussaatoberfläche während der Keimung Licht erhält. In der Regel werden fast alle als Lichtkeimer behandelt, d. h., sie werden an einem hellen Platz aufgestellt und mit lichtdurchlässigem Material (Kunststoffhaube, Vlies) abgedeckt, falls die Luftfeuchte im Standbereich erhöht werden soll. Dunkle Keimung wird jedoch häufig bei Rittersporn, Enzian, Schleierkraut, Christrosen, Judassilberling, Lupinen, Vergißmeinnicht, Elatiorprimel, Trollblume und Veilchen empfohlen. Sie werden dunkel aufgestellt bzw. mit schwarzer Folie oder festem Packpapier abgedeckt. Die Angaben zu den einzelnen Arten sind mitunter unterschiedlich und oft auch von Sorte zu Sorte verschieden. Es empfiehlt sich auf jeden Fall, die Hinweise auf der Samenpakkung zu beachten.

Stauden, die für die Keimung eine Kältebehandlung benötigen (Kaltkeimer, »Frostkeimer«)

Eine Reihe von Staudensamen benötigt zur Keimung eine »Stratifikation«, mit der eine natürliche Keimhemmung gebrochen wird. Unter Kaltstratifikation versteht man die kühl-feuchte Lagerung (0 bis 10 °C) von Samen auf feuchtem Sand. Mit diesem Verfahren wird der natürliche Jahreszeitenverlauf vorgetäuscht. An ihrem Naturstandort quellen die Samen im Herbst bei noch relativ warmer Witterung, sind dann den tiefen Wintertemperaturen ausgesetzt und beginnen im Frühjahr mit der Keimung, wenn es wieder wärmer wird. Samen, die diese Behandlung zur Überwindung einer natürlichen Keimhemmung benötigen, stammen aus winterkalten Gebieten. Die Natur schützt sie mit dieser Eigenschaft davor, bereits vor Beginn der Kälteperiode zu keimen. Typische Kaltkeimer unter den Stauden sind Blauer Eisenhut, Adonisröschen, Küchenschelle, Duftveilchen und Trollblume.

Das Saatgut kann vor der eigentlichen Aussaat stratifiziert werden, indem man es in feuchten Sand oder Aussaaterde mischt, dann der Kühlbehandlung unterzieht und danach erst aussät. Die einfachere Möglichkeit ist es, den Samen auszusäen und anzugießen, wie es für Sommerblumen und Gemüse beschrieben wurde (Seite 131 ff.). Die Samen beginnen im feuchten Substrat zu quellen.

Danach werden die Aussaaten mehrere Wochen Temperaturen zwischen 2 bis 8 °C ausgesetzt, entweder im Freien, in einer kalten Garage, einem kalten Keller oder im Kühlschrank. Temperaturen unter 0 °C sind für die Stratifizierung nicht notwendig. Man sollte daher besser von Kaltkeimern und nicht von »Frostkeimern« sprechen. Nach der Kühlbehandlung werden die Aussaaten wieder ins Gewächshaus geholt und hell bei Temperaturen von etwa 10 bis 15 °C aufgestellt.

Trotz der Behandlung »überliegt« oft ein Teil der Samen, d. h., sie keimen erst 1 bis mehrere Jahre nach der Aussaat. Dieses Verhalten wird beispielsweise bei der Herbstzeitlose, beim Tränenden Herz und anderen beobachtet. Die Natur behält sich gewissermaßen zum Schutz der Art noch eine Reserve vor.

Die Vermehrung von Stauden aus Pflanzenteilen

Die meisten Stauden lassen sich vegetativ durch Teilung, Abtrennen von Ausläufern, Bewurzelung von Stecklingen

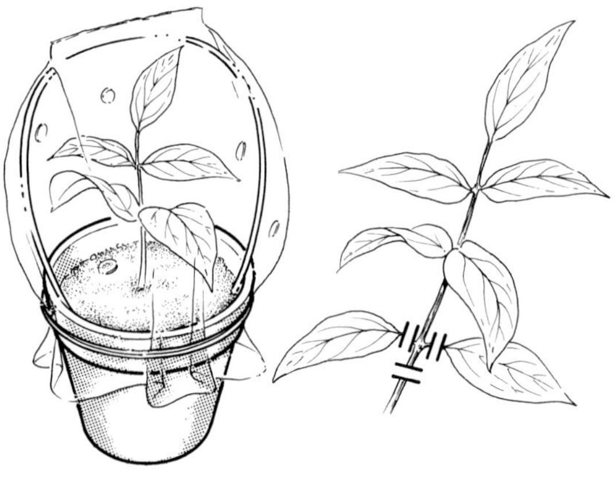

Die Vermehrung der Stauden durch Sproßstecklinge.

oder Wurzelschnittlingen und ähnlichen Verfahren vermehren. Die Nachkommen haben die gleichen Erbanlagen wie die Ausgangspflanze. Nachfolgend werden die wichtigsten Techniken zur vegetativen Vermehrung von Stauden beschrieben.

Um eine Gartenstaude zu teilen, wird sie in der Regel im Herbst nach dem Abblühen ausgegraben und in verschiedene Teile geschnitten oder auseinandergelöst und zwar so, daß jede Teilpflanze sowohl Wurzel- als auch Sproßteile erhält. Größere Teilpflanzen können sofort an den zukünftigen Platz gepflanzt werden. Einige Staudenarten lassen sich auch während der Wachstumsphase teilen. Für diese Art der vegetativen Vermehrung sind keine besonderen Vermehrungseinrichtungen erforderlich. Durch Teilung können beispielsweise Schafgarbe, Eisenhut, Adonisröschen und viele andere vermehrt werden.

Für die **Stecklingsvermehrung** und für die Vermehrung aus Wurzelschnittlingen ist in der Regel eine Jungpflanzenphase notwendig. In dieser Phase muß aus einem Pflanzenteil, dem Sproßstück oder Wurzelteil, eine vollständige Pflanze mit Wurzeln und Sproß gebildet werden.

Viele Stauden lassen sich über Stecklinge vermehren. **Grundständige Stecklinge** (Basalstecklinge) werden in der Regel bereits im zeitigen Frühjahr vom jungen Neuaustrieb geschnitten. Dabei werden ein oder mehrere frische Triebe, wenn sie etwa fingerlang sind, über der Pflanzenbasis abgeschnitten. Die Vermehrung über grundständige Stecklinge ist besonders für Pflanzen, die später hohle Stengel ausbilden, wie Rittersporn und Lupinen, zu empfehlen.

Am häufigsten werden **Kopfstecklinge** verwendet. Dabei wird nur die Spitze eines bereits längeren Triebes geschnitten. Die Länge des Stecklings richtet sich nach der Pflanzenart und sollte zwischen 5 und 15 cm betragen. In der

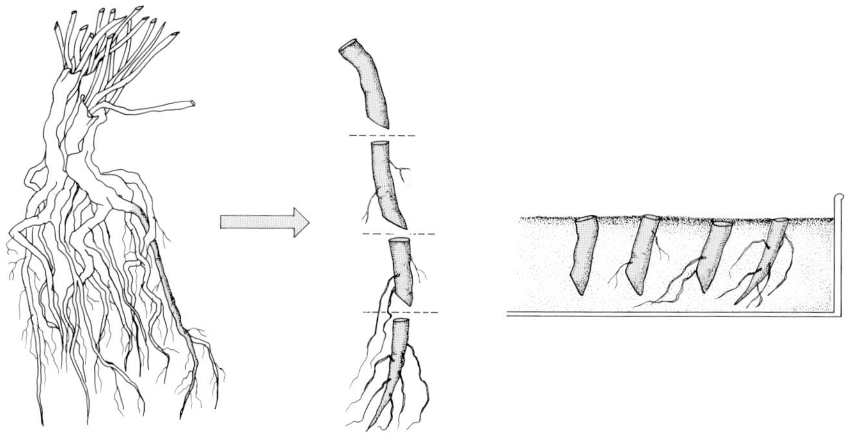

Vermehrung von Stauden durch Wurzelschnittlinge.

Regel sollten 2 Blattpaare bereits entfaltet und das dritte gut sichtbar sein. Der Steckling wird kurz unter dem unteren Blattpaar geschnitten, diese beiden Blätter werden dann entfernt. Dann wird in ein nährstoffarmes, durchlässiges Vermehrungssubstrat, wie beispielsweise eine Mischung aus Torf und Sand im Verhältnis 1:1, gesteckt. Als Gefäße eignen sich Töpfe, Schalen und Kisten. Bodentemperaturen um 16 bis 20 °C sind die beste Voraussetzung für eine zügige Bewurzelung. Während der Bewurzelungsphase benötigen die Stecklinge eine hohe Luftfeuchtigkeit, da sie sonst zuviel verdunsten, ohne daß Wurzeln vorhanden sind, die Wasser nachliefern können. Wer keine hohe Luftfeuchtigkeit im gesamten Gewächshaus schaffen will, kann mit einer Folien- oder doppelten Vliesauflage ein feuchteres Kleinklima schaffen.

Nach der Bewurzelung werden die Abdeckungen entfernt, die bewurzelten Stecklinge einzeln in Töpfe gepflanzt und im Frühbeetkasten oder im Kleingewächshaus geschützt weiter kultiviert. Wenn sie größer und widerstandsfähiger sind, können die Staudenjungpflanzen ins Freie gepflanzt werden. Empfindliche Arten erhalten im Winter einen Schutz aus Fichten-, Tannen- oder Kiefernreisig.

Manche Stauden lassen sich während der Ruhephase auch über **Wurzelschnittlinge** vermehren. Die zu vermehrende Pflanze wird ausgegraben und die Wurzeln in etwa 5 cm lange Stücke geschnitten. Dicke Wurzelstücke werden am unteren Ende – das Ende, das vorher zur Wurzelspitze zeigte – abgeschrägt und mit der abgeschrägten Seite in das Vermehrungssubstrat gesteckt, so tief, daß das gerade Ende mit der Erdoberfläche abschließt. Dünne Wurzelstücke werden nicht gesteckt, sondern auf das Substrat gelegt und leicht abgedeckt.

Die Anzuchtgefäße mit den Wurzelstecklingen werden im kühlen Gewächshaus oder Frühbeetkasten aufgestellt. Im Frühjahr erscheinen die ersten Blattpaare. Die Jungpflanzen werden jetzt in 7-cm-Töpfe getopft. Den Sommer über können die Töpfe geschützt ins Freie, im Herbst werden die jungen Stauden ausgepflanzt und müssen ihren ersten Winter im Freien überstehen.

Die Vermehrung von Gehölzen

Sträucher und Bäume werden unter dem Oberbegriff Gehölze zusammengefaßt. Sie bilden dauerhafte, verholzte Triebe. Bäume besitzen einen einzelnen Stamm, der sich erst in einer gewissen Höhe verzweigt, Sträucher bilden oft mehrere starke, verholzte Triebe, die sich kurz über dem Boden verzweigen. Mit Bäumen und Sträuchern strukturieren wir unsere Gärten. Viele von ihnen, wie Forsythie, Magnolien, Weigelie, Zierkirschen und andere, zeigen eine außerordentliche Blütenpracht. Zu den Gehölzen gehören auch viele Kübelpflanzen für Wintergarten, Balkon und Terrasse sowie viele Zimmer- und Tropenpflanzen.

Auch Gehölze können über Samen und über Pflanzenteile vermehrt werden. Die Temperaturansprüche der einzelnen Arten sind unterschiedlich. Unsere Gartengehölze werden meist im Freiland oder im Kalthaus ausgesät oder durch Steckhölzer vermehrt. Gehölze aus wärmeren Gegenden wie unsere Kübelpflanzen und die zu den Gehölzen zählenden Zimmerpflanzen, wie beispielsweise die Birkenfeige, werden im temperierten und im Warmhaus vermehrt (mehr zu diesen in den entsprechenden Kapiteln).

Gartengehölze über Samen vermehren

Die Samen von Gehölzen werden in der Regel im Herbst geerntet, von Frucht- oder Kapselresten sowie anderen Verunreinigungen befreit und dann bis zur Aussaat gelagert. Samen mit harter Samenschale werden vor der Aussaat angefeilt oder aufgerauht, indem man den Samen mit scharfem Sand vermischt und zwischen 2 Brettern reibt. Viele Gartengehölze benötigen vor der Aussaat eine Stratifikation (Kalt-Naß-Behandlung), wie sie bereits auf Seite 149 f. bei der Aussaat von Stauden behandelt wurde. Dazu gehören beispielsweise die Felsenbirne (Amelanchier -Arten, 4 bis 5 Monate), Blutberberitze (Berberis thunbergii, 5 Monate), Hainbuche (Carpinus betulus, 5 Monate), Japanische Zierquitte (Choenomeles japonica, 2 bis 3 Monate) und viele andere. Bei einigen Gehölzarten dauert es sehr lange (bis 20 Monate und länger), bis der Samen keimt.

Gartengehölze über Pflanzenteile vermehren

Durch **Teilung** im Herbst oder Frühjahr lassen sich beispielsweise Deutzien, Spiersträucher und Mahonien vermehren. Sanddorn und Essigbaum bilden **Ausläufer**, die abgetrennt werden können.

Durch **Anhäufeln, Absenken, Ablegen** und **Abmoosen** kann die Wurzelbildung an Sproßteilen angeregt werden. Diese werden dann abgetrennt und eingepflanzt. Anhäufeln wird bei der Hortensie, Johannisbeere und Stachelbeere angewendet, Absenken und Ablegen bei Ahorn, Erle, Hartriegel, Haselnuß und anderen.

Im Gegensatz dazu erfolgt bei der Steckholz- und der Stecklingsvermehrung die Bewurzelung erst nach dem Abtrennen von der Elternpflanze. Zur **Steckholzvermehrung** werden gesunde, einjährige Triebe an einem frostfreien Tag vor dem Austrieb im Frühjahr geschnitten und gleich gesteckt. Im Erwerbsgartenbau werden die Steckhölzer bereits im Dezember geschnitten und bis zur Verwendung kühl, aber frostfrei in feuchtem Sand gelagert.

Das Steckholz sollte eine Länge von etwa 15 bis 30 cm haben. Am unteren Ende wird das Steckholz einige Millimeter unter einem Auge abgeschnitten, am oberen Ende wird etwa 1 bis 2 cm über einem Auge geschnitten. Gesteckt wird direkt in ein vorbereitetes Beet oder in mit einem durchlässigen, nährstoffarmen Substrat befüllte Töpfe. Nach dem Stecken sollen sich 2/3 des Steckholzes in und 1/3 des Steckholzes über der Erde befinden.

Durch Steckhölzer lassen sich beispielsweise Scheinquitte, Waldrebe, Hartriegel, Deutzie, Goldglöckchen, Liguster, Geißblatt, Pappel, Weide, Holunder, Spierstrauch, Flieder und Johannisbeere vermehren.

Die **Stecklingsvermehrung** von laubabwerfenden Laubgehölzen wird von Juni bis August durchgeführt, die der immergrünen Laubgehölze von August bis Oktober. Nadelgehölze werden von August bis September durch Stecklinge vermehrt. Zur Stecklingsvermehrung werden die diesjährigen Triebe verwendet. Bei den Nadelgehölzen ist zu beachten, daß sich Stecklinge von Seitentrieben schlecht baumförmig erziehen lassen, sondern sich auch weiterhin wie Seitentriebe verhalten. Bei ihnen sollte außerdem immer ein Teil des alten Holzes am Steckling verbleiben. Durch Stecklinge lassen sich beispielsweise Tanne, Ahorn, Birke, Sommerflieder, Seidelbast, Jasmin, Wacholder, Fichte, Fünffingerstrauch, Feuerdorn, Lebensbaum, Eibe, Pfaffenhütchen und Glyzinie vermehren.

Über **Wurzelschnittlinge** können Himbeere, Brombeere, Essigbaum und andere vermehrt werden. Das Verfahren wurde bereits bei der Staudenvermehrung beschrieben.

Weiterführende Literatur zur Pflanzenvermehrung ist im Anhang zu finden.

Gemüse und Kräuter anbauen

Gemüse und Kräuter aus dem eigenen Garten schmecken besser und sind gesünder. Das liegt vor allem daran, daß sie im vollreifen Zustand geerntet werden und Vitamine und Geschmacksstoffe nicht durch lange Transportwege und Lagerung verlorengehen.

Das Kleingewächshaus ermöglicht auch bei uns den Anbau wärmeliebender Gemüsearten wie Tomaten, Gurken, Paprika und Auberginen. Diese Pflanzen wachsen im Sommer zwar auch im Freien und im hochgestellten Frühbeetkasten, jedoch sind ihre Erträge im Kleingewächshaus höher und sicherer. Zudem verlängert selbst ein unbeheiztes Gewächshaus das Gemüseanbaujahr. Bereits Ende Februar/Anfang März kann mit der Pflanzung von Kohlrabi, Kopfsalat und Rettich begonnen werden, wobei zu Anfang eine zusätzliche Abdeckung mit 1 bis 2 Lagen Vlies Schutz vor allzu tiefen Temperaturen bietet. Im frostfrei gehaltenen Kalthaus kann sogar bereits Anfang Februar mit den Frühjahrskulturen begonnen werden. Im Sommer folgen die Hauptkulturen wie Tomaten, Gurken und Paprika. Im Herbst und Winter können beispielsweise Radieschen, Feldsalat, Spinat, Bremer Scherkohl, Rauke und Winterportulak kultiviert werden.

Ein temperiertes Gewächshaus und ein Warmhaus geben dem Hobbygärtner die Möglichkeit, wärmeliebende Gemüse und Kräuter das ganze Jahr hindurch selbst zu ziehen oder Schnittlauch, Petersilie und Chicoree zu treiben.

Das Gewächshaus, seine Ausstattung und die Kulturmaßnahmen

Wer ganzjährig Gemüse anbauen will und sein Gewächshaus beheizt, stellt es am besten in Ost-West-Richtung auf,

Die gemüsebauliche Nutzung eines unbeheizten Gewächshauses.

Jan. – Feb.	März – April	Mai – Juni – Juli – Aug.	Sept. – Okt. – Nov. – Dez.
Herbst- und Winterkulturen	**Frühjahrs-**	**Sommer- (Haupt-) kulturen**	**Herbst- und Winterkulturen**
soweit noch nicht abge-	· Kopfsalat · Eissalat · Pflücksalat · Blattbatavia · Schnittsalat · Krulsalat · Rettich · Kohlrabi · Stielmus	· Tomaten · Gurken · Paprika · Auberginen · Melonen · Pepino · Okra · Luffa	· Spinat* · Feldsalat* · Endivien · Radieschen · Löffelkraut* · Salatrauke(*) · Winterportulak* · Bremer Scherkohl* · Kopfsalat · Pflücksalat · Blattbatavia · Krulsalat
(Feb.–April:) · Spinat		(Aug.–Dez.:) · Kohlrabi	

Gemüsearten mit * können über den Winter im Gewächshaus verbleiben weil dann die Lichtausbeute in den Wintermonaten größer ist und Licht und Wärmeangebot besser zusammenpassen. Ansonsten hat sich auch die Nord-Süd-Aufstellung für den Gemüseanbau bewährt.

Als Eindeckungsmaterialien für unbeheizte Gewächshäuser, die gemüsebaulich genutzt werden, werden vorwiegend UV-stabilisierte Polyethylenfolie oder Glas verwendet. Besser isolierende Materialien wie Doppelglas, Stegdoppel- und Stegdreifachplatten bringen 6 bis 8 Tage Ernteverfrühung gegenüber Einfachglas, sind aber teurer. Folieneindekkungen müssen alle 3 bis 5 Jahre ausgewechselt werden, da ihre Lichtdurchlässigkeit schnell nachläßt. Für den Anbau von Gemüse im unbeheizten Gewächshaus sehr gut geeignet und auch preislich günstig sind Gartenblankglas und Gartenklarglas. Die Lichtdurchlässigkeit ist bei beiden etwa gleich. Gartenblankglas ist durchsichtig wie Fensterglas. Gartenklarglas ist auf einer Seite genörpelt und erzeugt dadurch gestreutes Licht, was im strahlungsreichen Süddeutschland unter Umständen pflanzenverträglicher ist. Die genörpelte Seite wird nach innen verlegt.

Für beheizte Gewächshäuser ist aus Energiespargründen die Eindeckung mit isolierenden Materialien wie Doppelglas oder Stegdoppelplatten zu empfehlen. Die Energieeinsparung beträgt immerhin 35 bis 40 %. Einfachglas-Gewächshäuser können nachträglich mit Luftpolsternoppenfolie ausgestattet werden, was bis zu 30 % Energieeinsparung bringt. Zu bedenken ist jedoch, daß die bessere Isolierung auf Kosten der Lichtdurchlässigkeit geht und die Luftfeuchtigkeit bei besserer Isolierung höher ist.

Zum Frostfreihalten in den Übergangsmonaten eignen sich strombetriebene, thermostatgeregelte Heizgeräte. Soll den gesamten Winter über geheizt werden, lohnt sich die Anschaffung eines Gasheizers oder eines Ölofens, wenn man nicht – was am günstigsten wäre – das Gewächshaus an die Zentralheizung des Wohnhauses anschließen kann.

Ob das Gewächshaus ein Anlehnhaus oder ein freistehendes Gewächshaus ist,

Im Gewächshaus beginnt der Gemüseanbau bereits Ende Februar/Anfang März, entsprechend früh kann man ernten.

Rechte Seite oben: Beeteinteilung mit Holzrosten.

Rechte Seite unten: Gewächshausböden sollten gut gepflegt werden.

spielt keine Rolle, solange den Pflanzen genügend Licht und Luft geboten wird.

Der Grundriß des Kleingewächshauses sollte nach Möglichkeit mindestens 3 × 4 m und die Firsthöhe mindestens 2 m betragen. In kleineren Häusern ist die Bewegungsfreiheit stark eingeschränkt. Bei der Planung des Gewächshauses sollte an die Wasserversorgung gedacht werden. Es ist jedoch nicht unbedingt ein Wasseranschluß im Gewächshaus notwendig, wenn ein Anschluß in »Schlauchnähe« vorhanden ist. Wer jedoch sein Gewächshaus ganzjährig nutzt, erleichtert sich die Bewässerung im Winter mit einem Wasseranschluß direkt im Kleingewächshaus. Damit die Wasserleitung frostfrei ist, muß sie mindestens 80 bis 100 cm tief verlegt sein.

Auch ein Stromanschluß ist nicht unbedingt notwendig, aber zu empfehlen, sei es, um unter Umständen eine Zusatzbelichtung zu installieren, schnell einen Frostwächter oder ein beheizbares Vermehrungsbeet anzuschließen oder eine Lampe über dem Arbeitstisch in Betrieb nehmen zu können.

Schattiervorrichtungen sind für den Gemüseanbau in den seltensten Fällen notwendig, da alle Gemüse viel Licht wünschen. Frischgepflanzte Jungpflanzen können an heißen, sonnigen Tagen vorübergehend durch eine über das Gewächshaus gelegte Schattiermatte oder Schattiergewebe geschützt werden.

Eine billige Schattiermöglichkeit ist der Anstrich mit einer Mischung von Weizenmehl und Wasser. Der Regen wäscht diesen Anstrich dann nach und nach wieder ab, und die letzten Reste können vor dem Herbst mit heißem Wasser entfernt werden.

Besonders für den Gemüseanbau sind ausreichende Lüftungsmöglichkeiten äußerst wichtig, denn wir wollen unser Gemüse an sonnigen Tagen nicht schon im Gewächshaus »kochen«. Im Spätwinter und Frühjahr müssen starke Temperaturunterschiede zwischen Tag und Nacht mit Hilfe der Lüftung ausgeglichen werden, und im Hochsommer muß verhindert werden, daß die Temperatur über das pflanzenverträgliche Maß hinausklettert.

Wenigstens an 3 Seiten (Süd-, Ost- und Nordseite) sollten sich Lüftungsklappen oder Türen befinden.

Wer tagsüber nicht da ist, um die Lüftung zu regulieren, dem ist mit einer Lüftungsautomatik geholfen, ansonsten sind Lüftungsklappen mit verschiedenen Arretierungsstellungen ausreichend. Günstig ist außerdem, wenn die Türe breit genug ist, um mit einem Schubkarren hineinzufahren.

Die Temperatur von Kalthäusern mit Gemüseanbau sollte so geregelt werden, daß im Frühjahr bei Sonneneinstrahlung 22 °C und bei bedecktem Himmel 14 °C oder zumindest die Außentemperaturen nicht überschritten werden. Im Sommer sollte das Thermometer nicht über 33, besser 30 °C klettern. Im Herbst sollte so reguliert werden, daß an sonnigen Tagen 12 bis 14 °C und an bewölkten Tagen 5 bis 8 °C tagsüber gehalten werden. Nachts können die Temperaturen jeweils einige Grade tiefer liegen.

Wenn Gemüse und Kräuter direkt im Boden kultiviert werden, sind Stellagen, Tische und Regale nicht unbedingt notwendig, jedoch können Hängeregale an den Seitenwänden zusätzlichen Stellplatz für Kräuter in Töpfen oder Schalen mit Jungpflanzen bieten. Sie werden so angebracht, daß die Bodenbearbeitung dadurch nicht behindert wird, der Schattenwurf nicht zu groß ist (Himmelsrichtung beachten) und die Lüftungen noch betätigt werden können.

Zweckmäßigerweise legt man von der Tür zur gegenüberliegenden Seite einen Gang an, der mit Holzrosten, Betonplatten oder ähnlichem ausgelegt wird. Dadurch teilt man das Gewächshaus in 2 Hälften. Sind diese Hälften bei größeren Gewächshäusern zu breit zum Bearbeiten, legt man weitere Wege senkrecht zum Hauptweg an, so daß alle Pflanzen gut zugänglich sind. Die Wege werden am besten mit Holzrosten oder Platten ausgelegt.

Wer sich lästiges Bücken ersparen will oder aus gesundheitlichen Gründen ersparen muß, kann Gemüse und Kräuter auch auf Tischen in Gefäßen oder in Tischbeeten kultivieren.

Auch wenn ein Erdgewächshaus zum Gemüseanbau genutzt wird, sollte man auf Tischen kultivieren, damit die Pflanzen genügend Licht erhalten. In einem größeren Gewächshaus lohnt sich das Aufstellen eines Arbeitstisches sowie die Anlage eines beheizten Vermehrungsbeetes zur Jungpflanzenanzucht.

Wer während der lichtarmen Jahreszeit im temperierten oder Warmhaus Kräuter und Blattgemüse kultivieren möchte, sollte eine Zusatzbelichtung installieren, um Qualitätseinbußen sowie Nitratanreicherungen aufgrund von Lichtmangel zu vermeiden.

Boden und Substrate

Für den Gemüse- und Kräuteranbau sollte der Gewächshausboden tiefgründig fruchtbar sein und einen pH-Wert von 6 bis 7 haben. Optimal ist ein sandiger Lehmboden mit einem hohen Humusanteil. Er vereinigt ein hohes Luft-, Wasser- und Nährstoffspeichervermögen (siehe auch Seite 110 ff.).

Der Boden soll nicht fein, sondern krümelig sein, daher ist auch davon abzuraten, den Boden zu sieben. Die stabile, krümelige Struktur erleichtert einerseits dem Gärtner das Bearbeiten und den Pflanzen das Durchwurzeln. Folgende Nährstoffgehalte des Bodens sind anzustreben: 15 bis 25 mg Phosphat (P_2O_5), 15 bis 25 mg Kalium (K_2O) und 10 bis 15 mg Magnesium (Mg) jeweils in 100 g trockenem Boden. Bei diesen Werten sind die Pflanzen gut mit Nährstoffen versorgt. Eine Erhöhung der Werte bringt keinen Ertrags- oder Qualitätszuwachs, sondern eher -einbußen. Eine Bodenanalyse, die man am besten alle 4 bis 5 Jahre bei einem Untersuchungslabor wiederholen läßt, gibt Auskunft über die aktuelle Bodenbeschaffenheit und die Nährstoffgehalte und auf Wunsch wird auch eine Düngeempfehlung mitgeliefert.

Wie im Garten muß auch im Kleingewächshaus das Bodenleben und damit die Bodenfruchtbarkeit gefördert werden. Zum Einbringen von organischer Substanz zur Anregung des Bodenlebens eignen sich vor allem die Gründüngung, das Ausbringen von Gartenkompost (möglichst frei von Unkrautsamen) und das Einarbeiten von Ernterückständen.

Der Boden wird im zeitigen Frühjahr vor Beginn der ersten Kultur vorbereitet. Zunächst wird er gelockert. Dann werden, sofern die Bodenanalyse normale Gehalte an Phosphat und Kalium ergab, 5 bis 10 l Gartenkompost (bei Verwendung von abgelagertem Stallmist maximal 5 l) pro m^2 in die oberste Bodenschicht eingearbeitet, und der Boden mit dem Rechen eingeebnet. Diese Kompostmenge ist für das ganze Jahr ausreichend. Für das Freiland werden inzwischen von Fachleuten noch geringere Mengen empfohlen, jedoch wird das Gewächshaus intensiver genutzt.

Früher wurde das jährliche Durchspülen des Gewächshausbodens mit 150 l Wasser pro m^2 empfohlen, um Düngerreste aus dem Boden (ins Grundwasser) auszuwaschen. Heute empfehlen wir eine bedarfsgerechte Düngung nach Maß und die Bodenbedeckung durch Mulch oder Grüneinsaaten. Wir sparen damit Wasser, verschlämmen den Boden nicht und entlasten die Umwelt.

Im Kleingewächshaus wird meist die »bodenständige« Gemüsekultur bevorzugt, solange nicht bodenbürtige Krank-

Gemüse kann auch in Säcken oder Behältern mit Substrat kultiviert werden.

heiten zum Ausweichen in Gefäß- oder Sackkultur zwingen. Ein entscheidender Vorteil des Bodens gegenüber den relativ kleinen Substratmengen in Gefäßen ist seine Pufferwirkung bei Kulturfehlern wie Nährstoff- und Wasserüber- bzw. -unterversorgung.

Bei fachgerechter Düngung und angepaßter Bewässerung ist aber genauso eine Kultur in Behältern mit einem Substrat möglich. Tomaten, Gurken, Auberginen und andere Gemüse wachsen auch prächtig in Kübeln, Körben, Kisten oder Plastiksäcken, die mit Pflanzerde befüllt sind, vorausgesetzt die Wasser- und Nährstoffversorgung stimmt. Als Pflanzerde eignen sich Einheitserde, Rindenkultursubstrate u. ä. oder selbsthergestellte Erdmischungen (siehe Seite 118). Die Kultur in Säcken und Kisten ist vorzuziehen, wenn bodenbürtige Krankheiten im Vorjahr aufgetreten sind oder um eine einseitige Fruchtfolge zu durchbrechen.

Auch Kräuter können entweder im Boden oder in Behältern (Töpfe) angebaut werden. Substrate für die Topfkultur müssen von feiner, krümeliger Struktur und guter Qualität sein. Wird direkt in den Endtopf gesät, wird wie bei der Jungpflanzenanzucht ein Substrat mit geringem Nährstoffgehalt verwendet (siehe Seite 118), ansonsten eignen sich zur Pflanzung Einheitserde, Rindenkultursubstrate u.ä. sowie selbsthergestellte Mischungen.

Die Töpfe können in den Boden eingesenkt, oberirdisch auf Beete oder in Regalen aufgestellt werden. Der Vorteil der Topfkultur liegt darin, daß man je ein erntefähiges Töpfchen mit in die Küche nehmen und dort für den täglichen Bedarf auf die Fensterbank stellen kann. Ist es verbraucht, wird es gegen ein frisches ausgetauscht.

Düngung nach Maß

Wer gesunde Pflanzen haben und gute Ernten erzielen will, der muß dafür sorgen, daß seine Pflanzen richtig ernährt, aber nicht überdüngt sind. Nach Möglichkeit sollte organischen Düngern der Vorzug gegeben werden, da diese auch das Bodenleben anregen und den Kohlendioxidnachschub aus dem Boden fördern. Dabei muß beachtet werden, daß organische Dünger erst aufgeschlossen werden müssen und daher langsamer wirken. Sie werden bereits zu Kulturbeginn gegeben. Gartenkompost, abgelagerter Stallmist und Rindenhumus sind nicht nur Bodenverbesserungsmittel, sondern wirken auch als organische Düngemittel.

Schlagzeilen über nitratbelastete Gemüse verunsichern Verbraucher, Hobbygärtner und Erwerbsgärtner in den letzten Jahren gleichermaßen. Nitrat (NO_3) ist eine wasserlösliche, mineralische Stickstoffverbindung und an sich von geringer Giftigkeit für den Menschen. Jede Pflanze nimmt Stickstoff hauptsächlich in Form von Nitrat und in geringerem Umfang auch als Ammonium auf. Auch organische Stickstoffverbindungen werden zum größten Teil zunächst im Boden in diese mineralische Form umgewandelt, bevor sie von der Pflanze aufgenommen werden. Nitrat dient der Pflanze zum Aufbau von Eiweißstoffen. Bei zu hohem Stickstoffangebot (Überdüngung) sowie bei zu wenig Licht in den Herbst- und Wintermonaten wird jedoch Nitrat in der Pflanze angereichert. Das angereicherte Nitrat kann zu Nitrit und im menschlichen Körper zu Nitrosaminen, die im Verdacht stehen Krebs auszulösen, umgewandelt werden.

Überdüngt werden kann sowohl durch organische als auch mineralische Dünger. Eine Düngung nach Maß und in Maßen sollte daher sowohl bei organischer als auch mineralischer Düngung das Ziel sein.

Schneller als die organischen wirken mineralische Dünger. Besonders in flüssiger Form eignen sie sich zur gezielten Behebung eines akuten Mangels.

Wie dünge ich fachgerecht

Versorgungszustand des Bodens	Düngung
gut (Phosphat und Kaliumgehalt 15–25 mg/100 g Boden)	Jährliche Gaben von 5 bis 10 l Gartenkompost, Rindenhumus oder 5 l abgelagertem Stallmist, ev. 15 g Kalium/m² (entspricht 50 g Kalimagnesia/m²), Stickstoffdüngung lt. Tabelle »Stickstoffdüngung von Gemüsen«, Spalte I.
zu hoch I (Phosphat- und Kaliumgehalt über 25 mg/100 g Boden)	phosphat- und kalihaltige Dünger meiden, daher auch keine Kompost- oder Mistgaben, nur Stickstoff muß den Pflanzen zur Verfügung gestellt werden. Stickstoffdüngung bei Schwachzehrern 5–10 g Stickstoff/m² (entspricht einer Menge von etwa 50 g Hornmehl/m²), bei Pflanzen mit mittlerem Bedarf 10 bis 15 g Stickstoff/m² (entspricht einer Menge von etwa 100 g Hornmehl/m²) und bei Starkzehrern 15–20 g Stickstoff/m² (entspricht etwa 150 g Hornmehl/m²)
zu hoch II (Phosphatgehalt über 25 mg/100 g Boden, Kalium zwischen 15 und 25 mg/100 g Boden)	30 g Kali/m² jährlich ergänzen (entspricht etwa 100 g Kalimagnesia/m²), Stickstoffdüngung lt. Tabelle »Stickstoffdüngung von Gemüsen«, Spalte II.
zu niedrig (Phosphat- und Kaliumgehalt unter 15 mg/100 g Boden)	jährliche Gaben von 5 bis 10 l Gartenkompost, Rindenhumus oder 5 l kompostiertem Stallmist, Schwachzehrer benötigen keine zusätzliche Stickstoffdüngung, da auch Kompost, Rindenhumus und Stallmist Stickstoff enthalten. Gemüsepflanzen mit mittlerem Stickstoffbedarf erhalten zusätzlich 5–10 g Stickstoff/m² (z. B. 50 g Hornmehl/m²), Starkzehrer erhalten zusätzlich 10–15 g Stickstoff/m² (z. B. 100 g Hornmehl/m²), evtl. 4 g Phosphat (entspricht 13 g Knochenmehl oder 27 g Thomasphosphat) und 30 g Kali (entspricht 100 g Kalimagnesia) pro m².

Der Boden enthält bereits einen Teil der Nährstoffe, die die Pflanzen zum Wachsen und Gedeihen benötigen. Über die jeweilige Menge gibt die Bodenanalyse Auskunft. Im vorherigen Kapitel wurde bereits angesprochen, welche Phosphat-, Kalium- und Magnesiumwerte der Boden für den Gemüseanbau haben soll (siehe Seite 157). Der Gehalt an pflanzenverfügbarem Stickstoff wird bei diesen »Standarduntersuchungen« nicht gemessen, da er sich sehr schnell ändern kann. Ein großer Teil des im Boden vorhandenen Stickstoffes liegt in Form von organischen Verbindungen vor. Nach und nach werden die organischen Verbindungen durch das Bodenleben »geknackt« und in pflanzenverfügbaren, mineralischen Stickstoff umgewandelt. Da die Umwandlung

Stickstoffdüngung von Gemüsen

Stickstoffbedarf	Pflanzen	I. Düngung bei Kompostgabe	II. Düngung ohne Kompostversorgung
niedrig	Erbsen, Feldsalat, Radieschen, Chicoree, Beifuß, Borretsch, Dill, Gartenkresse, Kerbel, Kümmel, Löffelkraut, Majoran, Oregano, Portulak, Thymian, Waldmeister, Weinraute, Wermut, Winterportulak, Ysop	keine	5–10 g/m^2
mittel	Busch- und Stangenbohnen, Möhren, Gurken, Kohlrabi, Mangold, Salat, Rettich, Spargel, Paprika, Rote Rübe, Spinat, Schwarzwurzel, Tomate, Zwiebel, Basilikum, Bohnenkraut, Brunnenkresse, Estragon, Fenchel, Pastinak, Petersilie, Pimpinelle, Rosmarin, Salbei, Schnittlauch, Schnittknoblauch	5–10 g/m^2	10–15 g/m^2
hoch	alle Kohlarten, Kürbis, Porree	10–15 g/m^2	15–20 g/m^2

temperaturabhängig ist, kann bei warmer Witterung plötzlich viel Stickstoff verfügbar werden, während er bei kühler Witterung festliegt.

In Untersuchungen wurde festgestellt, daß besonders die Gemüsegärten oft mit Phosphat und Kalium überversorgt sind. Das liegt meist daran, daß jahrelang Kompost und Stallmist in großen Mengen konzentriert im Gemüsegarten ausgebracht wurden. Zu hohe Nährstoff- und als Folge davon auch Salzgehalte bewirken aber eher Qualitätseinbußen.

Die Tabelle gibt Auskunft über die fachgerechte Düngung, wenn der Versorgungszustand aufgrund einer Bodenuntersuchung bekannt ist.

Ist der Boden normal bis gut versorgt und liegen die Phosphat- und Kaliumwerte im angestrebten Bereich jeweils zwischen 15 und 25 mg pro 100 g Boden, können pro Jahr 5 bis 10 l Gartenkompost (oder maximal 5 l abgelagerter Rindermist pro m^2) verabreicht werden. Diese Menge deckt den Bedarf der Kulturpflanzen an Phosphor ab. Etwas Kalium kann beispielsweise als Kalimagnesia nachgedüngt werden. Da Gartenkompost außerdem bereits Stickstoff enthält, kann die zusätzliche Stickstoffdüngung bei regelmäßiger Kompostanwendung kleiner ausfallen bzw. bei Gemüsen mit niedrigem Stickstoffbedarf ganz weggelassen werden (siehe Tabelle).

Sind die Werte von Phosphat und Kalium über 25 mg pro 100 g Boden, wie das in Böden, die jahrelang mit ungeeigneten Volldüngern und großen

Gebräuchliche Dünger für den Gemüseanbau im Gewächshaus

Nährstoff	Düngemittel	Nährstoffgehalt	Bemerkung
Stickstoff	Ammonsulfatsalpeter	25 %	mineralisch
	Kalkammonsalpeter	27 %	mineralisch
	Hornspäne/Hornmehl	10–14 %	organisch
Phosphat	Superphosphat	18 %	mineralisch
	Thomasphosphat	15 %	mineralisch
	Knochenmehl	20–30 %	organisch
Kalium	Kalimagnesia = Patentkali	30 %	mineralisch
	Kalisulfat	50 %	mineralisch
Stickstoff/ Kalium	Nitroka	20 % Stickstoff 20 % Kalium	mineralisch
	Nitrophoska plus	12 % Stickstoff 16 % Kalium 6 % Magnesium	mineralisch
feste Volldünger	Hornoska	7 % Stickstoff 4 % Phosphat 8 % Kalium	organisch-mineralisch, günstiges Nährstoffverhältnis
	Hornoska spezial	8 % Stickstoff 7 % Phosphat 10 % Kalium	organisch-mineralisch
	Engelharts-Stipka	7 % Stickstoff 4 % Phosphat 8 % Kalium	organisch-mineralisch, günstiges Nährstoffverhältnis
	»Blaukorn« Nitrophoska blau spez.	12 % Stickstoff 12 % Phosphat 17 % Kalium	mineralisch, der hohe Phosphatgehalt ist in der Regel ungünstig
	Nitrophoska-Perfekt	15 % Stickstoff 5 % Phosphat 20 % Kalium	mineralisch, günstiges Nährstoffverhältnis
flüssige und wasserlösliche Volldünger	Wuxal	12 % Stickstoff 4 % Phosphat 6 % Kalium	mineralisch
	Hakaphos blau	15 % Stickstoff 11 % Phosphat 15 % Kalium	mineralisch
	Mairol	14 % Stickstoff 12 % Phosphat 14 % Kalium	mineralisch

Mengen Stallmist gedüngt wurden, der Fall ist, wird weder Gartenkompost, Rindenhumus, kompostierter Mist noch ein Volldünger gegeben. Lediglich Stickstoff wird entsprechend dem Entzug des jeweiligen Gemüses mit einem Stickstoffdünger verabreicht. Damit der Boden außer den Wurzelresten noch anderes organisches Material erhält, kann nach der Hauptkultur eine Gründüngung eingesät werden.

Ist nur der Phosphatwert zu hoch, Kalium aber im Normalbereich, wird Stickstoff und 30 g Kalium pro m^2 in Form von Einzelnährstoffdünger gegeben.

Auf Gartenkompost, Rindenhumus und kompostierten Stallmist sollte auch in diesem Fall für einige Zeit verzichtet werden. Zwar gibt es auch einen kombinierten Stickstoffkalidünger (Nitroka). Will man jedoch den Kalibedarf mit diesem Dünger vollständig decken, wird die Stickstoffgabe unter Umständen viel zu hoch. Eine Möglichkeit ist, den Stickstoffbedarf mit Nitroka zu decken und den restlichen Kalibedarf mit Kalimagnesia.

Liegt der Gehalt an Phosphat und Kalium unter 15 mg/100 g Boden, werden 5 bis 10 l Gartenkompost oder Rindenhumus, oder 5 l abgelagerter Stallmist pro m^2 ausgebracht. Zusätzlich werden 4 g Phosphat pro m^2 (das entspricht einer Menge von 13 g Knochenmehl oder 27 g Thomasphosphat) und 30 g Kalium pro m^2 (das entspricht einer Menge von 100 g Kalimagnesia) verabreicht. Auch in diesem Fall wurde mit der Kompostgabe bereits ein Teil des Stickstoffbedarfs verabreicht und es muß nur die reduzierte Stickstoffmenge gedüngt werden. 5 g Stickstoff entsprechen einer Menge von 35 g Hornspäne oder Blutmehl oder einer Menge von 18 g Kalkammonsalpeter. 10 g Stickstoff entsprechen einer Menge von 70 g Hornspäne oder Blutmehl oder einer Menge von 36 g Kalkammonsalpeter.

Wer einen niedrigen Phosphat- und Kaliumgehalt im Boden hat und keinen Kompost verabreicht, kann die Nährstoffe über einen Volldünger beispielsweise Hornoska (7 % Stickstoff, 4 % Phosphor, 8 % Kali), einem organisch mineralischen Dünger, geben. Bei der Rechnung orientiert man sich am Stickstoffbedarf der Pflanzen. Zum Beispiel benötigt die Stangenbohne etwa 14 g Stickstoff pro m^2 während ihrer Kulturzeit. Hornoska enthält 7 % Stickstoff, d. h., in 100 g sind 7 g Stickstoff enthalten. Um 14 g Stickstoff pro m^2 zu düngen, müssen also 200 g Hornoska pro m^2 in kleinen Gaben während der Kultur gegeben werden.

Mit den Kompostgaben wird dem Gewächshausboden in der Regel auch ausreichend Kalk zugeführt. Untersuchungen haben gezeigt, daß in den Gemüsegärten der pH-Wert des Bodens häufig eher zu hoch ist. Wenn der pH-Wert im Gewächshaus unter 6 bis 6,5 liegt, kann mit Kohlensaurem Kalk oder Kohlensaurem Magnesiumkalk gedüngt werden.

Eine Gründüngung ist in vielen Fällen zu empfehlen. Für nähere Angaben siehe Seite 112 f.). Bei den Düngeempfehlungen zum Anbau der einzelnen Gemüsekulturen wird in diesem Buch immer von normalversorgten Böden ausgegangen.

Die Bewässerung

Wer »von Hand« gießt, verwendet eine Gießkanne oder den Gartenschlauch. Die meisten Gemüsearten werden mit einem Brauseaufsatz gegossen. Salatpflanzen, die schon mit der Kopfbildung begonnen haben, werden ohne Brauseaufsatz vorsichtig zwischen die Reihen bewässert. Dadurch bleiben die Pflanzen trocken und Pilzkrankheiten fehlt der Angriffspunkt.

Das Wasser soll in jedem Fall weich aus der Gießöffnung treten, damit die Erde nicht verschlämmt oder die Wur-

Bei Kopfsalat und verwandten Salaten wird zwischen die Reihen und nicht über die Pflanzen gegossen.

zeln freigespült werden. Wo es sich vermeiden läßt, werden die Blätter der Pflanzen nicht benetzt. Das läßt sich zwar bei breitwürfig gesätem Feldsalat nicht verhindern, jedoch sehr gut bei Tomaten, Gurken und Paprika.

Im Gemüsebau wird selten, aber dafür durchdringend gegossen. Eine Ausnahme sind sehr sandige Böden. Sie müssen häufiger mit geringerer Wassermenge bewässert werden. Der Wasserstrahl wird während des Gießens bewegt, damit sich keine Pfützen bilden, erst wo das Wasser durchgesickert ist, wird weiter gegossen. Bei großen Pflanzen mit weiten Pflanzabständen wie Tomaten, Gurken, Pepino, Auberginen und Bohnen muß nicht die gesamte Gewächshausfläche bewässert werden, sondern nur am Fuß der Pflanze. Das Wasser verteilt sich im Wurzelbereich in die Breite, Unkrautsamen an der Oberfläche fehlt das Wasser zum Keimen.

Durch gezieltes Gießen wird Wasser gespart und die Luftfeuchtigkeit gesenkt. Letzteres ist eine vorbeugende Maßnahme gegen Pilzkrankheiten. Ein Überbrausen zur »Erfrischung« der Pflanzen ist zwar eine weitverbreitete Hobbygärtnerpraxis, aber in der Regel nicht notwendig, sondern eher schädlich.

Der beste Zeitpunkt zum Gießen ist morgens, da das Wasser von der Pflanze hauptsächlich tagsüber benötigt wird. Außerdem trocknet die Pflanze tagsüber schneller ab, was wiederum das Ansiedeln von Pilzkrankheiten verhindert. An heißen Sommertagen wird wenn notwendig nochmals am Nachmittag bewässert. Alle unsere Gemüse vertragen Leitungswasser oder einen Verschnitt aus Leitungswasser mit Regenwasser.

Auch ein Gärtner möchte einmal in den Urlaub fahren. Wer aber gießt in dieser Zeit die Pflanzen? Eine automatische Bewässerungsanlage überbrückt nicht nur die Urlaubszeit oder ein verlängertes Wochenende, sie ist auch während der ganz »normalen« Gartensaison eine große Erleichterung und erspart mühsames Gießkannen- oder Schlauchschleppen. Da sowohl Urlaubszeit als auch großer Wasserbedarf in die Monate fallen, in denen die Hauptkulturen wie Tomaten, Gurken, Paprika und Auberginen im gemüsebaulich genutztem Gewächshaus stehen, sollte man sich die Anschaffung einer automatischen Tropfbewässerungsanlage überlegen. Entsprechende Systeme werden im Gartenfachhandel angeboten (siehe Seite 66 ff.).

Der Anbau im Verlauf des Gartenjahres

Sowohl im unbeheizten als auch im beheizten Kleingewächshaus sind mindestens 3 nacheinanderfolgende Gemüsekulturen möglich.

Die **Frühjahrskulturen** sind in der Hauptsache Kopfsalat, Eissalat, Schnittsalat, Kohlrabi, Rettich und Radieschen. Ihnen folgen die Sommerkulturen Tomaten, Gurken, Paprika, Peperoni, Auberginen, Bohnen, Pepino, Melonen, Andenbeere, Luffa und Okra. Die **Herbstkulturen** sind vor allem Feldsalat, Spinat, Endiviensalat, Radieschen, Gartenkresse, Löffelkraut, Salatrauke und Bremer Scherkohl.

Im unbeheizten Gewächshaus kann ab Ende Februar/Anfang März mit dem Anbau der Frühjahrskulturen begonnen werden. Damit nicht alle Salatköpfe oder Kohlrabi gleichzeitig erntereif sind, staffelt man die Pflanzungen. Der erste Satz der Gemüsearten wird beispielsweise Ende Februar gepflanzt, der zweite Satz 2 Wochen später Mitte März. Wer seine Jungpflanzen selber anzieht, muß also auch gestaffelt aussäen. Durch die satzweise Pflanzung erzielt man eine kontinuierlichere Ernte. Nach der Pflanzung wird gut angegossen und die Beete werden mit 1 bis 2 Lagen Vlies abgedeckt. Nach 2 bis 3 Wochen wird das Vlies entfernt, nur noch in sehr frostigen Nächten wird es wieder aufgelegt.

Im frostfrei beheizten Gewächshaus wird bereits Mitte Februar mit der Frühjahrspflanzung begonnen. Wer vorher beginnt, benötigt in der Regel eine Zusatzbelichtung, um eine gute Pflanzenqualität zu erzielen.

Die Sommerkulturen können gepflanzt werden, sobald die Tagestemperaturen für die Gemüse hoch genug und keine Nachtfröste im Gewächshaus mehr zu erwarten sind. Das ist im unbeheizten Gewächshaus meist Ende April/Anfang Mai erreicht. Zu diesem Zeitpunkt können Auberginen, Paprika, Peperoni und Tomaten gepflanzt werden. Mit der Gurkenpflanzung wartet man besser noch bis Mitte/Ende Mai, genauso auch mit Okra, Andenbeere und Pepino. In beheizten Gewächshäu-

Gemüseanbau im Kleingewächshaus.

sern kann je nach Temperatureinstellung schon früher begonnen werden.

Auf die Sommerkulturen folgen die Herbst- und Winterkulturen. Endiviensalat wird spätestens in der ersten Septemberwoche gepflanzt. Dazu ist eine Anzucht Ende Juli/Anfang August notwendig. Er kann bis Weihnachten geerntet werden, wenn er bei Frostgefahr einen Vliesschutz erhält. Feldsalat für die Herbst- und Winterkultur wird Mitte September bis Anfang Oktober ausgesät oder gepflanzt. Er kann im Winter an frostfreien Tagen geerntet werden. Spinat wird für die Herbsternte bereits Mitte August bis Mitte September gesät, für die Überwinterung im Gewächshaus Ende September.

Fruchtwechsel und Kulturfolge

Auch im Gewächshaus sollte darauf geachtet werden, daß die Gemüse nicht jedes Jahr an derselben Stelle stehen. Sowohl innerhalb eines Jahres (Kulturfolge) als auch von Jahr zu Jahr (Fruchtwechsel) wechselt man zwischen Gemüsen unterschiedlicher Familien, damit sich bodenbürtige Krankheiten und Schädlinge, die innerhalb einer Pflanzenfamilie auftreten, nicht ausbreiten können.

Besonders beim Anbau von Gemüsen aus den Familien der Kreuzblütler (Brassicaceae), Doldenblütler (Umbelliferae), Gänsefußgewächsen (Chenopodiaceae) und der Schmetterlingsblütler (Leguminosae) sollte auf Abwechslung geachtet werden. Auch die Gründüngung muß in Fruchtwechsel und Kulturfolge mit einbezogen werden. Da Raps und Senf wie viele Gemüse zu den Kreuzblütlern gehören, sollte auf sie als Gründüngung im Gemüseanbau lieber ganz verzichtet werden.

Eine Kulturfolge innerhalb eines Jahres unterteilt man in Vorfrucht, Hauptfrucht und Nachfrucht. Die Hauptfrucht ist die lange stehende Sommerkultur. Das sind in der Regel Auberginen, Gurken, Paprika, Tomaten, Melonen, Peperoni und Bohnen. Als Vor- und Nachfrucht eignen sich Frühjahrs- und Herbstgemüse, wie beispielsweise Rettich, Kohlrabi, Salat und andere.

Damit die Hauptkulturen nicht jedes Jahr auf dem gleichen Fleck stehen, wird das Gewächshaus am besten in mehrere Parzellen unterteilt, über die man die Hauptkulturen von Jahr zu Jahr »wandern« läßt.

Damit die Hauptkulturen nicht immer am selben Platz stehen »wandern« sie jedes Jahr eine Parzelle weiter.

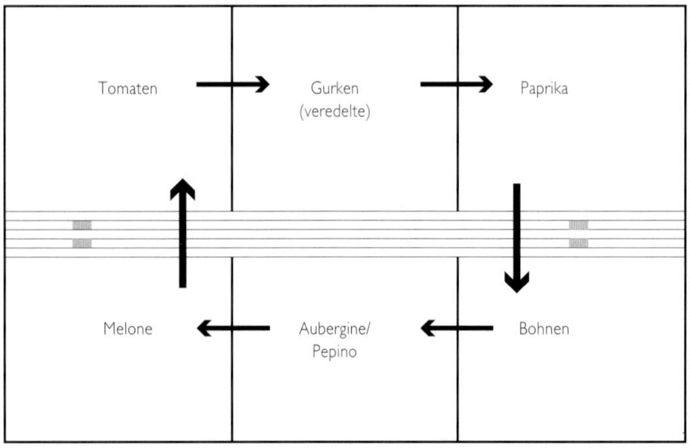

Wintereinschlag von Gemüse im Gewächshaus

Die Haltbarkeit von Gemüse ist von den Lagerbedingungen abhängig. Alle Gemüse, die für einen Wintereinschlag in Frage kommen, wie beispielsweise Endivie, Wirsing, Blumenkohl, Weißkraut, Porree, Sellerie und Möhren, benötigen tiefe Temperaturen knapp über dem Gefrierpunkt und eine hohe Luftfeuchtigkeit von am besten 90 bis 95 % im Bereich des Lagergutes. Für das Einschlagen eignen sich jeweils die späten Sorten. Das Lagergemüse sollte gesund und unverletzt sowie zum Erntezeitpunkt reif, aber nicht überreif sein. Geerntet wird an einem trockenen Tag. Nur die groben Verschmutzungen werden mit einer Bürste entfernt, das Gemüse wird vor der Einlagerung nicht gewaschen.

Die Familienzugehörigkeit der Gewächshausgemüse und -kräuter sowie Gründüngungspflanzen

Kreuzblütler
(Brassicaceae)

Kohlrabi
Rettich
Radieschen
Stielmus
Gartenkresse
Brunnenkresse
Löffelkraut
Raps
Senf
Ölrettich
Pak Choi

Schmetterlingsblütler
(Leguminosae)

Bohne
Klee
Bitterlupine
Winterwicke
Luzerne
Ackerbohne

Lippenblütler
(Labiatae)

Basilikum
Bohnenkraut
Majoran
Thymian
Salbei

Malvengewächse
(Malvaceae)

Okra

Gänsefußgewächse
(Chenopodiaceae)

Spinat
Gartenmelde

Korbblütler
(Compositae)

Kopfsalat
Schnittsalat
Endiviensalat
Ringelblume
Sonnenblume
Estragon, Löwenzahn

Liliengewächse
(Liliaceae)

Speisezwiebel
Knoblauch
Schnittlauch
Porree

Nachtschattengewächse
(Solanaceae)

Tomate
Paprika, Peperoni
Aubergine
Pepino
Andenbeere

Portulakgewächse
(Portulacaceae)

Portulak
Winterportulak

Doldenblütler
(Umbelliferae)

Kerbel, Dill, Anis
Petersilie, Sellerie

Wasserblattgewächse
(Hydrophyllaceae)

Phacelia

Knöterichgewächse
(Polygonaceae)

Buchweizen

Kürbisgewächse
(Cucurbitaceae)

Gurke
Melone
Zucchini
Kürbis

Baldriangewächse
(Valerianaceae)

Feldsalat

Echte Gräser
(Gramineae)

Mais, Dinkel, Roggen,
Hafer, Gerste, Weizen,
Weidelgras

Ein unbeheiztes Kalthaus kann zum Wintereinschlag von Gemüse genutzt werden. Für den Einschlag wird der Boden 60 bis 70 cm tief ausgehoben. In diese Grube wird das Gemüse nebeneinander eingestellt und die Zwischenräume werden mit Erde und Sand gefüllt. Obenauf wird eine dicke Decke aus Stroh gebreitet. Wenn die Außentemperatur über dem Gefrierpunkt liegt, sollte gelüftet werden. Bei strengen Kälteperioden werden zusätzlich Strohmatten auf die Außenhaut des Gewächshauses gelegt.

Die Nutzung eines frostfrei heizbaren Kalthauses zur Lagerung im Winter erfordert etwas weniger Aufwand, denn das Gemüse muß nicht eingegraben werden. Das Lagergut wird in Kisten und Eimer geschichtet und die Zwischenräume mit Erde oder Sand ausgefüllt. Die Kisten werden zusätzlich mit einer Strohschicht abgedeckt.

Die Gewächshaustemperatur sollte möglichst zwischen 1 und 5 °C liegen. Bei zu hohen Temperaturen an sonnigen Herbst- und Wintertagen wird (außen) schattiert und gelüftet. Bei strengen Frösten wird frostfrei geheizt und das Gewächshaus mit außen aufgelegten Strohmatten isoliert.

Gemüsetreiberei

Einige Gemüse legen Speicherorgane an, aus denen sie am Naturstandort nach der Winterruhe wieder austreiben. Für das Ausbilden der Speicherorgane und den Neuaustrieb sind meist eine Kurztageinwirkung bei niedrigen Temperaturen (Herbst/Winter-Bedingungen) mit nachfolgender Wärmeeinwirkung verantwortlich. Aus Versuchen und Erfahrungen weiß man, daß nicht unbedingt der gesamte Winter als Ruhephase dienen muß, sondern daß diese Gemüse bereits nach Ablauf einer Mindestruhe treibfähig sind. Von da an können sie einer Wärmebehandlung unterzogen werden und liefern auch im Winter frisches Gemüse bzw. Gewürzkraut. Damit kontinuierlich den ganzen Winter hindurch geerntet werden kann, werden nicht alle Pflanzen auf einmal angetrieben, sondern nach und nach in Sätzen. Für die Treiberei sind besonders Schnittlauch, Petersilie, Chicoree und Kartoffeln geeignet.

Für die Treiberei vorgesehene **Schnittlauchballen** werden Ende Oktober/Anfang November ausgegraben und im Freien gelagert. Vorher werden altes Laub und abgestorbene Wurzelteile entfernt. Nach Bedarf werden nun jeweils einige Ballen einer Naßwärmebehandlung unterzogen, damit der Schnittlauch mit dem Austrieb beginnt. Dazu werden die Ballen 5 Stunden lang in 40 °C warmes Wasser gestellt. Die Temperatur sollte genau eingehalten werden. Bei niedrigeren Temperaturen ist die notwendige Einwirkzeit wesentlich länger, bei höheren Temperaturen kann es zu Schäden kommen. Nur die ersten Treibsätze müssen dieser Behandlung unterzogen werden. Hat einmal über längere Zeit Kälte auf die gelagerten Schnittlauchballen eingewirkt, kann auf die Warmwasserbehandlung verzichtet werden. Die Ballen werden nach der Behandlung im Gewächshaus, Wintergarten oder auf der Fensterbank aufgestellt. Man kann sie vorher topfen oder man schlägt sie in Erde ein. Die Treibtemperatur liegt am besten bei 20 °C. Nach 3 Wochen ist der Schnittlauch erntereif.

Chicoree wird aus Rüben getrieben. Um im Winter Rüben zur Verfügung zu haben, wird Chicoree zwischen dem 15. und 25. Mai ins Freiland ausgesät. Der Reihenabstand sollte 35 bis 40 cm betragen. In der Reihe wird auf 8 cm vereinzelt, damit die Rüben einen Durchmesser von 3 bis 7 cm bekommen. Von der Aussaat bis zur Ernte der Rüben dauert es 18 bis 20 Wochen.

Die Rüben samt Laub werden mit Hilfe einer Grabgabel ausgegraben und an einem schattigen, kühlen Platz auf einem Haufen gelagert. Rüben unter 3 und über 10 cm werden aussortiert. Optimal für die Lagerung der Rüben bis zur Treiberei sind 1 bis 3 °C. Als Treibgefäße eignen sich Kisten und Eimer, die 35 bis 40 cm hoch sind und unten Wasserabzugslöcher haben. Unten ins Gefäß wird eine 10 cm dicke Schicht aus Gartenerde gegeben. Dahinein werden die Rüben dicht an dicht gestellt, nachdem das Laub 3 bis 4 cm über der Rübenschulter abgeschnitten wurde. Darüber wird eine 3 cm dicke Erdschicht gestreut und mit einem scharfen Wasserstrahl eingeschwemmt. Die gefüllten Behälter werden ins Gewächshaus oder einen anderen zum Treiben geeigneten Raum gebracht und mit schwarzer Folie oder einem anderen lichtundurchlässigen Material abgedeckt. Die Chicoreesprosse sollen kein Licht erhalten, damit sie hell und mild werden. Die Treibtemperatur sollte zwischen 12 und 17 °C liegen, in der Anfangsphase eher bei 12 °C, später bei 17 °C. Die Chicoreetreiberei kann beispielsweise unter dem Tisch in einem temperierten Gewächshaus durchgeführt werden. Der Chicoree kann nach 5 bis 6 Wochen geerntet werden.

Für die **Petersilientreiberei** sind sowohl Wurzel- als auch Schnittpetersilie geeignet. Schnittpetersilie für die Treiberei wird bereits Anfang September gerodet, Wurzelpetersilie hingegen erst im November. Als treibwürdig gelten bei Wurzelpetersilie Wurzeln mit einem Schulterdurchmesser von 2 cm, bei Schnittpetersilie solche ab 3 mm. Die Wurzeln der Schnittpetersilie werden auf 6 bis 8 cm eingekürzt, nicht eingekürzt wird die Wurzelpetersilie. Das Laub wird etwa 3 cm über der Wurzel abgeschnitten. Für die Produktion frischen Petersiliengrüns während des Winters werden die Wurzeln nach der Rodung ins Gewächshausbeet oder in Töpfe (5 bis 6 Wurzeln je 12-cm-Topf) eingeschlagen. Die frühgerodete Schnittpetersilie hat bis zum Winter noch Zeit, Wurzeln zu bilden und »Kräfte zu sammeln«. 50 bis 60 Wurzeln können pro m^2 gepflanzt werden. Die Wurzelpetersilie dagegen hat bis zur Rodung im November genügend Reservestoffe für die Treiberei in ihrer Wurzel gespeichert, 160 bis 240 Wurzeln werden pro m^2 in Gräben dicht an dicht gestellt. Die Wurzelschulter sollte möglichst nicht mit Erde bedeckt werden. Die Wurzeln sind nach dem Einschlag gut einzuschlämmen. Die Treibtemperatur sollte zwischen 8 und 18 °C liegen. Die erste Ernte der Schnittpetersilie ist 12 bis 15 Wochen nach der Pflanzung möglich, Wurzelpetersilie kann bereits 4 bis 6 Wochen nach dem Einschlag geerntet werden.

Wurzelpetersilie kann im Winter getrieben werden.

Bei einem geringeren Erntebedarf wird jeweils eine entsprechend kleinere Fläche genutzt.

Zur Ernte von **Frühkartoffeln** wird entweder das Pflanzgut vorgekeimt und später in Gartenbeete gepflanzt oder man treibt die Kartoffeln bis zur Ernte im Container. Zum Vorkeimen werden die Kartoffelknollen flach nebeneinander in Holzkisten gelegt und diese in einem temperierten Gewächshaus bei 12 bis 15 °C aufgestellt. Man beginnt mit diesem Verfahren etwa 2 Wochen vor dem Legen, also etwa Ende März/Anfang April. Mitte April können die vorgetriebenen Kartoffeln im Freien gelegt werden, wobei sie mit einer etwa 10 cm starken Erdschicht abdeckt werden. Der Abstand in der Reihe sollte etwa 40 cm betragen, der Abstand von

Für eine frühe Kartoffelernte ist die Containerkultur sinnvoll.

Reihe zu Reihe etwa 70 cm. Mit einer Folien- oder Vliesauflage zu Anfang der Freilandkultur wird eine weitere Verfrühung erreicht und ein leichter Kälteschutz geboten.

Für die Containerkultur werden in der Regel schwarze Plastikkübel mit einem Wasserabzugsloch verwendet. Sie werden mit humoser Gartenerde oder Einheitserde zu 3 Vierteln befüllt. Pro Gefäß wird eine Kartoffel etwa 10 cm tief gelegt. Die so bepflanzten Container werden im Gewächshaus bei etwa 12 bis 15 °C aufgestellt. Sobald die Kartoffeltriebe ungefähr 10 cm über die Substratoberfläche reichen, wird Erde bis kurz unter dem Kübelrand aufgefüllt. Kartoffelpflanzen haben einen hohen Wasser- und Nährstoffbedarf. Zur Düngung eignen sich beispielsweise Hornoska oder Engelharts-Dünger, die man bereits bei der Pflanzung dem Substrat (50 bis 70 g pro Eimer) beimischen kann. Die Kübel werden ab Ende April/Anfang Mai zumindest tagsüber ins Freie gestellt. Nach etwa 10 bis 12 Wochen können die Kartoffeln gerodet und geerntet werden. Pro Kübel können etwa 2 kg Kartoffeln geerntet werden.

Von der Aussaat bis zur Ernte – Neue und altbewährte Gewächshausgemüse

Für den Gemüseanbau werden vorwiegend Kalthäuser genutzt. Bei den nachfolgenden Kulturbeschreibungen wird vor allem der Anbau unter diesen Bedingungen beschrieben.

Frühjahrs- und Herbstkulturen

Frühjahrs- und Herbstkulturen sind alle Blattgemüse oder Wurzelgemüse mit einer kurzen Kulturzeit.

Kohlrabi

Brassica oleracea var. *gongylodes*
Kreuzblütler, Cruciferae

Seit dem frühen Mittelalter ist der Kohlrabi in Europa bekannt und wird als Kochgemüse und zum Rohverzehr geschätzt. Vorwiegend wird die Sproßknolle verwertet, aber auch die Blätter weisen einen hohen Gehalt an Vitamin C, Rohfaser und anderen Wertstoffen auf und es empfiehlt sich daher, sie beim Kochen mitzuverwerten.

Die ersten und die letzten Kohlrabi des Jahres kommen aus dem Gewächshaus. Für den Frühjahrs- und Spätsommeranbau im Gewächshaus sind nicht alle Sorten geeignet, denn der Kohlrabi gehört zu den zweijährigen Pflanzen, d. h., er wächst im ersten Jahr vegetativ, bildet Blätter und eine Sproßknolle und geht im zweiten Jahr nach dem Winter in die Blütenbildung über, er schoßt. Die Blütenbildung wird durch längeres Einwirken von tiefen Temperaturen ausgelöst. Ein Problem des Früh- und Spätanbaus im unbeheizten Gewächshaus ist, daß auf die Pflanze tiefe Temperaturen einwirken. Der Kohlrabi »schließt daraus«, er komme bereits in seine zweite Lebensphase und beginnt zu schossen, was die Knolle unbrauchbar werden läßt. Die Saatgutzüchtung hat inzwischen spezielle Frühsorten hervorgebracht, die wesentlich schoßresistenter sind und sich für den Frühjahrs- und Spätsommeranbau im unbeheizten Gewächshaus eignen.

In den Sommermonaten kann Kohlrabi zwar auch direkt ausgesät werden, um aber im Gewächshaus den vorhandenen Platz möglichst gut auszunutzen, werden die Jungpflanzen auf kleinem Raum vorkultiviert und dann ausgepflanzt.

Jungpflanzenanzucht

Auf ungünstige Kulturbedingungen während der Jungpflanzenanzucht reagiert der Kohlrabi leicht mit Wachstumsstockungen, Holzigwerden und Schossen. Nur wer optimale Anzuchtbedingungen bieten und somit für zügiges Pflanzenwachstum sorgen kann, sollte seine Jungpflanzen selbst produzieren, ansonsten kauft man sie lieber beim Gärtner.

Die Anzucht für die frühe Kultur dauert 6 bis 7 Wochen. Für die Pflanzung Anfang März muß bereits Mitte bis Ende Januar ausgesät werden. Der Samen wird 1 cm tief abgelegt. Die optimale Keimtemperatur beträgt 18 bis 20 °C. Nach 10 bis 15 Tagen sind die Pflänzchen gekeimt und werden einzeln in 8-cm-Töpfe, Multitopfplatten o. ä. pikiert. Ab jetzt kann die Temperatur zwischen 15 und 20 °C liegen. Zusatzbelichtung ist bei der frühen Saat zu empfehlen, da dadurch das Wachstum beschleunigt und die Jungpflanzenqualität verbessert wird.

Der letzte Kohlrabisatz des Jahres wird Mitte August ins Gewächshaus gepflanzt. Dazu wird Mitte Juli ausgesät und vorkultiviert.

Boden, Pflanzung, Pflege

Von der Pflanzung bis zur Ernte dauert es je nach Jahreszeit 7 bis 8 Wochen. Ins unbeheizte Gewächshaus kann Anfang März gepflanzt werden, wobei die Pflanzen in den ersten Wochen durch 1 bis 2 Lagen Vlies vor zu tiefen Temperaturen geschützt werden, ins beheizte Gewächshaus pflanzt man bereits ab Mitte Februar. Kohlrabi wünscht einen guten, humosen Boden, verträgt aber auch einen etwas lehmigeren Boden. Der pH-Wert kann zwischen 5,6 und 7,2 liegen. Die Pflanzen dürfen nicht zu tief gesetzt werden, da dies die Knollenbildung stört. Die Pflanzweite sollte etwa 30 × 30 cm sein. Das entspricht 12 Pflanzen pro m^2. Der lockere Stand sorgt für eine gute

Eissalat und Kohlrabi Anfang April im unbeheizten Folienhaus.

Belüftung des Bestandes und beugt Pilzkrankheiten und dem Langwerden der Knollen vor. Nach dem Pflanzen wird zunächst gut angegossen und dann das Vlies aufgelegt.

Kohlrabi zählt zu den mittelstarkzehrenden Gemüsen. Wer vor der Pflanzung 5 bis 10 l Kompost pro m^2 ausgebracht hat, verabreicht noch 35 g Hornmehl bei der Pflanzung oder 18 g Kalkammonsalpeter jeweils pro m^2 etwa 2 Wochen nach der Pflanzung. Wer keinen Kompost hat, gibt mit der Pflanzung 140 g Hornoska oder Engelharts-Dünger pro m^2.

Ab der Knollenbildung muß auf eine gleichmäßige Wasserversorgung geachtet werden, da Kohlrabi ansonsten verstärkt zum Platzen neigen. Etwa 8 Wochen nach der Pflanzung ist der Kohlrabi erntereif.

Spätkohlrabi kann Anfang bis Mitte August ins unbeheizte Gewächshaus gepflanzt werden und wird im Oktober geerntet.

Kulturfehler, Krankheiten und Schädlinge

Umfallkrankheiten an Sämlingen und Jungpflanzen werden durch zu enge Saat, zu langes Stehen und zuviel Nässe gefördert.

Schossen kann durch falsche Sortenwahl, ungünstige Temperaturen während der Jungpflanzenanzucht und nach dem Auspflanzen sowie die Verwendung überständiger Jungpflanzen verursacht werden.

Zu langsames Wachstum wegen ungünstiger Kulturbedingungen, Wassermangel während der Wachstumsphase und zu langes Stehenlassen der ausgebildeten Knolle lassen die Kohlrabiknolle »holzig« werden.

Sortenbeispiele

– 'Rhein' (F_1-Hybride) ist ein weißer, für den Frühanbau und den Spätsommer geeigneter, schnellwachsender Kohlrabi.
– 'Blaro' ist eine blaue Kohlrabisorte, die sich durch Kälteresistenz und Schoßfestigkeit auszeichnet.
– 'Express Forcer' (F_1-Hybride) ist ein sehr früher, schoßfester, weißer Kohlrabi.
– 'Azur Star' ist ein früher, schoßfester, blauer Kohlrabi.

Rettich

Raphanus sativus var. *niger*
Kreuzblütler, Cruciferae

Rettich ist eine der ältesten Kulturpflanzen und stammt vermutlich aus Vorderasien. Verzehrt wird die Rübe, die sich aus der Wurzel und dem darüberliegenden Stengelabschnitt bildet. Bereits den Griechen und Römern war der Rettich als Gemüse bekannt. Ernährungsphysiologisch zeichnet er sich durch seinen relativ hohen Calciumgehalt und den Gehalt an ätherischen Ölen aus, einem Gemisch aus verschiedenen Senfölen u. a., die ihm seinen typischen Geschmack verleihen. Die Rettichrübe wird bei uns ausschließlich roh verzehrt. Dazu wird sie in feine Scheiben geschnitten und entweder nur gesalzen (der Bayer genießt sie so zum Bier) oder als Rettichsalat mit einer Essig-Ölmarinade zubereitet.

Rettichsaft wird seit langem als Volksheilmittel gegen Nieren-, Blasen-, Gallen- und Erkältungskrankheiten geschätzt.

Im Gewächshaus kann Rettich schon zeitig im Frühjahr angebaut werden, im frostfreien Gewächshaus ab Mitte Februar, im ungeheizten Gewächshaus ab Ende Februar/Anfang März. Rettich kann direkt ausgesät werden, wobei man je nach Sorte und Saatweite kleine Bündel- oder große Stückrettiche produziert.

Rettich läßt sich aber auch vorziehen und dann auspflanzen. Das Umpflanzen beeinflußt die Rübenform, statt spitz zulaufend wird sie dann walzenförmig. Pflanzrettiche sind die ersten Rettiche,

Jungpflanzenanzucht von Pflanzrettichen.

die im unbeheizten Gewächshaus zur Ernte kommen.

Daneben gibt es auch Sorten mit runder Rübe. Die Schale der Rettichknolle kann weiß, dunkelrosa oder schwarz sein, im Innern ist das »Fleisch« immer weiß.

Jungpflanzenanzucht für Pflanzrettich

Pflanzrettiche liefern die ersten Rettiche des Jahres. Sie können 7 bis 10 Tage eher geerntet werden als die direktgesäten Pflanzen. Für die Pflanzung eignen sich die Sorten 'Münchner weißer Treib und Setz' und 'Rex'. Für die Jungpflanzenanzucht ist auch die Fensterbank geeignet. Es wird in Töpfe mit Einheits- oder Aussaaterde gesät. Der Samen wird etwa 1 cm mit Erde bedeckt. Wenn der Samen gekeimt ist und der Abstand zwischen Wurzel und den Keimblättern etwa 5 bis 6 cm beträgt (hier sind »Langbeiner« erwünscht!), wird einzeln in Töpfe pikiert. Das ist etwa 12 bis 14 Tage nach der Aussaat. Dabei wird der Rettich ganz gerade bis zu den Keimblättern in das Substrat gesenkt und vorsichtig von der Seite angedrückt. Am besten verwendet man schlanke, hohe Töpfe.

Die jungen Pflanzen benötigen jetzt einen möglichst hellen und nicht zu warmen Platz. Nach weiteren 2 bis 3 Wochen sind die Pflanzen bereit zum Auspflanzen ins Gewächshaus. Die gesamte Anzucht dauert 4 bis 5 Wochen. Eine andere Möglichkeit ist, direkt in den Gewächshausboden zu pikieren. Dazu wird 2 Wochen vor dem Pflanztermin ausgesät.

Boden, Pflanzung, Pflege

Rettich wünscht einen lockeren Boden mit einem pH-Wert zwischen 5,6 und 7,0. Schwere Böden sind ungeeignet, da sie die Ausbildung einer schönen Rübenform verhindern und den Rettich »beinig« werden lassen. Frischer Stallmist und frische Kalkungen sind nicht zu empfehlen. Rettich hat einen mittleren Nährstoffbedarf. Wer das Beet mit 5 bis 10 l Kompost vorbereitet hat, gibt nur noch 35 g Hornmehl bei der Pflanzung oder 20 g Kalkammonsalpeter etwa 14 Tage nach der Pflanzung. Wer

Gepflanzter Rettich zeigt bereits Anfang April eine Knolle.

keinen Kompost hat, düngt mit 140 g/m² Hornoska oder Engelharts-Dünger. Eine Vliesauflage in den ersten Wochen nach der Pflanzung bringt eine frühere Ernte. Rettich wird zunächst sparsam gegossen, damit die Wurzelbildung angeregt wird. Ab der Rübenbildung wird er häufiger gegossen und man sorgt für eine gleichmäßige Wasserversorgung. Die »Schärfe« des Rettichs ist außer von der Sorte auch von der Wasserversorgung abhängig. Rettiche auf leichten, trockeneren Böden werden schärfer.

Direktsaat

Ins unbeheizte Gewächshaus kann ab Ende Februar/Anfang März gesät werden, ins beheizte bereits ab Mitte Februar.

Um kleine Bündelrettiche zu produzieren, wird der Samen im Abstand von etwa 20 × 10 bis 15 cm abgelegt. Für die Produktion von Stückrettichen wird im Abstand 20 bis 25 × 20 cm ausgesät. Die Saattiefe beträgt 1 cm.

Krankheiten und Schädlinge

Pilzkrankheiten wie Falscher Mehltau (Grauer Schimmelrasen auf der Blattunterseite) lassen sich durch lockere Standweite und häufiges Lüften vermeiden. Gegen Schneckenfraß können Bierfallen eingesenkt werden. Bei zu hoher Bodenfeuchtigkeit können sich Springschwänze und Zwergfüßler einstellen und an den Feinwurzeln knabbern, daher nicht zuviel gießen. Bei allen Kohlgewächsen ist es wichtig, eine weite Fruchtfolge einzuhalten, um die Verseuchung des Bodens mit Kohlhernie (Verdickungen an den Wurzeln) und anderen Kohlkrankheiten zu verhindern.

Sortenbeispiele

– 'Münchner weißer Treib und Setz' ist eine sehr frühe, weiße Rettichsorte, die sich besonders gut als Pflanzrettich eignet.
– 'Rex' ist eine schnellwüchsige, weiße Rettichsorte, die sich auch zum Anbau als früher Pflanzrettich eignet.
– 'Ostergruß' ist ein leuchtend dunkelrosa gefärbter Rettich, der als Bundrettich angebaut wird.
– 'Neckarruhm' (weiß oder rot) ist eine frühe Sorte, die sich für den Anbau als Bund- und als Stückrettich (Direktsaat) eignet.

Radies(chen)

Raphanus sativus var. *sativus*
Kreuzblütler, Cruciferae

Das Radieschen ist ein beliebtes Gemüse zum Rohverzehr. Wegen seiner kurzen Kulturzeit und seiner relativen Anspruchslosigkeit ist sein Anbau auch für den Anfänger problemlos. Im Kleingewächshaus können Radieschen vom

Spätwinter bis in den Herbst angebaut werden, die richtige Sorte, genügend Licht und ausreichende Lüftung vorausgesetzt. Interessant ist aber besonders der Früh- und der Spätanbau, wenn es im Freiland noch oder schon zu kalt ist. In der Regel werden Radieschen direkt gesät. Aber auch eine Vorkultur mit nachfolgender Pflanzung ist möglich und bringt besonders schöne Knollen hervor.

Neben den beliebten runden Formen mit roter oder rotweißer Knollenfarbe, gibt es noch die 'Eiszapfen', die eine weiße, keilförmige, bis 10 cm lange Knolle ausbilden. Sie benötigen etwas mehr Platz (etwa 10 × 10 cm), haben aber ansonsten die gleichen Ansprüche wie andere frühe Radieschensorten.

Radieschen mit Vorkultur

Radieschen können auch auf der Fensterbank u.ä. vorkultiviert werden. Gesät wird in lockerem Abstand in Töpfe oder Schalen. Die optimale Keimtemperatur liegt bei 18 bis 22 °C. Sobald der Abstand zwischen Wurzel und Keimblätter 1 bis 2 cm beträgt, wird ins Gewächshausbeet im Abstand 8 × 6 cm pikiert. Nur die schnellsten und schönsten Sämlinge werden verwertet, damit dieser Mehraufwand auch mit den schönsten Knollen belohnt wird.

Direktsaat

Etwa ab Anfang März können Radieschen ins unbeheizte Gewächshaus gesät werden. Die Saattiefe beträgt 1 cm. Die Keimung beginnt bei Temperaturen über 3 °C. Der Abstand zwischen den Pflanzen soll nicht enger als 8 × 6 cm sein. Sommerradieschen erhalten sogar einen Abstand von 10 × 10 cm. Also müssen die Pflanzen entweder nach dem Auflaufen vereinzelt werden oder man stupft. Unter Stupfen versteht man die Einzelablage der Saatkörner im gewünschten Endabstand. Ein engerer Abstand geht immer auf Kosten der Knollenqualität.

Der letzte Termin für die Aussaat im unbeheizten Gewächshaus ist der 20. September. Im geheizten Gewächshaus kann bis zum 10. Oktober ausgesät werden. Die Zeit von der Aussaat bis zur Ernte beträgt je nach Jahreszeit und Temperatur 5 bis 10 Wochen.

Ansprüche an Boden, Düngung und Pflege

Radies mögen einen lockeren, durchlässigen, humosen Boden mit einem pH-Wert von 5,6 bis 7. Sie gehören zu den Kulturen mit niedrigem Nährstoffbedarf. Wurde der Boden mit Kompost versorgt, muß überhaupt nicht zuätzlich gedüngt werden, ansonsten gibt man 70 g Hornoska oder Engelharts-Dünger pro m². Zur Ernteverfrühung und als Frostschutz werden die ersten und die letzten Sätze mit Vlies abgedeckt. Während der Kultur sorgt man für eine gleichmäßige, aber nicht zu hohe Bodenfeuchte.

Krankheiten und Schädlinge

Das Pelzigwerden der Knollen ist sortenabhängig, wird aber durch Hitze und Trockenheit gefördert. Kleine Löcher

Radies werden ab Anfang März ins unbeheizte Gewächshaus gesät oder vorkultiviert.

besonders an den Blättern der Jungpflanzen in den Monaten April bis August weisen auf einen Befall mit Erdflöhen hin. Sie treten besonders bei sehr trockenem Boden auf. Feuchthalten des Bodens vertreibt sie. Schnecken können mit Bierfallen bekämpft werden. Gegen die Kohlfliege, deren Larven die Pflanzen arg schädigen können, helfen Kulturschutznetze oder -vliese.

Sortenbeispiele

- 'Eiszapfen' ist ein Radieschen mit würziger, weißer, langgestreckter Knolle für den Frühanbau im Gewächshaus, unter Folie und im Freiland.
- 'Saxa Treib' ist eine Frühsorte mit roter, runder Knolle.
- 'Rota' ist eine Frühsorte mit roter, runder Knolle.
- 'Helro' ist eine rundes, rotes Radieschen, das bei Temperaturen über 6 °C im Gewächshaus ganzjährig angebaut werden kann.
- 'Sora' eignet sich für Frühjahrs- bis Herbstanbau und bringt rote, runde Knollen hervor.
- 'Parat' ist ein Sommerradieschen mit großer, roter Knolle.

Bremer Scherkohl.

Bremer Scherkohl

Brassica sp.
Kreuzblütler, Cruciferae

Dieses Gemüse ist eine norddeutsche Spezialität mit noch geringem Bekanntheitsgrad. Verwertet werden die ersten jungen Blätter und die Blattstiele. Sie ähneln denen von jungen Kohlrabipflanzen und haben einen leichten Kohlgeschmack. Die Zubereitungsmöglichkeiten sind wie bei Blattspinat, Wirsing oder Grünkohl. Sie können aber auch roh geschnitten und gemischten Salaten beigegeben werden. Im beheizten Gewächshaus kann Scherkohl ganzjährig angebaut werden. Er ist aber auch frostverträglich. Ins unbeheizte Gewächshaus sät man ihn von Februar bis Oktober. Wegen der kurzen Kulturzeit von 5 bis 7 Wochen eignet sich dieses Gemüse gut als »Lückenfüller«, sei es, wenn ein Beet kurzzeitig leer steht oder als Zwischensaat in eine langsam bestandsschließende Kultur. Gesät wird 1 bis 2 cm tief in normalen bis humosen Gartenboden, am besten in Reihen mit 10 bis 15 cm Abstand. Die Keimung dauert bei 15 bis 25 °C 8 bis 12 Tage. Wer seinen Boden mit Gartenkompost oder kompostiertem Stallmist versorgt hat, braucht gar nicht düngen, ansonsten werden 70 g Hornoska oder Engelharts-Dünger pro m^2 vor der Saat in die obersten 5 cm eingerecht.

Links:
Bei Stielmus werden die langen Blattstiele und die jungen Blätter verwendet.

Rechts:
Salatrauke.

Stielmus, Rübstiel

Brassica sp.
Kreuzblütler, Cruciferae

Stielmus ist ein bei uns noch wenig verbreitetes Gemüse. Verwertet werden vorwiegend die langen Blattstiele, je nach Geschmack auch die jungen Blätter. Das Gemüse wird kleingeschnitten, gedünstet und mit holländischer Soße o. ä. serviert. Im beheizten Gewächshaus kann es ganzjährig angebaut werden, im unbeheizten Gewächshaus eignet es sich zur Frühkultur ab Ende Februar. Gesät wird 1 cm tief. Die Keimung beginnt bei 3 °C. Die optimale Keimtemperatur bei späterem Anbau ist 18 bis 22 °C, nach dem Auflaufen wird auf tags 15 und nachts 10 °C abgesenkt. Die Keimdauer liegt bei 7 bis 18 Tagen. Zum Anbau geeignet ist jeder gute Gartenboden mit einem pH-Wert von 6 bis 7,3. Der Reihenabstand sollte 20 cm betragen, in der Reihe werden 80 Korn pro laufendem Meter ausgelegt. Bis zur Ernte dauert es im unbeheizten Gewächshaus bei Frühkultur etwa 2 Monate, ansonsten 5 bis 7 Wochen. Als Gemüse mit geringem Nährstoffbedarf muß Rübstiel bei Kompostversorgung des Bodens nicht zusätzlich gedüngt werden. Wer keinen Gartenkompost, kompostierten Stallmist o. ä. ausgebracht hat, gibt etwa 70 g Hornoska oder Engelharts-Dünger pro m^2.

Sorten

- 'Namenia' ist eine ertragreiche Sorte mit hellgelben Blattstielen, bei der auch die jungen, zarten Blätter mitgekocht werden können.
- 'Mairübstiel'.

Rauke, Salatrauke, Ruka

Eruca sativa
Kreuzblütler, Cruciferae

Die Salatrauke mit ihrem pikanten, nußartigen Geschmack erobert zur Zeit die Feinschmeckerlokale. Die jungen Blätter werden entweder als Salat für sich zubereitet oder Mischsalaten und Kräuterquark als würzende Beigabe dazugegeben. Ins unbeheizte Gewächshaus kann von Ende Februar bis Anfang Oktober ausgesät werden, im beheizten Gewächshaus ganzjährig. Der Samen wird etwa 1 cm tief in Reihen mit einem Abstand von 15 cm abgelegt. Je nach Jahreszeit kann bereits nach 3 bis 8 Wochen geerntet werden.

Winterportulak

Montia perfoliata
Portulakgewächse, Portulacaceae

Der Winterportulak, auch Quellkraut und Kuba-Spinat genannt, ist eine in Westeuropa vorkommene Wildpflanze, die aber auch angebaut werden kann. Verwertet werden die Blätter, die wie Spinat zubereitet werden können oder gemischte Salate bereichern. Winterportulak keimt bei Temperaturen zwischen 2 und 12 °C und eignet sich daher für den Anbau im Spätherbst, Winter und Frühjahr im Kleingewächshaus. Ausgesät wird in Reihen mit einem Abstand von 10 cm. In der Reihe sollte der Kornabstand 1 bis 1,5 cm betragen. Winterportulak kann auch in Töpfen herangezogen werden. Der Samen wird nur leicht bedeckt. Von der Aussaat bis zur Ernte dauert es je nach Temperatur etwa 60 bis 90 Tage. Winterportulak verträgt Temperaturen bis –15 °C. Die optimale Temperatur beträgt tagsüber 10 und nachts 6 °C. Für eine schnelle Anzucht mit Zusatzbelichtung kann es auch wärmer sein.

Winterportulak.

Kopfsalat, Eissalat

Lactuca sativa var. *capitata*
Korbblütler, Compositae

Der Kopfsalat ist eine alte Kulturpflanze des Mittelmeerraumes. Aus der stark bitterstoffhaltigen, nicht kopfbildenden Ursprungsform wurde der heutige, milde Kopfsalat mit seinem kompakten, fest zusammenhaltenden Kopf entwickelt. Die Sorte muß entsprechend der Jahreszeit gewählt werden.

Kopfsalat ist eine Langtagpflanze, die im Sommer unter Langtagbedingungen in die Blüte statt in die Kopfbildung geht. Der Anbauer bezeichnet diesen Vorgang als Schossen. Für den Sommeranbau werden daher spezielle Sommersorten verwendet, die tagneutral sind und auch unter Langtagbedingungen einen schönen Kopf bilden.

Eissalat, auch Krachsalat oder Eisbergsalat genannt, ist eine Kulturform des Kopfsalates. Seine Blätter sind fester, dicker und knackiger, sein Kopf meist größer und ergiebiger. Eissalat ist im Gegensatz zum Kopfsalat tagneutral und hitzebeständiger. Auch wenn die Pflanzen Erntereife erreicht haben, kann man sie noch etwas auf dem Beet stehen lassen, ohne daß sie gleich schossen, wie das beim Kopfsalat meist der Fall ist. Auch im zubereiteten Zustand ist er länger haltbar als Kopfsalat. Eissalat benötigt etwa 10 Tage länger bis zur Ernte als Kopfsalat, bildet dafür aber schöne, feste, schwere Köpfe aus.

Kopfsalat und Eissalat werden gerne als Frühkulturen ab Ende Februar/ Anfang März im unbeheizten Gewächshaus und ab Mitte Februar im beheizten Gewächshaus angebaut. Sie sind etwa 8 bis 10 Wochen nach der Pflanzung erntereif. Spätere Sätze baut man eher ins Freiland, um den Platz im Gewächshaus während des Sommers für wärmebedürftigere Gemüse zu nutzen. Der letzte Kopfsalatsatz für die Herbstnutzung des unbeheizten Gewächshauses muß bis Mitte September gepflanzt sein, Eissalat spätestens Anfang des Monats. Geerntet wird er im Oktober und November.

Jungpflanzenanzucht

Wer ein heizbares Gewächshaus, einen beheizten Wintergarten oder ein helles, ausgebautes Blumenfenster hat, kann seine Salatjungpflanzen selber heranziehen. Je nach Jahreszeit und Temperatur dauert die Jungpflanzenanzucht 4 bis fast 8 Wochen. Mit Zusatzbelichtung während der lichtarmen Jahreszeit kann sie um bis zu 2 Wochen verkürzt und die Qualität der Jungpflanzen verbessert werden. Für die Pflanzung Anfang März in ein unbeheiztes Haus wird bereits Mitte Januar ausgesät. Der Samen wird 1,5 cm hoch mit Erde bedeckt.

Viele Salatsorten reagieren auf gleichmäßige Temperaturen über 20 °C mit einer Keimhemmung. Die Aussaaten werden deshalb nach dem Angießen für 2 Tage an einen kühlen Platz mit Temperaturen zwischen 10 und 18 °C gestellt. Danach vertragen sie zur Keimung auch höhere Temperaturen, es reichen aber auch 15 bis 18 °C.

Nach dem Auflaufen werden die Pflänzchen in Töpfe mit 5 cm Durchmesser pikiert und bis zur Pflanzung hell, eventuell mit Zusatzbelichtung aufgestellt und nicht zu warm weiterkultiviert. Auch hier gilt, je weniger Licht, desto kühler müssen die Pflanzen kultiviert werden. Das verlangsamt zwar die Anzucht, dafür werden die Pflanzen aber kompakt und widerstandsfähig.

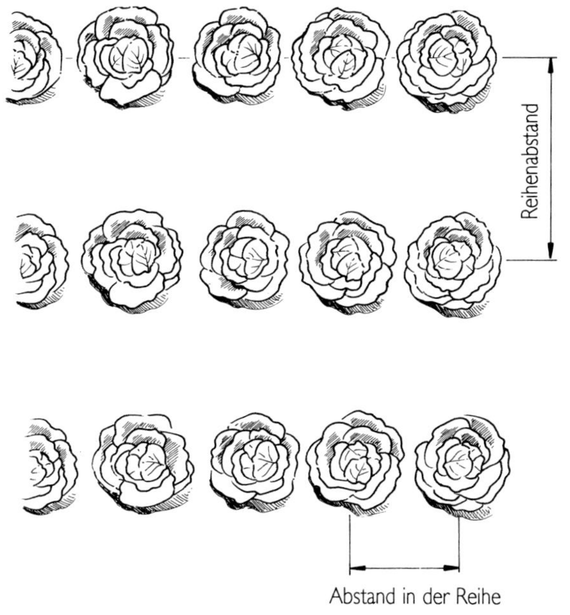

Pflanzabstände sind eine wichtige Angabe für die jeweiligen Arten und Sorten. Nur so können sich die Pflanzen optimal entwickeln.

Boden, Pflanzung, Pflege

Eine Salatjungpflanze sollte zum Zeitpunkt des Pflanzens etwa 5 Blätter haben, gedrungen gewachsen, frei von Krankheiten und Schädlingen sein und einen gut durchwurzelten Erdballen mit intakten Wurzeln haben. Normale und humose Gartenböden mit einem pH-Wert von 6,3 bis 7,2 sind für die Salatkultur geeignet. Vor der Pflanzung sollte kein frischer Stallmist ausgebracht werden. Kopfsalat hat einen mittleren Nährstoffbedarf, Eissalat einen etwas höheren. Wer seinen Boden mit Kompost versorgt hat, gibt nur noch etwa 35 g Hornmehl pro m². Wer keinen Kompost eingearbeitet hat, düngt mit etwa 140 g Hornoska oder Engelharts-Dünger. Kopfsalat darf nicht zu tief gesetzt werden, da er sonst

Rechte Seite oben: Blattbatavia-Salate 'Lollo Rossa' und 'Lollo Bionda' Anfang Mai im unbeheizten Gewächshaus.

Rechte Seite unten: Endivie.

leichter an Salatfäule erkrankt. Die Pflanzen werden nur bis zum Wurzelhals in die Erde eingesenkt.

Der Pflanzabstand sollte je nach Sorte zwischen 25 × 25 und 30 × 40 cm liegen. Der frisch gepflanzte Kopf- oder Eissalat wird angegossen und erhält bei der Frühpflanzung für die ersten 2 bis 3 Wochen eine Vliesabdeckung. Die Wasserversorgung sollte möglichst nicht über, sondern an die Pflanze erfolgen. Das gilt besonders nach der Kopfbildung. Lieber seltener, aber dafür durchdringender gießen, damit die Blätter möglichst selten benetzt werden müssen. Kopfsalat hat einen hohen Lichtbedarf, daher nicht schattieren.

Kulturfehler, Krankheiten und Schädlinge

Blattrandbrand kann durch zu hohe Salzkonzentrationen im Boden, zu niedrige Bodentemperatur, zu geringe Bodenfeuchte, zu hohe Raumtemperatur, Lichtmangel oder/und zu hohe und zu niedrige Luftfeuchte hervorgerufen werden. Sklerotiniafäule wird durch einen Pilz verursacht. Die Blätter welken von außen her, die unteren Blätter verfaulen und sind mit einem weißen Pilzrasen überzogen mit 1 mm großen, schwarzen Pünktchen (Sklerotien) darin. Kranke Pflanzen müssen vernichtet werden. Vorbeugend wirken eine weitgestellte Fruchtfolge, hohes Pflanzen, Verwendung von gesunden und kräftigen Jungpflanzen und das Trockenhalten der Pflanzen (möglichst wenig über die Pflanzen gießen).

Auch die Grauschimmelfäule wird durch einen Pilz verursacht. Die Pflanzen welken und faulen von den auf dem Boden aufliegenden Blättern her. Auf dem abgestorbenen Gewebe zeigt sich ein graubrauner stark stäubender Belag. Gegenmaßnahme: nicht zu eng und nicht zu tief pflanzen, siehe auch Sklerotiniafäule.

Falscher Mehltau zeigt sich blattoberseits durch gelbliche Flecken, auf der Blattunterseite findet man weißlichgraues Pilzmyzel. Trockenhalten der Blätter ist eine vorbeugende Maßnahme sowie der Anbau von mehltauresistenten Sorten.

Ein paar Blattläuse kann man am Kopfsalat tolerieren. Werden es mehr, spritzt man mit einem nützlingsschonenden Mittel (z. B. »Neudosan«).

Sortenbeispiele

– 'Plevanos' ist ein mehltauresistenter Kopfsalat für den Frühanbau im Gewächshaus und Frühbeetkasten.
– 'Larissa' ist eine mehltauresistente Kopfsalatsorte für den Früh- und Spätanbau im Gewächshaus.
– 'Imka' ist eine robuste, mehltauresistente Kopfsalatsorte für den Frühanbau im Gewächshaus und Frühbeetkasten.
– 'Saladin' ist ein mehltauresistenter Eissalat, der sich für den Frühanbau im Gewächshaus und Sommeranbau im Freiland eignet.
– 'Kellys' ist eine widerstandsfähige Eissalatsorte für den frühen und späten Anbau im Gewächshaus.

Blattsalat, Pflücksalat, Schnittsalat (Lattich), Krulsalat, Blattbatavia (»Lollo«)

Varietäten von *Lactuca sativa*
Korbblütler, Compositae

Die Eingruppierung von Salatsorten in Pflück-, Schnitt-, Blatt- und Krulsalat sowie Blattbatavia ist schon von den Saatgutzüchtern nicht ganz einheitlich. Allen in diesem Kapitel besprochenen Salaten der Art *Lactuca sativa* ist eines gemeinsam: sie bilden keinen festen zusammengeschlossenen Kopf wie der Eis- und Kopfsalat, sondern eine mehr oder weniger offene Blattrosette. Sie sind mit Eis- und Kopfsalat sehr eng verwandt und die Kultur ist die gleiche.

Krulsalat ist aus einer Kreuzung von Eichenlaubsalat und Kopfsalat entstanden. Die gekrausten Blätter sind kompakt beieinander. Die Sorte 'Krizet' ist ein grüner, mehltauresistenter Krulsalat, der sich gut für den Frühjahrsanbau im Gewächshaus eignet, im Sommer auch im Freiland angebaut werden kann. 'Raisa' ist ein roter, mehltauresistenter Krulsalat für den Frühjahrsanbau im Gewächshaus und den Sommeranbau im Freiland.

Beim Pflücksalat muß nicht die ganze Pflanze auf einmal geerntet werden, sondern die Blätter können nach Bedarf über einen längeren Zeitraum gepflückt werden. Die Pflanzen benötigen einen Abstand von 30 × 30 bis 30 × 35 cm. Pflücksalate sind beispielsweise die Eichenlaubsorten 'Salad Bowl' und 'Red Salad Bowl', die von Frühjahr bis Herbst angebaut werden können.

Schnittsalat wird in Reihen von etwa 12 cm Abstand eng gesät. Man benötigt etwa 3 g Saatgut pro m^2. Er kann nur einmal geschnitten werden, daher wird im Abstand von 1 bis 2 Wochen fortlaufend ausgesät. Wurde vor dem Anbau Kompost ausgebracht, benötigt dieser schnellwüchsige Salat keine zusätzliche Düngung. Bewährte Sorten sind 'Gelber Runder' und 'Krauser Gelber'.

Zu den Blattbatavia werden die Lollosorten 'Lollo/Bionda'(grün) und 'Lollo Rosso' (rot), teilweise auch 'Lollo Rossa' genannt, gezählt. Sie haben sehr stark gekrauste Blätter.

Endivie

Cichorium endiva
Korbblütler, Compositae

Die Endivie stammt aus dem östlichen Mittelmeerraum. Sie wird ähnlich dem Kopfsalat als Rohkost (Endiviensalat) verwendet. Ihr Geschmack ist jedoch bitterer, was durch Trockenhalten vor der Ernte noch verstärkt werden kann. Vermindert wird der bittere Geschmack der Endivie durch »Bleichen« vor der

Ernte und/oder warmem Überbrausen vor der Zubereitung. Die meisten der heutigen Sorten sind jedoch selbstbleichend mit zarten, milden Blättern im Rosetteninneren.

Die Endivie ist eine Langtagpflanze, die unter Langtagbedingungen in die Blüte geht. Im Gewächshaus wird sie vorwiegend als Spätkultur angebaut. Ins ungeheizte Gewächshaus wird Ende August, ins frostfrei gehaltene Gewächshaus spätestens Mitte September gepflanzt.

Bei den Endivien unterscheidet man die ganzblättrigen und die kraus- bzw. geschlitztblättrigen Varietäten, wobei den letzteren auch die Friseesorten mit ihren feingekrausten Blättern zugeordnet werden.

Jungpflanzenanzucht

Die Jungpflanzenanzucht dauert etwa 4 Wochen. Für den Anbau im ungeheizten Gewächshaus wird daher Ende Juli, für den Anbau im geheizten Gewächshaus Anfang August ausgesät. Für die Anzucht eignet sich ein freies Beet im Gewächshaus oder Frühbeetkasten. Der Samen wird breitwürfig oder in Reihen ausgebracht und 1,5 cm mit Erde bedeckt.

Boden, Pflanzung, Pflege

Die Endivie verträgt normale bis humose Gartenböden mit einem pH-Wert von 6,3 bis 7,0. Gepflanzt wird im Abstand 30 × 30 cm. Die Nährstoffansprüche sind wie bei Kopf- und Eissalat. Solange die Witterung noch warm und »wüchsig« ist, muß gut gewässert werden. Sinken die Temperaturen, darf der Boden nicht zu naß sein. Zum Herbst hin werden die Pflanzen mit einer Vliesauflage geschützt. Das »Bleichen« durch Lichtentzug während der letzten 8 Tage vor der Ernte läßt die inneren Blätter mild im Geschmack, zart und hell werden. Die meisten Sorten sind heutzutage selbstbleichend. Ansonsten werden die äußeren Blätter 8 Tage vor der Ernte so zusammengebunden, daß sie die inneren Blätter bedecken, oder es wird eine Bleichhaube aufgesetzt.

Sortenbeispiele

- 'Wallone' ist eine selbstbleichende Sorte im Friseetyp. Sie verträgt Temperaturen bis –3 °C.
- 'No 5- Stratego' ist eine selbstbleichende Sorte mit zarten, gewellten Blättern, die Temperaturen bis –4 °C verträgt.
- 'Bubikopf' ist eine selbstbleichende, ganzblättrige Sorte.

Feldsalat

Valerianella locusta
Baldriangewächse, Valerianaceae

Der Feldsalat, auch Rapunzel, Ackeroder Nüsslsalat genannt, ist wildwachsend in Europa weit verbreitet. Früher galt er sogar als lästiges Unkraut im Wintergetreide. Doch bereits seit dem Mittelalter wird er als vitaminreiches Blattgemüse geschätzt. Die Blattrosetten der kleinblättrigen Wildform wurden im Herbst und Winter gesammelt. Erst seit diesem Jahrhundert wird Feldsalat erwerbsmäßig gezielt angebaut. Ernährungsphysiologisch ist besonders sein hoher Vitamin-C- und Karotingehalt von Bedeutung.

Die meisten Feldsalatsorten sind bei uns winterhart (Ausnahme: 'Holländischer Breitblättriger'). Wegen seiner geringen Temperaturansprüche eignet sich Feldsalat hervorragend für die Herbst- und Winternutzung des ungeheizten und des frostfreien Gewächshauses. Zwar gedeiht er auch im Freien, im Gewächshaus kann er jedoch später gesät werden (Feldsalat keimt ab 5 °C aufwärts), die Kulturzeit im Gewächshaus ist kürzer, und es kann an frostfreien Tagen auch im Winter geerntet werden.

Bis vor ein paar Jahren wurde Feldsalat ausschließlich direkt ins Beet gesät. In letzter Zeit wird Feldsalat aber zunehmend vorkultiviert und dann ausgepflanzt. Das spart Platz während der Anzuchtphase, erleichtert das Hakken und vereinfacht die Ernte.

Jungpflanzenanzucht

Mit der Jungpflanzenanzucht muß 4 bis 5 Wochen vor der geplanten Pflanzung begonnen werden. Pro zu bepflanzendem m^2 werden jeweils 2 g Saatgut in eine Saatkiste mit den Maßen 35 × 45 cm gleichmäßig ausgesät und angedrückt. Der Samen wird 1 cm mit Erde bedeckt und angegossen. Die optimale Keimtemperatur beträgt 15 bis 20 °C. Nach dem Auflaufen kann die Temperatur abgesenkt werden.

Direktsaat

Feldsalat kann bis Ende September ins unbeheizte Gewächshaus und bis Mitte Oktober ins frostfreie Gewächshaus gesät werden. Es gibt 2 Möglichkeiten der Direktsaat: die Reihensaat und die breitwürfige Aussaat.

Bei der Reihensaat sollte der Reihenabstand 10 cm betragen und 100 Korn pro laufendem Meter abgelegt werden. Es werden also Rillen in einem Abstand von etwa 10 cm gezogen und die Samen mit 1 cm Abstand in die Rillen gelegt. Für die Aussaat kann auch eine Sämaschine verwendet werden. Anschließend werden dann werden die Rillen vorsichtig zugerecht, sodaß der Samen mit 1 bis 2 cm Erde bedeckt ist, und der Boden mit der Rückseite des Rechens gut angedrückt.

Bei der breitwürfigen Saat werden 2 g Saatgut pro m^2 ausgesät. Während der Keimphase muß der Boden immer gleichmäßig feucht gehalten werden, da sonst der Bestand lückenhaft wird.

Boden, Pflanzung, Pflege

Der Boden sollte zum Zeitpunkt der Saat oder der Pflanzung schon gut abgesetzt sein. Am besten wird das Beet bereits 1 Woche bis 10 Tage im voraus hergerichtet und auch gegossen. Diese Maßnahme bringt die Unkrautsamen zum Keimen. Sobald sie greifbar sind, werden die aufgelaufenen Unkräuter entfernt. Nun wird gesät oder gepflanzt, ohne den Boden nochmals umzuarbeiten, da sonst neue Unkrautsamen aus der Tiefe geholt werden würden.

Vor der Pflanzung markiert man zunächst die Pflanzstellen im Beet. Die Standweite sollte 10 × 10 cm betragen. Es werden tuffweise immer 8 bis 10 Pflänzchen pro Pflanzstelle gepflanzt. Dazu nimmt man jeweils 8 bis 10 beieinanderstehende Pflanzen aus der Saatschale und pflanzt sie zusammen an eine Pflanzstelle. Nach der Pflanzung wird dann durchdringend gewässert.

Im Verlauf der weiteren Kultur wird bei Bedarf gewässert. Das ist in der Regel nur während Schönwetterperioden der Fall. Wichtig ist es, möglichst viel zu lüften, da Feldsalat sonst von Pilzkrankheiten (Falscher Mehltau) befallen werden kann. 10 °C oder zumindest die Außentemperatur sollten im Gewächshaus nicht überschritten werden.

Da Feldsalat ein dichtes Wurzelwerk hat, kann er die Restnährstoffe der Vorkultur gut ausnutzen. Gerade während der lichtarmen Jahreszeit sollte man mit Nährstoffgaben vorsichtig sein, denn zu hohe Stickstoffgaben führen im Winter leicht zu hohen Nitratgehalten im Gemüse.

Wurden die Sommerkulturen gut versorgt, muß der Feldsalat überhaupt nicht gedüngt werden. Ansonsten gibt man zum Zeitpunkt der Pflanzung 60 g Hornoska oder Engelharts-Dünger pro m^2.

Frost schadet dem Feldsalat zwar in der Regel nicht, problematisch kann es aber im Spätwinter an sonnigen Dauerfrosttagen werden, wie man sie beispielsweise in Bayern häufig hat. Der Himmel ist klar, die Sonneneinstrahlung ist stark und erwärmt die oberirdischen

Gepflanzter Feldsalat erleichtert die Bodenbearbeitung und die Ernte.

Pflanzenteile so stark, daß sie auftauen und mit der Verdunstung beginnen. Die Wurzeln aber können aus dem noch gefrorenen Boden kein Wasser nachliefern. Die Folge sind Frosttrockenheitsschäden bis zum Absterben der Pflanzen. Schutz bietet eine Vliesauflage während solcher Perioden.

Geerntet wird Feldsalat, indem man ihn büschelweise unterhalb der Blattrosette abschneidet.

Sortenbeispiele

- 'Vit' ist eine bewährte, ertragreiche Sorte mit guter Widerstandsfähigkeit gegenüber Falschem Mehltau.
- 'Jade' ist eine schnellwachsende, widerstandsfähige Neuzüchtung mit aufrechtem Wuchs und daher leicht zu ernten.
- 'Verte de Cambrai' ist eine bewährte, raschwüchsige und widerstandsfähige Sorte.
- 'Toendra' ist eine ertragreiche Sorte für den Freiland- und Gewächshausanbau.
- 'Medaillon' ist eine neue, widerstandsfähige Sorte mit verbesserten Eigenschaften für den Freiland- und Gewächshausanbau.

Spinat

Spinacia oleracea
Gänsefußgewächse, Chenopodiaceae

Spinat ist eine aus dem Orient stammende Gemüseart. Sein hoher Gehalt an Provitamin A, Vitaminen der B-Gruppe, Vitamin C und Mineralstoffen machen ihn zu einem wichtigen Nahrungsmittel, auch wenn sein Eisengehalt nicht so extrem hoch ist, wie ihm einmal nachgesagt wurde.

Spinat kann als gedünstetes Gemüse, Suppe, Salat, Bestandteil von Pasteten, Reisgerichten und Nudelaufläufen verwendet werden.

Spinat ist eine Langtagpflanze und geht im Sommer in die Blütenbildung. Er wird daher erst ab August bis Mitte Mai angebaut. Außerhalb dieser Zeit muß man spezielle Sommersorten verwenden, die schoßfest sind. Spinat eignet sich zum Anbau im Freien, unter Vlies, im Frühbeet und im Gewächshaus. Im Gewächshaus wird er wie Feldsalat im Herbst als Nachkultur ausgesät oder im Spätwinter als Frühkultur angebaut. Für die Herbsternte wird im Gewächshaus Ende August/Anfang September ausgesät, für die Überwinterung Ende September. Ab Ende Januar kann mit dem Frühjahrsanbau begonnen werden, denn Spinat keimt bereits ab 2 °C. Am besten sät man in Reihen mit einem Abstand von 20 bis 25 cm. Zu enger Reihenabstand kann zum Befall mit Falschem Mehltau, einer Pilzkrankheit, führen. In der Reihe werden die Samen in 1 cm Abstand und 3 cm tief abgelegt.

Spinat hat einen etwas höheren Nährstoffbedarf als Feldsalat. Enthält der Boden noch genügend Nährstoffe von der Sommerkultur, muß nicht gedüngt werden, damit nicht Nitrat in der Pflanze angereichert wird. Ansonsten sind in der Regel 100 g Hornoska oder Engelharts-Dünger ausreichend. Die weiteren Pflegemaßnahmen entsprechen denen des Feldsalats.

Sortenbeispiele

- 'Vitesse' ist eine gegen Mehltau widerstandsfähige Sorte für den Früh- und Spätanbau.
- 'Monnopa' ist eine bewährte, widerstandsfähige Sorte für den Anbau im Frühjahr, Herbst und zur Überwinterung.

Sommerkulturen

Die Sommerkulturen im Gewächshaus sind wärmeliebende Gemüsearten mit einer relativ langen Kulturzeit. Sie zählen alle zu den Fruchtgemüsen und müssen erst ausreichend Pflanzenmasse bilden, bevor sie mit der Blüten- und Fruchtbildung beginnen. Die Stengel vieler unserer Fruchtgemüsearten sind nicht selbsttragend, die Pflanzen können sich nicht ohne Stützung aufrecht halten. An ihrem Heimatstandort leben sie auf dem Boden aufliegend, hängend oder sie benutzen andere Pflanzen, Felsen und ähnliches als Stütze oder Kletterhilfe. Im Gewächshaus werden diese Pflanzen aufgeleitet. Dadurch nutzen wir zum einen den ohnehin meist begrenzten Platz besser aus und erleichtern uns die Pflege- und Erntearbeiten. Zum anderen wird dadurch auch die Pflanzengesundheit gefördert, da die Blätter der aufgeleiteten Pflanzen trok-

Tomatenkultur an Schnüren (links) und Spiralstäben (rechts).

ken gehalten werden können, wodurch Pilzen das Ansiedeln erschwert wird. Aufgeleitet werden kann an Schnüren, Pfählen, Spiralstäben und Spalieren.

Als Schnurmaterial werden hauptsächlich Sisal- und Kunststoffschnüre angeboten. Beide sind gut geeignet. Sisal hat den Vorteil, daß es ein natürliches, verrottbares Material ist. Kunststoffschnüre dagegen verrotten nicht und müssen entsorgt werden. Man kann sie jedoch mehrmals verwenden, vorausgesetzt sie werden gut gereinigt. Schnüre werden von der Pflanzenbasis zu einem Spanndraht unter dem Dach geleitet. Dazu wird das untere Ende der Schnur als Schlaufe am Wurzelhals befestigt. Die Schlaufe darf nicht zu eng sein, und der Knoten darf sich bei Spannung nicht zuziehen.

Das Aufleiten an Schnüren.

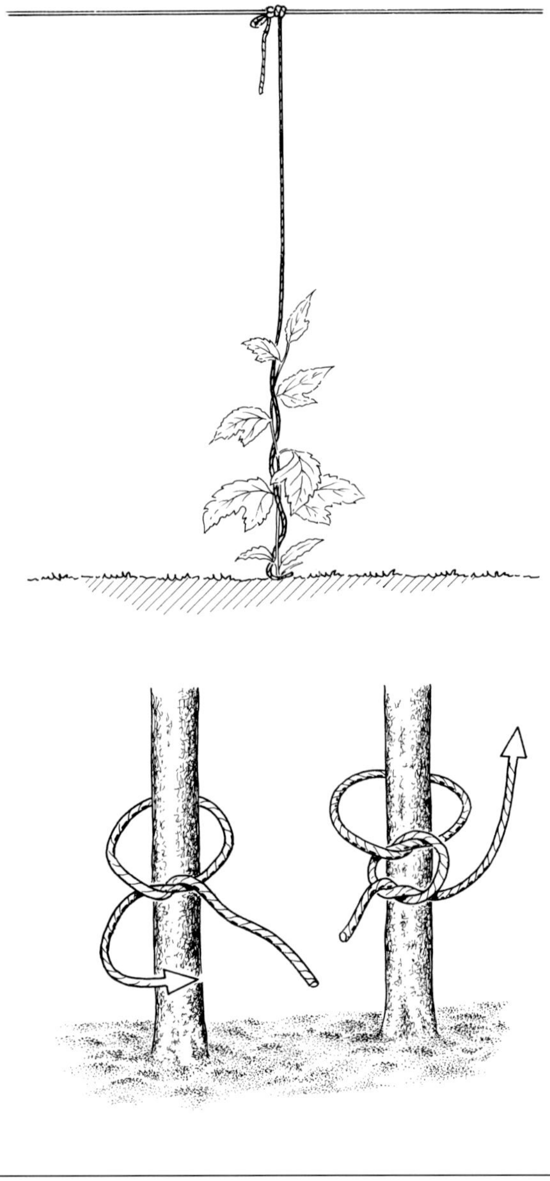

Eine andere Möglichkeit ist es, das untere Schnurende von mindestens 20 cm Länge bei der Pflanzung unter die Pflanzenwurzel zu legen und sozusagen mit einzupflanzen. Dieses Verfahren wird häufig im Erwerbsgartenbau angewendet. Bereits nach kurzer Zeit hat die Schnur durch den Wurzelzuwachs genügend Halt im Boden, um dem Zug stand zu halten.

Das obere Ende der Schnur wird mit einer Schleife am Spanndraht befestigt. Man beläßt hier etwas »Reserve«, damit eventuell bei zu hoher Spannung etwas nachgelassen werden kann. Die Pflanzen werden um die Schnur gewunden. Diese Arbeit sollte regelmäßig, am besten wöchentlich, durchgeführt werden, da der junge Pflanzenzuwachs noch biegsam ist und sich gut um die Schnur legen läßt. Zu eng brauchen die Windungen nicht sein, die Pflanze soll nicht aussehen wie ein Korkenzieher. Jedoch nur wenn ausreichend Windungen um die Schnur vorgenommen werden, findet die Pflanze genügend Halt und rutscht nicht an der Schnur herunter.

Wird an Stäben oder Pfählen aufgeleitet, müssen die Pflanzen angebunden werden. Dazu eignen sich Schnur, Drahtringe, Kunststoffschlaufen und ähnliches. Wichtig ist, daß die Schlaufen nicht zu eng befestigt werden, da der Umfang der Stengel mit dem Wachstum zunimmt.

Arbeitssparend, wiederverwendbar, aber auch teuer sind Spiralstäbe. Der Pflanzenzuwachs wird um/in die Spirale gewickelt. Die Pflanze findet so genügend Halt und muß in der Regel nicht angebunden werden. Für einige Gemüse, wie z. B. die Gurke, eignen sich auch Spaliere. Je nach Gemüseart müssen die Triebe angebunden werden. Kleinere, buschig wachsende Gemüsearten können durch Stützringe in Form gehalten werden. Alle wiederverwendbaren Materialien müssen sorgfältig mit heißem Wasser gereinigt werden.

Bei der Beschreibung der einzelnen Gemüsearten werden jeweils bewährte Aufleitsysteme, Erziehungs- und Schnittmaßnahmen empfohlen. Durch »Ausgeizen« (Entfernen von Nebentrieben am Ansatzpunkt), Auslichten, »Köpfen« (Entspitzen der Pflanze) und ähnlichen Maßnahmen wird einerseits das Verhältnis von Blattmasse zu Früchten günstig gestaltet, die Licht- und »Belüftungsverhältnisse« verbessert und andererseits werden der Pflanze nur so viele Früchte gelassen, wie sie gleichzeitig ernähren kann, ohne sich zu erschöpfen.

Dadurch wiederum werden langanhaltender Ertrag und Pflanzengesundheit gewährleistet. Die angegebenen Schnittanleitungen und Erziehungsformen sind nicht die einzig möglichen.

Viele Erwerbs- und Hobbygärtner haben ihre eigene Verfahrensweise, mit der sie gute Erfolge erzielen. Ziel jeder Erziehung sollte jedoch sein: gute Lichtausbeute (nicht zu viele Triebe hochziehen), niedrige Luftfeuchte im Bestand (lockerer Pflanzenbestand gewünscht), Pflanzengesundheit (kranke, verfärbte Blätter regelmäßig entfernen), gleichmäßiger, langanhaltender Ertrag (Zahl der Früchte beschränken beispielsweise bei Gurken und Melonen). Und geht bei der Erziehung mal etwas schief, bricht beispielsweise der Haupttrieb der eintriebig gezogenen Tomate beim Aufleiten ab, so ist das noch nicht das Ende einer Tomatenkultur. Man kann den unter der Bruchstelle gelegenen Seitentrieb in einen neuen Haupttrieb umwandeln. Daher immer erst Aufleiten und dann Ausgeizen!

Gurken

Cucumis sativus
Kürbisgewächse, Cucurbitaceae

Unsere »Gewächshausgurke« stammt aus dem tropischen Regenwald und ist sehr wärmebedürftig. Sie wurde im 19. Jahrhundert durch die Engländer von Indien nach Europa eingeführt. Unempfindlichere »Freilandgurken« wurden jedoch schon seit Jahrhunderten in Europa angebaut. Die Blüten der Gurke sind getrenntgeschlechtlich und einhäusig, d. h., die Pflanze bildet männliche und weibliche Blüten an einer Pflanze aus. Da sich die aus einer Befruchtung hervorgegangenen Früchte der Gewächshausgurken im unteren Bereich beulig verdicken, werden Sorten bevorzugt, die nur weibliche Blüten ausbilden und in der Lage sind Jungfernfrüchte (Früchte, die nicht befruchtet sind und daher keine Samen bilden) hervorzubringen. Hinsichtlich der Fruchtform unterscheidet man Schlangengurken, kurzfrüchtige Typen und sogenannte Minigurken. Bei den Wildformen tritt gelegentlich durch Temperatur- und Feuchtigkeitsschwankungen begünstigt die Ausbildung von Bitterstoffen auf, was durch die Züchtung inzwischen weitgehend ausgeschaltet wurde. Die Gurkenfrucht besteht zu 96 % aus Wasser und ist äußerst kalorienarm. Ungeschälte Gurkenfrüchte enthalten mehr Wertstoffe als geschälte.

Im temperierten und im Warmhaus kann die Gewächshausgurke mit Zusatzbeleuchtung ganzjährig kultiviert werden. Die Blüten- und Fruchtbildung ist tageslängenunabhängig. Ins Kalthaus wird sie frühestens ab Mitte Mai gepflanzt. Gewächshausgurkensorten sind besonders kälteempfindlich. Sie vertragen keine Temperaturen unter 14, aber auch nicht über 40 °C. Der Wachstumsbereich liegt zwischen 16 und

Gewächshausgurken.

35 °C. Etwas weniger empfindlich gegenüber niedrigen Temperaturen sind veredelte Gewächshausgurken. Sie sind außerdem resistent gegen Fusariumwelke (Pilzkrankheit). Veredelt wird auf den Feigenblattkürbis *(Cucurbita ficifolia)*. Veredelte Gewächshausgurken können auch mit temperaturunempfindlicheren Sommerkulturen wie Tomaten und Paprika im gleichen Gewächshaus angebaut werden. Eine andere Möglichkeit ist der Anbau von kälteunempfindlicheren Kastengurkensorten oder Freilandgurkenhybridsorten.

Jungpflanzenanzucht

Gurken für den Anbau im Kalthaus werden ab Anfang April vorkultiviert. Zwar ist eine Stecklingsvermehrung bei Gurken möglich, jedoch wird in der Regel durch Aussaat vermehrt. Die Keimtemperatur sollte zwischen 25 und 28 °C liegen. Sie sollte von der Quellung bis zum Auflaufen möglichst gleichmäßig sein. Ausgesät wird in Töpfe oder Aussaatschalen. Der Samen wird 1 bis 2 cm tief, im Abstand von 3 × 3 cm abgelegt und keimt je nach Temperatur nach 5 bis 14 Tagen. Nach Ausbildung der Keimblätter werden die jungen Pflanzen einzeln in 10-cm-Töpfe pikiert. Es kann auch direkt in den 10-cm-Topf gesät werden. Die Töpfe können zunächst dicht an dicht stehen, müssen aber später auseinandergerückt werden, damit jede Pflanze genügend Licht erhält. Die Temperatur kann nach der Auflaufphase auf 22 bis 25 °C gesenkt werden, darf aber während der Anzuchtphase nicht unter 16, besser 18 °C sinken. Mitte bis Ende Mai wird ins Kalthaus gepflanzt. Die Jungpflanzenanzucht dauert 5 bis 6 Wochen. In der zweiten Hälfte der Anzuchtsphase wird ein- bis zweimal in einer Konzentration von 0,2 % flüssig gedüngt.

Veredelung

Wer seine Gurken selbst veredelt, muß sowohl die Unterlage als auch die Edelsorte heranziehen. Wird auf den Feigenblattkürbis veredelt, wird dieser 3 bis 4 Tage nach der Edelsorte ausgesät.

Die Unterlagenkeimlinge werden etwas dunkler aufgestellt, damit sie sich strecken. Die Veredelung wird durchgeführt, sobald sich beim Kürbis das erste Laubblatt entwickelt hat. Wer Schwierigkeiten hat die Edelsorte und die Unterlage auseinander zu halten, kennzeichnet die Pflanzen mit anbindbaren Schildchen, die behutsam angebracht werden. Die Pflänzchen werden vorsichtig aus der Erde gelöst. Mit einer Rasierklinge oder einem sehr scharfen Messer wird bei der Gurkenpflanze 2 cm unterhalb der Keimblätter angesetzt und ein Schnitt schräg nach oben durchgeführt. Der Schnitt sollte etwa 1 cm lang sein und nur durch die Hälfte des Stengeldurchmessers reichen. Die junge Kürbispflanze wird daneben gehalten und auf gleicher Höhe die Gegenzunge geschnitten.

Die Gegenzungen werden ineinander geschoben und mit Blei- oder Aluminiumfolie umwickelt. Statt Bleifolie können auch spezielle Klammern oder als Notbehelf auch nur Tesafilm verwendet werden. Die beiden verbundenen Pflanzen werden zusammen in einen 12-cm-Topf gepflanzt, an einem Stab befestigt und bei 24 °C hell, aber nicht in die pralle Sonne aufgestellt. Die Luftfeuchtigkeit sollte für die nächsten 14 Tage hoch sein. Man kann dies beispielsweise mit einer übergestülpten, durchsichtigen Plastiktüte erreichen. Nach diesen 14 Tagen wird die Folienumwicklung und die Plastiktüte entfernt und der Kürbistrieb eingekürzt. Nach weiteren 10 Tagen kann die Gurkenwurzel unterhalb der Veredelungsstelle abgetrennt werden. Die gesamte Pflanzenanzucht einschließlich Veredelung dauert ungefähr 6 Wochen. Kurz vor der Pflanzung können die Kürbisblätter entfernt werden.

Boden, Pflanzung, Pflege

Zum Zeitpunkt der Pflanzung sollte die Pflanze 20 bis 25 cm Höhe erreicht haben und 4 bis 6 Laubblätter ausgebildet haben. Sie darf nicht von Krankheiten oder Schädlingen befallen sein. Der Erdballen muß zu diesem Zeitpunkt gut durchwurzelt sein. Die Wurzeln müssen weiß, ohne braune Spitzen sein.

Der Boden sollte eine lockere, krümelige Struktur aufweisen und gut mit Humus versorgt sein. Gurken vertragen keine frische Kalkung. Der pH-Wert darf zwischen 5,6 und 7,5 liegen. Gewächshausgurken wünschen einen windgeschützten Platz. Sie werden daher nicht direkt neben die Tür, sondern eher in die Gewächshausmitte, dort wo es am geschütztesten ist, gepflanzt. Der Pflanzabstand für Gurken liegt bei 150 cm × 45 cm (1,3 bis 1,5 Pflanzen pro m^2). Im Kleingewächshaus hat man in der Regel eine Beetbreite von 1,20 bis 1,50 m und einen schmalen Weg dazwischen. Man setzt daher die Pflanzen der Einfachheit halber in eine Reihe in die Beetmitte mit ungefähr 50 cm Abstand zwischen den Pflanzen. So kommt man für die Pflege- und Erntearbeiten gut an jede Pflanze heran. Um Staunässe zu vermeiden und um eine höhere Temperatur im Wurzelbereich zu haben, können Gurken auf einen kleinen Wall von etwa 20 cm Höhe gepflanzt werden. Auch schwarze Mulchfolie erhöht die Temperatur im Wurzelbereich und fördert das Pflanzenwachstum.

Gewächshausgurken benötigen eine gute Pflege und Erziehung, um eine langandauernde, reiche Ernte hervorzubringen. Nach der Pflanzung wird eine Schnur an der Gurkenpflanze unterhalb der Keimblätter befestigt. Das andere Ende der Schnur wird an einen in etwa

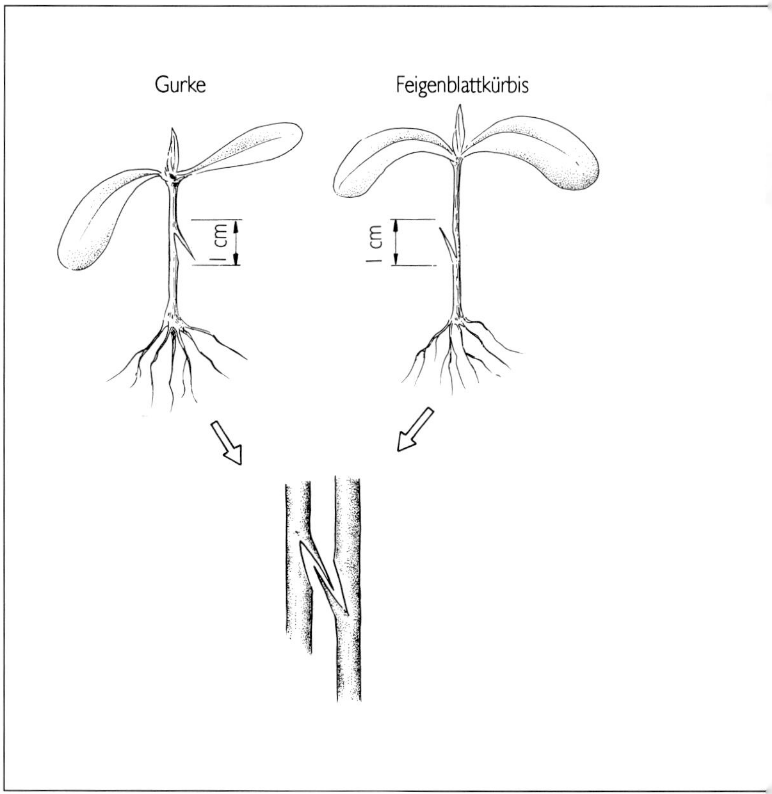

Die Veredelung von Gurken auf eine Unterlagenpflanze (schematisch).

2 m Höhe befindlichen Haltedraht angebunden. Dabei wird oben ein Reservestück belassen, damit wenn die Gurke wächst und die Schnur sich zunehmend strafft, jeweils etwas Schnurlänge zugegeben werden kann. Der Haupttrieb der Pflanze wird um die Schnur geleitet. Die Aufbindearbeit muß bei der Gurke ein- bis zweimal wöchentlich durchgeführt werden.

Bei Erreichen der Dachhöhe wird die Pflanze entspitzt. Am Haupttrieb werden nur etwa 4 bis 6 Gurken, deren Fruchtansatz sich mindestens 60 cm über dem Boden befinden muß, belassen. Alle anderen Stammgurken und die Seitentriebe bis zu einer Höhe von 60 cm werden möglichst früh entfernt, damit sie der Pflanze nicht unnötig Nährstoffe entziehen. Die restlichen Seitentriebe werden jeweils nach dem ersten oder zweiten Fruchtansatz eingekürzt. In jeder Blattachsel wird nur eine Frucht belassen.

Ist die Pflanze genügend belaubt, werden die unteren Blätter bis zu einer Höhe von 60 cm entfernt, um eine besseren Belüftung zu erreichen und Krankheiten vorzubeugen.

Die optimale Gewächshaustemperatur ist tagsüber 25 °C und nachts 20 °C. Gelüftet werden muß auf jeden Fall ab 30 °C. Zu große Temperaturunterschiede verursachen Geschmackseinbußen. Hohe Temperaturunterschiede können, besonders in Verbindung mit Nährstoff-, Wasser- und/oder Lichtmangel, auch zum Abwerfen oder Einschnüren und Gelbwerden der Früchte sowie zur Bildung von Krüppelfrüchten führen. Als Pflanze des tropischen Regenwaldes benötigen Gurken zwar nicht so eine hohe Lichtintensität wie manch andere Pflanze, da aber in unseren Breiten trübe Tage häufig sind und die Gewächshauseindekkung auch noch einen Teil des Lichtes schluckt, muß das Gewächshaus in der Regel nicht schattiert werden. Sollte die Sonne jedoch zu intensiv scheinen und dadurch die Temperatur zu hoch werden, kann das Gewächshaus schnell und billig schattiert werden, indem man etwas Weizenmehl mit Wasser mischt und außen auf das Gewächshaus aufträgt. Diese Schattierung wird mit den nächsten Regenfällen abgewaschen. Letzte Reste können im Herbst mit heißem Wasser abgewaschen werden.

Gurken gehören zu den mittel- bis starkzehrenden Gemüsen. Der Nährstoffbedarf ist abhängig von der Dauer der Kulturzeit (als Sommerkultur oder Langzeitkultur) und der Anzahl der Gurken, die pro Pflanze geerntet werden sollen. Um 10 Gurkenfrüchte guter Qualität hervorbringen zu können, benötigt die Pflanze 17 g Stickstoff, 3,8 g Phosphor und 31 g Kali. Wurde der Boden des Kleingewächshauses im Frühjahr mit Gartenkompost oder kompostiertem Stallmist versorgt (und damit bereits ein Großteil der Nährstoffe verabreicht), werden mit der Pflanzung nur noch etwa 50 g Hornspäne pro Pflanzstelle (65 g pro m^2) gegeben. Wer mangels Kompost die Nährstoffe ausschließlich über einen Volldünger geben muß, gibt mit der Pflanzung etwa 150 g Hornoska an jede Pflanze (170 g pro m^2). Die Nährstoffe aus organischer Herkunft werden temperatur- und feuchtigkeitsabhängig nach und nach frei. Kompostgaben und organische Düngung sind wegen der Freisetzung des für die Assimilation wichtigen Kohlendioxids gegenüber mineralischer Düngung zu bevorzugen. Wird eine Wachstumsstockung beobachtet, die auf einen allgemeinen Nährstoffmangel zurückzuführen ist (und nicht auf zu niedrige Temperaturen!) oder ist an der blasser werdenden Blattfarbe ersichtlich, daß der Nährstoffbedarf nicht ausreichend gedeckt ist, kann mit wasserlöslichen Mineraldüngern wie Hakaphos, Mairol oder Wuxal in 0,2 %iger Konzentration nachgedüngt werden. Da Gurken salzempfindlich sind, darf die Konzentration nie darüber liegen.

Gurken haben einen hohen Wasserbedarf, da ihre großen Blätter eine große Verdunstungsoberfläche bieten. An sonnigen Tagen kann es während der Hauptwachstumszeit notwendig sein, mehrmals täglich zu gießen. Man achtet jedoch darauf, daß niemals Staunässe auftritt. Gegossen wird in den Wurzelbereich der Pflanzen, die Blätter werden nicht benetzt.

Die Luftfeuchte darf an sonnigen, warmen Tagen hoch sein. Bis zum Abend muß sie jedoch wieder absinken, da sich sonst an den Blättern Kondenswasser bilden kann. An trüben Tagen, bei kühler Witterung und nachts sollte die Luftfeuchtigkeit niedrig sein.

Geerntete Früchte werden bei Temperaturen über 13 °C und relativer Luftfeuchtigkeit über 95 % gelagert. Das Einwickeln in Folie verlängert die Haltbarkeit.

Krankheiten und Schädlinge

Falscher Mehltau und Grauschimmel treten im Gewächshaus nur bei hoher Luftfeuchtigkeit auf oder wenn über die Blätter gegossen wird. Echter Mehltau dagegen ist eine Pilzkrankheit, die auch bei einer Kulturführung mit niedrigerer Luftfeuchtigkeit häufig an Gurken festgestellt werden muß. Das typische Schadbild ist ein weißlicher Belag auf der Blattoberseite. Der Handel bietet jedoch widerstandsfähige Sorten an. Tierische Schädlinge, die an Gewächshausgurken auftreten können, sind Spinnmilben, Thripse, Weiße Fliege und Blattläuse (zur Bekämpfung siehe Seite 348 ff.).

Sortenbeispiele

–'Cordoba' (F_1-Hybride) ist eine reinweiblich blühende, bitterfreie Schlangengurke, die hohe Erträge bringt und gegen Echten Mehltau und Gurkenkrätze resistent ist.

– 'Bella' (F_1-Hybride) ist widerstandsfähig gegen alle häufigen Pilzkrankheiten einschließlich Echten Mehltau. Auch diese Sorte ist eine Schlangengurke mit reinweiblichen Blüten.

– Der Feigenblattkürbis *(Curcubita ficifolia)* zum Veredeln von Gewächshausgurken ist unempfindlich gegen kühle Temperaturen und die Gurkenwelke.

Zuckermelone (Honigmelone)

Cucumis melo (Zuckermelone)
Kürbisgewächse, Cucurbitaceae

Die Zuckermelone stammt aus den tropischen und subtropischen Gebieten Afrikas und Asiens. Sie ist eng mit der Gurke verwandt und ähnelt ihr auch in der Blatt- und Pflanzengestalt. Auch sie hat getrenntgeschlechtliche, gelbe Blüten, wobei männliche und weibliche Blüten auf derselben Pflanze gebildet werden. Sie ist ein Fremdbefruchter und auf Bestäubung angewiesen. Ohne Befruchtung kommt es in der Regel zu keiner Fruchtbildung. Die glattschaligen und längsgerieften Sorten werden den Cantaloup-Melonen zugerechnet, die mit runder Form und genetzter Schale den Netzmelonen. Sie gedeihen bei uns am besten im Gewächshaus. Im unbeheizten Gewächshaus werden sie als Sommerkultur angebaut, im Warmhaus können sie mit Zusatzbelichtung ganzjährig angebaut werden.

Jungpflanzenanzucht

Zuckermelonen werden für die Sommerkultur ab Ende März/Anfang April ausgesät. Die optimale Keimtemperatur liegt bei 25 bis 28 °C. Der Samen wird 1 bis 2 cm tief in Saatkisten oder gleich in 10 cm große Töpfe abgelegt. Die Keimung dauert 7 bis 21 Tage, die gesamte Jungpflanzenanzucht etwa 7 Wochen.

Boden, Pflanzung, Pflege

Zuckermelonen können ab Mitte bis Ende Mai ins unbeheizte Gewächshaus gepflanzt werden. Mit der ersten Ernte kann ab Mitte/Ende August gerechnet werden. Melonen bevorzugen Böden, die

Zuckermelone.

gut mit Humus versorgt sind und einen pH-Wert von 6 bis 7 haben. Am besten pflanzt man sie auf einen Erdwall (etwa 20 cm hoch), um Staunässe im Wurzelbereich zu vermeiden. Der Wurzelhals sollte freibleiben, um Stammfäule vorzubeugen. Gegen *Fusarium*-Welke hat sich wie bei der Gewächshausgurke das Veredeln auf den Feigenblattkürbis *(Cucurbita ficifolia)* oder den Gartenkürbis *(Cucurbita pepo)* bewährt. Bei dieser Veredelung werden der Unterlage ein paar Blätter belassen (maximal 8, oberhalb der Veredelungsstelle). Der Pflanzabstand sollte 100 × 50 cm (2 Pflanzen pro m^2) betragen, also 100 cm Reihenabstand und 50 cm in der Reihe. Im kleinen Gewächshaus pflanzt man aus praktischen Gründen jeweils in die Beetmitte. Da die Beete breiter als 1 m sind, kann in der Reihe enger gepflanzt werden mit einem Abstand von 40 cm in der Reihe. Gegossen wird in den Wurzelbereich, nicht über die Blätter oder den Stamm, denn dies würde Pilzkrankheiten begünstigen.

Wer seinen Gewächshausboden jährlich mit 5 bis 10 l Kompost versorgt, muß in der Regel nur Stickstoff, beispielsweise in Form von Hornmehl geben. Um jede Pflanze werden mit der Pflanzung 30 bis 40 g Hornmehl pro Melonenpflanze (70 g pro m^2) gestreut. Wer keinen Kompost hat und nur mit einem organisch-mineralischen Volldünger düngt, gibt beispielsweise 85 g Hornoska pro Melonenpflanze (170 g Hornoska pro m^2).

Optimal sind Tagestemperaturen von 25 und Nachttemperaturen von 20 °C. 15 bis 18 °C sollten auch nachts nicht unterschritten werden. Eine niedrigere Luftfeuchtigkeit während der Blüte wirkt sich positiv auf die Befruchtung und allgemein auf die Pflanzengesundheit aus. Starke Schwankungen der Temperatur und der Luftfeuchtigkeit in der Reifezeit können zum Platzen der Früchte führen. Die Pflanzen benötigen viel Licht. Zuckermelonen sind zwar trockenheitsverträglicher als Gewächshausgurken, aber eine ausreichende Wasserversorgung fördert den Ertrag.

Zuckermelonen bilden nur an Seitentrieben 2. Ordnung Früchte aus. Um eine möglichst gute Ernte zu erhalten, sind Schnittmaßnahmen zu empfehlen. Bei der Kultur ohne Aufleiten wird der Haupttrieb nach dem 3. oder 4. Blatt gestutzt. Aus den Blattachsen bilden sich Seitentriebe 1. Ordnung, die gleichmäßig ausgelegt werden. Sobald die Seitentriebe 6 Blätter ausgebildet haben, werden sie ebenfalls gestutzt. Jetzt bilden sich aus den Blattachsen Seitentriebe 2. Ordnung, an denen sich weibliche Blüten und später Früchte entwickeln. An einer Pflanze sollten höchstens 6 Früchte belassen werden. Dann werden auch die Seitentriebe 2. Ordnung gekappt.

Bei der Aufleitung an Schnüren oder Netzen sind die Pflanzen leichter zu pflegen. Man läßt den Haupttrieb bis zur Dachrinne wachsen, dann wird er gekappt, um die Seitentriebbildung anzuregen.

Die neugebildeten Seitentriebe werden nach dem zweiten Blatt gestutzt. Jetzt bilden sich Seitentriebe 2. Ordnung, an denen weibliche Blüten und Früchte gebildet werden. Auch hier gilt, daß nicht mehr als 6 Früchte an einer Pflanze belassen werden, dann werden die Triebe eingekürzt. Triebe ohne Fruchtansatz werden eingekürzt oder herausgeschnitten.

Der Befruchtung kann nachgeholfen werden, indem man den Pollen mittels eines sauberen, trockenen Haarpinsels von einer gut stäubenden, männlichen Blüte auf die weiblichen Blüten überträgt.

Die Früchte werden zwischen 500 und 1.500 g schwer. Der richtige Erntezeitpunkt ist bei den meisten Zuckermelonen erreicht, sobald sich um den Stielansatz ringförmige Risse zeigen. Die Früchte werden mit einem Messer abgeschnitten.

Zuckermelonen können bei Temperaturen von 6 bis 12 °C maximal 1 bis 2 Wochen gelagert werden. Sie sind druckempfindlich und benötigen eine weiche Unterlage während der Lagerung.

Krankheiten und Schädlinge

Die Melone ist eng verwandt mit der Gurke. Daher können in der Kultur auch ähnliche Probleme auftauchen (siehe Kapitel Gurken).

Sortenbeispiele

- Zuckermelone 'Sperling's Honigtopf F_1-Hybride'
- Honigmelone 'Resistant Joy' ist resistent gegen Fusarium und Falschen Mehltau.
- Honigmelone 'Ha'on' ist mehltauresistent.

Wassermelone.

Wassermelone

Citrullus lanatus
Kürbisgewächse, Cucurbitaceae

Auch die Wassermelone stammt aus dem tropischen und subtropischen Afrika. Im Gegensatz zur Zuckermelone werden die Fruchtansätze jedoch an den Triebenden ausgebildet. Daher dürfen die Triebe nicht eingekürzt werden. Die Früchte der Wassermelone können 5 bis 25 kg schwer sein.

Sortenbeispiele

- Wassermelone 'Sperling's Sweety F_1-Hybride'
- Wassermelone 'Sugar Bell F_1-Hybride' ist resistent gegen Fusarium (= Pilzkrankheit).

Luffa, Schwammgurke

Luffa cylindrica (syn. *Luffa aegyptica*), *L. acutangula* u. a.
Kürbisgewächse, Cucurbitaceae

Zur Gattung Luffa gehören 10 Arten, deren Heimat im südostasiatischen

Raum vermutet wird. In Indien wird Luffa seit langem zur Nahrungsgewinnung angebaut. Erst seit jüngerer Zeit wird Luffa in Ägypten, Indien und Südamerika zur Gewinnung von Schwämmen aus dem festen Gefäßbündelnetz kultiviert. Bei uns wird Luffagewebe hauptsächlich als Bade- und Massageschwamm verwendet. In seinen Anbaugebieten wird es auch als Filtermaterial, Stoßdämpfer, als Polster in Tropenhelmen und als Haushaltsschwamm genutzt.

Zwar bilden sowohl *L. cylindrica* als auch *L. acutangula* ein festes Gewebe aus, doch wird überwiegend *L. cylindrica* zur Schwammgewinnung genutzt und die jungen Früchte von *L. acutangula* als Gemüse geschätzt.

An ihrem natürlichen Standort sind Luffapflanzen oft einjährig, im beheizten Gewächshaus kann man sie aber mehrere Jahre halten.

Jungpflanzenanzucht

Luffa wird in der Regel durch Samen vermehrt. Die Anzucht ist die gleiche wie bei Gurken. Genauso kann Luffa aber auch ohne Probleme über Stecklinge vermehrt werden. Dazu werden im Spätherbst Stecklinge geschnitten, bewurzelt und im warmen Gewächshaus erwintert.

Boden, Pflanzung, Pflege

Die Ansprüche an Platz, Boden, Dünger, Wasser und Temperatur ist ähnlich wie bei der Gurke. Die einzelnen Triebe werden aufgeleitet. Zeigen sich die dekorativen, gelben Blüten, überträgt man den Pollen der männlichen Blüten mittels eines Haarpinsels auf die Narben der weiblichen Blüten, da die Insektenbestäubung je nach Jahreszeit und Wetter im Gewächshaus nicht ausreichend ist. Junge Früchte sind als Gemüse geeignet. Nach 2 bis 3 Monaten können die Früchte zur Schwammherstellung geerntet werden.

Die Aufbereitung der Schwämme

Die Frucht kann getrocknet werden, wobei dann nach 2 Monaten die trokkene Hülle entfernt werden kann. Der so gewonnene Schwamm ist jedoch von weniger guter Qualität. Besser ist, die äußere Haut nach der Ernte abzuschälen und den verbliebenen Fruchtkörper in Wasser zu legen, wo das Fruchtfleisch langsam verfault. Später wird das Schwammgewebe unter fließendem Wasser freigespült.

Krankheiten und Schädlinge

siehe Gurken

Tomate

Lycopersicon lycopersicum
Nachtschattengewächse, Solanaceae

Die Tomate stammt aus den peruanischen Anden. Die Ureinwohner Perus und Mexikos züchteten die zunächst nur kirschgroßen Früchte allmählich größer und gaben ihr den aztekischen Namen 'tomatle'. Nach Europa gelangten die ersten Pflanzen durch Columbus, der sie von seiner zweiten Amerikareise im Jahre 1498 mitbrachte. Zum allgemeinen Volksnahrungsmittel wurde sie bei uns jedoch erst in diesem Jahrhundert. Sie ist heute neben Gurke und Paprika die wichtigste Gemüseart zur Sommernutzung des Gewächshauses. Tomaten sind einjährige Pflanzen. Sie haben einen hohen Lichtbedarf und sind wärmebedürftig, wenn auch nicht ganz so wie die Gewächshausgurke. Die Blüten sind zwittrig. Bei der Tomate überwiegt die Selbstbefruchtung, wobei die Blüten schon 2 Tage vor dem Aufblühen bestäubungsfähig sind. Ein Blütenstand kann aus 5 bis 25 Blüten bestehen. Nur ausreichend befruchtete Blüten bilden Früchte voll aus. Im Gewächshaus werden überwiegend unbegrenzt wachsende Tomatentypen angebaut. Diese müssen aufgeleitet werden, da ihre Stengel nicht selbsttragend sind. Daneben gibt es die begrenzt wachsenden Typen (Buschtomaten), die sich unter anderem auch für die Kübel- und Balkonkastenbepflanzung eignen. Sie stellen das Wachstum nach der 4. bis 5. Traube ein und bleiben klein.

Je nach Fruchtgröße und Form unterscheidet man hauptsächlich Fleischtomaten (Fruchtgewicht über 120 g), runde Sorten (Fruchtgewicht 80 bis 100 g), Eiertomaten (40 bis 60 g) und Kirsch- oder Cocktailtomaten (10 bis 40 g pro Frucht). Fleischtomaten können je nach Sorte bis über 1 kg schwer werden. Sie haben vielkammrige

Linke Seite oben: Luffapflanze mit Früchten im ungeheizten Kleingewächshaus.

Linke Seite unten: Ein Schwamm aus dem eigenen Garten.

Unten: Tomaten im Kleingewächshaus.

Früchte und neigen manchmal etwas zur »Mehligkeit«. Als geschmacklich intensiver werden im allgemeinen die runden, zweikämmrigen Sorten bewertet.

Man unterscheidet hier grünfrüchtige und Hellfruchtsorten. Die Hellfruchtsorten reifen gleichmäßiger. Ihre Fruchtschale ist dünner und im unreifen Zustand einheitlich hellgrün gefärbt. Sie neigen weniger zum sogenannten »Grünkragen«. Seit einigen Jahren werden auch Sorten angeboten, die sich nicht rot, sondern gelb ausfärben. Cocktailtomaten sind meist besonders intensiv im Geschmack. Auch hier gibt es neben den roten inzwischen auch gelbe Sorten.

Während der Erwerbsgärtner bei der Sortenwahl auch auf die Transport- und Lagerfähigkeit achten muß, kann der Hobbygärtner zartschaligere Sorten anbauen. Neben dem Geschmack sollte jedoch auch die Widerstandsfähigkeit gegenüber Krankheiten und Schädlingen bei der Sortenwahl berücksichtigt werden.

Die Verwendungsmöglichkeiten der Tomate sind äußerst vielfältig. Man kann sie sich heute kaum noch aus unserem Speiseplan wegdenken. Sie werden als Salat, in Suppen, Soßen, Eintopfgerichten und vielen anderen verwendet.

Jungpflanzenanzucht

Die Jungpflanzenanzucht aus Samen dauert 7 bis 8 Wochen. Für die Pflanzung ins Kalthaus wird mit der Jungpflanzenanzucht Mitte März begonnen. Der beste Platz für die Jungpflanzenanzucht ist ein Warmhaus oder ein Vermehrungskasten. Die Fensterbank ist für die Vorkultur nicht zu empfehlen, da hier nur von einer Seite und meist zu wenig Licht einfällt, was die Pflanzen lang und schwächlich werden läßt. Der Samen wird 0,5 cm tief abgelegt. Nicht zu eng säen! Die Keimtemperatur sollte bei 22 bis 25 °C liegen. Die Keimung dauert dann etwa 1 Woche. Ausgesät werden kann in Anzuchterde (z. B. TKS I), Einheitserde (z. B. Frux ED 73) oder selbsthergestellte Mischungen in Töpfe oder Schalen. Nach dem Auflaufen wird zunächst auf einen weiteren Abstand pikiert und später dann einzeln in 10 cm große Töpfe gepflanzt. Wer sich einen Arbeitsgang sparen will, kann auch gleich einzeln in Töpfe pikieren. Der beste Zeitpunkt für das Pikieren ist erreicht, sobald sich die Keimblätter waagrecht aufgefaltet haben. Nur gesunde Pflanzen mit vollausgebildeten Keimblättern werden verwendet. Wer nur die schnellstaufgelaufenen, gesunden Keimlinge weiterverwendet, kann mit einem früheren und höheren Ertrag rechnen. Nach dem Pikieren wird unter Umständen für ein paar Tage schattiert, ansonsten benötigen die jungen Pflanzen viel Licht.

Ab dem Pikieren kann die Temperatur tags auf 20 bis 22, nachts nach und nach bis auf 16 °C abgesenkt werden. Gegen Ende der Jungpflanzenanzucht wird die Temperatur noch etwas weiter abgesenkt, damit die Pflanzen abgehärtet werden. Während der Anzucht wird mehrmals mit einem wasserlöslichen Volldünger in einer Konzentration von 0,2 bis 0,3 % oder einem Flüssigdünger gedüngt.

Tomaten können auch durch Stecklinge vermehrt werden. Dazu werden 7 cm lange Stecklinge (z. B. die Geiztriebe) entweder in Erde oder einem Wasserglas bewurzelt. Bei etwa 20 °C bilden die Stecklinge innerhalb weniger Tage Wurzeln aus.

Boden, Pflanzung, Pflege

Ins Kalthaus wird Anfang Mai gepflanzt. Die optimale Tomatenjungpflanze hat noch ihre 2 Keimblätter, ist gesund und gedrungen mit 6 Laubblättern, selbststehend in einem Topf von mindestestens 10 cm Durchmesser und abgehärtet.

Die Tomate bevorzugt warme, humose oder sandige Lehmböden. Sie verträgt keine Staunässe bzw. schwache Durchlüftung des Bodens. Günstig wirkt sich eine tiefe Bodenlockerung sowie das Einbringen von Kompost und die organische Düngung aus. Gegenüber einer frischen Kalkung reagiert die Tomatenpflanze empfindlich.

Zum Zeitpunkt der Pflanzung sollte der erste Blütenstand bereits zu erkennen sein. Die Pflanze wird so gepflanzt, daß die erste Blüte zum Weg hin zeigt. Das erleichtert die weitere Pflege. Pro m^2 können 2 bis 3 Tomatenpflanzen stehen.

Im Kleingewächshaus werden sie am besten zweireihig ins Beet gepflanzt. In der Regel wird die Tomate eintriebig an einer Schnur, einem Pfahl oder einer Spirale aufgeleitet.

Wer seinen Gewächshausboden zu Kulturbeginn mit 5 bis 10 l Kompost pro m^2 versorgt hat, gibt nur noch 30 bis 40 g Hornmehl um jede Pflanze (70 g pro m^2). Wer keinen Kompost hat und ausschließlich über einen Volldünger düngt, streut 80 g Hornoska um jede Pflanze (200 g pro m^2). Nur wenn die Blätter blaß wirken, wird mit dem Gießwasser flüssig nachgedüngt. Die Konzentration sollte dabei 0,3 % nicht übersteigen. Werden die Pflanzen hingegen zu mastig und rollen sie die oberen Blätter schopfartig nach unten ein, läßt das auf eine zu hohe Stickstoffversorgung schließen, und es sollten keinesfalls mehr stickstoffhaltige Dünger verabreicht werden. Zeigen die unteren Blätter Aufhellungen zwischen den Blattadern, so ist dies häufig auf einen Magnesiummangel zurückzuführen, der auf den Ertrag jedoch kaum einen Einfluß hat.

Gegossen wird nach Bedarf: zu Anfang eher weniger, später dann reichlicher, aber nur gezielt in den Wurzelraum.

Die Tomate ist eine lichtliebende Pflanze. Das Gewächshaus sollte daher nicht schattiert werden. Die Temperatur während der Kulturzeit sollte nach Möglichkeit mindestens 14 °C betragen und nicht über 30 °C steigen. Bereits ab 24 °C, bei trübem Wetter schon ab 22 °C werden die Lüftungsklappen geöffnet. Ist mit einem heißen, sonnigen Tag zu rechnen, muß frühzeitig mit dem Lüften begonnen werden. Die morgendliche Erwärmung der Gewächshausluft sollte nicht mehr als 1 °C pro Stunde betragen.

Die Luftfeuchte sollte während der Mittagszeit nicht zu hoch (über 90 %), aber auch nicht zu tief (unter 60 %) liegen, damit der Pollen bestäubungsfähig ist. An sehr heißen, trockenen Tagen kann zur Erhöhung der Luftfeuchte der Boden am Vormittag mit Wasser benetzt werden oder die Pflanzen werden besprüht.

Die Tomate ist ein Selbstbefruchter. Der Blütenstaub muß auf die Narbe der gleichen Blüte gelangen, damit eine Frucht ausgebildet wird. Durch Schütteln der Pflanzen kurz vor Mittag wird die Bestäubung gefördert. Dies sollte mindestens zwei- bis dreimal die Woche, besonders an schönen Tagen, durchgeführt werden. Im Erwerbsgartenbau werden gezielt Hummeln zur Bestäubung der Tomaten eingesetzt. Auch der Hobbygärtner sollte sich über den Besuch dieser und anderer Nützlinge freuen.

Tomaten bilden in den Blattachseln Seitentriebe. Diese werden spätestens, wenn sie 10 cm lang sind, ausgebrochen. Kranke oder verfärbte Blätter werden regelmäßig entfernt, genauso auch die unteren Blätter, jedoch nicht über die gerade zu beerntende Traube, denn die Früchte sollen nicht der prallen Sonne ausgesetzt werden. Weder Geiztriebe noch abgeschnittene Blätter werden auf den Boden gelegt, sondern vom Beet entfernt, um Krankheiten keine Ausbreitungsmöglichkeit zu geben. Das Ausgeizen oder Entblättern wird am besten in den frühen Nachmit-

Rechts: Ernte der Tomatenfrüchte.

In der Regel wird die Tomate eintriebig an einer Schnur aufgeleitet.

tagsstunden an sonnigen Tagen durchgeführt, damit die Wunden schnell abtrocknen und verheilen können. Günstig wirkt sich das Mulchen mit schwarzer Folie oder Stroh aus.

3 Blätter über der 7. bis 8. Traube werden die Pflanzen im Gewächshaus entspitzt (im Freiland oder hochgestellten Frühbeetkasten bereits nach der 5. bis 6. Traube). Mehr Früchte kann die Pflanze bei uns in den Sommermonaten nicht bis zur Reife bringen.

Wie alle grünen Pflanzenteile enthalten auch die grünen, unreifen Tomaten

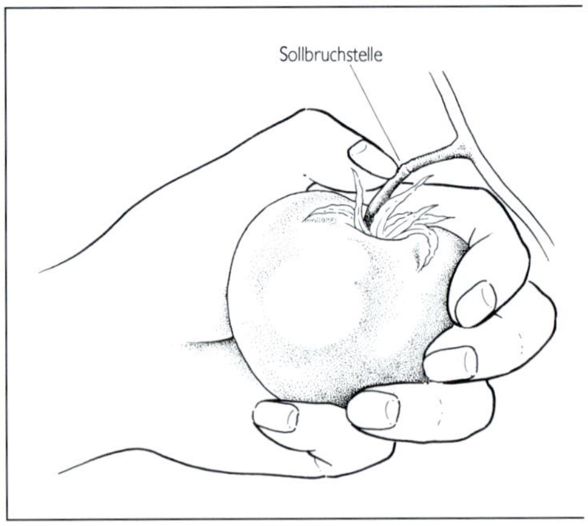

das Alkaloid Solanin, das in größeren Mengen Kopfschmerzen, trockene Haut u. ä. hervorruft. In der reifen Frucht hingegen ist das Alkaloid nicht mehr nachzuweisen.

Für den sofortigen Verbrauch werden die Tomaten im vollreifen Zustand geerntet, denn dann ist ihr Geschmack am intensivsten. Die Fruchtstiele haben kurz hinter den Kelchblättern eine »Sollbruchstelle«. Durch Gegendrücken an dieser Stelle wird die Frucht von der Traube gelöst. Unreif geerntete Früchte werden am besten bei 22 bis 27 °C nachgereift. Licht spielt für die Nachreife keine Rolle. Grüne Früchte können nicht mehr nachgereift werden, wenn sie bei Temperaturen unter 10 °C gelagert wurden.

Krankheiten und Schädlinge

Eine nicht parasitäre Krankheit ist die Blütenendfäule, die durch Kalzium- oder Wassermangel und zu hoher Salzkonzentration im Boden hervorgerufen werden kann. Dabei zeigen sich an der Fruchtunterseite eingesunkene braune Flecken. Dagegen wird eine Blattspritzung mit 2 %iger Calciumchloridlösung empfohlen. An Gewächshaustomaten können außerdem verschiedene Pilzkrankheiten, wie beispielsweise die Samtfleckenkrankheit, Grauschimmel, Kraut- und Braunfäule und andere, auftreten. Vorbeugende Maßnahmen sind die Wahl widerstandsfähiger Sorten und reichliches Lüften.

Nematoden können Wurzelgallen verursachen, was zu Welkeerscheinungen und Absterben der Pflanzen führt. An den Wurzeln findet man knollige Verdickungen. Das Auswechseln der Erde bringt wenig, da Tomaten tiefwurzeln und sich auch die Nematoden bis zu einer Tiefe von 60 cm ausbreiten. Eine Alternative ist die Sackkultur, bei der das Substrat keinen Kontakt zum gewachsenen Boden hat.

Häufige Schädlinge sind Blattläuse und Weiße Fliege (zur Bekämpfung siehe Seite 348 ff.).

Sortenbeispiele

– 'Master' (F_1-Hybride) ist eine große, runde und widerstandsfähige Fleischtomate, die resistent gegen Fusariumwelke, Nematoden und Tomatenmosaikvirus ist.
– 'Estrella' (F_1-Hybride) ist eine widerstandsfähige, runde Tomate, die gleichmäßig rot abreift, mit Resistenzen gegen Tomatenmosaikvirus, Samtfleckenkrankheit, Verticillium- und Fusariumwelke.
– 'Andra' (F_1-Hybride) ist eine aromatische, widerstandsfähige, runde Tomate, die gleichmäßig rot abreift und Resistenzen gegenüber Tabakmosaikvirus, Samtfleckenkrankheit und Fusariumwelke aufweist.
– 'Diplom' (F_1-Hybride) ist eine große, runde Tomate mit früh einsetzendem Ertrag. Sie ist resistent gegenüber Tomatenmosaikvirus, Samtfleckenkrankheit, Verticillium- und Fusariumwelke.
– 'Sweet 100' (F_1-Hybride) ist eine aromatische, leicht süßliche, rote Cocktailtomate.
– 'Evita' (F_1-Hybride) ist eine sehr aromatische, sehr reichtragende rote Cocktailtomate, die es bisher leider noch nicht in Portionspackungen gibt, vielleicht entschließt sich ein Gartenbauverein jedoch zu einer Sammelbestellung.

Paprika

Capsicum annuum
Nachtschattengewächse, Solanaceae

Auch Paprika wurde wie die Tomate von Columbus aus der Neuen Welt nach Europa gebracht, aber erst in den letzten Jahrzehnten hat er bei uns seine Bedeutung als wohlschmeckendes, vitaminreiches Gemüse erlangt. Vor allem im Vitamin-C-Gehalt steht Paprika mit an der Spitze aller Gemüse- und Obstarten. Die Pflanzen sind einjährig und werden je nach Sorte zwischen 0,50 bis 2 m hoch. Die Laubblätter sind lanzettlich bis eiförmig, ganzrandig und gestielt. Die Blüten sind weißlich mit violetten Staubgefäßen. Paprika ist vorwiegend ein Selbstbefruchter, der Pollen befruchtet meist die Narbe derselben Blüte. Von der Blüte bis zur reifen Frucht dauert es 5 bis 6 Wochen. Wie Tomaten und Gurken kann auch Paprika über mehrere Monate kontinuierlich geerntet werden. Es werden kleinfrüchtige und großfrüchtige, langgestreckte, konische, blockige und runde Sorten unterschieden. Im »frühreifen« Zustand kann die Fruchtschale dunkelgrün bis hellgelb gefärbt sein, im vollreifen Zustand wird sie dunkelrot, orange, tiefgelb oder violettschwarz. Je nach Capsaicingehalt, einem scharfschmeckenden Alkaloid, wird zwischen mildem Gemüsepaprika und dem scharfen Gewürzpaprika unterschieden, wobei letzterer bei uns nur selten angebaut wird.

Jungpflanzenanzucht

Ausgesät wird in der ersten Märzwoche, da die Jungpflanzenanzucht etwa 10 Tage länger als bei der Tomate dauert. Die Keimtemperatur sollte 22 bis 25 °C betragen. Die Samen keimen nach etwa 15 Tagen. Nach dem vollen Enfalten der Keimblätter werden die Sämlinge in 8 bis 10 cm große Ton-, Torf- oder Plastiktöpfe pikiert. Zur Aussaat und zum Pikieren eignen sich Einheits-

Paprikapflanzen können durch Stützringe gehalten werden.

Blühende Paprikapflanze im Schnuranbau.

erde, Aussaaterde und entsprechende eigene Mischungen. Während der weiteren Anzuchtzeit wird mehrmals maximal 0,2 %ig flüssig gedüngt.

Boden, Pflanzung, Pflege

Gepflanzt wird ins ungeheizte Gewächshaus Anfang/Mitte Mai. Die Jungpflanzen sollten zu diesem Zeitpunkt bereits die ersten Blütenknospen zeigen. Paprika bevorzugt mittelschwere, humusreiche Böden. Staunässe oder verdichteter Boden werden nicht vertragen. Der optimale pH-Wert liegt bei 6 bis 6,5. Die Pflanzen dürfen nicht tiefer gesetzt werden, als sie im Anzuchtgefäß standen, da sie sonst leicht an Stengelfäule erkranken.

Je nach Sorte und der daraus resultierenden Pflanzengröße und Standfestigkeit kann Paprika freistehend angebaut, gestützt oder aufgeleitet werden. Bei niedrig wachsenden Sorten von 40 bis 50 cm Höhe sind keine Stützelemente notwendig und es können 10 bis 15 Pflanzen pro m^2 gesetzt werden (teppichartiger Anbau). Sorten, die etwa 1 m hoch wachsen, werden durch waagrecht gespannte Netze oder Staudenhalter (Stützringe) gestützt. Hierbei werden nur 4 bis 5 Pflanzen pro m^2 gepflanzt. Eine andere Möglichkeit, besonders für noch höher wachsende Sorten und bei Langzeitkultur, ist die Aufleitung an Schnüren und ähnlichem. Beim einstieligen Schnuranbau dürfen 6 bis 8 Pflanzen pro m^2, beim zweistieligen Schnuranbau nur 3 bis 5 Pflanzen pro m^2 gesetzt werden.

Bei Langzeitkultur im geheizten Haus werden jeweils die weiteren Abstände gewählt, bei Kurzzeitkultur im Kalthaus oder Frühbeetkasten sind die engeren Abstände ausreichend. Beim ein- oder mehrtriebigen Schnuranbau werden deren weitere Seitentriebe nach dem ersten Blatt mit Blüte eingekürzt. Das Entfernen der allerersten Blüte (Königsblüte) fördert die Seitentrieb- und die Fruchtbildung.

Paprika ist wie die Tomate eine lichtbedürftige Pflanze und wird nicht schattiert. Auch die Ansprüche hinsichtlich Temperatur und Luftfeuchtigkeit sind ähnlich wie die der Tomate. Die Nährstoffgaben pro m^2 sind etwas niedriger. Paprika verträgt keinen Mineraldünger vor der Pflanzung. Überhaupt ist er empfindlich gegenüber hohen Salzkonzentrationen. Bei Kompostversorgung des Bodens im Frühjahr werden mit der Pflanzung noch 50 g Hornmehl pro m^2 gegeben. Ohne Kompostversorgung wird mit 150 g Hornoska gedüngt. Wird flüssig gedüngt, sollte die Konzentration 0,2 % nicht übersteigen.

Durch die geringere Wurzelmasse stellt Paprika höhere Anforderungen an die Wasserversorgung. Es muß häufiger – wenn auch mengenmäßig weniger – gegossen werden als bei Tomaten. Eine Mulchdecke aus gehäckseltem Stroh oder schwarze Mulchfolie unterstützt die gleichmäßige Feuchtigkeit im Wurzelbereich.

Sortenbeispiele

- 'Midal' ist eine kräftig wachsende, 70 cm hohe Paprikasorte. Die Früchte sind rotreifend, 18 bis 20 cm lang mit konischer Form.
- 'Golden Hit' ist eine mittelstarkwachsende, standfeste Sorte. Die Früchte sind dickwandig mit blockiger Form mit zunächst dunkelgrüner, später goldgelber Farbe.
- 'Bell Boy' (F_1-Hybride) ist eine tabakmosaikvirusresistente Sorte mit hohem, kräftigen Wuchs. Die blockigen Früchte mit dicker Fruchtwand sind zunächst glänzendgrün, später rot reifend.
- 'Propa Rumba' (F_1-Hybride) ist eine kräftigwachsende Sorte mit dickwandigen, blockigen Früchten, die zunächst grün sind und sich später rot färben.
- 'Tarantella' (F_1-Hybride) ist resistent gegen Tabakmosaikvirus. Die blockigen Früchte sind zunächst grün, bei Ausreife gelb.
- 'Golden Bell' (F_1-Hybride) hat große dickwandige Früchte, die zunächst grün sind und gelb ausreifen.
- 'Halblange Wiener' ist eine buschigwachsende Peperoni. Die roten Früchte sind etwa 9 cm lang und scharf im Geschmack.

Aubergine, Eierfrucht

Solanum melongena
Nachtschattengewächse, Solanaceae

Die Aubergine ist eine alte Kulturpflanze des südostasiatischen Raumes, hat aber längst ihren Weg nach Südeuropa gefunden und die dortige Küche bereichert. Auch bei uns wird dieses Gemüse zunehmend geschätzt. Auberginen sind nicht nur ein interessantes Gemüse, sondern die Pflanzen selbst sind auch äußerst dekorativ. Auberginenpflanzen werden je nach Sorte 0,60 bis 1,30 m hoch. Die großen, rauhen

Blätter mit dem gewellten Rand haben auf den Blattadern kleine Dornen. Aus den großen, violettrosafarbenen Blüten entwickeln sich die ovalen bis länglichen, violetten bis tiefschwarzen, glänzenden Früchte. Zum Rohverzehr sind Auberginen nicht geeignet, geschmort, gebraten oder gebacken sind sie eine Delikatesse.

Jungpflanzenanzucht

Für die Pflanzung Mitte Mai wird Anfang März ausgesät. Der Samen wird 0,5 cm tief abgelegt. Die Keimtemperatur sollte zwischen 22 und 28 °C liegen. Die Keimdauer beträgt zwischen 14 und 28 Tagen. Die Sämlinge werden nach der Ausbildung der Keimblätter einzeln in 10 cm große Töpfe pikiert. Die weitere Anzucht erfolgt bei 20 bis 24 °C. Je nach Bedarf wird mehrmals mit einem Flüssigdünger 0,2 %ig gedüngt.

Aubergine.

Boden, Pflanzung, Pflege

Ins unbeheizte Gewächshaus dürfen Auberginen erst Mitte Mai gepflanzt werden, ins beheizte Gewächshaus bereits ab Ende April. Die Aubergine wünscht einen guten, normalen bis humosen Gartenboden mit einem pH-Wert zwischen 5,5 und 6,7. Der Pflanzenabstand richtet sich nach der Wüchsigkeit der Sorte und der Kulturdauer, die sich wiederum nach der Beheizbarkeit des Gewächshauses richtet. Zwischen 2 und 6 Pflanzen können pro m^2 stehen. Großwüchsige Auberginen werden in einer Reihe in die Beetmitte gesetzt mit einem Pflanzenabstand von 50 cm in der Reihe. Sie werden dreitriebig gezogen und aufgebunden. Alle 1 bis 2 Wochen werden die Achseltriebe der 3 Haupttriebe entfernt. Bei kleinwüchsigeren Sorten werden Zweierreihen pro Beet angelegt mit einem Pflanzenabstand von 50 bis 65 cm in der Reihe. Sie läßt man in der Regel buschig wachsen und sorgt nur durch gelegentliches Auslichten bzw. Ausbrechen überzähliger Blüten für ein ausgewogenes Verhältnis zwischen Blattmasse und Früchten.

Der Nährstoffbedarf der Aubergine entspricht dem der Tomate. Der Wasserbedarf ist zunächst gering, steigt aber mit dem Wachstum an. Es wird nicht über die Blätter gegossen, sondern nur in den Wurzelbereich. Werden die Pflanzen älter, entfernt man die unteren Blätter. Die optimale Tagestemperatur liegt bei 24, die optimale Nachttemperatur bei 20 °C. Etwa ab Ende Juli setzt die Ernte ein. Die Früchte müssen geerntet werden, solange die Kerne im Inneren noch weich, weiß und milchig sind.

Auberginenpflanzen sind leider ziemlich schädlingsanfällig. Sie werden häufig von Blattläusen, Weißer Fliege, Kartoffelkäfern und anderen heimgesucht (zur Bekämpfung siehe Seite 348 ff.).

Sortenbeispiele

- 'Adona' (F_1-Hybride) mit kräftigem Wuchs und gleichmäßigen Früchten.
- 'Blacky' ist schnellwüchsig und frühreifend.

Andenbeere, Kapstachelbeere, Inkapflaume, Ananaskirsche

Physalis peruviana (syn. *P. edulis*),
Physalis peruviana × *P. pruinosa*
Nachtschattengewächse, Solanaceae

Die Andenbeere stammt aus dem südamerikanischen Gebirgsland, den Anden. Im 19. Jahrhundert wurde sie im Süden Afrikas am Kap der guten Hoffnung eingeführt, woher auch der Name Kapstachelbeere herrühren dürfte. Heutzutage wird sie erwerbsmäßig in Südafrika, Kenia, Indien, Australien, Madagaskar, Kolumbien und Hawaii angebaut. Sie ist eine Verwandte unserer Lampionblume, aber auch von Tomate und Paprika. Im Gegensatz zur Lampionblume *(Physalis alkekengi)* ist die Andenbeere bei uns nicht winterhart. Nach leichtem Frost kann die Pflanze jedoch wieder aus der Basis austreiben. Unter Freilandbedingungen ist die Pflanze einjährig und wird nur etwa 1 m hoch. Im geheizten Gewächshaus kann sie mehrjährig wachsen und bis zu 2,50 m hoch werden.

Die Pflanze hat ei- bis herzförmige, ganzrandige Blätter. Die Blüten sind hellgelb gefärbt. Aus den Kelchblättern entwickelt sich eine papierballonartige Hülle, in der sich je eine gelb- bis orangefarbene, kirsch- bis mirabellengroße Frucht befindet. Geschmacklich würde man die süßsäuerliche Frucht eher dem Obst zurechnen, die Samen werden aber von Gemüsesamenfirmen angeboten. Die Frucht ist reich an Vitaminen, besonders Vitamin C und Provitamin A. Auch die hohen Gehalte an Eisen, Phosphor, Protein, Fett und Rohfaser machen diese Frucht ernährungsphysiologisch besonders wertvoll. Die Andenbeere eignet sich für den Frischverzehr, läßt sich aber auch gut zu Kompott oder Marmelade verarbeiten.

Andenbeere.

Jungpflanzenanzucht

Die Andenbeere wird ab Anfang/Mitte Februar ausgesät. Der Samen wird maximal 0,5 cm tief abgelegt. Als Aussaatsubstrat kann Einheitserde verwendet werden. Die optimale Keimtemperatur ist zwischen 22 und 25 °C, später kann bei 12 bis 15 °C weiterkultiviert werden. Die Keimdauer beträgt 14 bis 28 Tage. Nach dem Auflaufen wird einzeln in Töpfe pikiert. Während der Anzuchtphase wird mehrmals flüssig gedüngt. Auch Stecklingsvermehrung ist möglich.

Boden, Pflanzung, Pflege

Ins unbeheizte Gewächshaus wird ab Mitte Mai gepflanzt. Pro m^2 werden 1 bis 2 Pflanzen gesetzt. Ein normaler bis humoser Gartenboden mit einem pH-Wert zwischen 5,5 und 7,0 ist der Andenbeere gerade recht. Der Nährstoffbedarf ist etwas geringer als bei der Tomate. Wurde der Boden im Frühjahr mit 5 bis 10 l Kompost versorgt, wird mit der Pflanzung noch 50 g Hornmehl pro m^2 gegeben. Bei Bedarf wird später flüssig nachgedüngt. Die Andenbeere wächst zunächst eintriebig und verzweigt sich in 30 bis 40 cm Höhe. Von diesem Zeitpunkt an sollte die Pflanze 6- bis 8triebig gezogen werden. Die Triebe werden an Schnüren aufgeleitet.

Die Andenbeere kann auch wie eine Kübelpflanze behandelt werden. Dazu wird sie in 10- bis 12-Liter-Kübeln kultiviert, vor dem Frost eingeräumt, um ein Drittel zurückgeschnitten und frostfrei bei 5 bis 10 °C überwintert. Im Sommer kann sie einen sonnigen, windgeschützten Platz im Freien oder im gut gelüfteten Gewächshaus erhalten.

Die Früchte sind erntereif, sobald die Hülle strohig trocken ist. Von der Pflanzung bis zur Ernte vergehen 3 bis 4 Monate. Unreif geerntete Früchte sind ungenießbar und reifen kaum nach.

Sortenbeispiele

- Andenbeere *Physalis peruviana* × *P. pruinosa*
- Andenbeere *Physalis peruviana*

Pepino.

Pepino, Birnenmelone

Solanum muricatum
Nachtschattengewächse, Solanaceae

Wegen ihrer Verwandtschaft zu Tomate, Aubergine und Paprika und ihrer Eignung als Sommerkultur führen wir auch die Pepino (trotz ihres obstartigen Geschmacks und ihrer Verwendung) im Kapitel Gemüseanbau auf. Die Pflanze stammt aus Südamerika (Höhenlagen von 800 bis 3000 m über dem Meeresspiegel), wird etwa 1 m hoch, hat große, längliche Blätter und hell lilafarbene Blüten. Die gelben Früchte mit den lila Streifen sind je nach Erziehungsform der Pflanze unterschiedlich groß, von eiförmig bis fast zu der Größe einer Zuckermelone. Letzteren ähneln sie auch im Geschmack. Pepino sind reich an Vitamin C und Karotin. Sie eignet sich zum Rohverzehr, zum Beispiel in Fruchtsalaten, zur Herstellung von Marmelade oder zum Einwecken.

Jungpflanzenanzucht

Bisher wird kein Saatgut im Handel angeboten. Stecklingsvermehrte Jungpflanzen sind zu beziehen bei Dieter Frank, Grethenweg 84, 60598 Frankfurt. Hat man einmal eine Pflanze, kann man auch leicht selbst durch Stecklinge weitervermehren.

Boden, Pflanzung, Pflege

Ab Mitte Mai kann Pepino ins ungeheizte Gewächshaus gepflanzt werden. Geeignet sind normale, nicht zu Staunässe neigende Gartenböden oder Einheitserde (bei Kultur in Gefäßen). Wurde der Boden im Frühjahr mit Kompost versorgt, ist zunächst keine weitere Düngung notwendig. Zu hohe Nährstoffgaben lassen die Pflanze ins Kraut schießen und keine Früchte bilden.

Im Sommer wünschen die Pflanzen viel Luft und nicht zu hohe Temperaturen. 28 °C sollten nach Möglichkeit nicht überschritten werden. Nachtabsenkungen bis auf 12 °C vertragen die Pflanzen wiederum gut. Wichtig ist eine ausreichende Bewässerung, da die Pflanzen mit ihren vielen Blättern eine reichliche Verdunstungsoberfläche bieten. Pepinos können in Buschform oder ein- bis dreitriebig aufgeleitet kultiviert werden. Die Entwicklungsdauer von der Blüte bis zur Fruchtreife beträgt etwa 3 Monate. Erntereif sind die Früchte, wenn sie einen leichten Duft ausströmen. Pepino eignet sich auch als Kübel-, Balkonkasten- und Ampelpflanze. Nachteilig ist, daß Pepino sehr gern von Blattläusen, Weißer Fliege und Spinnmilben befallen wird (rechtzeitig Nützlinge einsetzen!).

Stangenbohnen

Phaseolus vulgaris var. *vulgaris*
Schmetterlingsblütler, Leguminosae

Busch-, Stangen- und Feuerbohnen stammen aus den tropischen Wäldern Mexikos, Mittel- und Südamerikas. Sie haben daher einen hohen Wärmebedarf und vertragen keinen Frost. Stangenbohnen können sowohl im Gewächshaus als auch im Freiland angebaut werden, jedoch sind im Gewächshaus schon Ernten ab Anfang Juli möglich. Zum Rohverzehr sind die Früchte nicht geeignet, da sie Giftstoffe enthalten, die erst beim Erhitzen unwirksam werden.

Stangenbohnen.

Das Wurzelsystem geht bis zu 1,50 m tief. Die Pflanzen leben in Symbiose mit sogenannten Knöllchenbakterien, die an den Wurzeln die typischen Knöllchen hervorrufen und die elementaren Luftstickstoff binden können. Im unbeheizten Gewächshaus können 4 bis 6 kg Bohnenfrüchte pro m^2 geerntet werden.

Jungpflanzenanzucht

Für eine möglichst frühe Ernte werden Stangenbohnen ab Mitte April im Vermehrungsbeet oder auf der Fensterbank warm vorkultiviert. Dazu werden jeweils 6 Bohnen in einen 10- bis 12-cm-Topf ausgesät. Nach der Keimung werden die 2 schwächsten Pflanzen entfernt. Der Samen wird etwa 3 cm tief abgelegt. Die optimale Keimtemperatur beträgt 20 bis 25 °C. Ab Anfang Mai kann ins unbeheizte Gewächshaus gepflanzt werden.

Direktsaat

Ab Mitte Mai können Stangenbohnen im unbeheizten Gewächshaus direkt ins Beet gesät werden, denn sie keimen ab einer Bodentemperatur von 10 °C. Die Ernte beginnt dann ungefähr Anfang August. Es werden 6 bis 8 Korn jeweils um eine Stange 3 cm tief gesät. Später wird auf 4 bis 6 Pflanzen vereinzelt. Die Stangen werden am besten in einer Reihe in die Mitte des Beetes im Abstand von 40 bis 50 cm gesteckt. Das entspricht dann in etwa 2 Stangen pro m^2.

Boden, Pflanzung, Pflege

Stangenbohnen können an Stangen, Schnüren und ähnlichem aufgeleitet werden. Die Topfballen mit den vorgezogenen Bohnenpflanzen werden neben die Stangen (Abstand siehe Direktsaat) in den Boden gesetzt. Stangenbohnen wünschen einen mittelschweren, normalen bis humosen Boden. Sie reagieren empfindlich auf Staunässe oder unabgelagerten (unkompostierten) Stallmist. Sie vertragen auch keine frische Kalkung.

Bei zu reichlichen Nährstoffgaben werden viele Blätter, aber wenig Früchte gebildet. Wenn der Boden im Frühjahr vor der Frühjahrskultur mit 5 bis 10 Litern Gartenkompost pro m^2 versorgt wurde, werden nur noch 20 bis 30 g Hornmehl pro Pflanzstelle (etwa 50 g pro m^2) verabreicht. Wer einen normalversorgten Boden hat, aber mangels Kompost ausschließlich über einen Volldünger düngen will, gibt 100 g Hornoska bei der Pflanzung an jede Pflanzstelle (200 g pro m^2). Das Angießen darf nicht vergessen werden. Den größten Nährstoffbedarf hat die Stangenbohne ab Blühbeginn bis zum Ende der Fruchtbildung. Bis dahin haben die Bodenlebewesen die organischen Dünger aufgeschlossen und die Nährstoffe stehen der Pflanze zur Verfügung. Wer mineralische Dünger verwendet, sollte bei einem gut gepflegten Gewächshausboden erst bei Blühbeginn mit der Düngung beginnen.

Stangenbohnen haben zunächst nur einen geringen Wasserbedarf. Es wird selten, aber durchdringend gewässert. Mit dem Einsetzen der Blütezeit muß reichlicher gegossen werden, da die Pflanzen auf Bodentrockenheit mit dem Abwerfen der Blüten reagieren, was zu einer erheblichen Ertragsminderung führen kann. Gegossen wird an den Fuß der Pflanze.

Durch regelmäßiges Lüften wird die Luftfeuchtigkeit im Gewächshaus gesenkt. Die optimale Tagestemperatur bei Sonnenschein liegt bei 22 bis 24 °C, bei bedecktem Himmel bei 14 bis 16 °C. Nachts sollte sie um einige Grad tiefer sein.

Zu Anfang hilft man den jungen Trieben, den Weg zur Kletterhilfe zu finden und windet sie entgegen dem Uhrzeigersinn um die Stange. Ansonsten sind kaum Pflegearbeiten notwendig. Kranke oder verwelkte Blätter werden regelmäßig entfernt. Haben die Pflanzen den First erreicht, wird der Haupttrieb entspitzt.

Krankheiten und Schädlinge

Bei zu niedrigen Keimtemperaturen, die in kalten Frühjahren bei Direktsaat vorkommen können, ist die Keimung verzögert. Dies begünstigt das Auftreten der Bohnenfliege, deren Maden Keimblätter und Stengel schädigen. Diesem Problem kann mit einer zügigen Jungpflanzenanzucht an einem warmen Platz aus dem Wege gegangen werden.

Wer die Luftfeuchtigkeit im Gewächshaus niedrig hält, hat kaum Probleme mit Pilzkrankheiten. Spinnmilben, Thripse und Blattläuse fühlen sich in diesem trockenen Klima jedoch recht wohl. Sie werden biologisch oder mit umweltfreundlichen Maßnahmen bekämpft (siehe Seite 348 ff.).

Die Schwarze Bohnenlaus kann verschiedene Viruskrankheiten übertragen. Dagegen schützt man sich durch die Verwendung von resistenten Sorten. Auch gegen die Fettfleckenkrankheit und die Brennfleckenkrankheit gibt es resistente Sorten.

Sortenbeispiele

– 'Florint RZ' ist eine schnellwachsende, gegen Bohnenmosaikvirus I resistente Stangenbohne mit fadenfreien, grünen Hülsen. Die Hülsenform ist breit und platt. Sie läßt sich gut als Schnippelbohne verwenden und ist gut zum Einfrieren und Einkochen geeignet.
– 'Astera RZ' ist eine ertragreiche Sorte, die gegen Bohnenmosaikvirus und Brennflecken resistent ist. Ihre Hülsen sind grün und rund mit schlanker, gerader Form, ohne Fäden, geeignet zum Einfrieren und Einkochen.
– 'Mago' ist eine gelbhülsige Stangenbohne, die resistent gegen Bohnenmosaikvirus ist. Ihre Hülsen sind rund und fadenfrei, und eignen sich gut zum Einfrieren und Einkochen.
– 'Neckarkönigin' ist eine robuste Sorte mit langen Hülsen, gutem Geschmack und hohen Erträgen.

Okra, Lady's Finger

Abelmoschus esculentes (syn. *Hibiskus esculentes*)
Malvengewächse, Malvaceae

Uns ist Okra meistens als Gemüsebeilage aus griechischen Restaurants bekannt. Die wenigsten wissen, daß es sich hierbei um die Frucht einer dem Hibiskus verwandten Art handelt. Okra wird hauptsächlich in den Tropen angebaut und gedeiht bei uns nur im Gewächshaus. Okra wächst einjährig bis zu 2 m hoch. Die Blätter sind 3- bis 5lappig und behaart. Aus den großen, gelben Blüten entwickeln sich die fingerlangen, dünnen Früchte (eigentlich Kapseln). Sie werden in noch unreifem Stadium geerntet und gekocht oder gedünstet als Beilage serviert. Sie können auch roh gegessen oder Suppen beigegeben werden.

Jungpflanzenanzucht

Okra wird ab Ende Januar im warmen Gewächshaus oder Anzuchtkasten vorgezogen. Dazu wird der Samen 2 cm tief abgelegt und bei etwa 25 °C gekeimt. Die Keimdauer beträgt 7 bis 21 Tage. Sobald die Keimlinge groß genug sind, wird pikiert und später einzeln in Töpfe gepflanzt. Die optimale Tagestemperatur in der Jungpflanzenphase und auch später beträgt 24, die Nachttemperatur 20 °C. Während der langen Anzuchtphase sollte mehrmals mit einem Flüssigdünger nachgedüngt werden.

Boden, Pflanzung, Pflege

Ab Mitte Mai kann ins Kalthaus gepflanzt werden. Der Platzbedarf beträgt 100 × 50 cm (2 Pflanzen pro m^2). Bei einer Beetbreite von 1,20 bis 1,50 m wird praktischerweise eine Reihe in die Mitte des Beetes gepflanzt, wobei die Pflanzen in der Reihe einen Abstand von etwa 40 cm erhalten. Okra mag einen normalen, humosen Gartenboden mit einem pH-Wert von 5,8 bis 7,5. Der Nährstoffbedarf ist hoch. Wer im Frühjahr 5 bis 10 l Kompost ausgebracht hat, bringt 30 bis 50 g Hornmehl um jede Pflanze aus. Das entspricht etwa 80 bis 100 g pro m^2. Wer keinen Kompost hatte, düngt mit einem Volldünger (z. B. Hornoska) 100 g um jede Pflanze, das entspricht 200 g pro m^2. Gegossen wird nach Bedarf und nur an die Pflanzenwurzeln, nicht über die Blätter.

Ab Ende August beginnt ungefähr die Ernte. Die 5 bis 8 cm langen Früchte werden laufend und zwar noch im unreifen Stadium geerntet, da sonst keine weiteren Früchte gebildet werden.

Anbau von Heil- und Gewürzkräutern

In einem Gewächshaus, Wintergarten oder auch auf einer hellen Fensterbank ist die Ernte frischer Heil- und Gewürzkräuter das ganze Jahr hindurch möglich. Der Begriff Kräuter wird in der Pflanzenheil- und Würzkunde für alle heilkräftigen, würzenden und duftenden Pflanzenarten eingesetzt. Man unterscheidet einjährige, zweijährige und mehrjährige Heil- und Gewürzkräuter.

Einjährige Kräuter leben nur ein Jahr. Sie bilden im ersten Jahr Blätter, Blüten und Samen. Viele von ihnen vertragen keinen Frost und können frühestens Mitte Mai ins Freiland gesät oder gepflanzt werden. Zu den einjährigen Gewürz- und Heilkräutern, die sich gut für den Anbau im Gewächshaus, Wintergarten und auf der Fensterbank eignen, gehören Basilikum, Brunnenkresse, Dill, Gartenkresse (Aussaat auch im unbeheizten Haus ab Anfang März), Kapuzinerkresse, Kerbel (Aussaat auch im unbeheizten Haus ab Anfang März), Koriander, Majoran, Peperoni, Portulak und Ringelblume.

Zweijährige Kräuter bilden im ersten Jahr Blätter, im zweiten Jahr die Blüte und Samen. Zu dieser Gruppe gehören Petersilie, Winterkresse und Löffelkraut.

Mehrjährige Kräuter sind entweder Stauden (sie erneuern sich immer wieder aus der Pflanzenbasis heraus) oder verholzende Pflanzen. Zu den ausdauernden Kräutern, die für Gewächshaus, Wintergarten und Fensterbank zu empfehlen sind, gehören Bergbohnenkraut, Dost, Lavendel, Rosmarin, Schnittlauch und Thymian.

Der Anbau im ungeheizten Gewächshaus oder Wintergarten beginnt im allgemeinen jeweils etwa 2 Wochen früher als der im Freiland. Im geheizten Gewächshaus können Kräuter ganzjährig ausgesät und kultiviert werden, wenn die Ansprüche an Licht und Wärme erfüllt werden. Bei warmer Kultur während des Winterhalbjahres wird Zusatzlicht gegeben, um die Kulturzeit zu verkürzen und eine gute Qualität zu erzielen. Im Prinzip können alle genannten Kräuter entweder in Beeten oder in Töpfen und anderen Gefäßen angebaut werden. Um den Platz im Gewächshaus jedoch besser nutzen zu können, wird man die mehrjährigen Kräuter, wenn man sie über mehrere Jahre halten möchte, eher in transportierbaren Behältern kultivieren. Sie erhalten dann ähnlich wie Kübelpflanzen im Sommer einen Platz im Freien und im Winter einen Platz im Gewächshaus.

Von Basilikum gibt es grün- und rotblättrige Sorten.

Ein- und zweijährige Kräuter für Gewächshaus, Wintergarten und Fensterbank

Basilikum

Ocimum basilicum
Lippenblütler, Labiatae

Basilikum ist ein beliebtes Gewürzkraut zu Tomatengerichten, Salaten, Kräutersoßen u. ä., das im beheizten Gewächshaus das ganze Jahr über ausgesät und kultiviert werden kann. Die Pflanze stammt aus Vorderindien und ist wärmebedürftig und frostempfindlich. Im Winter kann es nur im temperierten und im Warmhaus angebaut werden.

Verwendet werden die Blätter und

jungen Triebe frisch oder getrocknet. Basilikum regt den Appetit an, fördert die Verdauung und soll auch bei Nervosität und Schlaflosigkeit helfen.

Je nach vorhandenem Platz kann man Basilikum entweder direkt ins Beet oder in den Topf säen oder aber eine Jungpflanzenanzucht betreiben und später verpflanzen. Es keimt ab einer Temperatur von 12 °C. Optimal zur Keimung sind jedoch Temperaturen zwischen 20 und 25 °C. Basilikum wünscht ein lokkeres, humoses Substrat. Geeignet sind Einheitserde, Aussaaterde u. ä. Der Samen wird nicht mit Erde abgedeckt, denn Basilikum ist ein Lichtkeimer. Die Keimung dauert 14 bis 21 Tage. Während der weiteren Kultur ist eine Tagestemperatur von 18 bis 19 und eine Nachttemperatur von 17 bis 18 °C zu empfehlen. Temperaturen unter 14 und über 30 °C sollten vermieden werden. Zusatzbelichtung ist für die Zeit von Oktober bis Februar unbedingt zu empfehlen. Basilikum verträgt weder Trokkenheit noch Staunässe. Es muß regelmäßig, aber vorsichtig gegossen werden. Bei der Topfkultur wird von Zeit zu Zeit dem Gießwasser ein Flüssigdünger beigegeben. Bei der Kultur im Boden kann mit Gartenkompost (5 l pro m^2), Engelharts-Dünger oder Hornoska (70 g pro m^2) gedüngt werden.

Die Dauer von der Aussaat bis zur Ernte ist abhängig von der Jahreszeit und der Temperatur und beträgt 4 bis 10 Wochen. Man kann die Pflanze im ganzen oder fortlaufend beernten. Um eine langandauernde Ernte zu erhalten, schneidet man jeweils bei Bedarf die oberen Blätter samt Triebspitze mit Hilfe einer Schere bis zu einem Blatt ungefähr in der Triebmitte ab. Die Pflanze verzweigt sich dadurch und bekommt einen buschigen Wuchs. Die beste Würze liefert Basilikum, wenn es frisch verwendet wird und man es nicht mitkocht, sondern den Speisen kurz vor dem Anrichten beigibt.

Für die Gewächshauskultur eignen sich am besten die Sorten 'Großes Grünes' und 'Genoveser'. Neu sind rotblättrige Sorten, Zitronenbasilikum, kleinblättrige Sorten sowie solche mit Anisaroma.

Einjähriges Bohnenkraut

Satureja hortensis
Lippenblütler, Labiatae

Bohnenkraut dient zum Würzen von Bohnengerichten, Fleischspeisen und Kartoffeln. Die Inhaltsstoffe der aus dem Mittelmeerraum stammenden Pflanze wirken magenstärkend und gegen Blähungen. Das Kraut kann frisch oder getrocknet verwendet werden.

Bei Bohnenkraut ist eine Jungpflanzenanzucht mit späterer Verpflanzung oder Direktsaat an Ort und Stelle bzw. Topf möglich. Der Samen wird nicht bedeckt, denn auch Bohnenkraut gehört zu den Lichtkeimern. Es keimt ab 10 °C aufwärts, die optimale Keimtemperatur beträgt 20 bis 25 °C. Die Keimung dauert 14 bis 21 Tage. Im weiteren Kulturverlauf ist eine Temperatureinstellung von tagsüber 16 und nachts 12 °C optimal. Bohnenkraut wünscht einen leichten, humosen Boden und viel Licht.

Von der Pflanzung bis zur Ernte dauert es etwa 10 Wochen. Am aromatischsten ist Bohnenkraut kurz vor dem Blütenknospenansatz. Zum Trocknen werden die Triebe abgeschnitten, gebündelt und an einem luftigen Platz aufgehängt.

Brunnenkresse

Nasturtium officinale
Kreuzblütler, Cruciferae

Brunnenkresse dient als Beigabe zu Salaten und als Würzkraut. Es hat eine blutreinigende und stoffwechselanregende Wirkung und ist reich an Vitaminen und Spurenelementen. Verwendet werden die jungen Triebe

Oben: Brunnenkresse.

Unten: Gartenkresse läßt sich auch ohne Erde keimen.

frisch nach der Ernte. Brunnenkresse ist eine Ufer- oder Sumpfpflanze und benötigt daher viel Feuchtigkeit.

Es kann direkt in den Endtopf gesät oder vorkultiviert und dann pikiert werden. Der Samen wird nur ganz schwach mit Erde bedeckt und bis zur Keimung gut feucht gehalten. Brunnenkresse keimt ab 6 °C, optimal ist eine Keimtemperatur von 10 bis 15 °C. Nach 7 bis 21 Tagen ist der Samen gekeimt. Am besten wird Brunnenkresse in Töpfen mit einem lehm- und komposthaltigen Substrat kultiviert, die man in eine wasserdichte Wanne stellt. Der Wasserstand sollte im Verlauf der weiteren Kultur 1 cm über der Pflanzerde stehen. Die Pflanzen vertragen im Sommer auch einen schattigen Platz.

Von der Pflanzung bis zur Ernte dauert es 11 bis 12 Wochen. Brunnenkresse ist nicht sehr langlebig, kann aber durch Stecklinge weitervermehrt werden. Für die Winterkultur ist eine Zusatzbelichtung zu empfehlen.

Dill

Anethum graveolens
Doldengewächse, Umbelliferae

Dill dient als Würzkraut in Mayonnaisen, Essig, Kräuterquark, Salaten, Suppen und mehr. Die aus Vorderasien stammende Pflanze ist aber auch eine altbekannte Heilpflanze. Dill wirkt nervenberuhigend, appetitanregend, krampflösend, bei Schlafstörungen und Blähungen. Verwendet werden das Kraut und die reifen Früchte.

Im Gewächshaus gedeiht Dill besser als beim Freilandanbau, weil er hier vor Regen geschützt ist. Dill keimt ab 6 °C, optimal sind aber 18 bis 24 °C. Der Samen wird 1 cm tief abgelegt. Die Keimung dauert 7 bis 14 Tage. Die Erde oder das Substrat kann humos bis lehmig sein, darf aber nicht zu Staunässe neigen. Der Nährstoffbedarf ist gering. Dill möchte sonnig stehen, benötigt aber ausreichend Feuchtigkeit im Wurzelbereich.

Bei der Anbauplanung muß bedacht werden, daß die Pflanzen bis zu 1,20 m hoch werden können (wenn man sie nicht vorher aberntet). Läßt man die Samen ausreifen, können sie sich selbst aussäen, was im Gewächshaus in der Regel unerwünscht ist.

Gartenkresse

Lepidium sativum
Kreuzblütler, Cruciferae

Gartenkresse wird frisch als Salatbeigabe, in Kräuterquark, als Brotbelag zu kaltem Fleisch, Eiern, Kartoffeln oder in Soßen verwendet. Sie wirkt blutreinigend, appetitanregend, verdauungsfördernd und harntreibend. Geerntet werden die jungen Blätter.

Die Kultur ist vollkommen unproblematisch das ganze Jahr hindurch möglich. Im Sommer ist allerdings ein schattiger, kühlerer Platz zu empfehlen, sonst werden nur wenig Blätter gebildet. Wo ein Plätzchen frei ist, kann Gartenkresse hingesät werden und ist bald erntefähig. Gartenkresse keimt ab 3 °C, optimal sind jedoch 16 bis 25 °C. Der Samen wird nicht mit Erde bedeckt, denn Gartenkresse ist ein Lichtkeimer. Die Keimung dauert 4 bis 8 Tage. Der Nährstoffbedarf ist gering. Meist reicht der Vorrat aus dem Substrat oder der Erde aus. Aus Kressesamen lassen sich auch Keimsprossen ziehen.

Kapuzinerkresse

Tropaeolum majus
Kapuzinergewächse, Tropaeolaceae

Diese aus Peru stammende Pflanze ist nicht nur dekorativ für Beet und Balkon; die Blätter, Knospen und Blüten können auch frisch geerntet zu Salaten oder Kräuterquark beigegeben oder als Brotbelag verwendet werden. Sie wirkt verdauungsfördernd, appetitanregend und antibiotisch. Der Geschmack ist kresseähnlich.

Kapuzinerkresse keimt ab 15 °C, optimal sind 18 bis 25 °C. Kapuzinerkresse gedeiht in normalem Gartenboden, Einheitserde oder eigenen Mischungen mit Kompost. Der Samen wird 2 cm bedeckt. Die Keimung dauert 7 bis 14 Tage. Ins Freiland kann etwa ab Ende April gesät werden, ins unbeheizte Gewächshaus schon 2 Wochen eher. Im geheizten Gewächshaus, Wintergarten und auf der Fensterbank ist der Anbau ganzjährig möglich, wobei im Winterhalbjahr Zusatzlicht gegeben wird.

Kerbel

Anthriscus cerefolium
Doldengewächse, Umbelliferae

Kerbel wird als Gewürzkraut zu Suppen, Kräuterbutter, Tomaten, Käse, Omelett und Soßen gegeben. Er wirkt appetitanregend, blutreinigend und stoffwechselfördernd. Geerntet werden die jungen Triebe, Blätter und Blüten.

Kapuzinerkresse.

Kerbel bevorzugt leichte, tiefgründige und humose Böden und Substrate. Er ist ein Lichtkeimer, der Samen wird daher nicht abgedeckt. Kerbel kann in Töpfe oder in den Boden gesät werden. Die Keimung beginnt bei Temperaturen über 6 °C, optimal sind aber 18 bis 25 °C. Die Keimdauer beträgt 14 bis 21 Tage. Während der weiteren Kultur sind 18 °C tagsüber und 12 °C nachts optimal. Kerbel benötigt genügend Feuchtigkeit, sonst geht er sehr früh zur Blütenbildung über. Kerbel verträgt im Sommer auch einen halbschattigen Platz.

Koriander

Coriandrum sativum
Doldengewächse, Umbelliferae

Diese Pflanze stammt aus dem Mittelmeerraum. Von Koriander werden das frische Kraut (z. B. in Currys und anderen asiatischen Gerichten) und die Samen (Liköre, Lebkuchen, Brot u. a.) verwertet. Das Kraut eignet sich nicht zum Trocknen. Koriander gilt in der Naturheilkunde als appetitanregend und hilfreich bei Magen- und Darmleiden, Völlegefühl und Blähungen.

Ausgesät werden die runden, gerieften Samen in Beete oder Töpfe, letzteres eher zur Ernte des frischen, jungen Krautes. Von der Aussaat bis zur Ernte der Samen dauert es etwa 5 Monate. Koriander ist ein Dunkelkeimer. Der Samen wird flach mit Erde abgedeckt. Koriander wünscht einen eher lockeren, nicht zu nassen Boden und einen hellen, warmen Platz. Die Temperaturansprüche sind ähnlich wie bei Dill.

Geerntet wird das junge Kraut oder die Samen, sobald sie sich hellbraun färben. Die gesamte Pflanze wird abgeschnitten und über einem Tuch an einem luftigen Platz zum Trocknen aufgehängt.

Löffelkraut.

Löffelkraut

Cochlearia officinalis
Kreuzblütler, Cruciferae

Löffelkraut ist eine Pflanze des nördlichen Europas und verträgt daher Temperaturen bis –20 °C. Die frischgeernteten Blätter werden Salaten beigegeben oder als Butterbrotbelag verwendet. Es gilt als stoffwechselanregend, verdauungsfördernd, harntreibend und blutreinigend.

Wer Löffelkraut im Herbst ins Kalthaus sät, kann im Winter ernten. Der Samen wird 0,5 cm hoch mit Erde bedeckt. Die Mindestkeimtemperatur beträgt 6 °C, optimal sind 18 bis 25 °C. Löffelkraut ist ziemlich anspruchslos hinsichtlich des Bodens, und auch der Nährstoffbedarf ist gering.

Majoran

Origanum majorana
Lippenblütler, Labiatae

Das aus dem Mittelmeerraum stammende Kraut ist bei uns ein sehr beliebtes Küchengewürz, das frisch oder getrocknet verwendet werden kann. In der Naturheilkunde gilt es als nervenberuhigend, appetitanregend, schleimlösend sowie hilfreich bei Asthma, Geschwüren und Magenkrämpfen.

Majoran kann im Topf oder direkt im Beet angebaut werden. Er ist frostempfindlich, licht- und wärmebedürftig. Die Keimung beginnt bei Temperaturen über 12 °C, optimal sind 18 bis 25 °C. Der Samen wird nicht mit Erde bedeckt, da Majoran ein Lichtkeimer ist. Die Keimung dauert 21 bis 28 Tage. Während der weiteren Kultur wird die Heizung am besten tagsüber auf 20 und während der Nacht auf 16 °C eingestellt. Im Winterhalbjahr ist eine Zusatzbelichtung zu empfehlen. Der Nährstoffbedarf ist gering.

Petersilie

Petroselinum crispum
Doldenblütler, Umbelliferae

Oben: Majoran.

Unten: Blattpetersilie.

Unsere Gartenpetersilie stammt von in Mitteleuropa heimischen Wildformen ab. Petersilie wird schon seit dem frühen Mittelalter zum Würzen verwendet. Ernährungsphysiologisch von Bedeutung sind der hohe Vitamin-C- und Karotingehalt sowie der Gehalt an ätherischen Ölen. Petersilie wird zum Würzen von Suppen, Soßen, Salaten, Kartoffeln und ähnlichem verwendet. In der Naturheilkunde gilt Petersilie als appetitanregend, verdauungsfördernd, harntreibend und blutreinigend. Petersilie gehört zu den zweijährigen Pflanzen. Es wird zwischen Wurzel- und Schnittpetersilie unterschieden. Wurzelpetersilie entwickelt glatte, große Blätter und bildet je nach Sorte unterschiedlich große Rüben aus. Blattpetersilie bildet schwächere Speicherwurzeln aus. Es gibt sie mit glatten und mit gekrausten Blättern. Die Wurzeln überstehen auch im Freien den Winter und treiben im Frühjahr wieder aus.

Der Anbau im Gewächshaus oder anderen geschützten Räumen dient dazu, auch im Winter die Ernte frischen Petersiliengrüns zu ermöglichen. Bei den Anbauformen im Gewächshaus wird die Petersilientreiberei und der Petersilienanbau unterschieden. Bei der Petersilientreiberei werden die Wurzeln im Herbst aus dem Freiland gerodet und im Winter im Gewächshaus durch Temperatur- und Wassereinwirkung zum Austreiben veranlaßt (siehe Seite 168 f.). Beim **Petersilienanbau** im Gewächshaus für die Winterernte wird Mitte Juli ins Gewächshausbeet gesät. Die Aussaatdichte sollte 2 bis 3 g pro m^2 betragen. Wer in Reihen sät, hält einen Reihenabstand von 20 cm ein und legt

50 Korn pro laufenden Meter. Schnittpetersilie kann aber auch in Töpfen angebaut werden. Bei der Aussaat werden die Petersiliensamen 1 cm mit Erde bedeckt. Die optimale Keimtemperatur beträgt 18 bis 25 °C. Die Keimung dauert 14 bis 21 Tage. Später wird die Temperatur abgesenkt auf tagsüber 15 und nachts 12 °C. Die kräftigste Laubentwicklung findet während der Herbst- und Wintermonate bei Temperaturen zwischen 10 und 12 °C statt. Temperaturen über 20 °C sollten in der lichtarmen Jahreszeit vermieden werden. Zeitweiliges Absinken bis auf –3 °C hinterläßt keine bleibende Schäden.

Portulak

Portulaca oleracea
Portulakgewächse, Portulacaceae

Portulak stammt aus Vorderasien. Die Triebspitzen und Blätter werden frisch zu Salaten, Spinatgemüse, Suppen, Soßen, Kräuterquark und ähnlichem verwendet. Er gilt als blutreinigend, magenstärkend, harntreibend und leicht abführend. Der Samen wird nach der Aussaat nur ganz fein abgedeckt. Die Mindestkeimtemperatur beträgt 12 °C, optimal sind 18 bis 25 °C. Der Samen keimt nach 5 bis 10 Tagen. Portulak wünscht einen hellen Platz. Er hat nur einen geringen Nährstoffbedarf. Von der Aussaat bis zur Ernte dauert es 9 bis 12 Wochen.

Portulak.

Winterkresse, Barbarakraut

Barbarea vulgaris
Kreuzblütler, Cruciferae

Winterkresse hat einen gartenkresseähnlichen Geschmack und wird frisch in kleinen Mengen Salaten beigegeben. In der Naturheilkunde gilt sie als appetitanregend, blutreinigend, harntreibend und wundheilend. Winterkresse ist eine zweijährige Pflanze, die bis zur Blüte im zweiten Jahr laufend beerntet werden kann.

Da sie bis zu –12 °C Frost verträgt, kann sie gut im Kalthaus angebaut werden. Für die Ernte im Winter wird im Herbst ausgesät. Winterkresse ist ein Lichtkeimer, der Samen wird nicht bedeckt. Die Keimung beginnt ab 3 °C, optimal sind 12 bis 22 °C. Die Keimdauer beträgt 7 bis 21 Tage. Während der weiteren Kultur sind 12 °C tagsüber und 8 °C nachts optimal. Von der Aussaat bis Erntebeginn dauert es 7 bis 10 Wochen.

Winterportulak *(Montia perfoliata)* siehe Seite 178.

Mehrjährige Kräuter

Bergbohnenkraut

Satureja montana
Lippenblütler, Labiatae

Bergbohnenkraut ist im Gegensatz zum einjährigen Bohnenkraut mehrjährig. Es ist hauptsächlich im Mittelmeerraum verbreitet. Bergbohnenkraut dient als Würzkraut in Bohnengerichten, Fleischspeisen u. a. In der Naturheilkunde gilt es als magenstärkend, verdauungsfördernd, schleimlösend, anregend und belebend. Zumindest in milderen Gegenden ist es auch bei uns an einem geschützten Platz winterhart. Während der Wachstumsphase benötigt es viel Licht und ausreichend Wärme.

Im Prinzip kann es im Gewächshaus ganzjährig ausgesät werden, wenn die Wärme- und Lichtansprüche erfüllt werden können. Meist wird es jedoch im Gewächshaus vorgezogen und im Sommer ins Freie gestellt oder gepflanzt. Bergbohnenkraut ist ein Lichtkeimer. Der Samen wird daher nicht abgedeckt. Er keimt bei Temperaturen über 10 °C, am besten bei Temperaturen zwischen 20 und 25 °C. Die Keimung dauert 14 bis 21 Tage. Nach der Keimung sind tagsüber 18 und nachts 15 °C zu empfehlen. In der Regel wird Bergbohnenkraut Anfang April im Gewächshaus, Wintergarten oder auf der Fensterbank ausgesät. Es kann direkt gesät oder später pikiert/getopft werden.

Ins Freie dürfen die jungen Pflanzen erst nach den Eisheiligen. An ungünstigen Standorten wird Bergbohnenkraut in Töpfen kultiviert und im Herbst mit den Kübelpflanzen zur Überwinterung eingeräumt. Geerntet wird am besten kurz vor der Blüte, wenn der Gehalt an ätherischen Ölen am höchsten ist. Freilandpflanzen werden im Frühjahr zurückgeschnitten, Gewächshauspflanzen mit dem Einräumen und eventuell nochmals im Frühjahr. Ältere Pflanzen können auch durch Teilung vermehrt werden.

Dost, Oregano

Origanum vulgare
Lippenblütler, Labiatae

Der Dost ist bei uns ein beliebtes Gewürz zu Tomaten, Fleisch, Käse, Suppen, Gemüse und Pizza. Er hat eine magenstärkende, appetitanregende und verdauungsfördernde Wirkung. Als Tee wirkt er bei Erkältung. An einem warmen, sonnigen Platz ist er bei uns mehrjährig. In rauheren Lagen wird er besser im Kleingewächshaus überwintert.

Bergbohnenkraut.

Mit der Aussaat wird in der Regel Mitte Februar im Gewächshaus, Wintergarten oder auf der Fensterbank begonnen. Die Mindestkeimtemperatur beträgt 12 °C, optimal sind 18 bis 25 °C. Die Keimung dauert 14 bis 28 Tage. Danach kann die Temperatur auf tagsüber 15 und nachts 12 °C abgesenkt werden. Auch der Dost ist ein Lichtkeimer, der Samen wird daher nicht abgedeckt. Junge Pflanzen dürfen erst Ende Mai ins Freiland. Geerntet wird kurz vor Beginn der Blüte. Oregano kann auch durch Teilung und Stecklinge vermehrt werden.

Lavendel

Lavandula angustifolia
Lippenblütler, Labiatae

Lavendel ist eine Pflanze des südeuropäischen Raumes. Die jungen Triebspitzen dieses Halbstrauches werden zum Würzen von Soßen, Fleisch und Suppen verwendet. Die Blütenzweige werden in Sträußen getrocknet und für Duftzwecke, Tee, Kräutergeist und als Badezusatz genutzt. Es wird diesen

Sträußen auch eine mottenvertreibende Wirkung nachgesagt. In der Naturheilkunde wird Lavendel wegen seiner entspannenden, nervenberuhigenden und schlaffördernden Wirkung geschätzt.

Im Gewächshaus ist eine ganzjährige Aussaat möglich, wenn die Licht- und Wärmeansprüche der Pflanze erfüllt werden. In der Regel wird Lavendel ab Anfang März im geheizten Gewächshaus ausgesät. Der Samen wird 0,5 cm tief abgelegt. Die Mindestkeimtemperatur beträgt 16 °C, optimal sind 20 bis 25 °C. Die Keimung dauert 21 bis 28 Tage. Nach Beendigung der Keimphase wird auf tagsüber 20, nachts 16 °C abgesenkt. Die jungen Pflanzen werden erst ab Ende Mai ins Freie gesetzt. Lavendel verträgt nur bis etwa –12 °C Frost. Im Freiland benötigt er je nach Anbaulage einen Frostschutz, oder aber er wird im Winter wie eine mediterrane Kübelpflanze behandelt und im kühlen Gewächshaus überwintert.

Rosmarin

Rosmarinus officinale
Lippenblütler, Labiatae

Rosmarin ist ein Strauch des Mittelmeerraumes. Die Triebspitzen und Blätter werden zum Würzen von Fleisch, Grillgerichten, Kartoffeln und anderen Gemüsen verwendet. In der Naturheilkunde wird er bei Beschwerden im Magen-, Darm- und Gallenbereich, bei niedrigem Blutdruck und anderem eingesetzt.

In der Regel wird Rosmarin Mitte Mai im Gewächshaus ausgesät. Die Mindestkeimtemperatur ist 3 °C, optimal sind aber 18 bis 25 °C. Der Samen wird 1 cm tief bedeckt. Die Keimdauer beträgt 14 bis 28 Tage. Nach der Keimung kann die Temperatur auf 20 °C tagsüber und 16 °C nachts abgesenkt werden. Ab Ende Mai können die jungen Pflanzen ins Freiland gestellt werden. Sie erhalten einen sonnigen, warmen

Links: Lavendel.

Rechts: Rosmarin.

Schnittlauch.

Platz. Da Rosmarin nur bis –3 °C Frost verträgt, wird er am besten in Kübeln kultiviert und im Winter im kühlen, aber frostfreien Gewächshaus überwintert. Rosmarin kann 1 bis 3 m hoch werden. Ältere Pflanzen mit reichem Blütenbesatz verleihen Balkon und Terrasse ein südländisches Flair.

Schnittlauch

Allium schoenoprasum
Liliengewächse, Liliaceae

Schnittlauch ist ein in Europa und Asien heimisches Zwiebelgewächs. Die Wildform findet man zum Beispiel in Niedermooren und sumpfigen Wiesen des Alpenvorlandes.

Bereits seit dem Mittelalter wird Schnittlauch als Würzkraut verwendet. Heute ist er eines unserer beliebtesten Gewürze, das frisch oder gefrostet zur Verfeinerung von Suppen, Soßen, Quark, Eier- und Fleischspeisen, Kartoffelgerichten und als Butterbrotbelag verwendet wird. Ernährungsphysiologisch wertvoll sind der hohe Vitamin-C-, der Karotin und Calciumgehalt. Außerdem wirkt er auf Grund seiner ätherischen Öle appetitanregend und verdauungsfördernd.

Schnittlauchpflanzen sind mehrjährig und frosthart. Als Speicherorgan dienen die zahlreichen im Sommer an der Pflanzenbasis angelegten Blattknospen, die nach einer Knospenruhe austreiben. Dieser Vorgang wird für die Schnittlauchtreiberei genutzt, die auch im Winter die Ernte von frischem Schnittlauchgrün ermöglicht (siehe Seite 168).

Schnittlauch wird direkt an Ort und Stelle oder in einen Topf gesät, in Saatkisten im Gewächshaus vorgezogen und später ins Freiland oder Gewächshaus ausgepflanzt oder durch Teilung der Ballen vermehrt. Die ersten Schnittlauchsätze des Jahres werden bereits Anfang Februar im Gewächshaus heran-

Thymian.

gezogen, während der Anbau im Freiland erst im März beginnt. Die frühen Schnittlauchsätze können noch im selben Jahr für die Treiberei verwendet werden, ansonsten muß bis zum nächsten Jahr gewartet werden.

Für die Aussaat in eine Saatkiste werden 1 bis 2 g Saatgut benötigt. Schnittlauchsamen bleibt nur 1 bis 2 Jahre keimfähig, man verwendet daher am besten jedes Jahr frisches Saatgut. Der Samen wird 2 cm mit Erde bedeckt. Die Mindestkeimtemperatur beträgt 5 °C, am besten sind aber Temperaturen zwischen 18 und 25 °C. Die Keimung dauert 7 bis 21 Tage. Danach kann die Temperatur auf tags 15 °C und nachts 12 °C gesenkt werden. Nach 6 bis 8 Wochen können die jungen Pflänzchen jeweils in Büscheln von 15 bis 20 Einzelpflanzen im Abstand von 20 × 25 cm ausgepflanzt werden. Wird ins Freiland gepflanzt, werden die Jungpflanzen vorher abgehärtet.

Schnittlauch hat zwar einen relativ hohen Wasser- und Nährstoffbedarf, da Reservestoffe für den Austrieb nach der Ruhephase anzulegen sind, während der Jugendphase sollte man aber mit der Düngung eher zurückhaltend sein, um die Wurzelverzweigung zu fördern. Für die Treiberei vorgesehener Schnittlauch wird ab Mitte Juli nicht mehr gedüngt. Um genügend Reservestoffe anlegen zu können, darf für die Treiberei vorgesehener Schnittlauch im Sommer nicht geerntet werden. Ansonsten kann Schnittlauch je nach Witterung sogar viermal pro Jahr geerntet werden.

Thymian

Thymus vulgaris
Lippenblütler, Labiatae

Thymian ist eine Pflanze des südeuropäischen Raumes, wo er an trockenen, sonnigen Standorten gedeiht. Da Thymian nur bis –5 °C frosthart ist, benötigt er bei uns im Freien einen Winterschutz, oder er wird im kühlen Gewächshaus überwintert. Die jungen Triebe des Thymian werden als Gewürzkraut zu Fleisch- und Gemüsegerichten, zu Quark, Pizza und Soßen verwendet. In der Naturheilkunde wird Thymian als Tee, Badezusatz, Mund- und Gurgelwasser gebraucht. Er gilt als schleimlösend bei Husten und Keuchhusten, krampflösend bei Magen-, Darm- und Gallenleiden.

Im Gewächshaus wird Thymian Mitte Februar ausgesät. Er ist ein Lichtkeimer, die Samen werden daher nicht abgedeckt. Die Mindestkeimtemperatur beträgt 6 °C, optimal ist jedoch eine Temperatur zwischen 16 und 22 °C. Die Keimung dauert 7 bis 21 Tage. Danach kann die Temperatur etwas abgesenkt werden. Der Wasser- und Nährstoffbedarf von Thymian ist gering. Junge Pflanzen dürfen frühestens Mitte Mai ins Freie. Dort sollten sie einen sonnigen Platz erhalten. Thymian kann auch durch Teilung und Absenker vermehrt werden.

Kübelpflanzen und heimische Obstgehölze in Kübeln überwintern

Kübelpflanzen verschönern im Sommer unsere Gärten, Terrassen, Eingangsbereiche und Balkone. Diese Pflanzen haben ihre Heimat meist in Klimazonen mit milden Wintern und einem hohen Lichtangebot das ganze Jahr hindurch. So stammt beispielsweise die Fuchsie ursprünglich aus den tropischen Gebirgen Südamerikas, der Zylinderputzer aus Australien und die Pelargonie (»Balkongeranie«) aus Südafrika. An ihrem Heimatstandort sind diese Arten winterhart und erreichen teilweise beachtliche Größen. Ihre volle Schönheit zeigen sie oft erst nach mehreren Jahren, wenn sie das Erwachsenenalter ereicht haben.

Während der warmen Sommerzeit gedeihen sie auch bei uns prächtig im Freien, vorausgesetzt sie erhalten einen Platz, der ihren Licht- und Wärmeansprüchen entspricht. Unsere kalten Winter jedoch überstehen sie nur in einem geschützten Winterquartier. Damit die Freude an diesen Pflanzen nicht nur einen Sommer lang hält, muß ein geeigneter Überwinterungsplatz gefunden werden. Optimal sind wegen des höheren Lichtangebotes bei gleichzeitiger Regelbarkeit der Temperatur frostfreie Kleingewächshäuser und Wintergärten, daneben eignen sich für manche Pflanzen auch kühle Keller, Garagen und

Frostfreie Gewächshäuser sind ideal für die Überwinterung von Kübelpflanzen.

Kübelpflanzen im Überblick

Name	Frost-empfindlichkeit	Überwinterungstemperatur	Immergrün (+) oder nicht (–)	Blütenfarbe(n)	Blütezeit	Schnitt/-zeitpunkt	Vermehrung	Sonstiges/Besonderheiten
Kübelpflanzen für die Überwinterung im Kalthaus								
Schönmalve, *Abutilon*-Arten	nicht frostverträglich	5–10 °C	+	weiß, rot, orange, gelb	ganzjährig möglich	vor dem Einwintern zurückschneiden	ganzjährig mit Kopfstecklingen oder Aussaat von Januar bis April bei 18–24 °C	im Hochsommer vor praller Mittagssonne schützen, wegen Winterblüte besonders für Wintergärten
Akazie, *Acacia*-Arten	verträgt leichten Frost	2–10 °C	+	gelb	ganzjährig möglich	Formschnitt möglich	ganzjährig durch Aussaat bei 18–22 °C	wegen der Hauptblüte im Winter besonders für Wintergärten
Strauchmargerite, *Agyranthemum frutescens*	nicht frostverträglich	5–12 °C	+	weiß, gelb	Frühjahr bis Herbst	vor dem Einwintern	Kopfstecklinge werden im Herbst von den abgeblühten Pflanzen oder im Spätwinter von kühl überwinterten Pflanzen geschnitten, gesteckt und bei 15–18 °C bewurzelt. Mehrmaliges Stutzen bewirkt einen buschigen Wuchs	wird häufig von Minierfliege befallen, was sich durch Miniergänge an den Blättern zeigt
Erdbeerbaum, *Arbutus unedo*	verträgt leichten Frost	2–8 °C	+	weiß bis rosa	November bis März	Formschnitt möglich	krautige Kopfstecklinge im Sommer schneiden und stecken oder Aussaat bei 20–22 °C	wegen der Blüte im Winter besonders für den Wintergarten
Aukube, *Aucuba japonica*	frostverträglich bis –15 °C	5 °C oder kälter	+	rot	März bis April	Formschnitt möglich	Kopfstecklinge im Frühjahr oder Sommer bei 20 °C bewurzeln	kann auch im ungeheizten Gewächshaus überwintert werden, roter Fruchtschmuck

Zylinderputzer, *Callistemon*-Arten	leicht frostverträglich	5–10 °C	+	rot	Sommer, Zeitpunkt abhängig von der Temperatur im Winterquartier	Rückschnitt nach der Blüte	Aussaat ganzjährig, Stecklinge (kurze Abrißlinge) von August bis März bei 20 °C bewurzeln	benötigt auch im Überwinterungsquartier viel Licht
Kamelie, *Camelia*-Arten	leicht frostverträglich	2–5 °C	+	weiß, rosa, rot, mehrfarbig	Herbst bis Frühjahr	nicht zu empfehlen	im August Blattstecklinge mit oder ohne Ansatz alten Holzes oder Kopfstecklinge abnehmen und bewurzeln	unter 60 % Luftfeuchte vertrocknen die Blütenknospen
Gewürzrinde, *Cassia*-Arten	nicht frostverträglich	ca. 10 °C je nach Art	–	gelb	Frühjahr bis Herbst	Rückschnitt beim Einräumen	durch Aussaat oder durch halbreife Stecklinge bei 18–22 °C	die Kerzenkassie *Cassia didymobotrya* sollte bei etwa 15 °C überwintert werden
Hammerstrauch, *Cestrum*-Arten	nicht frostverträglich	2–8 °C	–	gelb, rot	ganzjährig möglich	Rückschnitt beim Einräumen	leicht verholzte Stecklinge im Frühjahr bewurzeln oder Aussaat bei 20–24 °C	auch für halbschattige Standorte geeignet
Zitrusgewächse, *Citrus*-Arten	nicht frostverträglich	5–10 °C	+	weiß	ganzjährig	Formschnitt möglich	Vermehrung durch Aussaat (ganzjährig) bei etwa 20 °C, Stecklinge (Sommer) bei 25–30 °C, Abmoosen oder Veredelung je nach Art	Pflanzen aus Samen blühen erst nach vielen Jahren
Engelstrompete, *Brugmansia*-Arten	nicht frostverträglich	ca. 5 °C	–	weiß, gelb, rosa	Sommerhalbjahr	starker Rückschnitt vor dem Einräumen	Aussaat oder ausgereifte Stecklinge von Frühjahr bis Herbst bei 20 °C bewurzeln	anfällig für weiße Fliege und andere Schädlinge
Korallenstrauch, *Erythrina christagalli*	nicht frostverträglich	2–8 °C	–	rot	Sommerhalbjahr	Rückschnitt vor dem Einräumen	Aussaat oder Stecklinge bei 25 °C	kann auch dunkel überwintert werden

Fortsetzung

Name	Frostempfindlichkeit	Überwinterungstemperatur	Immergrün (+) oder nicht (–)	Blütenfarbe(n)	Blütezeit	Schnitt/-zeitpunkt	Vermehrung	Sonstiges/Besonderheiten
Eucalyptus-Arten	einige Arten vertragen Frost	2–10 °C	+	–	–	Formschnitt um sie niedriger zu halten	Aussaat oder Stecklinge (langsame Bewurzelung) bei 25 °C	Eucalyptus muß sehr hell überwintert werden
Fuchsie und Hybriden, *Fuchsia*-Arten	nicht frostverträglich	ca. 5 °C	(+)	rot, rosa, weiß	ganzjährig möglich	Rückschnitt vor dem Einräumen	Kopfstecklinge im Herbst, Spätwinter oder Frühjahr bei 16–20 °C	Fuchsien werden häufig von weißer Fliege befallen
Jasmin, *Jasminum*-Arten	leicht frostverträglich	ca. 2–8 °C	+ außer *J. officinale*	weiß	je nach Art auch im Winter	Formschnitt möglich	Kopfstecklinge von März bis Mai bei 20 °C bewurzeln	die Blüten verströmen einen starken Duft
Lorbeer, *Laurus nobilis*	frostverträglich bis –10 °C	ca. 2–8 °C	+	grünlich gelb	Frühjahr	Formschnitt möglich	Kopfstecklinge im Spätwinter bei 18–22 °C bewurzeln	die Blätter sind ein beliebtes Gewürz
Oleander, *Nerium oleander*	leicht frostverträglich	ca. 2–10 °C	+	weiß, rosa, rot	Sommerhalbjahr	Formschnitt möglich	Vermehrung durch Stecklinge im Frühjahr und Sommer bei 20 °C, läßt sich gut in Wasser bewurzeln	abgeblühte Blütenstände werden nicht entfernt
Olive, *Olea europaea*	verträgt bis –10 °C	2–10 °C	+	grünlichgelb	(Juni)	Formschnitt möglich	Stecklinge bei 25 bis 30 °C im Sommer bewurzeln, auch Aussaat möglich	kann mehrere hundert Jahre alt werden
»Geranie«, *Pelargonium*-Arten und Hybriden	nicht frostverträglich	2–10 °C	+	rot, rosa, weiß, lachs	Sommerhalbjahr auch ganzjährig möglich	Rückschnitt vor der Überwinterung	Aussaat Dezember bis Februar bei 20–24 °C, Stecklinge von Juli bis Oktober bei 20–22 °C	wird vorwiegend als Balkonkastenpflanze genutzt
Bleiwurz, *Plumbago auriculata*	nicht frostverträglich	5–10 °C	(+)	blau, weiß	Sommerhalbjahr	starker Rückschnitt vor dem Einräumen	Vermehrung durch Stecklinge im Frühjahr oder Herbst bei 20 °C	kann dunkel überwintert werden

Nachtschatten, *Solanum rantonnetii*	nicht frost-verträglich	5–10 °C	(+)	blau, weiß	ganzjährig möglich	Rückschnitt vor dem Einräumen	Stecklinge im Frühjahr, Sommer oder im Herbst vor dem Einräumen bei 20–25 °C bewurzeln, Aussaat Februar/März bei 20–24 °C	verträgt auch schattigere Standorte
Samtveilchen, *Tibouchina urvilleana*	nicht frost-verträglich	ca. 10 °C	(+)	violett	Sommer bis Frühjahr	nach der Blüte	Stecklinge bei 25–30 °C bewurzeln	beliebt für Wintergärten wegen der Blüte im Winter
Mittelmeerschneeball, *Viburnum tinus*	verträgt bis −10 °C	2–8 °C	+	weiß	Winterblüher	Formschnitt möglich	Stecklinge, Steckholz	beliebte Wintergartenpflanze
Kübelpflanzen für die Überwinterung im temperierten Haus								
Bougainvillea-Arten	nicht frost-verträglich	ca. 10 °C je nach Art	–	weiß, pink, rot, violett, gelb-orange	ganzjährig möglich	Formschnitt möglich	ganzjährig Kopf- oder Teilstecklinge bei 25 °C bewurzeln	tropische Kletterpflanze, kann auch als Stämmchen erzogen werden
Zierbanane, *Ensete ventricosum, E. maurelii*	nicht frost-verträglich	ca. 15 °C	+	–	–	kein Schnitt	Aussaat ganzjährig möglich, Keimtemperatur 25 °C	*Ensete maurelii* hat rote Blattstiele, -nerven und -unterseiten. Einige Arten vertragen auch tiefere Überwinterungstemperaturen
Hibiscus, *H. rosa-sinensis*	nicht frost-verträglich	ca. 15 °C	+	weiß, rosa, rot	ganzjährig möglich	Formschnitt möglich	Kopf- oder Teilstecklinge im Februar/März oder August bei 22–24 °C bewurzeln	Hibiskus eignet sich für warme Wintergärten und als Zimmerpflanze
Palisander, *Jacaranda mimosifolia*	nicht frost-verträglich	ca. 15 °C	(+)	blau	–	Formschnitt möglich	Stecklinge im zeitigen Frühjahr oder Aussaat bei 25 °C	kommt bei uns selten zur Blüte
Großblättrige Thunbergie, *Thunbergia grandiflora*	nicht frost-verträglich	ca. 15 °C	+	blau	fast ganzjährig möglich	Rückschnitt vor dem Einräumen	Stecklinge	Kletterpflanze

Treppenhäuser. Einige Kübelpflanzen vertragen nur eine helle Überwinterung (z. B. Strauchmargerite) und manche blühen während der Wintermonate, wenn sie in einem hellen Kleingewächshaus oder Wintergarten gehalten werden (z. B. die Kamelie).

Da Kübelpflanzen mindestens zweimal jährlich umgestellt werden müssen, werden sie, wie ihr Name schon sagt, in Kübeln und Kästen kultiviert, seltener auch in Beete ausgepflanzt.

Wer sein Kleingewächshaus nicht den Winter über beheizen oder frostfrei halten möchte, der kann ab März seine Kübel- und überwinternden Balkonpflanzen aus anderen Winterquartieren holen und im unbeheizten Gewächshaus vortreiben.

Austrieb, Blattschmuck und Blütenpracht stellen sich dann früher ein. Nach dem Ausräumen können diese Gewächshäuser dann für den Gemüseanbau genutzt werden.

Das Gewächshaus, seine Ausstattung und die Kulturmaßnahmen

Zur Überwinterung von Kübelpflanzen eignen sich alle frostfreien Gewächshäuser. Die Temperatur muß über Heizung und Lüftung regelbar sein. Die Temperaturführung richtet sich nach den Ansprüchen der zu überwinternden Arten. Einige vertragen zwar leichten Frost, die große Mehrzahl aber hat ihre optimale Überwinterungstemperatur im Bereich zwischen 1 und 10 °C. Bei dieser kühlen Überwinterung werden die Pflanzen in einer Art Ruhephase gehalten.

Wird nur eine Art überwintert, so kann die Temperatur für diese optimal eingestellt werden. Meist wird aber eine Sammlung verschiedener Arten, die aus verschiedenen Klimazonen stammen, überwintert. In diesem Fall muß die Temperatureinstellung ein Kompromiß sein. Das Gewächshaus sollte mindestens frostfrei, besser auf 5 bis 8 °C beheizt werden können. Zu beachten ist, daß einige tropische Kübelpflanzen auch im Winter bei mindestens 12 °C kultiviert werden müssen (z. B. Hibiskus und *Jacaranda*).

Um die Heizkosten möglichst niedrig zu halten, empfiehlt sich eine Gewächshausabdeckung mit Stegdoppelplatten oder eine Doppelverglasung. Einfache Glaseindeckungen können nachträglich mit Noppenfolie isoliert werden. Foliengewächshäuser sind in der Regel weniger geeignet.

Im Spätwinter und zeitigen Frühjahr kann die Sonne bereits sehr intensiv sein und die Temperaturen tagsüber im Gewächshaus in die Höhe treiben. Ausreichende Lüftungsmöglichkeiten sind dann wichtig, um die Temperaturschwankungen zwischen Tag und Nacht nicht zu groß werden zu lassen. Auch tagsüber sollten die Temperaturen 15 bis 20 °C oder zumindest nicht die Außenlufttemperatur übersteigen. Ist die natürliche Lüftung über Fenster und Türen nicht ausreichend, hilft ein Ventilator zur Zwangsbelüftung.

In Zeiten mit klaren, kalten Nächten und sonnenreichen Tagen im Spätwinter kann eine Innen- oder Außenschattierung nützlich sein. Nachts schützt sie vor Wärmeverlusten und spart Heizkosten, tagsüber ist sie Sonnenschutz und bewahrt vor einem zu starken Ansteigen der Temperatur. Bei Bewölkung sollte die Schattierung tagsüber unbedingt entfernt werden. Für einen kräftigen, gesunden Wuchs benötigen die Pflanzen ausreichend Licht.

Die Gewächshauseinrichtung richtet sich nach der Größe der Pflanzen. Werden nur große Pflanzen eingestellt, verzichtet man auf Regale und Tische. Die Pflanzen können direkt auf den Boden oder auf Paletten und ähnliches gestellt werden. Hat man auch kleine Kübelpflanzen oder mit überwinternden Arten bepflanzte Balkonkästen, kann ein Teil des Gewächshauses zwecks besserer Platzausnutzung mit Tischen oder Regalen ausgestattet werden. Pflanzen wie beispielsweise der Korallenstrauch, die ohne Laub überwintert werden oder aus anderen Gründen einen niedrigen oder gar keinen Lichtanspruch während der Ruhephase haben, finden dann ihren Platz unter dem Tisch.

Wer seine Kübelpflanzen nicht im Kleingewächshaus überwintert, sie aber gern verfrühen möchte, kann sie ab März aus anderen Winterquartieren holen und in ein unbeheiztes Gewächshaus stellen.

Auch hier gilt das vorher gesagte. Die Tagestemperaturen sollen 15 bis 20 °C oder zumindest die Außentemperaturen nicht überschreiten, es müssen also auch in diesem Fall ausreichende Lüftungsmöglichkeiten vorhanden sein.

Die Innentemperaturen sollten nachts 2 °C nicht unterschreiten. Besteht Frostgefahr im Gewächshaus, behilft man sich mit Strohmatten, die über das Gewächshaus gelegt werden.

Das Einwintern

Wer seine Kübelpflanzen bei optimalen Temperaturen im Gewächshaus überwintert und ihnen ausreichend Platz und damit genügend Licht bietet, kann sie alle früh, also vor dem ersten Frost, einräumen. An sonnigen Tagen wird viel gelüftet, die Temperatur sollte im Herbst nicht mehr über 10 °C oder zumindest die Außentemperatur klettern, damit sich die Pflanzen auf die Ruhephase einstellen können.

Häufig müssen die Pflanzen jedoch aus Platzmangel sehr eng aufgestellt werden. Auch in einem Erdhaus sind die Lichtverhältnisse meist nicht optimal. Bei diesen nicht ganz idealen Bedingungen wird man die Überwinterungsphase möglichst kurz halten, um einem zu starken Abbau von Reservestoffen in der Pflanze entgegenzuwirken. In diesem Fall stellt man die Pflanzen entsprechend ihrer Frosthärte möglichst spät ein.

Die Frosthärte ist einerseits genetisch bedingt und andererseits vom Alter und der Abhärtung der Pflanzen abhängig. Einige Kübel- und Balkonpflanzenarten vertragen überhaupt keinen Frost, andere vertragen sogar Temperaturen von −15 °C. Erwachsene Pflanzen sind robuster als Jungpflanzen. Weiches, neu ausgebildetes Gewebe ist besonders frostempfindlich. Vor den ersten Frösten müssen unbedingt die Engelstrompete, der Nachtschatten, die Zierbanane, Hibiskus, Korallenstrauch und alle anderen frostempfindlichen Kübelpflanzen eingewintert werden. Spätestens bevor das Thermometer auf −5 °C sinkt, werden die Akazie, der Zylinderputzer und andere leicht frostverträgliche Arten eingeräumt. Sind Temperaturen unter −12 °C zu erwarten, müssen alle Kübelpflanzen eingeräumt sein.

Um die Überwinterungsfähigkeit zu fördern, wird ab August/September das Düngen eingestellt. Die Pflanzen sollen bis zu ihrer Ruhephase das Triebwachstum beendet haben und mit ausgereiftem Gewebe in die Überwinterung gehen. Auch mit den Wassergaben wird man zum Herbst hin vorsichtiger. Ein unvorhergesehener Temperaturabfall kann den Wasserbedarf soweit reduzieren, daß die Pflanzen mit nassen Füßen stehen bleiben. Staunässe, besonders bei niedrigen Temperaturen, wird von den Wurzeln sehr übel genommen und kann sogar zum Absterben der Pflanze führen. Außerdem ist ein trockener Wurzelballen leichter zu transportieren, was beim Einräumen dann buchstäblich ins Gewicht fällt.

Kübelpflanzen, die ins Beet gepflanzt wurden, müssen rechtzeitig ausgegraben werden. Das Ausgraben ist wesentlich leichter, wenn man die Pflanzen mit einem Plastikkorb, der nach unten geschlossen ist, eingesenkt hat. Ein Sackkarren oder ein anderer fahrbarer Untersatz erleichtern den Transport vom Sommer- zum Winterstandort.

Kübelpflanzen, die einen optimalen Überwinterungsplatz erhalten, können bereits im Herbst mit dem Einräumen geschnitten werden, da bei ihnen nicht mit Überwinterungsschäden zu rechnen ist. Das gilt beispielsweise auch für die Fuchsie, die Balkongeranie und die Margerite, die im Gewächshaus oder Wintergarten in luftiger Standweite aufgestellt werden. Sie beginnen dann bereits im zeitigen Frühjahr wieder zu blühen. Ist der Überwinterungsplatz nicht ganz so perfekt hinsichtlich Licht und Temperatur, wird im Herbst nur leicht zurückgeschnitten und der endgültige Schnitt im zeitigen Frühjahr vor dem Neuaustrieb durchgeführt. Jedoch werden nicht alle Pflanzenarten grundsätzlich vor, während oder nach dem Überwintern geschnitten. Der Zylinderputzer beispielsweise wird nach der Blüte im Juli/August geschnitten.

Bei allen Pflanzen werden vor dem Einwintern kranke und abgestorbene Pflanzenteile entfernt, bei den meisten auch die abgeblühten Blütenstände, um Krankheiten keinen Angriffspunkt zu bieten. Außerdem kontrolliert man auf Schädlinge, um sie eventuell noch vor dem Einwintern zu bekämpfen.

Pflege im Winterquartier

Düngung und Bewässerung müssen sich immer nach der Pflanzenaktivität richten. Während der kühlen Überwinterung befinden sich die Pflanzen in einer Ruhephase und benötigen kaum Wasser und keine Nährstoffe. Es wird erst gegossen, wenn sich die Erde vom Topfrand löst, sonst kann Vernässung zum Absterben der Wurzeln führen. Das gilt jedoch nicht, wenn tropische Kübelpflanzen warm überwintert werden. Dann muß auch am Winterstandort bewässert und mäßig gedüngt werden.

In der Regel werden Pflanzen verschiedener Gattungen und Arten in einem Kleingewächshaus überwintert. Die Pflanzen sind verschieden groß und daher in verschieden großen Gefäßen. Die einen überwintern ohne Laub, haben sämtliche Aktivitäten eingestellt und benötigen so gut wie kein Wasser, andere zeigen auch während der kühlen Phase ein leichtes Wachstum. Daher ist in den meisten Fällen von einer zentralen, automatischen Wasserversorgung abzuraten, es sei denn, man hat eine Tröpfchenbewässerung mit individuell regulierbaren Tropfern. In der Regel wird man überwinternde Kübelpflanzen mit der Gießkanne gießen, doch wird das im Winter nur sehr selten notwendig sein. Erst ab März, wenn das Wachstum stärker einsetzt, wird auch der Wasserbedarf größer. Mit dem Austrieb muß auch langsam wieder mit dem Düngen begonnen werden.

Auch im Winterquartier muß regelmäßig auf Schädlinge und Krankheiten kontrolliert werden, abgestorbene Pflanzenteile werden entfernt.

Muß umgetopft werden, so wird dies vor dem Neuaustrieb durchgeführt. Als Topferde eignen sich für die meisten Arten Einheitserde oder selbsthergestellte Mischungen aus Gartenerde, Torf, Kompost und ähnlichem. Die Erde sollte nicht zu leicht sein, um genügend Standfestigkeit am Sommerstandort zu gewährleisten.

Sind Schnittmaßnahmen notwendig, werden diese spätestens vor dem Neuaustrieb vorgenommen. Der Schnittzeitpunkt sowie die Temperatur im Winterquartier bestimmt den Blühbeginn. Pflanzen, die bereits im Herbst ihren endgültigen Rückschnitt erhielten und in luftigem Abstand aufgestellt wurden, können ab dem Spätwinter etwas wärmer (10 bis 15 °C) kultiviert werden. Sie beginnen dann bereits frühzeitig mit dem Austrieb und der Blüte.

Jedoch sind sie frostempfindlich und dürfen erst nach den letzten Frösten wieder ins Freie. Dieser Zeitpunkt ist in der Regel Mitte Mai erreicht.

Das Ausräumen

Pflanzen, die an ihrer unteren Temperaturgrenze überwintert wurden und noch nicht ausgetrieben haben, dürfen entsprechend ihrer Frosthärte früh ausgeräumt werden. Diejenigen, die als letzte im Herbst eingeräumt wurden, also beispielsweise Aukube und Lorbeer, dürfen im Frühjahr als erste wieder hinaus.

Später folgen ihnen die leicht frostverträglichen Arten. Spätestens ab Mitte Mai, wenn keine Nachtfröste mehr zu erwarten sind, können alle Kübelpflanzen ins Freie. Dort sollten sie einen optimalen Standort erhalten, um sich gut zu entwickeln und auch Kraft für die nächste Überwinterung sammeln zu können.

Beliebte Kübelpflanzen

Aus der Vielzahl der Kübelpflanzen, von der auch die Tabelle nur einen Ausschnitt wiedergibt, soll hier nur auf die beliebtesten Arten näher eingegangen werden, zu deren Kultur dementsprechend in unserer Beratungsstelle die häufigsten Fragen eingehen. Dies sind Oleander, Strauchmargerite, Fuchsie, Pelargonie, Korallenstrauch, Zylinderputzer, Engelstrompete sowie die Zitrusgewächse.

Neben den typischen Zierpflanzen eignen sich auch einige Gemüse und Kräuter als dekorative Kübelpflanzen, wie beispielsweise die Artischocke, der Rosmarin und Cardy. Auch sie können im Sommer im Freien stehen, werden aber im frostfreien Kleingewächshaus oder Wintergarten überwintert.

Margerite, Strauchmargerite

Argyranthemum frutescens (syn. *Chrysanthemum frutescens*)
Korbblütler, Compositae

Die Margerite gehört zu der Familie der Korbblütler. Ihre schönen, strahlenförmigen, weißen oder gelben Blüten symbolisieren für uns Sonne und Sommerzeit. Die beliebte Balkon- und Kübelpflanze stammt von den Kanarischen Inseln. Dort ist sie ein mehrjähriger Halbstrauch, der eine Höhe bis zu 150 cm erreicht.

Junge Strauchmargeriten werden bei uns in verschiedenen Sorten für den Balkonkasten angeboten, ältere in Busch- oder Stämmchenform als Kübelpflanzen.

Die Margerite möchte im Sommer einen sonnigen Standort auf dem Balkon, der Terrasse oder im Garten. Während dieser Phase hat sie einen hohen Wasser- und Nährstoffbedarf. Ein trokkener Wurzelballen führt zum Eintrokknen der Knospen, aber auch Staunässe schädigt.

Verblühte Knospen werden regelmäßig entfernt. Läßt die Blühfreudigkeit stark nach, kann auch im Sommer zurückgeschnitten werden. Dazu kürzt man die Triebe mit einer Schere maximal um ein Drittel bis zu einer Blattachsel ein. Diese Pflanzen bringen dann im Herbst noch einmal einen schönen Flor.

An der Überwinterung der Strauchmargerite sind schon viele Kübelpflanzenliebhaber gescheitert. Im kühlen Gewächshaus oder Wintergarten, also an einem hellen, kühlen Platz, kann sie erhalten werden.

Ab August wird die Margerite nicht mehr gedüngt. Sie wird vor dem ersten Frost ins Gewächshaus geschafft. Vor dem Einräumen wird sie stark, maximal um zwei Drittel zurückgeschnitten. Der starke Rückschnitt wirkt gegen ein Verkahlen von unten.

Die optimale Temperatur zur Überwinterung liegt bei 5 bis 10 °C. Während des Winters benötigt sie wenig Wasser, Staunässe muß vermieden werden, jedoch sollte der Wurzelballen nie völlig austrocknen.

Sobald sich der Neuaustrieb zeigt, benötigt die Pflanze langsam wieder mehr Wasser und auch Dünger. Ab Mitte Mai, an frostgeschützten Standorten auch vorher, kann sie wieder ins Freie gestellt werden.

Strauchmargeriten lassen sich gut über Stecklinge vermehren. Soll aus dem Steckling ein Stämmchen gezogen werden, müssen die Pflanzen dunkler gehalten werden, damit zunächst keine Blüte gebildet wird und der Stamm lang wird.

Seitentriebe werden nach und nach von unten nach oben ausgebrochen, jedoch immer die obersten stehen gelassen. Später werden die Triebe eingekürzt, damit sie sich verzweigen.

Engelstrompete.

Engelstrompete

Brugmansia-Arten (syn. *Datura*)
Nachtschattengewächse, Solanaceae

Mit ihren großen glockenförmigen Blüten ist die Engelstrompete eine besonders attraktive Kübelpflanze für sonnige und halbschattige Plätze. Wie die meisten Mitglieder der Familie der Nachtschattengewächse ist sie jedoch giftig.

In Südamerika ist sie ein winterharter Strauch, bei uns muß sie im frostfreien, aber kühlen Quartier überwintert werden.

Voraussetzung für einen üppigen Sommerflor ist reichliches Gießen und Düngen während der Wachstumsphase. Bei zu starkem Triebwachstum werden die Spitzen ausgebrochen.

Vor der Überwinterung in einem luftigen Kleingewächshaus wird die Engelstrompete tief zurückgeschnitten. Wird an einem weniger günstigen Standort überwintert, so fällt der Herbstschnitt nicht ganz so stark aus, dafür wird im Frühjahr nachgeschnitten. Die Engelstrompete kann aus Samen herangezogen werden.

Zylinderputzer

Callistemon citrinus (syn. *Metrosideros citrina*)
Myrtengewächse, Myrtaceae

Der Zylinderputzer gehört zur Familie der Myrtengewächse und stammt aus Australien. Seine Blätter sind schmallanzettlich und ziemlich steif, ähnlich Oleanderblättern. Die leuchtendroten Staubfäden dieses bis zu 2 m hoch werdenden Strauches ragen weit aus den

Blütenähren heraus und geben dem Blütenstand ein bürstenähnliches Aussehen.

Der Zylinderputzer wird nach den Eisheiligen Mitte Mai aus dem Gewächshaus ins Freie an einen sonnigen, luftigen Platz geräumt. Seine Blütezeit liegt in den Monaten März bis Juli. Nach der Blüte können zu lange Triebe eingekürzt werden. Während der Wachstumsphase hat *Callistemon* einen hohen Wasserbedarf, darf aber nie staunaß gehalten werden.

Die Pflanze mag ein eher kalkarmes Substrat, verträgt aber auch Einheitserde. Als Gießwasser eignet sich Regenwasser oder Regenwasserverschnitt besser als kalkreiches Gießwasser.

Der Zylinderputzer verträgt leichten Frost und kann vergleichsweise spät eingeräumt werden. Die Überwinterungstemperatur sollte unter 10 °C liegen. In der Ruhephase benötigt er kaum Wasser und keinen Dünger, der Wurzelballen darf nicht zu naß sein, aber auch nicht vollkommen austrocknen. Da die Blätter keine Welkesymptome zeigen, muß der Ballen auf Trockenheit geprüft werden. Ab März erhält der Zylinderputzer wieder mehr Wasser und Nährstoffe. Der Zylinderputzer kann über Stecklinge vermehrt werden.

Zylinderputzer.

Kamelie

Camellia japonica, C. sasanqua
Teegewächse, Theaceae

Die Kamelie ist ein immergrüner Strauch mit lederartigen, dunkelgrünen, glänzenden Blättern und großen Blüten, überwiegend in Weiß-, Rosa- oder Rottönen. Sie gehört zu der Familie der Teegewächse (Theaceae) und stammt wie auch der Teestrauch aus Ostasien. Sie wurde im 18. Jahrhundert nach Europa eingeführt.

Während die Kamelien in der Toscana ganzjährig im Freien stehen, Baumgröße erreichen und bis zu 100 Jahre alt werden können, eignen sich bei uns die meisten Sorten hauptsächlich als Kübelpflanze. Im Handel sind bei uns vor allem Sorten von *C. japonica, C. sasanqua* sowie verschiedene Hybriden erhältlich. Nach der Art richtet sich die Blütezeit. *C. sasanqua* blüht im Herbst und Winter, *C. japonica* im Januar bis April.

Die Kamelie möchte das ganze Jahr über hell stehen. Nach den Eisheiligen erhält sie einen Platz im lichten Schatten. Sie benötigt leicht saure Erde wie Rhododendronerde oder selbsthergestellte Mischungen aus Torf, Rindenhumus und Gartenkompost.

Kamelien werden nur mit kalkarmem Wasser gegossen und mit kalkfreiem Dünger (z. B. Azaleendünger) versorgt. Besonders während der Knospenbildung sollte die Kamelie keinen zu großen Schwankungen bezüglich der Temperatur und der Ballenfeuchtigkeit ausgesetzt werden. Damit Blätter und Knospen nicht abfallen, empfiehlt es sich, immer die gleiche Richtung zum Licht beizubehalten. Bei zu trockener Luft während der Knospenbildung und der Blüte besprüht man die Blätter mit kalkfreiem Wasser. Die Blüten werden nicht besprüht.

Der Formschnitt wird nach der Blüte vorgenommen, zu lange Triebe können auch im Sommer zurückgeschnitten werden.

Vor Frosteinbruch muß die Kamelie ins Winterquartier bei einer Temperatur von höchstens 12 bis 15 °C. Bei greller Wintersonne wird das Gewächshaus von außen schattiert, damit die Temperaturen niedrig gehalten werden und um die Pflanze vor Verbrennungen zu schützen.

Weder am Winter- noch am Sommerstandort verträgt die Kamelie Ballentrockenheit oder Staunässe. Mäßiges, aber regelmäßiges Gießen ist erforderlich. Da die ledrigen Blätter bei Trokkenheit keine Symptome zeigen, gilt auch hier, daß der Wurzelballen regelmäßig auf seine Feuchtigkeit zu überprüfen ist.

Zitrusgewächse

Citrus-Arten
Rautengewächse, Rutaceae

Die Zitrusgewächse gehören zur Familie der Rautengewächse. Die bekanntesten sind die Zitrone, Limone, Apfelsine, Mandarine, Grapefruits und andere (siehe auch Seite 240). Als Kübelpflanzen finden vor allem die Calamondine *(Citrus madurensis)*, die Kumquat *(Fortunella* sp.; beide auch als Apfelsinenbäumchen bezeichnet) sowie die Pomeranze *(Citrus aurantium)* Verwendung.

Zitrusgewächse benötigen von Frühjahr bis Herbst reichlich Wasser und Nährstoffe. Überwintert werden sie am besten bei etwa 5 bis 10 °C. Während der kühlen Überwinterung wird sparsam gegossen und nicht gedüngt. Zitrusgewächse werden etwa alle 3 Jahre umgetopft, junge Pflanzen öfter, ältere seltener. Als Substrate eignen sich Einheitserde oder andere mit einem pH-Wert unter 7. Werden die jüngeren Blätter gelb bis weiß, meist mit dunkleren Adern, läßt dies auf Eisenmangel schließen, der mit speziellen Eisendüngern aus dem Gartenfachhandel behoben werden kann.

Korallenstrauch

Erythrina christa-galli
Schmetterlingsblütler, Leguminosae

Wegen der Leuchtkraft seiner roten Blüten, die an jedem Triebende dichte Blütentrauben bilden, zählt der Korallenstrauch aus der Familie der Schmetterlingsblütler zu den schönsten Tropenpflanzen. Bei uns im Handel sind meist Samen und Pflanzen der Art *Erythrina christa-galli,* die aus Brasilien stammt und bis zu 2 m hoch wird.

Nach den letzten Frösten erhält der Korallenstrauch einen sonnigen Platz im Freien. Während der Wachstumsphase sollte er regelmäßig gedüngt und gegossen werden. Ab August wird weniger gedüngt und gegossen. Vor dem ersten Frost werden die Triebe bis dicht an den Stamm zurückgeschnitten und die Pflanzen ins Winterquartier gestellt. Sie können bei etwa 5 °C überwintert werden. In der Ruhephase braucht der Korallenstrauch kein Licht und er darf kein Wasser und keinen Dünger erhalten. Eine Ausnahme bilden nur junge Sämlinge, die hell und warm überwintert werden und dann auch Wasser und je nach Pflanzenwachstum auch etwas Dünger benötigen.

Im Spätwinter beginnt der Neuaustrieb. Erst jetzt wird langsam wieder Wasser und später auch Dünger gegeben und die Pflanze hell aufgestellt. *Erythrina* kann über Samen und Stecklinge vermehrt werden.

sind im Gewächshaus nur als Jungpflanzen zu halten. Das gilt auch für die Kokospalme, die bei den Palmen beschrieben wird (siehe Seite 311 ff.). Zu einigen Arten liegen bisher noch wenige Erfahrungen für den Gewächshausanbau in unseren Breiten vor, so daß hier noch etwas experimentiert werden muß.

Unproblematisch ist die Kultur von Wein im Gewächshaus. Er gedeiht in der Regel sogar im unbeheizten Gewächshaus. Die meisten exotischen Früchte haben jedoch einen höheren Wärmebedarf. Einige Arten können wie Kübelpflanzen den Sommer im Freien verbringen und werden im frostfreien Gewächshaus überwintert, andere benötigen ganzjährig hohe Temperaturen.

Das Gewächshaus, seine Ausstattung und die Kulturmaßnahmen

Wie bereits erwähnt, haben die meisten exotischen Fruchtpflanzen einen hohen Platzbedarf, so daß das Gewächshaus möglichst groß und hoch sein sollte. Geeignet sind freistehende Gewächshäuser, Wintergärten und Anlehngewächshäuser. Je höher geheizt wird, desto besser isolierend sollte das Eindeckungsmaterial sein.

Die Kultur tropischer Früchte mit hohem Wärmebedarf muß als Liebhaberei angesehen werden. Man sollte nicht erwarten, große Mengen zu »produzieren« und mit dem Anbau Geld gegenüber dem Obstkauf einzusparen. Dazu sind die Heizkosten zu hoch und der Ertrag viel zu niedrig und oft auch unsicher. Dennoch ist die Kultur tropischer Früchte ein schönes und auch spannendes Hobby, das oft dadurch begonnen wird, daß man Samen tropischer Früchte aus dem Delikatessengeschäft aussät. Werden sie warm genug (etwa 25 °C) aufgestellt, wächst bald darauf eine junge Tropenpflanze heran. Mancher ist auf diese Art zu seinem ersten Mangobäumchen oder einer Avocado-, Cherimoya-, Granatapfel-, Papaya- oder Guave-Pflanze gekommen.

Wein, Kiwi und Passionsblume sind Kletterpflanzen und werden am besten im Gewächshausboden ausgepflanzt. Alle anderen beschriebenen Arten können auch in Töpfen oder Kübeln kultiviert werden. Die meisten exotischen Früchte gedeihen gut in Einheits- oder anderer humoser Topfpflanzenerde mit einer guten luft- und wasserhaltenden Struktur. Die Pflanzen werden nach

Papaya-Baum mit Früchten.

Annona-Frucht.

Bedarf gegossen, im Sommer reichlich, im Winter vorsichtiger. Die Pflanzen vertragen keine Staunässe. Während der Wachstumsphase wird alle 1 bis 2 Wochen mit einem Flüssigdünger gedüngt, der dem Gießwasser beigemischt wird. Die Tropenpflanzen im temperierten Gewächshaus und Warmhaus benötigen eine Luftfeuchtigkeit von mindestens 50 %, besser über 60 % relativer Feuchte. Im Kalthaus kann die Luftfeuchte niedriger sein. Besonders die warm überwinternden Tropenpflanzen sind für eine Zusatzbelichtung während der lichtarmen Jahreszeit dankbar.

Beschreibung der beliebtesten Arten

Chinesischer Strahlengriffel, Kiwi

Actinidia chinensis
Actinidiaceae

Diese Pflanze stammt, wie ihr botanischer Name schon sagt, aus China. Sie wurde erst vor etwa 95 Jahren nach Neuseeland eingeführt und erhielt dort den Namen »Kiwi«. Die Kiwifrüchte sind seitdem zu einem der wichtigsten Exportartikel Neuseelands geworden. Die Kiwifrucht erfreut sich wegen ihres guten Geschmacks und ihres hohen Gehaltes an Vitamin C bei uns steigender Beliebtheit.

Die Kiwipflanze ist eine Schlingpflanze mit großen dekorativen, runden bis herzförmigen Blättern. Die Jahrestriebe können 5 bis 8 m lang werden. Sie eignet sich nur für den Anbau in einem großen Gewächshaus. In der Regel ist die Kiwipflanze zweihäusig, es gibt Pflanzen mit männlichen und Pflanzen mit weiblichen Blüten. Man benötigt also mindestens 2 Pflanzen, eine weibliche und eine männliche, um Früchte zu erhalten. Eine männliche Pflanze reicht zur Bestäubung von maximal 7 weiblichen Pflanzen. Von der Befruchtung bis zur Fruchtreife dauert es etwa 5 Monate, genauer gesagt 2.200 bis 2.500 Sonnenscheinstunden. Die Blütezeit liegt etwa Ende Mai, die Fruchtreife im November.

Die Pflanze sollte einen möglichst sonnigen Standort im Gewächshaus oder Wintergarten erhalten und eignet sich nur für Lagen mit langer Vegetationsperiode. Die Kiwi wünscht einen feuchten, aber keinesfalls staunassen Boden. Der Boden wird vor der Pflanzung tiefgründig gelockert und mit Kompost und Torf verbessert. Der pH-Wert sollte zwischen 4 und 6 liegen. Als Stütze benötigt die Kiwipflanze ein kräftiges Spalier. Der unterste Spanndraht wird bei 80 cm Höhe angebracht, der mittlere bei 1,40 m und der oberste bei etwa 2 m Höhe.

Die Kiwi bildet an den Seitentrieben Früchte. Durch Rückschnitt des Austriebes wird die Seitentriebbildung angeregt. Diese Triebe werden fächerartig am Spalier aufgeleitet. Die ersten Früchte können in der Regel im dritten Jahr geerntet werden. Sie werden an der Triebbasis gebildet. Pro Trieb werden nur 3 bis 4 Jungfrüchte belassen. Im Sommer werden die Triebe, wenn sie oberhalb des Fruchtansatzes länger als 1 m geworden sind, nach dem fünften bis sechsten Blatt gekappt. Das Einkürzen der Triebe fördert zudem die Verzweigung und schafft dadurch neues Fruchtholz. Nach 3 bis 4 Jahren sind die Fruchttriebe »abgetragen«. Sie und andere überflüssige Triebe werden im Winter bis auf Astring entfernt. Altes Fruchtholz muß regelmäßig durch junges ersetzt werden. Zur Düngung eignet sich Kompost. Aber Vorsicht, Kompost enthält Kalk. Daher nicht zuviel ausbringen, denn der pH-Wert soll nicht über 6 steigen. Es reicht eine Schicht von 0,5 cm Kompost pro Jahr. Wenn möglich wird die Kiwi mit weichem Wasser gegossen.

Das Holz der Kiwipflanze verträgt zwar Winterfröste bis –10 °C, aber Laub, Früchte und der Neuaustrieb sind frostempfindlich. Daher wird die Kiwipflanze am besten in einem frostfreien Gewächshaus untergebracht. Neben *A. chinensis* gibt es auch noch die Art *A. arguta*. Dazu gehört die bei uns völlig winterharte Auslese 'Weiki' (**Wei**henstephaner **Ki**wi), deren glattschalige Früchte allerdings nur Walnußgröße erreichen. Sie werden im Ganzen mit Schale verzehrt.

Ananas

Ananas sativus
Bromeliaceae

Die Ananas wird oft als die Königin unter den Tropenfrüchten bezeichnet. Die nur bis etwa 60 cm hoch werdende Pflanze gehört zu den Bromeliengewächsen. Sie stammt ursprünglich aus Südbrasilien und Paraguay, wo sie schon von den Indianern als Gartenfrucht geschätzt wurde.

Die Ananaspflanze bildet eine Blattrosette aus spitzen, harten Blättern mit einem Mittelrichter im Inneren. Aus dieser Rosette erhebt sich auf einem kurzen Schaft ein Blütenstand, der einem Kiefernzapfen ähnelt, daher auch der englische Name »pineapple«. Aus diesem Blütenstand mit 100 bis 150 Einzelblüten entwickelt sich eine einzige Frucht. Die Blattrosette stirbt nach der Fruchtreife ab. In der Regel hat sie aber bereits einen oder mehrere neue Triebe angelegt, aus dem sich eine neue Blattrosette bildet. Diese werden abgenommen, wenn sie 25 bis 30 cm

Ananas.

Rechte Seite oben: Mango (oben), Avocado (Mitte rechts), Granatapfel (unten) und Cherimoya (Mitte links) lassen sich gut aus den Samen reifer Früchte heranziehen.

Rechte Seite unten: Stachelannone oder Sauersack *(Annona muricata).*

lang sind, und in einen neuen Topf gepflanzt.

Auch der am oberen Ende einer Frucht stehende Blattschopf kann wie ein Steckling ausgepflanzt werden. Dazu wird er, solange er noch frisch und grün ist, mit der darunterliegenden »Augenreihe« mittels eines scharfen Messers abgetrennt. In einen Blumentopf füllt man feuchte Blumenerde und streut darüber etwas groben Sand. Der abgetrennte Blattschopf wird auf den Sand gesetzt, und es wird mit Blumenerde aufgefüllt, bis das Fruchtfleisch nicht mehr zu sehen ist. Eine übergestülpte Plastiktüte während der Bewurzelungsphase (4 bis 8 Wochen) dient als Verdunstungsschutz. Die Bewurzelungstemperatur sollte bei 25 bis 28 °C liegen.

Daß die Kultur im Gewächshaus in Europa möglich ist, zeigt die Tatsache, daß die Ananas über Jahrhunderte hindurch in Gewächshäusern Englands und Frankreichs kultiviert und dabei züchterisch verbessert wurde. Aus England erst fand sie ihren Weg zu den Azoren, nach Malaysia und Australien, von wo aus sie wiederum nach Hawaii, lange Zeit einem der wichtigsten Anbaugebiete, gelangte.

Die Ananas gedeiht bei uns am besten im Warmhaus. Die Temperatur sollte auch im Winter immer über 15 °C, besser 18 °C, im Sommer am besten bei 25 bis 30 °C liegen. In Hawaii beispielsweise liegt die Monatsdurchschnittstemperatur im Winter bei etwa 22 °C, im Sommer bei etwa 26 °C. Außerdem benötigt die Pflanze genügend Bodenfeuchtigkeit, verträgt jedoch keine Staunässe. Die Ananas wird am besten mit weichem Wasser gegossen. Die Luftfeuchte sollte über 60 % liegen. Während des Sommers wird mit einem Blumendünger gedüngt. Ananas ist sehr lichtbedürftig und verträgt volle Sonne, vorausgesetzt die Luftfeuchtigkeit ist nicht zu niedrig. Die Früchte sind reif, wenn sie gelb gefärbt sind und duften.

Zimt- oder Gewürzapfel, Sauersack, Netzannone, Cherimoya

Annona squamosa, A. muricata, A. cherimola
Annonaceae

Bei uns sind diese Baum- oder Strauchfrüchte noch nicht sehr bekannt, in Asien und Polynesien werden sie jedoch seit langem geschätzt. Die Familie der Annonaceae umfaßt etwa 850 Arten. In Delikatessgeschäften erhält man bei uns am ehesten die Cherimoya *(A. cherimola)*. Wie der etwas kleinere Rahm- oder Zimtapfel *(Annona squamosa)* hat sie einen rahmigen Geschmack mit Birnen- und Zimtaroma. Der Sauersack *(Annona muricata)* wird bis zu 2 kg schwer und liegt im Geschmack zwischen Erdbeere, Ananas und Zimt. Der schlechte Geruch der Blüten weist darauf hin, daß sie durch Fliegen bestäubt werden. Die rahmigen, weichen Früchte sind nicht gut für den Transport geeignet und werden daher bei uns noch selten in Feinkostläden angeboten.

Die Früchte der Cherimoya sind etwa orangengroß. Die Schale ist schuppig grün bis bräunlich. Im weißlichen Fruchtfleisch sind die braunschwarzen Kerne eingebettet. Sie müssen sofort nach Entfernen des Fruchtfleisches ausgesät werden (etwa 2 cm tief). Die Samen keimen gut, wenn es auch mehrere Wochen dauern kann, bis sie aufgelaufen sind. Die Cherimoya *(A. cherimola)* ist kälteverträglicher als die anderen Arten. Sie wird inzwischen auch im Mittelmeerraum angebaut. Sie gedeiht bei uns in temperierten Gewächshaus über 10 °C. Die anderen Arten benötigen über 18 °C. Wer bereits eine Pflanze hat, kann auch durch Stecklinge vermehren. Für die Vermehrung der Annonen sind Temperaturen von etwa 25 °C notwendig. Danach sollte die Temperatur immer über 18 °C liegen, nur bei älteren Cherimoya darf sie tiefer sein.

Die Annone kann im Kübel in Einheitserde oder in Kakteenerde kultiviert oder in einen guten, durchlässigen Boden gepflanzt werden. Gegossen wird am besten mit Regenwasser. Die Pflanzen reagieren empfindlich auf Staunässe, daher vorsichtig gießen. Gedüngt wird etwa alle 2 bis 4 Wochen während der Wachstumszeit mit einem Flüssigdünger. Unter Gewächshausbedingungen wird das Gehölz etwa 2 m hoch. Aus den weißlichen Blüten entwickeln sich die Früchte. Sie sind erntereif, wenn sie auf leichten Fingerdruck nachgeben.

Die Annone benötigt einen hellen Platz. Keimlinge und sehr junge Pflanzen werden jedoch vor praller Mittagssonne geschützt.

Papaya, Baummelone, Melonenbaum, Pawpaw

Carica papaya
Caricaceae

Der Wuchs der Papayapflanze erinnert an eine Palme. Der »Stamm« wird bis zu 6 m hoch. Oben befindet sich der Blattschopf, aus dem die Früchte wie Kokosnüsse heraushängen.

Seine Heimat hat der Melonenbaum im tropischen Amerika. Die Papaya ist in der Regel zweihäusig, es gibt Pflanzen mit männlichen und Pflanzen mit weiblichen Blüten, aber auch Zwitter. Man benötigt daher meist 2 Pflanzen, um Früchte zu erhalten. Die Blüten werden von Hand mit dem Pinsel bestäubt. Die schmackhaften Früchte enthalten zahlreiche, schwarze, erbsengroße Kerne, die nicht mitgegessen werden. Am besten genießt man die Früchte halbiert, ohne Kerne mit Limonensaft und Zucker und löffelt sie aus der Schale. Wer experimentierfreudig ist, kann die frischen Kerne nach dem Verzehr der Frucht aussäen. Sie keimen im allgemeinen recht gut bei Temperaturen um 25 °C. Ansonsten kann man manchmal Pflanzen von Kübelpflanzenanbietern erhalten.

Im Sommer (Mitte Juni bis Mitte August) können die Pflanzen einen sonnigen, warmen Platz im Freien erhalten, den Winter verbringen sie bei Temperaturen über 15 bis 18 °C im Gewächshaus. Der Wintergarten ist für die Papaya weniger gut geeignet, da sie eine hohe Luftfeuchte (mindestens 60 %) wünschen. Bei zu niedriger Luftfeuchte werden sie gerne von Spinnmilben befallen.

Papaya bevorzugt eine durchlässige, lufthaltige Erde. Es eignen sich Einheitserde oder ähnliche Eigenmischungen. Gegossen wird mit weichem oder Regenwasser, das ungefähr Raumtemperatur hat. Gedüngt wird während der Sommermonate alle 2 Wochen in 0,2 %iger Konzentration oder mit einem Blumendünger nach den Angaben auf der Verpackung. Wenn die Pflanzen in den Boden ausgepflanzt wurden, können sie auch mit Kompost oder einem organischen Dünger gedüngt werden. Papaya sollte vollreif geerntet werden, wenn sich die Schale gelb verfärbt hat und auf Fingerdruck nachgibt. Nach ein paar Jahren sterben die Pflanzen meist ab.

Bittere Orange, Pomeranze, Zitrone, Mandarine, Apfelsine

Citrus aurantium, C. limon, C. reticulata, C. sinensis
Rutaceae

Zitrusgewächse sind wegen ihres Blüten- und Fruchtschmucks bei uns seit langem als Kübelpflanzen beliebt. Die Bittere Orange oder Pomeranze *(Citrus aurantium)* stammt ursprünglich aus dem Orient. Der Baum mit seinen bedornten Trieben wird etwa 3 m hoch. Die Blüten sind klein, weiß und duftend. Aus ihnen entwickeln sich orangefarbige Früchte mit einer rauhen, dicken Schale.

Die Früchte werden einschließlich der Schale zur Herstellung von Orangenmarmelade verwendet. Die Pomeranze kann als Kübelpflanze kultiviert werden, die im Sommer im Freien steht und im Winter in einem frostfreien Gewächshaus überwintert wird. Während der Überwinterungsphase wird sie nur wenig gewässert. Wie die meisten Zitruspflanzen kann die Pomeranze in Einheitserde kultiviert werden. Gegossen wird am besten mit weichem Wasser (z. B. Regenwasser). Während der Wachstumsphase von Mai bis Ende August wird einmal pro Woche ein Flüssigdünger schwachkonzentriert (0,1 %) zum Gießwasser gegeben.

Die Heimat der Zitrone *(Citrus limon)* wird südlich des östlichen Himalaja vermutet. Sie wurde zwischen 1000 und 1200 n.Chr. in den Mittelmeerraum eingeführt.

Versandgärtnereien und Spezialbaumschulen für mediterrane Pflanzen bieten das Zitronenbäumchen als Kübelpflanze an. Im Sommer erhalten sie einen sonnigen, warmen Platz im Freien, überwintert werden sie im Gewächshaus bei etwa 10 °C. Zeitweiliges Trockenhalten bis nahe an die Welkegrenze mit anschließendem kräftigem Wässern und Düngen fördert die Blütenbildung. Die Blüten sind rosa und duftend. Aus ihnen entwickeln sich die Früchte, die bis zu einem halben Jahr am Baum hängen bleiben.

Die Mandarine *(Citrus reticulata)* hat kaum oder gar keine Dornen an den Trieben. Zu reichlicher Blütenansatz sollte ausgebrochen werden, sonst muß man im Folgejahr damit rechnen, daß der Blütenansatz ausbleibt. Andererseits kann wie bei der Zitrone durch zeitweilige Trockenheit mit nachfolgender gründlicher Wässerung und Düngung die Blütenbildung angeregt werden.

Die Apfelsine *(Citrus sinensis)* stammt vermutlich aus dem Nordosten Indiens. Seit dem 15. Jahrhundert wird sie im Mittelmeerraum kultiviert, wo der Baum ziemliche Ausmaße erreichen kann. Die Apfelsine benötigt während der Wachstumszeit reichliche Wassergaben, im Winter wird der Wurzelballen nur leicht feucht gehalten. Mandarine und Apfelsine werden bei 5 bis 10 °C überwintert. Außer den bisher genannten gibt es noch viele weitere Zitrusarten, die meist ähnlich kultiviert werden.

Kaffeestrauch

Coffea arabica
Rubiaceae

Als Heimat des Kaffeestrauches werden die Gebirgswälder Äthiopiens angenommen. Inzwischen wird Kaffee in Mittel- und Südamerika, Afrika und Asien angebaut und spielt eine wichtige Rolle für die Volkswirtschaft der Anbauländer. Aus den stark nach Jasmin duftenden Blüten entwickeln sich die zunächst grünen, später dann rot färbenden Früchte mit 2 Samen im Inneren, den »Kaffeebohnen«. 7 kg Kaffeefrüchte ergeben 1 kg verarbeitungsfähigen Rohkaffee.

Da die Erträge eines Strauches im Gewächshaus relativ gering sind und der Aufwand für die Verarbeitung viel zu groß ist, wird man den Kaffeestrauch nicht zur Kaffeegewinnung, sondern wegen der Zierwirkung seiner schönen, großen Blätter, der Blüten und der Früchte kultivieren. Es ist allerdings möglich, die Samen der gereinigten und getrockneten Kaffeekirschen in der Pfanne zu rösten.

Der Kaffeestrauch kann als Kübelpflanze gehalten werden. Als Substrate eignen sich Einheitserde oder, wenn ins Beet gepflanzt wird, ein humoser, durchlässiger Boden. Gedüngt wird mit einem Flüssigdünger, der dem Gießwasser beigegeben wird. Als Gießwasser eignet sich sehr gut Regenwasser. Erste Blüten und Beeren zeigen sich ab dem dritten Lebensjahr. Im Sommer kann der Kaffeestrauch an einer warmen Stelle im Freien, am besten im lichten Schatten von Bäumen, stehen, im Gewächshaus sind 18 bis 25 °C optimal. Überwintert wird er bei 15 bis 18 °C im Gewächshaus oder Wintergarten.

Der Kaffeestrauch kann aus Samen herangezogen werden. Das Saatgut muß frisch (und ungeröstet) sein. Auch die Vermehrung aus Kopfstecklingen senkrecht wachsender Triebe ist möglich. Die beste Vermehrungstemperatur ist 25 bis 28 °C.

Tomatenbaum, Baumtomate

Cyphomandra betaceae
Solanaceae

Der Tomatenbaum stammt aus Peru und gehört wie Tomate, Kartoffel und Aubergine zu den Nachtschattengewächsen. Im Gewächshaus wird er etwa 2 m hoch. Vom zweiten bis dritten Jahr an bildet die Pflanze zahlreiche eiförmige, gelbrote bis purpurfarbene Früchte, die geschmacklich an Maracuja erinnern. Die Frucht wird ohne die bittere Schale verspeist. Sie sind genußreif, wenn sie dem Fingerdruck nachgeben.

Tomatenbäume können im Sommer im lichten Schatten an einem windgeschützten Platz auch im Freien stehen. Im Gewächshaus wird im Sommer leicht schattiert. Sommertemperaturen von 20 bis 25 °C sind günstig. Im Herbst werden sie gestutzt und im frostfreien Gewächshaus (etwa 10 °C) überwintert. Der Tomatenbaum kann selbst aus Samen herangezogen werden, die man im Gartenfachhandel erhält. Die Keimtemperatur liegt bei 18 bis 25 °C. Die Keimung dauert 2 bis 3 Wochen. Die Pflanze wird pikiert und mehrmals umgetopft, bis ihre endgültige Kübelgröße (40 bis 50 cm) erreicht ist. Die Baumtomate gedeiht in Einheitserde. Gegossen wird nach Bedarf, im Winter jedoch mäßig. Gedüngt wird während der Wachstumszeit mit einem Flüssigdünger, der dem Gießwasser beigemischt wird.

Feigenbaum

Ficus carica
Moraceae

Im Mittelmeerraum ist dieser Strauch mit seinen großen gelappten Blättern sehr verbreitet, im Weinbauklima kann er auch bei uns den Winter im Freien überstehen. Sicherer ist es jedoch, ihn im Kübel zu kultivieren und im frostfreien Gewächshaus oder Wintergarten bei 2 bis 10 °C zu überwintern.

Ficus carica wird immer häufiger in Gartencentern und von auf Kübelpflanzen spezialisierten Baumschulen angeboten. Die Feige gedeiht in Einheitserde, die auch mit Kies gemischt sein kann. Gegossen wird erst, wenn die Blätter schlappen, dann aber durchdringend. Dem Gießwasser fügt man während der Wachstumszeit einen niedrig dosierten Flüssigdünger bei (0,1 %).

Der Feigenbaum läßt sich durch 15 bis 20 cm lange Kopfstecklinge, die man am besten von vorjährigen Trieben im Spätwinter schneidet, vermehren. Die Temperatur sollte während der Bewurzelungsphase etwa 20 bis 25 °C betragen.

Mango

Mangifera indica
Anarcadiaceae

Die Heimat des bis zu 20 m hohen, immergrünen Mangobaumes liegt in Burma, Assam und Malaysia. Die Frucht ist süß, aromatisch, sehr saftig und enthält einen großen Kern. Sie wird bei uns inzwischen sogar in Supermärkten angeboten. Feste, große Kerne können ausgesät werden. Man legt sie einzeln in große Töpfe und deckt sie etwa 2 bis 3 cm locker mit Erde ab. Bis sich der Keimling zeigt, werden über die Töpfe 2 bis 3 Lagen Vlies gelegt. Ansonsten kann der Mangobaum über Stecklinge vermehrt werden. Die Vermehrungstemperatur sollte etwa 25 °C betragen.

Der Mangobaum wächst eher langsam und in Schüben. Im Gewächshaus wird man ihn in der Regel nicht bis zur ersten Fruchtreife halten können. Auf jeden Fall wünscht der Mangobaum einen hellen, sonnigen, warmen Platz. Im Sommer werden junge Pflanzen leicht schattiert. Die Sommertemperatur liegt am besten um 25 °C, die Wintertemperatur über 15 °C. Als Substrat eignen sich Einheitserde oder ähnliche Mischungen. Der Mangobaum wünscht keine Staunässe, möchte aber gleichmäßige Feuchtigkeit. Gedüngt wird mit wöchentlicher Flüssigdüngerbeigabe in schwacher Konzentration während der Wachstumsphase (0,1 %).

Banane

Musa-Arten
Musaceae

Die Banane gehört zur Familie der Bananengewächse und ist mit der Paradiesvogelblume *(Strelitzia)*, dem Ingwer, dem Baum der Reisenden sowie dem Blumenrohr *(Canna)* eng verwandt. Es sind alles Stauden, also krautige Pflanzen. Der »Stamm« besteht aus lauter fest ineinandergreifenden Blattscheiden mit dem Stiel des Blütenstandes im Inneren.

Die Ahnen unserer eßbaren Bananen sind in Westafrika und Südostasien beheimatet. Diese Dschungelpflanzen haben nur kleine, mit Samen gefüllte Früchte. Unsere Obstbanane *(Musa sapientum)* enthält dagegen keine Samen. Sie wurden »weggezüchtet«. Daneben gibt es noch die Mehlbanane, Faserbanane und Zierbananen. Von verschiedenen Autoren werden alle eßbaren Bananen unter dem Begriff *M. paradisiaca* zusammengefaßt, andere bezeichnen damit nur die Mehlbanane. Doch mit den Namen wollen wir uns hier nicht weiter auseinandersetzen. Die bei uns angebotenen Obstbananen stammen meist aus dem tropischen Amerika und Afrika. Auf den Kanarischen Inseln wird eine Obstbananenart *(Musa cavendeshii)* angebaut, die kleinere Früchte ausbildet und niedrigere Temperaturen verträgt.

Aus einem »Stamm« der Bananenpflanze wird nur ein Blüten- und

Fruchtstand gebildet, dann stirbt er ab. Gleichzeitig werden aber mehrere Ausläufer mit neuen Sprossen gebildet, von denen der stärkste im nächsten Jahr fruchtbar wird. In den Anbaugebieten dauert es von der Jungpflanze bis zur erntereifen Frucht 14 bis 18 Monate, bei uns im Gewächhaus aber meistens länger. Obstbananen können nur durch das Abtrennen der neuen Sprosse vermehrt werden. Die Vermehrungstemperatur sollte etwa 25 °C betragen, danach werden sie bei über 18 °C weiterkultiviert. Beim Kauf von Bananenpflanzen sollte nach der Art und den genauen Temperaturansprüchen gefragt werden, da einige Arten mit niedrigeren Temperaturen zurechtkommen. Von den aus Äthiopien stammenden Zierbananen *Ensete* oder *Musa ensete* werden Samen in Fachgeschäften angeboten. Sie sind beliebte Kübelpflanzen, die bei 10 bis 15 °C überwintert werden und im Sommer draußen stehen können.

Passionsfrucht, Maracuja

Passiflora edulis
Passifloracea

Ihre Heimat hat die eßbare Passionsfrucht im tropischen Amerika. Heute wird sie in vielen tropischen Ländern angebaut. *P. edulis* ist eine Kletterpflanze mit langen Trieben. Die Blüten der eßbaren Passionsfrucht sind kleiner als die der verwandten Zimmerpflanze (Passionsblume) und haben einen Durchmesser von etwa 6 cm. Die Früchte entstehen durch Selbstbestäubung. Die Samen gekaufter Früchte können ausgesät werden. Der Samen wird nicht mit Erde bedeckt, die Keimung dauert etwa 3 bis 4 Wochen. *Passiflora* kann auch durch Rankenteilstücke vermehrt werden. Die Vermehrungstemperatur sollte 22 bis 25 °C betragen, später wird bei über 18 °C weiterkultiviert. Im Winter sollte die Temperatur nicht unter 10 bis 12 °C sinken, Jungpflanzen benötigen höhere Temperaturen. Im

Bananenstaude mit Blüten- und Fruchtstand.

Frühjahr und Sommer ist der Wasserbedarf hoch. Bis zum Blütenansatz wird nur alle 4 Wochen mit einem Flüssigdünger gedüngt, danach etwa alle 2 Wochen bis Ende August. Die Früchte sind reif, wenn die Schale sich rötlichviolett verfärbt. Die Schale wird nicht mitgegessen, verzehrt wird nur das Fruchtinnere samt Kernen.

Avocado

Persea americana
Lauraceae

Eine immer beliebter werdende Tropenfrucht ist die Avocadobirne. Der in den Tropen und Subtropen bis zu 20 m hohe Avocadobaum gehört zur Familie der

Lorbeergewächse (Lauraceae). Die schmackhaften, fett- und vitaminreichen Früchte mit der dunkelgrünen bis braunen Schale wurden bereits von den Azteken geschätzt. Inzwischen gibt es sie bei uns in jedem Supermarkt zu kaufen. In jeder Frucht steckt ein großer Samen. Aus diesem kann man sich eine Pflanze heranziehen. Der Kern wird in Einheitserde gelegt und etwa 2 cm mit Erde bedeckt. Zur Keimung ist eine Temperatur von etwa 25 °C notwendig. Bis sich der Keimling zeigt, wird eine Plastiktüte über den Topf gestülpt oder mehrere Lagen Vlies über den Topf gelegt.

Die Pflanzen können später im Topf oder Kübel, ältere Pflanzen auch im Gewächshausbeet kultiviert werden. Als Substrat eignen sich Einheitserde oder eine andere gut durchlässige Erde. Avocados sind schnellwüchsig und benötigen reichlich Wasser und Nährstoffe. Gedüngt wird am besten mit einem Dünger mit geringem Salzgehalt (organische Dünger). Avocadopflanzen werden anfangs alle 1 bis 2 Jahre umgetopft, später seltener. Die Temperatur sollte immer über 15 bis 18 °C liegen. Avocados möchten viel Licht. Je älter die Avocadopflanze wird, desto attraktiver wird sie. Man sollte jedoch nicht damit rechnen, daß man im Gewächshaus Avocadofrüchte ernten kann. Wird die Pflanze zu groß, kann man sie zurückschneiden.

Guave

Guave

Psidium guajava
Myrtaceae

Der Guavenbaum stammt ursprünglich aus dem tropischen Amerika, ist heute aber über die gesamten Tropen verbreitet. Er wird bis zu 10 m hoch. Die aus großen, weißen Blüten entstehenden Guavenfrüchte ähneln in Größe und Farbe Zitronen. Es gibt zahlreiche Sorten mit unterschiedlicher Schalendicke, Fruchtfleischgehalt und -farbe sowie Geschmack. Importiert werden vor allem Guaven mit mildem, säuerlichem Aroma. Man kann Guaven gut aus Samen vermehren. Die Samen werden nicht mit Erde abgedeckt. Ein übergestülpter Plastikbeutel sorgt für hohe Luftfeuchtigkeit. Die Keimung dauert etwa 3 bis 4 Wochen. Auch eine Vermehrung über Stecklinge ist möglich.

Guavepflanzen sind robust und können im Gewächshaus ab dem dritten und vierten Standjahr Blüten und Früchte ausbilden.Guaven vertragen ganzjährig volle Sonne und auch Temperaturen bis 30 °C. Im Winter werden sie bei etwa 18 °C kultiviert, obwohl sie auch kurzfristig Temperaturen von 10 °C schadlos vertragen. Im Winter ist

Granatapfel.

eine Zusatzbelichtung für das Wachstum förderlich. Die Guave kommt mit Einheitserde gut zurecht. Wassergaben müssen dem Bedarf und der Jahreszeit angepaßt sein. Gedüngt wird etwa alle 4 Wochen während der Wachstumsphase. Die Früchte sind reif, wenn sie sich leicht ablösen lassen.

Granatapfel

Punica granatum
Punicaceae

Der Granatapfelbaum ist wegen seiner schönen roten Blüten und der schmackhaften, saftigen Früchten schon lange eine beliebte Kübelpflanze. Er kann im Sommer ins Freie und im Winter ins frostfreie Gewächshaus gestellt werden. Man kann ihn durch Aussaat oder Stecklinge vermehren. Kleinbleibende Zierformen sind unter dem Sortennamen 'Nana' zu beziehen. Die Vermehrungstemperatur sollte zunächst 20 bis 25 °C betragen und wird nach der Keimung bzw. Wurzelbildung auf 18 bis 20 °C gesenkt. Als Substrate eignen sich Kakteenerde oder mit Sand vermischte Einheitserde. Während der Wachstumszeit benötigt der Granatapfelbaum viel Wasser und etwa alle 4 Wochen Flüssigdünger. Zu gut ernährte Pflanzen blühen schlechter. Während der Überwinterung wird der Wurzelballen nur leicht feucht gehalten.

Kakao

Theobroma cacao
Sterculiaceae

Der bis 15 m hohe Kakaobaum mit seinen immergrünen, ledrigen Blättern entwickelt direkt am Stamm kleine, rötlich-weiße Blüten, die in gestauchten

Blütenständen beieinander stehen. Die Blüten verströmen einen fauligen Geruch, was darauf hinweist, daß sie an ihrem Heimatstandort Aasfliegen zur Bestäubung anlocken wollen. Aus den Blüten bilden sich 15 bis 20 cm lange Früchte von länglicher Form. Jede Frucht enthält 25 bis 50 braune Samen.

Das Gewächshausklima sollte feuchtwarm sein, am besten sind auch im Winter über 20 °C bei hoher Luftfeuchtigkeit, im Sommer am besten 25 bis 30 °C zu halten. Die Pflanzen werden im Sommer schattiert. Als Substrat eignet sich ein Gemisch aus Einheitserde mit Torf. Kakao verträgt aber keine Staunässe. Als Gießwasser ist Regenwasser oder anderes kalkarmes Wasser geeignet. Gedüngt wird von März bis September etwa alle 4 Wochen. Ab dem fünften Lebensjahr schneidet man den Kakaobaum regelmäßig im Frühjahr zurück.

Vermehrt werden kann *T. cacao* aus frischen Samen, die allerdings schwer zu bekommen sind, und über Stecklinge. Die Samen werden vor der Aussaat einen Tag lang in lauwarmes Wasser gelegt. Sie werden bei der Aussaat »samendick« mit Erde bedeckt. Die Keimung dauert 14 Tage bis 4 Wochen. Die Vermehrungstemperatur sollte etwa 25 °C betragen. Stecklinge werden in Quarzsand gesteckt und bei etwa 30 °C unter einer Folienhaube bewurzelt.

Weinanbau im Kleingewächshaus

Die Weinrebe *(Vitis vinifera)* gehört zur Familie der Weinrebengewächse (Vitaceae). In milden Klimalagen und an geschützten Plätzen gedeiht sie auch bei uns im Freien, an rauheren Standorten wird sie am besten im Gewächshaus oder Wintergarten kultiviert. Der Weinanbau läßt sich gut mit dem Gemüseanbau in einem Kalthaus kombinieren. Eine Heizung ist, wenn überhaupt, nur zur Verfrühung des Austriebs bzw. zur Ausreife der Früchte notwendig, nicht aber zur Überwinterung.

Man pflanzt den Weinstock entweder in das Gewächshaus oder außen neben das Gewächshaus und leitet den Trieb unter dem Fundament hindurch in den Innenraum. Da die Pflanze später am First weitergeleitet wird, läßt sich eine Beschattung der anderen Pflanzen im Gewächshaus nicht vermeiden, jedoch geringer halten, wenn der Weinstock auf der Nordseite des Gewächshauses gepflanzt wird.

Jungpflanzen erhält man in Rebschulen, Baumschulen, Gartencentern und bei Versandbetrieben. Da Wein selbstfruchtbar ist, genügt eine Pflanze. Am besten wird eine veredelte Pflanze verwendet, die gegen die Reblaus resistent ist.

Wein mag einen nährstoffreichen, humosen, durchlässigen Boden. Der Gewächshausboden wird daher mit Kompost verbessert. Gepflanzt wird am besten im Frühjahr vor dem Laubaustrieb. Ballenpflanzen (Pflanzen, die im Topf verkauft werden) können auch im Sommer gesetzt werden.

Die Wurzeln werden vor der Pflanzung auf 15 cm Länge zurückgeschnitten, der Trieb bis auf 2 Knospen eingekürzt und die gesamte Pflanze für einige Stunden in Wasser gestellt. Wer die Pflanze mit Topfballen kauft, muß keinen Wurzelschnitt durchführen, und der Trieb wird bis auf 30 bis 40 cm eingekürzt. Das Pflanzloch wird etwa 40 cm tief ausgehoben. Dahinein wird die Rebe leicht zur Wand geneigt eingepflanzt, und zwar so, daß die Veredelungsstelle knapp über dem Boden ist. Als Stütze für die Pflanze wird ein Pfahl angebracht. Nach der Pflanzung ist gut anzugießen. Bis zu Beginn des Austriebes kann die Veredelungsstelle durch Anhäufeln geschützt werden, ab dem Austrieb muß sie jedoch wieder freiliegen.

Weinanbau läßt sich gut mit dem Gemüseanbau in einem Kalthaus kombinieren.

Der Austrieb der frischgepflanzten Rebe beginnt im Mai. Es wird nur der kräftigste Trieb belassen, die anderen werden entfernt. Dieser Trieb wird an den Pfahl angebunden. Die aus den Blattachseln wachsenden Triebe werden bis zur gewünschten Stammhöhe ausgebrochen, die anderen nach dem zweiten Blatt abgeschnitten. Wein wird grundsätzlich so geschnitten, daß zwischen Schnittstelle und darunterliegendem Auge ein Zapfen von etwa 2 cm Länge stehen bleibt. Im September wird auch der Haupttrieb eingekürzt. Sollte der Haupttrieb im ersten Jahr unter 1 m Länge geblieben sein, schneidet man ihn auf 2 Augen zurück und versucht es im nächsten Jahr noch einmal. Im Winter steht der Wein kühl und trocken. Er wirft dann das Laub ab.

Im nächsten und den weiteren Jahren wird der Wein jeweils im März geschnitten. Er benötigt außerdem ein Spalier oder gespannte Drähte, an denen er weitergeleitet werden kann, denn er ist nicht selbstklimmend. Will man den Weinstock zu einer Spalierform erziehen, wird im ersten Frühjahr nach der

Pflanzung das Grundgerüst und spätere Altholz des Rebstockes erzogen. Man schneidet den Haupttrieb auf die Höhe zurück, in der die späteren Seitentriebe verlaufen sollen. Je nach Wunsch werden von den nachtreibenden Seitentrieben 1 oder 2 belassen und waagrecht gebunden.

Weintrauben werden an den Trieben des Vorjahres gebildet, die wiederum aus dem Holz des Vorvorjahres hervorgegangen sind. Es muß daher dafür gesorgt werden, daß immer genügend Fruchtruten und Ersatzruten vorhanden sind. Auf den Trieben der waagrecht gebundenen Seitenarme des Spaliers bilden sich senkrechte Triebe, die im nächsten Frühjahr auf 2 Augen zurückgeschnitten werden. Aus dem oberen der beiden Augen wächst die Fruchtrute, die den Ertrag bringen wird, aus der unteren die Ersatzrute. Die abgeerntete Fruchtrute wird im folgenden Frühjahr direkt am Zapfen abgeschnitten, die Ersatzrute wird bis auf 2 Augen eingekürzt. Aus diesen entsteht wieder eine Frucht- und eine Ersatzrute.

Im Sommer werden jeweils Wasserschosse und andere unerwünschte Triebe entfernt und zu lange Ruten eingekürzt. Um große Früchte zu ernten, kann man die Trauben mit einer spitzen Schere ausdünnen.

Gedüngt werden kann der Weinstock mit einem Volldünger, beispielsweise jährlich etwa 100 bis 150 g Hornoska (7 % Stickstoff, 4 % Phosphat, 8 % Kalium) im zeitigen Frühjahr. Bei Kompostversorgung wird die niedrigere Menge, ohne jährliche Kompostversorgung die höhere Menge gegeben.

Sorten

- 'Weißer Gutedel' (gelbgrüne Beerenfarbe, frosthart)
- 'Roter Gutedel' (rötliche Beerenfarbe, frosthart)
- 'Dornfelder' (dunkelblaue Beerenfarbe, frosthart)
- 'Phönix' (gelbgrüne Beerenfarbe, widerstandsfähig gegen Falscher und Echter Mehltau-Pilzkrankheiten, Weinbauklima)
- 'Lakemont' (gelbgrüne Beerenfarbe, wiederstandsfähig gegen Falscher und Echter Mehltau-Pilzkrankheiten sowie Fruchtfäule, sehr frosthart, kernlos)
- 'Muskat bleu' (blaue Beerenfarbe, widerstandsfähig gegen Falscher und Echter Mehltau-Pilzkrankheiten sowie Fruchtfäule, frosthart, feiner Muskatgeschmack)
- 'Boskoop Glorie' (blaue Beerenfarbe, widerstandsfähig gegen Falscher und Echter Mehltau-Pilzkrankheiten sowie Fruchtfäule, frosthart, süßer, fruchtiger Geschmack)

Vom Treiben, Verfrühen und Verspäten

Frühlingsblüher schon zur Weihnachtszeit, Knollenbegonien und Dahlien vortreiben: indem wir Einfluß auf die Wachstumsfaktoren nehmen (in der Regel Temperatur, Licht und Wasser), verändern wir Austrieb und Blütezeit.

Verfrühen oder Verspäten wird oft durch eine Verkürzung oder Verlängerung der Ruhephase erreicht. In manchen Fällen sind besondere Maßnahmen zur Brechung der Ruhephase notwendig, in anderen nutzt man nur die höheren Temperaturen des Gewächshauses im Vergleich zum Freiland, um das Wachstum zu beschleunigen.

Aus der vielfältigen Kunst des Treibens, Verfrühens und Verspätens werden im folgenden einige Beispiele gegeben.

Blumenzwiebeln und Knollen

Pflanzen, die als Speicherorgane Zwiebeln oder Knollen ausbilden, sind mehrjährige Pflanzen. Wie andere Stauden auch ziehen sie sich zur Ruhephase ins Erdreich zurück und überdauern so den Winter.

Hyazinthen, Tulpen, Narzissen, Schneeglöckchen, Krokusse, Zwergiris u. a. gehören zu den Vorfrühlings- und Frühjahrsblühern. Ihre Blütezeit im Freiland liegt je nach Art und Standort in den Monaten Februar bis Mai. Mit Hilfe der Treiberei kann man sich bereits zur Weihnachtszeit an ihren Blüten erfreuen. Diese Blumenzwiebelarten benötigen meist in der Ruhephase eine gewisse Zeit mit niedrigen Temperaturen, um ihre Blütenanlagen für die nächste Blühperiode voll entwickeln zu können. Diese Kühlbehandlung erfahren sie im Freien während des Winters. Ohne diese kühle Phase sind die Zwiebeln in der Regel nicht für die Treiberei geeignet. Für die frühe Treiberei werden daher präparierte Zwiebeln im Handel angeboten, die bereits treibfähig sind.

Die Zwiebeln werden im September/Oktober eingetopft. Als Substrat eignet sich beispielsweise mit Sand vermischte Gartenerde. Das Substrat dient der Blumenzwiebel in der Treiberei nur zur Verankerung und zur Aufnahme von Wasser. Die Nährstoffe, die sie zur Entwicklung der bereits vorgebildeten Blätter und Blüten benötigt, sind in der Zwiebel gespeichert. Die Zwiebeln werden nur so tief eingepflanzt, daß die Spitzen gerade noch aus dem Boden herausschauen. Werden mehrere Zwiebeln in einen Topf gepflanzt, sollten sie zwar eng stehen, sich aber möglichst nicht gegenseitig berühren. Bis Ende November/Anfang Dezember werden die bepflanzten Töpfe zur Bewurzelung dunkel und kühl bei etwa 9 °C (z. B. in einem kühlen Keller) aufbewahrt.

Für die Treiberei von **Hyazinthen** werden Spezialgläser angeboten, die das Treiben ganz ohne Substrat ermöglichen. Die Hyazinthen in den Spezialgläsern werden in einen kühlen Raum bei etwa 10 bis 13 °C dunkel aufgestellt. Im Gartenfachhandel werden lichtundurchlässige »Hütchen« zu den Spezialgläsern angeboten, die über die Zwiebel gestülpt werden.

Nach der Bewurzelungszeit von 8 bis 12 Wochen beginnt die eigentliche Treiberei. **Tulpen** werden zunächst dunkel bei 20 bis 21 °C getrieben, bis sich die

Verfrühen von Kleinblumenzwiebeln im Kleingewächshaus.

Triebe gestreckt haben, dann werden die Pflanzen hell bei etwa 18 °C weiterkultiviert. Sobald sich die Blütenfarbe zeigt, wird die Temperatur am besten auf 13 bis 15 °C gesenkt, um eine langandauernde Blütezeit zu gewährleisten.

Narzissen werden nach der Bewurzelungsphase gleich hell bei 16 bis 18 °C aufgestellt. Die im Handel als spezielle »Weihnachts- oder Wassernarzissen« angebotenen Zwiebeln bilden eine Ausnahme, denn sie benötigen keine kühle Bewurzelungsphase, sondern werden gleich hell bei 16 bis 18 °C getrieben. Die Zwiebeln werden in eine flache Schale mit Kieselsteinen oder ähnlichem gepflanzt, sodaß sie einen guten Halt haben. Die Schale wird bis unterhalb der Zwiebeln mit Wasser gefüllt.

Hyazinthen werden nach der Wurzelbildung etwa Ende November/Anfang Dezember zunächst bei 16 °C (zunächst noch dunkel) aufgestellt. Sobald der Austrieb 10 cm lang ist, werden sie hell bei 20 bis 24 °C weitergetrieben. Sobald sich die Blüten zu färben beginnen, kann die Temperatur wieder etwas abgesenkt und damit die Blütezeit verlängert werden.

Auch **Lilien** können verfrüht werden. Einige empfindliche Arten gedeihen ohnehin besser im Schutz des Gewächshauses. Die im August angebotenen Sorten, wie 'Enchantment', 'Destiny', 'Connecticut King' und andere, können ins Gewächshaus, in ein Beet oder in Gefäße, gepflanzt werden. Selbst in einem ungeheizten Gewächshaus kommen sie früher zur Blüte als ihre Artgenossen im Freien. Ab Februar darf das Gewächshaus langsam bis auf etwa 15 °C beheizt werden. Bis dahin haben die Zwiebeln genügend tiefe Temperaturen erfahren, um treibfähig zu sein. Eine weitere Möglichkeit ist es, die Zwiebeln 6 Wochen lang einer Temperatur von 2 °C auszusetzen und sie dann in ein heizbares Gewächshaus zu pflanzen. Im Prinzip können Lilien aber das ganze Jahr über zur Blüte gebracht werden. Am besten ist dafür die Sorte 'Enchantment' geeignet. Nach der sechswöchigen Kühlbehandlung bei 2 °C können die Zwiebeln bei –2 °C bis zur Pflanzung, maximal aber ein Jahr aufbewahrt werden. Nach der Kühlbehandlung bzw. der Lagerung werden die Temperaturen langsam auf 12 bis 16 °C erhöht. Zumindest bis zum Blühbeginn darf die Temperatur nachts nicht höher liegen.

Präparierte **Amaryllis**-Zwiebeln (Hippeastrum-Hybriden, auch Ritterstern genannt) werden im Herbst im Handel angeboten. Sie werden in Töpfe gepflanzt und im Zimmer, Gewächshaus oder Wintergarten aufgestellt. Die großen Zwiebeln werden so gepflanzt, daß der Austrieb und die Oberseite der Zwiebel noch zu sehen sind. Der Topf sollte etwa doppelt so groß wie die Zwiebel und ausreichend standfest sein. Nach dem Topfen wird gut angegossen, danach mäßig feucht gehalten. Ab Blühbeginn steigt der Wasserbedarf. Die optimale Treibtemperatur liegt zwischen 20 und 23 °C. Ab der Blüte wird wöchentlich gedüngt. Nach der Blüte wird der vertrocknete Blütenstand entfernt, die Blätter jedoch belassen. Einige *Hippeastrum*-Hybriden bilden bis zu 5 Blütenstände im Jahr, wenn sie ganzjährig hell bei 20 °C kultiviert werden. Ansonsten kann ab August eine Ruhezeit durch Einschränken der Wasser- und Nährstoffgaben eingeleitet werden. Die Blätter sterben ab und die Zwiebel kann herausgenommen werden. Bei etwa 16 °C kann die Zwiebel bis Ende Dezember gelagert werden. Sie ist aber bereits nach 4 bis 5 Wochen bei 16 °C wieder treibfähig. Dann beginnt die Treiberei von neuem. Will man länger lagern, muß die Temperatur auf 12 °C gesenkt werden. Kurz bevor der Blütenstand austreibt, kann, um die Blütezeit hinauszuzögern, bis auf 5 °C gekühlt werden. Sobald mit der Kühlung aufgehört wird, zeigt sich die Blütenknospe.

Gloxinien bilden ein knolliges Rhizom als Speicherorgan aus. Meist erhält man diese begehrten Topfpflanzen mit den großen roten, rosa, blauen, weißen und mehrfarbigen Blütenglocken in den Frühjahrs- und Sommermonaten. Nach der Blüte läßt man die Pflanze langsam eintrocknen, nimmt die Knollen heraus und kürzt die Wurzeln ein. Die Knollen können an einem trockenen Platz bei 15 °C gelagert werden. Im Januar/Februar werden sie in frische Erde gepflanzt. Die Töpfe werden dann bei 18 bis 20 °C aufgestellt, nun regelmäßig, aber vorsichtig gegossen und wöchentlich gedüngt. Bald beginnt die Gloxinie auszutreiben und zu blühen. Die Pflanzen wünschen einen halbschattigen, warmen Platz. Sie lieben eine gleichmäßige Substrat- und eine höhere Luftfeuchte. Zum Gießen wird auf Zimmertemperatur angewärmtes Wasser verwendet und es wird niemals über die Blüten gegossen.

Knollenbegonien sollen, obwohl sie bei uns nicht winterhart sind, bereits nach den Eisheiligen Beete und Balkone schmücken. Um schon Mitte Mai schöne Exemplare zu erhalten, werden die Knollen im Februar mit der runden

***Hippeastrum*-Hybride 'Minerva'.**

Seite nach oben in Pflanzgefäße mit feuchter Blumenerde gepflanzt und bei 16 bis 20 °C vorgezogen. Die Knollen sollten 1 Finger dick mit Erde bedeckt sein. Das Substrat muß gleichmäßig feucht, darf aber nicht naß gehalten werden. Erst wenn genügend Wurzeln gebildet sind und das Triebwachstum voll einsetzt, wird langsam mit der Düngung begonnen. Ab Ende April müssen die Pflanzen langsam abgehärtet werden, bevor sie dann Mitte Mai ins Freie gesetzt werden.

Auch **Dahlien** und **Canna** (Indisches Blumenohr) können auf diese Art vorkultiviert werden, damit die Pflanzen schon möglichst weit entwickelt sind, wenn sie nach den den letzten Frösten ins Freie gepflanzt werden. Im Herbst werden die Rhizone aus der Erde genommen und bis zum nächsten Frühjahr kühl und trocken gelagert. **Gladiolen** und **Freesien** werden auf den Seiten 257 und 259 besprochen, da sie vorwiegend für den Schnitt kultiviert werden.

Blütenzweige

Das Treiben von Barbarazweigen ist eine alte Tradition. Zweige von Sauerkirschen, Süßkirschen, Birken und Holunder werden am 4. Dezember (dem Namenstag der Heiligen Barbara) geschnitten, 12 Stunden in warmes Wasser (35 bis 40 °C) gelegt und dann bei etwa 20 °C in einem Eimer oder einer Vase aufgestellt. Die Zweige blühen zur Weihnachtszeit und waren früher die ersten Christbäume.

Aber auch die Blüte von Aprikose, Pfirsich, Apfel, Forsythie, Zierkirschen, Mandelbäumchen, Weiden, Spireen, Kornelkirschen und anderen Gehölzen läßt sich für die Vase verfrühen. Je später die Zweige geschnitten werden, also je mehr Winterkälte auf sie eingewirkt hat, desto schneller und williger blühen sie. Die meisten Arten lassen sich erst ab Januar ohne allzu großen Aufwand zur Blüte bringen. Sie werden hell, bei 18 bis 20 °C in einem Eimer oder einer Vase aufgestellt. Während der Treibzeit werden die Zweige öfter mit lauwarmem Wasser besprüht, damit sie nicht eintrocknen. Für eine frühere Treiberei müssen sie mit einer speziellen Kühlbehandlung präpariert werden.

Forsythienzweige sind treibfähig, wenn die Sträucher im Freien 30 Tage lang Temperaturen unter 5 °C ausgesetzt waren. Das ist in der Regel Ende Dezember/Anfang Januar der Fall. Wer einen Kühlraum hat, kann schon früher mit der Treiberei beginnen. Für eine frühe Treiberei müssen die abgeschnittenen Zweige zunächst bei −2 °C bis maximal 5 °C 4 bis 5 Wochen lang gekühlt werden. Vor der Kühlung werden sie gut gewässert und während der Kühlung sollte die Luftfeuchtigkeit hoch sein (Folienzelt). Für eine Blüte um Weihnachten werden die Zweige Anfang November geschnitten und bis Anfang Dezember bei −2 °C gekühlt. Ende der ersten Dezemberwoche werden sie einen halben Tag lang in kaltem Wasser aufgetaut und im Anschluß daran bei 18 bis 20 °C in Wasser stehend hell getrieben. Mit Blumenfrischhaltemitteln lassen sich das Aufblühen, die Farbintensität der Blüten und die Haltbarkeit deutlich verbessern.

Ungekühlte Zweige des Mandelbäumchens können ab Mitte Januar bei 18 bis 24 °C in der Vase getrieben werden. Ein Zusatz von 15 g Chrysal und 15 g Zucker pro l Wasser ist zu empfehlen, um möglichst lange Freude an den Blütenzweigen zu haben.

Erdbeeren

Wer nicht bis zur Freilandernte warten will, verfrüht seine Erdbeeren im Gewächshaus. Für die Treiberei vorgesehene Pflanzen werden im Herbst in Töpfe gepflanzt und in ein Beet im Freien oder im unbeheizten Gewächshaus eingesenkt. Zunächst sollen die normalen Herbst-/Wintertemperaturen auf die Pflanzen einwirken. Nur bei Temperaturen unter –5 bis –7 °C werden die Pflanzen mit Reisig geschützt. Die eigentliche Treiberei beginnt Mitte Dezember.

Dann werden die Töpfe ins temperierte Gewächshaus gebracht bzw. wird mit der Beheizung des Gewächshauses begonnen. Am besten werden die Töpfe auf Tische oder Hängeregale aufgestellt. Die Temperatur wird langsam auf 10, später auf 20 °C erhöht. Die Wurzelballen dürfen jetzt auf keinen Fall austrocknen, alle 2 Wochen wird mit einem flüssigen Volldünger gedüngt. Die Luftfeuchtigkeit im Gewächshaus sollte nicht zu hoch sein und es wird nicht über die Pflanzen gegossen, da sonst die gefürchtete Grauschimmelfäule auftreten kann. Die Pflanzen müssen während der Blüte von Zeit zu Zeit geschüttelt werden, damit sich die Blüten befruchten, oder man hilft mit einem Haarpinsel nach. Ab April sind die Früchte erntereif. Zur Treiberei eignen sich vor allem frühe und sehr frühe Erdbeersorten, wie beispielsweise 'Earliglow' und 'Polka', die beide auch widerstandsfähig gegen Krankheiten sind.

Schnittblumen aus dem Kleingewächshaus

Der Schnittblumenanbau ist etwas für die Spezialisten unter den Gewächshausbesitzern, besonders wenn man für einen bestimmten Termin »produzieren« möchte. Pflanzen aus den unterschiedlichsten Pflanzengruppen und Klimazonen eignen sich für die Schnittblumenerzeugung. Erläuterungen zu Sommerschnittblumen (z. B. Ringelblumen und Kornblumen), Blumenzwiebeln und Knollen (z. B. Narzissen und »Amaryllis«) und Rosen im Gewächshaus finden Sie im Kapitel »Vom Treiben, Verfrühen und Verspäten« (Seite 249), über andere, auch für die »Schnittblumenernte« geeignete Pflanzen, wie die Flamingoblume (*Anthurium,* Seite 326), die Paradiesvogelblume (*Strelitzia,* Seite 341) oder Orchideen (Seite 317 ff.) wird ebenfalls an anderer Stelle berichtet. Auch von ihnen können prachtvolle Blütenstengel für die Vase geerntet werden.

An dieser Stelle finden klassische Schnittblumen für den Anbau im Gewächshaus ihren Platz wie Chrysanthemen, Freesien, Gerbera, Gladiolen, *Gloriosa* und Nelken. Die Angaben zur jeweiligen Pflanzdichte sind als Hinweise zu den Bedürfnissen der jeweiligen Kultur zu verstehen. Selbstverständlich sollte die tatsächliche Pflanzenzahl ihrem Bedarf entsprechen. Sie können auch verschiedene, zueinander passende Arten auf einer kleinen Fläche kombinieren.

Gladiolen sind für das Freiland und zum Verfrühen unter Glas geeignet.

Einjahresblumen zum Schnitt

Löwenmaul, *Antirrhinum*	Sonnenblume, *Helianthus*
Ringelblume, *Calendula*	Edelwicke, *Lathyrus*
Sommeraster, *Callistephus*	Bechermalve, *Lavatera*
Kornblume, *Centaurea*	Statice, *Limonium*
Chrysantheme, *Chrysanthemum*	Sommerlevkoje, *Matthiola*
Mädchenauge, *Coreopsis*	Tagetes, *Tagetes*
Schmuckkörbchen, *Cosmos*	Verbene, *Verbena*
Nelke, *Dianthus*	Zinnie, *Zinnia*

Das Gewächshaus, seine Ausstattung und die Kulturmaßnahmen

Für die Produktion von Schnittblumen sind je nach Art am besten frostfreie Kalthäuser oder temperierte Gewächshäuser geeignet. Wichtig sind gute Lüftungsmöglichkeiten. Ein Umluftventilator sorgt zusätzlich dafür, daß die Pflanzen schnell abtrocknen. Schnittblumen werden entweder in Beeten oder in Kübeln kultiviert. Als Substrate eignen sich Einheitserde, selbsthergestellte Mischungen und gute, durchlässige Gewächshausböden. Eine automatische Tropfbewässerung erleichtert das Gießen, sorgt für einen geringeren Wasserverbrauch und hält die Pflanzen trocken, was wiederum deren Gesundheit fördert. Wer von Hand gießt, sollte nicht über den Pflanzenkörper gießen, sondern nur an die Wurzeln. Schädlinge können biologisch bekämpft werden, wenn sie frühzeitig festgestellt werden, dazu sind regelmäßige Kontrollen notwendig.

Beliebte Schnittblumen

Chrysantheme, Winteraster

Dendranthema-Grandiflorum-Hybriden (syn. *Chrysanthemum*-Indicum-Hybriden)
Compositae

Die Chrysantheme stammt aus der Familie der Korbblütler. Für den Schnittblumenanbau haben vorwiegend die *D.*-Grandiflorum-Hybriden Bedeutung. Geeignete Jungpflanzen muß man sich beim Gärtner besorgen oder selbst aus Stecklingen ziehen. Die normale Blütezeit ist im Herbst, daher ist die Winteraster auch die typische Allerheiligenblume. Die Blüte wird durch die kürzer werdenden Tage im Hochsommer und Herbst ausgelöst, da die kritische Tageslänge je nach Sorte bei 16 bis 13 Stunden Licht liegt.

Die Blüte setzt dann je nach Sorte ab Ende Oktober ein. Das Wissen um diese Kurztagreaktion macht die Blüte jedoch steuerbar. Daher können Gärtner durch Belichtungs- und Verdunklungsmaßnahmen das ganze Jahr hindurch blühende Chrysanthemen anbieten. Nach der Pflanzung benötigt die Chrysantheme zunächst mindestens 4 bis 7 Wochen Langtagbedingungen (16 Stunden Licht), um ausreichend zu wachsen. Zur sicheren Blütenbildung sind dann mindestens 30 Kurztage notwendig, am besten bis zum Farbezeigen der Blüten. In der Praxis wird während dieser Phase von 17 Uhr abends bis 8 Uhr morgens verdunkelt, falls diese Phase nicht ohnehin in die lichtarme Jahreszeit fällt. Der Kurztageffekt kann aber bereits durch das einfallende Licht einer Straßenlaterne gestört werden, denn für diese Reaktion reichen schon geringe Beleuchtungsstärken (siehe auch Seite 104). Einige Chrysanthemensorten zeigen eine weitere Besonderheit. Sie brauchen an der Mutterpflanze oder während der Anzucht eine Kühlbehandlung bei 5 °C, um blühfähig zu sein. Es empfiehlt sich daher, Jungpflanzen zu erwerben, die diese Behandlung bereits hinter sich haben oder sie nicht benötigen.

Chrysanthemen können in Beeten oder Containern angebaut werden. Als Substrate geeignet sind gute, durchlässige Gewächshausböden, die eventuell mit Torf und Kompost verbessert wurden, oder Einheitserde. Der pH-Wert sollte zwischen 6 und 7 liegen. Vor der Pflanzung werden Chrysanthemennetze mit einer Maschengröße von 12,5 × 12,5 cm ausgerollt. Sie werden später hochgezogen und dienen als Stütze für die bruchgefährdeten Pflanzen. Andernfalls muß jede Pflanze einzeln gestäbt werden. Nicht jede Masche wird bepflanzt, sonst wird der Bestand zu dicht. Am besten werden nur 40 Pflanzen pro m^2 gesetzt.

Nach der Pflanzung wird mehrmals leicht bewässert, ohne die Pflanzen einzuschlämmen. Später werden die Pflanzen immer mäßig feucht gehalten. Mit Beginn der Blütenbildung werden sie etwas trockener gehalten, was diese unterstützt. Nach dem Anwachsen wird einmal wöchentlich mit einem Flüssigdünger (Blumendünger oder eigene Nährlösung mit einer Konzentration von 0,2 %) gedüngt. Gegossen wird immer zwischen die Reihen, nicht über die Pflanzen. Chrysanthemen wünschen eine hohe Lichtintensität, auch während der kurzen Tage. Es sollte daher für eine saubere Gewächshauseindeckung gesorgt werden.

Im Sommer unter Langtagbedingungen mag es die Chrysantheme warm bei etwa 25 °C. In der Zeit der geringen Sonneneinstrahlung und der kurzen Tage im Winter reichen ihr 12 bis 15 °C. Höhere Temperaturen im Winter erfordern eine Zusatzbelichtung. Andererseits sollte bei hohen Einstrahlungen im Sommer leicht schattiert werden. Chrysanthemen benötigen viel frische Luft. Das Lüften sorgt außerdem dafür, daß die Luftfeuchtigkeit nicht zu stark ansteigt.

Chrysanthemen können gestutzt werden, um eine stärkere Verzweigung zu erreichen. Das verzögert allerdings die Blüte. Bei manchen Sorten wiederum werden die Seitenknospen ausgebrochen, um möglichst große Blüten zu erzielen. Hier ist die Experimentierfreude des Hobbygärtners gefragt.

Chrysanthemen werden geerntet, sobald sich die Blüten geöffnet haben und ihre volle, runde Form erreicht haben. Die Blütenstiele werden mit einem scharfen Messer abgeschnitten, ohne die anderen Blütenstiele zu verletzen. Am unteren Drittel des Stieles werden die Blätter entfernt, bevor er in die Vase gestellt wird. Die vollständig abgeernteten Pflanzen können als Mutterpflanzen zur Stecklingsvermehrung genutzt werden, obwohl das im Erwerbsanbau nicht mehr üblich ist. Zur Schnittblumengewinnung sind diese Pflanzen nicht mehr geeignet.

Edelnelken

Dianthus caryophyllus
Caryophyllaceae

Edelnelken gehören zu den bekanntesten und beliebtesten Schnittblumen. Sie eignen sich für den Anbau im temperierten Gewächshaus. In der Regel muß man sich das Jungpflanzenmaterial bei einem Jungpflanzenbetrieb besorgen. Günstige Pflanzzeiten sind die Monate Januar bis Juni. Später kann man von Januar bis April seine Jungpflanzen aus Stecklingen bei etwa 15 °C selber ziehen.

Mitte Mai werden die bewurzelten Stecklinge im Abstand von 20 × 20 cm in Beete gepflanzt. Für den Nelkenanbau geeignet sind gute Gewächshausböden mit einem pH-Wert zwischen 5,5 und 7. Über das Beet wird ein Netz aus Draht zur Stützung angebracht, ansonsten muß gestäbt werden, damit die Triebe nicht abbrechen. Es werden etwa 20 bis 30 Jungpflanzen pro m^2 gepflanzt. Nach dem Anwachsen wird im wöchentlichen Abstand flüssig gedüngt (0,2 %). Um die Verzweigung zu fördern, können die Pflanzen entspitzt werden, wobei man auf 5 bis 6 Blattpaare stutzt. Allerdings verzögert diese Maßnahme die Blütezeit. Durch Ausbrechen der Seitenknospen wird die Hauptblüte größer.

Nelken wünschen im Sommer tagsüber 16 bis 20 °C und nachts 15 °C. Im Winter liegt die Temperatur am besten bei 10 bis 15 °C. Während der Sommermonate wird in den Mittagsstunden schattiert, um die Gewächshaustemperatur nicht zu hoch klettern zu lassen, was Pflanzenschäden zur Folge hätte. Nelken bleiben in der Regel etwa 2 Jahre stehen. Erntereif sind die Blütenstiele, sobald die Blume geöffnet ist. Sie werden geschnitten, da ein Ausbrechen meist zu Verletzungen der Pflanzen führt, was wiederum das Eindringen von Krankheitserregern begünstigt.

***Dianthus caryophyllus* 'Floristan Lachsrosa'.**

Freesien

Freesia-Hybriden
Iridaceae

Die Freesien mit ihren am Blütenstiel aufgereihten duftenden Blüten gehören zu den Irisgewächsen und stammen aus Südafrika. Ihre Blütenfarben reichen von Cremeweiß über Gelb, Orange und Rosa bis zu Violett. Hinsichtlich des Anbaus wird zwischen Samenfreesien und Knollenfreesien unterschieden, wobei vorwiegend die letzteren für die Schnittblumengewinnung genutzt werden. Ihre Kulturzeit ist wesentlich kürzer als die der Samenfreesien, und sie können für einen bestimmten Schnittermin angebaut werden, vorausgesetzt man hat entsprechend präparierte Knollen.

Freesien wünschen einen lockeren, vergießfesten Boden mit einem niedrigen Salzgehalt. Der Boden kann je nach Bodenzustand mit etwas Torf verbessert werden. Kompost wird nur in geringen Mengen (maximal 5 bis 10 l pro m^2) zur Bodenverbesserung und Grunddüngung eingesetzt. Der pH-Wert sollte bei 6,5 bis 7 liegen. Auf die Beete werden für den Schnittblumenanbau am besten vor der Pflanzung 1 bis 2 sehr grobmaschige Netze (Chrysanthemennetze) gelegt. Gepflanzt wird zwischen die Maschen, durch die die Pflanzen hindurchwachsen sollen. Die Netze werden später vorsichtig hochgezogen und die Blätter dadurch in eine streng aufrechte Stellung gebracht. Nach der Pflanzung kann das Beet mit etwas Stroh abgedeckt werden.

Ins Freie werden Freesien im Mai gepflanzt, ins ungeheizte Gewächshaus bereits Ende April und ins frostfreie

Gewächshaus etwa Anfang bis Mitte April. Knollen werden für diese Pflanzzeit im Gartenfachhandel angeboten. Für die Blütezeit in den Monaten März/April muß bereits Mitte August bis Anfang Oktober in ein temperiertes Gewächshaus gepflanzt werden. Für den Hobbygärtner ist es jedoch nicht ganz leicht, für diese Jahreszeit präparierte Knollen zu bekommen. Meistens werden in Gartencentern nur Garten-Freesien für die Pflanzung im Frühjahr angeboten. Am besten wendet man sich an einen Schnittblumenanbauer, der Kontakte zu Lieferfirmen hat. Präparierte Knollen werden sofort nach Erhalt der Lieferung gepflanzt (in den lockeren Boden gedrückt), pro m^2 etwa 80 bis 100 Knollen. Diese Pflanzdichte gilt nur für den Schnittblumenanbau und wenn mit Netzen gearbeitet wird. Ansonsten wird etwas lockerer gepflanzt. Die Bodentemperatur sollte in den ersten 5 Wochen nach Möglichkeit ziemlich genau bei 14 bis 15 °C gehalten werden, denn die Blütenbildung wird durch diese Temperaturen begünstigt. Nach der Knospenbildung sind Gewächshaustemperaturen zwischen 12 und 15 °C anzustreben.

Gedüngt wird erst, wenn die Pflanzen gut eingewurzelt sind. Man verwendet dazu einen flüssigen Blumendünger, der wie auf der Packung für empfindlichere Pflanzen angegeben dosiert wird. Wer seine Düngerlösung selbst herstellt, sollte die Konzentration zwischen 0,1 bis 0,2 % einstellen. Das entspricht 1 bis 2 g Nährsalz pro l Wasser. Es wird etwa einmal wöchentlich bis alle 2 Wochen gedüngt. Bewässert wird so, daß der Boden feucht, aber nicht naß ist. Am besten wird zwischen und nicht über die Pflanzen gegossen. Die Luftfeuchtigkeit sollte immer über 50 % liegen, aber etwa 80 % relative Feuchte oder gar den Taupunkt nicht überschreiten. Bei der Herbstpflanzung muß für saubere Scheiben gesorgt werden, denn die Pflanzen benötigen viel Licht.

Freesien sind schnittreif, wenn 1 bis 2 Blüten eines Kammes geöffnet sind und 2 weitere deutlich Farbe zeigen. Sträuße können zur Verlängerung der Haltbarkeit kurzfristig bei 1 bis 5 °C gelagert werden.

Wer Freesien aussät, benötigt 2 bis 3 g Saatgut für 100 Pflanzen. Aussaattermin ist März. Der Samen wird 24 Stunden in 20 °C warmem Wasser vorgequollen. Es kann direkt in Beete gesät werden, wobei 2,5 g Saatgut pro m^2 gerechnet werden (bei der Schnittblumenkultur). Nach der Aussaat wird der Samen gut abgedeckt (Dunkelkeimer). Die Keimung dauert bei 20 °C etwa 2 bis 3 Wochen. Danach wird die Temperatur zunächst auf 16 bis 18 °C, später auf 10 bis 15 °C abgesenkt. Von der Aussaat bis zur Blüte dauert es etwa 8 Monate.

Gerbera

Gerbera jamesonii
Compositae

Die 45 Gerbera-Arten haben ihre Heimat im südlichen Afrika und Asien. Für den Schnittblumenanbau wird hauptsächlich die aus Südafrika stammende *Gerbera jamesonii* verwendet. Blatt- und Blütenform zeigen ihre Verwandtschaft mit unserem Löwenzahn. Sie gehören auch zu den Korbblütern.

Gerbera eignen sich für temperierte Gewächshäuser. Sie werden in Beeten oder in 10-l-Kübeln kultiviert. Der Boden bzw. das Substrat sollte locker und strukturstabil sein. Der Boden kann eventuell mit Torf und Kompost verbessert werden. Als Substrat für die Kübelkultur eignet sich beispielsweise Einheitserde. Man kauft entweder Jungpflanzen oder zieht sie selbst aus Samen heran.

Wer seine Jungpflanzen selber heranziehen möchte, sät im März/April in Aussaaterde aus. Die Keimtemperatur sollte etwa 22 °C betragen. Danach wird pikiert und umgepflanzt. Beim

Umpflanzen sollte der gesamte Wurzelballen in den größeren Topf eingesetzt werden, damit die empfindliche Pfahlwurzel nicht gestört wird. Die weitere Jungpflanzenkultur wird bei etwa 20 °C durchgeführt.

Der Pflanzabstand von Gerbera sollte etwa 30 × 40 cm betragen. Das entspricht bei einem Beet von 1 bis 1,2 m Breite 3 Reihen mit einem Abstand von 30 bis 40 cm in der Reihe. Der pH-Wert des Bodens sollte bei 5 bis 6 liegen. Bei stark humoser Erde sollte er eher im unteren Bereich, bei lehm- und tonhaltiger Erde mehr im oberen Bereich liegen. Gerbera wünscht gleichmäßige Feuchte ohne Vernässung. Besonders bei dichtgewachsenen Pflanzen und ab der Blütenbildung sollte nicht von oben bewässert werden. Besser ist es, seitlich in den Topf zu gießen oder eine Tröpfchenbewässerung zu installieren. Gedüngt wird mit Flüssigdüngern, je nach Jahreszeit und Wachstumsverlauf etwa alle 1 bis 2 Wochen in 0,2 %iger Konzentration. Soll ständig mittels eines Düngerbeimischers über die Tröpfchenbewässerung gedüngt werden oder wird bei jedem Gießen gedüngt, darf die Konzentration nur 0,05 % betragen (0,5 g Nährsalz pro l Wasser). Die Gewächshaustemperatur sollte im Sommer nachts etwa 18 °C und tagsüber etwas mehr betragen. Im Winter kommen ältere Pflanzen mit 12 bis 15 °C zurecht, jüngere werden besser bei 15 bis 20 °C kultiviert. Die Luftfeuchte sollte bei 50 bis 60 % liegen. Um später schöne, große Blütenstiele zu ernten, werden die ersten Knospen seitlich aus der Blattachsel so ausgebrochen, daß keine Stümpfe stehen bleiben, da diese oft nur kleine und manchmal auch mißgestaltete Blüten hervorbringen. Durch diese Maßnahme wird auch die Pflanzenentwicklung gefördert.

Gerbera sind erntereif, sobald 2 bis 3 Staubblattkreise voll entwickelt sind. Der Stiel unterhalb des Blütenköpfchens ist dann fest. Der Blütenstiel wird seitlich aus der Pflanze herausgebogen und mit einem kurzen Ruck unter gleichzeitigem Festhalten der Pflanze abgerissen. Der Schnitt ist weniger zu empfehlen, da Stengelreste Angriffspunkte für Schaderreger sein können. Die Stiele werden erst nach dem Abreißen angeschnitten und sofort in einen Behälter mit Wasser gestellt. Je nach Sorte und wenn die Temperaturen auch im Winter bei 15 bis 18 °C liegen, können ganzjährig Blütenstiele »geerntet« werden. Gerbera können über mehrere Jahre kultiviert werden, solange sie gesund sind und genügend Blüten hervorbringen. Beim Erwerbsgärtner werden sie ein- bis dreijährig angebaut. Die nächsten Gerbera sollte man nicht auf dasselbe Beet pflanzen.

Gladiolen

Gladiolus-Hybriden
Iridaceae

Die Heimat der über 250 Gladiolenarten liegt in Europa (Mittelmeergebiet), Afrika und Vorderasien. Der Name kommt aus dem Lateinischen und bedeutet »Schwert«, was auf die Form der Blätter zurückzuführen ist. Für den Schnittblumenanbau können alle groß- und kleinblumigen Gartensorten genutzt werden. Die Blütenähre kann 60 bis 150 cm hoch werden und besteht aus vielen trompetenförmigen Einzelblüten. Die Farben der Blüten reichen von cremefarben bis dunkelrot.

Für den Anbau eignet sich jeder normale Gewächshaus- oder Gartenboden, der vorher gut gelockert wurde. Großblumige Sorten werden für den Schnittblumenanbau zu etwa 60 bis 80 Stück pro m^2 gepflanzt, kleinblumige Sorten zu etwa 100 Stück pro m^2. Vor dem Auspflanzen werden die Knollen etwa 2 bis 3 Stunden lang in warmes Wasser gelegt, damit sie sich gut vollsaugen. Auf das vorbereitete Beet wird ein Chrysanthemennetz gelegt, das mit dem

Pflanzenwachstum langsam hochgezogen wird, damit die Pflanzen zusätzlichen Halt haben. Gepflanzt wird etwa 10 cm tief.

Im temperierten Gewächshaus können ab Ende Januar die ersten großblumigen Gladiolenknollen gepflanzt werden. Die Temperatur sollte bei 12 bis 14 °C, ab März bei 16 °C liegen. Sie sind bereits zu Muttertag »erntereif«. Kleinblumige Sorten werden ab Ende November/Anfang Dezember bei 8 bis 9 °C kultiviert. Ab Mitte Februar kann die Temperatur auf 12, im März auf 14 °C angehoben werden. Auch im April sollten 16 °C nicht überschritten werden. Bei zu hohen Temperaturen können die Blüten vertrocknen. Für die Frühkultur müssen die Knollen allerdings präpariert sein. Am besten wendet man sich an einen Schnittblumengärtner in der Nähe, um an entsprechendes Pflanzmaterial zu kommen.

Im Frühjahr werden im Gartenfachhandel Gladiolen für den Garten angeboten. Sie können ab Mitte März ins unbeheizte Gewächshaus gepflanzt werden und blühen etwa Anfang bis Mitte Juli. Ins Freiland pflanzt man erst ab Mai und hat die ersten Blumen etwa Anfang August.

Gladiolenknollen werden nach der Blühsaison herausgenommen, wenn die Blätter beginnen braun zu werden. Die Stengel und Blätter werden auf 3 cm Länge abgeschnitten und die Knollen an einem kühlen, luftigen Ort gelagert, bis sie nach etwa 10 Tagen völlig abgetrocknet sind. Die alten, vertrockneten Knollen werden abgebrochen und die

Die Ruhmeskrone *(Gloriosa rothschildiana)* ist eine prächtig blühende Kletterpflanze, die sich auch hervorragend für die Kultur im Kübel eignet.

jungen Brutknöllchen zur Vermehrung abgetrennt. Die Brutknöllchen können im nächsten Frühjahr auf ein Extrabeet gepflanzt werden. Sie blühen nach 2 bis 3 Jahren. Die großen Knollen werden von den harten Schalen getrennt und kühl und trocken, aber frostfrei überwintert.

Ruhmeskrone

Gloriosa rothschildiana
Liliaceae

Für den Schnittblumenanbau im Warmhaus bietet sich die Ruhmeskrone an. Die im tropischen Afrika und Asien beheimatete *Gloriosa* gehört zu den Liliengewächsen und bildet eine Knolle aus. Am bekanntesten ist die kletternde *G. rothschildiana* mit ihren lilienartigen, schönen, gelbroten Blüten. Sie eignet sich für die Garten-, Gewächshaus-, Wintergarten- und Zimmerkultur.

Im Frühjahr werden die 15 bis 25 cm langen Knollen im Gartenfachhandel angeboten. Die Knollen können bei 25 bis 30 °C 4 bis 6 Wochen in feuchtem Torf vorgekeimt werden. Zur Pflanzung in einen Topf oder Kübel werden sie dann waagrecht auf das Substrat gelegt und 3 bis 5 cm mit Erde bedeckt. Pflanzt man ins Beet, so legt man zunächst eine Rille an, in die die Knollen in einer Reihe waagrecht gelegt werden. Anschließend wird die Rille wieder mit Erde befüllt. Die Pflanzen benötigen ein Spalier, an dem die bis zu 4 m langen Triebe angeheftet werden. Die Bodentemperatur sollte 20 °C betragen, die Lufttemperatur möglichst nicht über 30 °C steigen. Nachts und an trüben Tagen sind 18 °C ausreichend. Von der Pflanzung bis zur ersten Blüte dauert es etwa 8 bis 10 Wochen. Für die Gewächshauskultur eignet sich jeder gute Gewächshausboden, für die Kultur im Topf Einheitserde. Der Boden sollte eine stabile Struktur haben und nicht zu Staunässe oder Verschlämmungen neigen. Beste Pflanzzeiten sind Mitte Februar bis Mitte August.

Da *Gloriosa* schnell wächst, ist ihr Wasser- und Nährstoffbedarf vergleichsweise hoch. Während der Wachstumsphasen wird sie ein- bis zweimal wöchentlich mit einem Flüssigdünger (0,2 %) gedüngt. Junge Pflanzen werden bei starker Strahlungsintensität leicht schattiert. Die Blüten sind schnittreif, wenn die 6 Blütenblätter nach hinten umgeschlagen sind. Die Blütenstiele werden aus den Blattachseln geschnitten. Sie haben etwa eine Länge von 30 cm.

Das Gewächshaus im Gartenjahr

Kalender für die intensive Nutzung

Januar

Im unbeheizten Kalthaus stehen teilweise noch Spätgemüse des Vorjahres (z. B. Feldsalat und Spinat). An frostfreien Tagen kann geerntet werden. Das Gewächshaus wird gelüftet, wenn die Außentemperaturen über dem Gefrierpunkt liegen. Es wird selten, dafür aber gründlich und möglichst nicht über die Pflanzen gewässert. Im frostfreien Kalthaus werden Kübelpflanzen auf Schädlinge und Krankheiten untersucht, abgestorbene Pflanzenteile werden entfernt und die Pflanzen bei Bedarf gegossen. In wärmeren Gewächshäusern und im Vermehrungsbeet können bereits die ersten Aussaaten durchgeführt werden: Rettich, Kopfsalat und Kohlrabi (für die Pflanzung ins Kalthaus im März), Begonien, Pantoffelblumen, Fleißiges Lieschen, Lobelien, samenvermehrbare Pelargonien (»Balkongeranie«), Petunien, Gloxinien und Alpenveilchen. Aber auch Stauden wie Eisenhut, Akelei, Bergenie, Flockenblume, Sonnenbraut, Sonnenhut und andere können bereits ausgesät werden. Verschmutzte Scheiben werden gesäubert, damit die jungen Pflanzen genügend Licht erhalten. Bei sehr intensiver Strahlung, besonders in höheren Lagen und wenn Schnee liegt, kann jedoch unter Umständen vorübergehend eine Schattierung notwendig werden, während an trüben Tagen eine Zusatzbelichtung Pflanzenwachstum und -gesundheit fördert.

Februar

Der Boden im Kalthaus wird für den Frühjahrsanbau von Gemüsen vorbereitet. Anfang bis Mitte Februar werden die ersten Sätze von Kopfsalat, Kohlrabi und Rettich ins frostfreie Haus gepflanzt. Ende des Monats kann auch im unbeheizten Haus mit dem Gemüseanbau begonnen werden. Die Pflanzen werden mit einer Vliesauflage vor zu tiefen Temperaturen geschützt. Fuchsien, Pelargonien, Strauchmargeriten, Engelstrompeten und andere Kübelpflanzen werden wenn nötig noch einmal nachgeschnitten. Im wärmeren Gewächshaus und im Vermehrungsbeet werden Ageratum, Alyssum, Löwenmaul, Glockenreben, Salvien, Tagetes und Verbenen für die Beet- und Balkonbepflanzung gesät. Von Chrysanthemen, Lantanen, Pantoffelblumen und Heliotrop können Stecklinge genommen und eingepflanzt werden. Knollenbegonien werden jetzt ausgelegt, damit sie bis zur Pflanzzeit Mitte Mai schon gut entwickelt sind. Auch Auberginen und Paprika für die Pflanzung Ende April ins Kalthaus, sowie Frühkohl, Kohlrabi und Kopfsalat für die ersten Freilandsätze werden ab Februar herangezogen.

Rechte Seite: Im Frühjahr beginnen die Vorbereitungen für die Gartensaison.

Schafgarbe, Gemswurz, Feinstrahlaster, Nelkenwurz, Fetthenne und einige andere Staudenarten werden in diesem Monat ausgesät.

März

Falls noch nicht Ende Februar geschehen, werden Kohlrabi, Kopfsalat und Rettich ins Kalthaus gepflanzt. Radieschen, Kresse und Schnittsalat können auch direkt ausgesät werden. Ein satzweiser Anbau ermöglicht eine kontinuierlicher Ernte. Schnittmaßnahmen am Weinstock werden jetzt durchgeführt. Unempfindlichere Kübelpflanzen, wie Aukube und Jasmin, sowie heimische Obstgehölze in Kübeln können ab Mitte des Monats aus ihrem Winterquartier an einen geschützten Platz ins Freie gestellt werden, vorausgesetzt sie wurden bei niedrigen Temperaturen, nahe 0 °C oder kälter, überwintert. Im wärmeren Gewächshaus und im Vermehrungsbeet werden Auberginen, Brokkoli, Knollenfenchel, Sellerie und Kohl für den Anbau im Freiland und Tomaten für den Gewächshausanbau ausgesät. Ab März werden auch Fuchsschwanz, Sommerastern, Gazanien, Levkojen, Phlox, Husarenknopf und andere Pflanzen für die Balkon- und Beetbepflanzung Mitte Mai herangezogen. Knollen von Dahlien, Canna, Gladiolen und Anemonen werden eingepflanzt und vorgezogen. Ab März werden außerdem Fingerhut, Schleierkraut Fackellilie, Prachtscharte, Staudenlupine und Erika ausgesät. Bei starker Sonneneinstrahlung wird das Gewächshaus schattiert.

Die Primelblüte zeigt den Beginn des Frühlings.

April

Die ersten Frühjahrsgemüse sind jetzt erntereif. Ab Mitte des Monats können Tomaten, Gurken und Paprika ins frostfreie Gewächshaus gepflanzt werden, gegen Ende April auch ins unbeheizte Kalthaus. Viele frostunempfindlichere Kübelpflanzen wie Oleander, Zylinderputzer, Lorbeer und Myrte können bereits an einem geschützten Platz im Freien aufgestellt werden, sofern sie nicht zu warm überwintert wurden und damit frostempfindlicher geworden sind. Im Vermehrungsbeet und im wärmeren Gewächshaus werden Sonnenblume, Prunkwinde und Edelwicken ausgesät. Stauden, die ab April herangezogen werden, sind beispielsweise Staudenaster und Kokardenblume. Bei starker Sonneneinstrahlung werden die Jungpflanzen leicht schattiert.

Mai

Soweit noch nicht geschehen, werden jetzt Sommergemüse wie Tomaten, Paprika, Gurken, Auberginen, Pepino und andere ins Kalthaus gepflanzt. Da die Pflanzen noch nicht ihren vollen Standraum beanspruchen, sind Untersaaten mit Radieschen, Kresse, Salat und anderen Gemüsen mit kurzer Kulturzeit möglich.

Alles wartet auf den Sommer, dann kommen die überwinterten Kübelpflanzen ins Freie, die angezogenen Sommerblumen und Tomaten werden ausgepflanzt.

Nach den Eisheiligen dürfen alle Kübelpflanzen ins Freie. Im wärmeren Gewächshaus oder im Vermehrungsbeet werden Buschbohnen, Stangenbohnen und Zucchini für die Pflanzung im Freiland herangezogen. Die Sommerblumen werden in Beete, Balkonkästen und Ampeln gepflanzt und dürfen nach den Eisheiligen ins Freie. Ab Mai werden zweijährige Sommerblumen für die Blüte im nächsten Jahr ausgesät.

Juni

Im gemüsebaulich genutzten Gewächshaus ist man jetzt vorwiegend mit Pflegearbeiten wie Aufbinden und Ausgeizen beschäftigt. Die Pflanzen sollten gleichzeitig auf Schädlingsbefall geprüft werden, da ein Nützlingseinsatz zur Schädlingsbekämpfung (biologischer Pflanzenschutz) nur bei Befallsbeginn sinnvoll und wirkungsvoll ist. Mitte Juni werden Endivien und Herbstblumenkohl ausgesät und für die Pflanzung ins Freiland Mitte Juli herangezogen. Auch die zweijährigen Sommerblumen wie Bartnelke, Marienglockenblume, Stockrose, Bellis und Vergißmeinnicht sowie Cinerarie, Primel und Pantoffelblume werden jetzt ausgesät.

Juli

Bei hohen Temperaturen muß für ausreichende Lüftung gesorgt werden. Unter Umständen kann eine Schattierung von außen notwendig werden, um die Temperaturen im Gewächshaus nicht zu hoch ansteigen zu lassen. In dieser Zeit muß besonders auf eine ausreichende Wasserversorgung geachtet werden. Ende des Monats werden Chinakohl für den Garten und Endivien für

die Pflanzung Ende August ins Gewächshaus oder Frühbeet ausgesät. Im Juli werden Stecklinge von tropischen und subtropischen Kübelpflanzen, wie beispielsweise Allamande, Bougainvillea, Zylinderputzer, Zitrus, Dipladenie, Passionsblume und Hibiskus, geschnitten und gepflanzt.

August

Im August kann man die Früchte seiner Arbeit genießen, denn bei Tomaten, Paprika und den anderen Sommergemüsen hat die Haupterntezeit eingesetzt. Das Entfernen der unteren Blätter bei Gurken, Paprika und Tomaten fördert die Belüftung des Bestandes und beugt Pilzkrankheiten vor. Tomaten werden bei Erreichen des Firstes gekappt. Endivien müssen spätestens Ende August ins unbeheizte Gewächshaus gepflanzt werden, damit sie noch erntereif werden. Kübelpflanzen werden bereits auf die Überwinterung vorbereitet und spätestens ab Ende des Monats nicht mehr gedüngt.

September

Nach dem Ausräumen der gemüsebaulichen Sommerkulturen und vor der Aussaat oder Pflanzung von Herbst- und Wintergemüsen bzw. dem Einräumen von Kübelpflanzen, Bonsai u.a. werden die Gewächshausscheiben gereinigt, damit die Pflanzen in den Wintermonaten möglichst viel Licht erhalten. Ins Kalthaus werden jetzt die Herbst- und Wintergemüse und -salate gesät und gepflanzt. Ins ungeheizte Gewächshaus kann in der ersten Septemberwoche noch Endiviensalat gepflanzt werden. Ins frostfreie Gewächshaus können bis Mitte September Endivien gepflanzt und bis Ende des Monats Radieschen gesät werden.

Empfindliche Kübel- und Topfpflanzen, wie beispielsweise Hibiskus, Kassie und Zierbanane, werden bereits im September eingeräumt. Sie benötigen auch im Winter Temperaturen über 10 °C.

Ende des Monats werden Blumenzwiebeln für die Treiberei eingetopft und kühl und dunkel aufgestellt. Schnittpetersilie für die Treiberei wird im September ausgegraben und in ein temperiertes Gewächshaus gepflanzt.

Oktober

Ins frostfreie Gewächshaus kann bis Mitte Oktober Feldsalat gesät werden. Die meisten Kübelpflanzen und Bonsai müssen jetzt zur Überwinterung ins frostfreie Kalthaus gebracht werden. Vor dem Einräumen werden sie auf Schädlinge und Krankheiten untersucht und gegebenenfalls Maßnahmen ergriffen. Für viele von ihnen ist jetzt auch der beste Schnittzeitpunkt. Im kühlen Winterquartier werden sie wenig gegos-

Oben: Ab Oktober müssen die Kübelpflanzen an einem hellen, kühlen Ort überwintern.

Linke Seite: Sommer im Kleingewächshaus.

Im Winter ist das beheizte Gewächshaus eine grüne Oase.

sen und nicht gedüngt. Für die Erdbeertreiberei getopfte Jungpflanzen werden jetzt nicht mehr gedüngt, sie müssen bis Dezember kalt stehen. Bei Temperaturen unter –5 °C werden sie mit Reisig abgedeckt. An sonnigen, warmen Tagen muß im Kalthaus reichlich gelüftet werden.

November

Lagergemüse werden Ende Oktober/Anfang November geerntet und können im Kalthaus eingelagert werden. Kalthäuser müssen an sonnigen Tage reichlich gelüftet werden. Ab November kann im temperierten und im Warmhaus mit der Schnittlauch-, Chicoree- und Petersilientreiberei begonnen werden.

Dezember

Im Kalthaus werden die letzten Spätgemüse geerntet, die nicht für die Überwinterung vorgesehen sind. Heimische Obstgehölze werden vor den ersten tiefen Frösten ins Kalthaus gestellt. Die im September getopften Blumenzwiebeln werden jetzt hell und warm getrieben. Mitte des Monats kann mit der Erdbeertreiberei bei 10 °C begonnen werden.

Besondere Pflanzengruppen im Gewächshaus

Viele Hobbygärtner haben sich auf eine bestimmte Pflanzengruppe spezialisiert und nutzen ihr Gewächshaus ausschließlich für ihr Spezialgebiet, sei es eine Sukkulenten-, Bonsai- oder Orchideensammlung. Wegen der unterschiedlichen Ansprüche selbst innerhalb einer Gruppe ist es sinnvoll, sich auf eine Klimagruppe seiner Lieblingspflanzen zu beschränken oder Kabinen mit unterschiedlicher Klimaführung anzulegen. Es sollte nicht vergessen werden, daß die Temperatur nicht das einzige Kriterium ist, ob Pflanzen zusammenpassen, sondern daß auch Luftfeuchte, Licht und andere Faktoren eine große Rolle spielen können.

Die folgenden Beschreibungen von speziellen Pflanzengruppen, die sich für die Kultur im Gewächshaus, Wintergarten und/oder ausgebauten Blumenfenster eignen, können nur den Charakter einer Einführung haben. Eine ausführlichere Darstellung dieser Kulturen muß aus Platzgründen der Spezialliteratur vorbehalten bleiben (siehe Anhang).

Das Alpinenhaus

Alpine Pflanzen stammen aus den Gebirgen und Hochgebirgen aller Klimazonen. So liegen beispielsweise die Anden zu einem großen Teil im Tropengürtel zwischen den Wendekreisen, die Alpen dagegen in der gemäßigten Zone. Die Jahresdurchschnitts- und Tiefsttemperaturen sind in diesen Gebirgen abhängig von der Höhe und der Entfernung zum Äquator sehr verschieden. Den Hochgebirgen gemeinsam sind aber die hohe Einstrahlung, hohe Temperaturunterschiede zwischen Tag und Nacht, meist auch zwischen Sommer und Winter, sowie ein starker Luftaustausch. Allerdings sind diese Pflanzen im Winter in der Regel durch eine Decke aus Schnee vor Kahlfrösten geschützt. Die Böden sind im Hochgebirge eher humusarm. Je nach Ausgangsgestein sind sie eher sauer oder eher alkalisch. Viele alpine Pflanzen gedeihen in einem Steingarten im Freien. Empfindlichere Arten müssen jedoch vor zu niedrigen Temperaturen und hohen Niederschlägen geschützt werden. Ein Alpinenhaus ermöglicht auch die Kultur seltener und anspruchsvoller Arten.

Das Gewächshaus, seine Ausstattung und die Klimaführung

Als Alpinenhaus eignet sich am besten ein Erdhaus oder ein Gewächshaus mit bis zur Tischhöhe hochgezogenen Betonwänden. Da das Erdhaus zu einem Teil unterhalb der Erdoberfläche liegt, bleibt es im Sommer kühler als ein oberirdisches Gewächshaus und sorgt im Winter für ausgeglichene Temperaturen. In der Regel bleibt ein Alpinenhaus unbeheizt, lediglich für frostempfindliche Arten wird man eine frostfreie Kabine oder ähnliches einrichten.

Die Längsachse des Gewächshauses wird von Ost nach West ausgerichtet, um einen möglichst hohen Lichtgenuß im Winter zu gewährleisten. Aus dem gleichen Grund sollte das Alpinenhaus mit einem gut lichtdurchlässigen Material eingedeckt werden. Sehr gut sind Einfachverglasungen mit Gartenblankglas und Gartenklarglas geeignet. Das

Das Alpinenhaus.

Rechte Seite oben: Ausgepflanzt wirkt der Bitterwurz *(Lewisia)* am schönsten.

Rechte Seite unten: Das Alpenveilchen, *Cyclamen africanum,* ist ein typischer Herbstblüher des Alpinenhauses.

Alpinenhaus hat in der Regel eine Breite von etwa 3 m, wobei in der Mitte ein etwa 1 m breiter Weg angelegt wird. Links und rechts vom Weg werden Tische angebracht. Statt den gesamten Gewächshausboden auszuheben, kann auch nur der Weg ausgegraben und mit Betonfertigteilen derart befestigt werden, daß die so geschaffenen »Hochbeete« nicht in den Weg hinein abrutschen können. Die Pflanzen haben auf diese Weise Anschluß an den gewachsenen Boden.

Im Winter kann die nördliche Dachseite des Alpinenhauses mit Luftpolsternoppenfolie oder ähnlichem isoliert werden, ohne daß große Lichteinbußen auftreten, da die Sonne zu dieser Jahreszeit tief steht und zur Südseite hereinscheint. Die Isolierung wird Ende März wieder entfernt. Vor und während sehr kalter Perioden, besonders solchen mit klaren, eisigen Nächten und strahlungsreichen Tagen, kann das gesamte Haus auch ganz mit Strohmatten oder ähnlichem abgedeckt werden. Diese Maßnahme verhindert einerseits zu tiefes Absinken der Temperaturen und gleichzeitig zu hohe Schwankungen zwischen Tag und Nacht. Auch das Auflegen von Vliesen über die Pflanzen bietet einen zusätzlichen Kälteschutz.

Im Sommer hingegen verursacht die starke Sonneneinstrahlung zu hohe Temperaturen. Zuviel Wärme bekommt vielen alpinen Pflanzen aber schlechter als extreme Winterkälte, was sich aus ihrer Herkunft leicht erklären läßt. Außerdem vertragen beispielsweise frisch umgetopfte Pflanzen, Jungpflanzen und andere keine direkte, starke Sonneneinstrahlung. Es empfiehlt sich daher die Anbringung einer beweglichen Außenschattierung, die bei Bedarf auf- oder zugerollt werden kann.

Besondere Bedeutung ist der Lüftung des Alpinenhauses beizumessen. Sie dient einerseits der Temperaturregulierung und andererseits benötigen alpine Pflanzen im Sommer viel frische Luft.

Für die Tischkultur von alpinen Pflanzen benötigt man Tische mit 20 bis 30 cm über die Tischhöhe hochgezogenen Seitenwänden, da die Pflanzen entweder samt Topf eingesenkt oder in das Tischbeet direkt gepflanzt werden. Die Tische müssen sehr stabil sein und am besten im Boden befestigt werden.

Die Installierung einer Lampe macht den Gewächshausbesuch von der Tageszeit unabhängig, was besonders in den Herbst- und Wintermonaten von Bedeutung sein kann. Eine Zusatzbelichtung ist für die Kultur alpiner Pflanzen in der Regel nicht notwendig. Man benötigt ansonsten nur noch einen Wasseranschluß und/oder einen Wasservorratsbehälter für aufgefangenes Regenwasser, um die Bewässerung gewährleisten zu können. Während trocken-heißer Perioden im Sommer sollte zudem die Luft befeuchtet werden. Man erreicht dies durch Besprühen der Flächen unter den Tischen und des Weges, was gleichzeitig auch der Kühlung der Gewächshausluft dient.

Gefäße, Substrate, Düngung, Bewässerung und Pflege

Alpine Pflanzen können ausgepflanzt oder in Ton- oder Kunststoffgefäßen kultiviert werden. Man sollte sich jedoch zumindest pro Beet für ein einheitliches Topfmaterial entscheiden, da die Erde in diesen unterschiedlich schnell austrocknet. Die Pflanzerde oder das Substrat soll in jedem Fall eine stabile Struktur und ein gutes Wasser- und Lufthaltevermögen haben. Geeignet sind für die meisten alpinen Pflanzen Einheitserde oder ähnliche Mischungen, die einen pH-Wert von ungefähr 6 haben. Sie können je nach Anspruch der Pflanzenart mit Quarzitgrus, Schamotte oder natürlichem Lavatuff u.ä. abgemagert werden.

Eine Ausnahme sind die Moorbeetpflanzen, also beispielsweise Rhododendren und andere Erikagewächse. Sie

benötigen ein Substrat mit niedrigerem pH-Wert (Rhododendronerde). Das Substrat für die Kultur in Tontöpfen muß mehr Feuchtigkeit halten können als solches für Kunststofftöpfe.

Die Gefäße werden in Torf- oder ein Torf-Sand-Gemisch eingefüttert. Ausgepflanzt wirken die Sammlungen jedoch viel »natürlicher«. Eine Gefahr stellt dabei jedoch die leichtere Verbreitung von Krankheiten und Schädlingen dar. Besonders dekorativ wirken Pflanzen, die in löchrige Kalksteine oder in Kalktuff ausgepflanzt wurden.

Auch alpine Pflanzen müssen von Zeit zu Zeit umgetopft werden. Für frühblühende Arten ist der beste Zeitpunkt kurz nach der Blüte. Später blühende Arten werden im zeitigen Frühjahr umgepflanzt, Blumenzwiebeln und Knollen während der ersten Hälfte der Ruhezeit. Beim Umtopfen sollte der kleine Ballen möglichst nicht auseinanderfallen, um der Pflanze den geringstmöglichen Verpflanzungsschock zu verursachen. Kranke und abgestorbene Wurzeln werden beim Umtopfen vorsichtig entfernt.

Alpine Pflanzen werden vorsichtig gegossen. Sie vertragen keine Staunässe. Am besten gießt man in das Substrat und nicht über die Pflanzen. Zum Gießen verwendet man Leitungswasser oder einen Verschnitt aus Leitungswasser mit sauberem Regenwasser. Als Gießgerät eignet sich beispielsweise eine Gießkanne mit langem, feinen Auslauf. Viele Gärtner benutzen auch einen dünnen Schlauch. Das Wasser muß ohne Druck aus der Gießöffnung fließen. Die Wassermenge und die Gießhäufigkeit muß den unterschiedlichen Pflanzenarten und der Jahreszeit angemessen werden. Während der winterlichen Ruhe wird das Substrat trockener gehalten. Gerade in dieser Zeit sollte, wenn nötig, gezielt an die Pflanze gegossen werden, um nicht unnötig die Luftfeuchtigkeit zu erhöhen, was im Winter unerwünscht ist. Ende Februar/Anfang März wird das erste durchdringende Bewässern notwendig. Gedüngt wird am besten flüssig mit dem Gießwasser in niedriger Konzentration. Pflanzen, die sich in einer Ruhephase befinden, werden nicht gedüngt. Ende August wird die Düngung insgesamt langsam eingestellt, damit die Pflanzen nicht mastig und damit frostempfindlicher in die Überwinterung gehen. Lediglich Kalidünger dürfen dann noch verabreicht werden.

Pflanzenschutzprobleme bereiten im Alpinenhaus unter Umständen Pilzkrankheiten, Schnecken, Trauermücken und andere Schädlinge (siehe auch Seite 348 ff.).

Die Vermehrung alpiner Pflanzen

Nur wenige alpine Pflanzen und dann nur die »gängigsten« werden im Gartenfachhandel angeboten. Daher ist der eigenen Vermehrung besondere Bedeutung beizumessen. Die meisten alpinen Pflanzen sind Stauden oder Kleingehölze (zur Vermehrung siehe Seite 144 ff.).

Die meisten Alpinpflanzen gehören zu den Kaltkeimern. Sie benötigen bei der Vermehrung durch Aussaat das Einwirken kühler Temperaturen. Es wird daher meist nach der Samenreife ausgesät, und die Aussaaten werden den Winter über im kühlen Alpinenhaus belassen, damit die niedrigen Wintertemperaturen einwirken können.

Samen oder Stecklinge alpiner Pflanzen erhält man entweder im Samenfachhandel, aus eigener »Ernte«, aus Sammlungen in der Natur (im Rahmen der entsprechenden Gesetze), manchmal von botanischen Gärten oder im Austausch mit anderen Liebhabern alpiner Pflanzen.

Pflanzen für das Alpinenhaus

Pflanzen, die sich für die Kultur im Alpinenhaus eignen, stammen aus allen Teilen der Welt. Fritz Kummert

Schöne Alpinenhauspflanzen

Gattung	Arten (Beispiele)	Blütezeit (I–XII)	Blütenfarbe	Höhe	Vermehrungshinweise (zur Gattung)
Blumenzwiebeln und Knollengewächse					
Lauch, *Allium*	*A. akaka* *A. stamineum*	V–VI VI–VII	weiß bis purpur-rosa rosa	10 cm bis 30 cm	*Allium* wird durch Aussaat im Frühjahr (mit Kühlbehandlung) oder über Brutzwiebeln, die kurz nach der letzten Blüte abgenommen werden, vermehrt
Inkalilie, *Alstroemeria*	*A. patagonica*		innen gelb, außen rötlich	7–8 cm	*A. patagonica* wird durch Aussaat sofort nach der Reife vermehrt oder Selbstaussaat
Anemone	*A. coronaria*	III–V	weiß, rosa, violettblau, scharlach	10–30 cm	Aussaat nach der Reife, es dauert drei bis fünf Jahre bis zur ersten Blüte
Krokus, *Crocus*	*C. pulchellus* *C. chrysanthus*	IX–X III–IV	blaulila gelb	10–15 cm 10–15 cm	Aussaat nach der Samenreife
Alpenveilchen, *Cyclamen*	*C. africanum* *C. creticum*	VIII–X III	weiß, rosa weiß	10–30 cm 10–30 cm	Aussaat nach der Samenreife
Schachbrettblume, *Fritillaria*	*F. caucasica* *F. meleagris*	IV–V IV–V	trüb-purpurn bräunlichpurpurn	bis 30 cm bis 45 cm	Sommeraussaat oder Brutzwiebeln im Spätsommer
Schwertlilie, *Iris*	*I. caucasica* *I. persica*	IV II–III	gelblichgrün graublau	15 cm 10 cm	Aussaat nach der Samenreife oder im Frühjahr mit Kühlbehandlung, Zwiebelbildende durch Brutzwiebeln, Ausläuferbildende durch Teilung der Ausläufer (Rhizome)
Knotenblume, *Leucojum*	*L. autumnale*	IX–X	weiß	bis 20 cm	Aussaat nach der Samenreife oder über Brutzwiebeln
Traubenhyazinthe, *Muscari*	*M. massayanum*	V–VI	rosa bis violett	bis 25 cm	Aussaat, bei manchen Arten durch Brutzwiebeln
Narzisse, *Narcissus*	*N. asturiensis* *N. cantabricus*	III–IV II–III	gelb weiß	bis 10 cm 15 cm	Aussaat oder Brutzwiebeln
Blausternchen, *Scilla*	*S. mischtschenkoana* *S. siberica*	III III–IV	hellblau blau	10–15 cm 15–20 cm	Selbstaussaat oder Aussaat im Herbst, Brutzwiebeln

Fortsetzung

Gattung	Arten (Beispiele)	Blütezeit (I–XII)	Blütenfarbe	Höhe	Vermehrungshinweise (zur Gattung)
Dreiblatt, *Trillium*	*T. nivale*	III–IV	weiß	5–12 cm	Teilung
Gräser					
Fuchsschwanzgras, *Alopecurus*	*A. lanatus*	V	Ähren	bis 15 cm	Teilung
Sonstige Stauden					
Steintäschel, *Aethionema*	*A. oppositifolium*	V–VII	rosa-weiß	5 cm	Stecklinge nach der Blüte bis August
Ochsenzunge, *Anchusa*	*A. caespitosa*	V–VIII	blau	bis 10 cm	Aussaat von März bis Juni, Stecklinge oder Wurzelschnittlinge
Mannsschild, *Androsace*	*A. alpina*	VII–VIII	weiß oder rosa	bis 2 cm	Aussaat nach der Samenreife, Teilung im Frühjahr nach der Blüte oder über Stecklinge im Herbst
Gänsekresse, *Arabis*	*A. parishii*	IV–V	purpurn oder lavendel	3–12 cm	Aussaat oder Stecklinge
Glockenblume, *Campanula*	*C. garganica*	VI–VIII	blau	10–15 cm	Aussaat nach der Samenreife, Selbstaussaat
Hungerblümchen, *Draba*	*D. cappadocica*	IV	gelb	5–10 cm	Aussaat im Frühjahr, Teilung im Spätsommer oder Stecklinge im Herbst
Enzian, *Gentiana*	*G. acaulis*	V–VI	blau	10 cm	Teilung im Juni *(G. acaulis)* Aussaat nach der Samenreife oder Aussaat ab Januar mit Kühlbehandlung
Edelweiß, *Leontopodium*	*L. alpinum*	VI–VIII	grauweiß	20 cm	Aussaat im Februar bis März mit Kühlbehandlung
Margerite, *Leucanthemopsis*	*L. alpinum*	V–VII	weiß	5–20 cm	Teilung im Frühjahr oder nach der Blüte

Bitterwurz, *Lewisia*	*L. cotyledon*	V–VI	weiß, rosa, gelb, lachs, orange	15–20 cm	Aussaat Dezember bis März mit Kühlbehandlung oder gleich nach der Samenreife, Abtrennung von Rosetten mit Wurzelansatz im April–Mai
Phlox	*P. nana* (halbstrauchig)	VI–IX	purpurlila-rosa	15 cm	Aussaat im Herbst
Primel, *Primula*	*P. clarkei* *P. allionii*	III–IV III–IV	hellrosa rosa, violettrosa, weiß	5 cm 5 cm	Aussaat nach der Samenreife oder mit Kühlbehandlung im Frühjahr, Teilung oder Stecklinge von Mai–Juni
Steinbrech, *Saxifraga*	*S. brunonis* *S. erioblasta* *S. grisebachii*	VI–VII VI IV–V	hellgelb weiß leuchtendrot	bis 15 cm 8–10 cm bis 20 cm	Aussaat Januar bis März mit Kühlbehandlung, Teilung der Rosettenbüschel im Frühjahr oder Herbst
Fetthenne, *Sedum*	*S. acre*	VI–VII	gelb	5–10 cm	Aussaat April bis Juni, Stecklinge im Frühjahr, Teilung jederzeit
Orchideen					
Tibetorchidee, *Pleione*	*P. formosana*	IV–V	weiß, rosa bis lilarosa		Abnahme der Bulbillen (Brutkörper)
Gehölze					
Seidelbast, *Daphne*	*D. cneorum* *D. odora* *D. petraea*	IV–VI XII–III IV–VI	karminrosa weiß, rosa leuchtendrosa	20 cm bis 2 m bis 15 cm	5–10 cm lange Achselstecklinge von Juli bis September
Torfmyrte, *Pernettya*	*P. mucronata*	VI	weiß	bis 50 cm	Stecklingsvermehrung im Sommer oder Herbst, Aussaat
Alpenrose, *Rhododendron*	*R. ciliatum* *R. moupinense*	III I–III	weiß oder hellrosa weiß, rosa, dunkelrosa	bis 120 cm kleinstrauchig	Stecklinge Ende Juni/Anfang Juli (von dünnen Seitentrieben) bei ~ 25 °C
Jasmin, *Jasminum*	*J. parkeri*	V–VI	gelb	30–40 cm	

Eine anspruchsvolle Kakteensammlung.

beschreibt in seinem Buch »Pflanzen für das Alpinenhaus« (Verlag Eugen Ulmer) allein über 350 Gattungen mit unzähligen Arten. Und auch dies ist nur eine Auswahl aus dem gesamten Pflanzenschatz der für das Alpinhaus geeigneten Arten. Eine kleine Auswahl beliebter Alpinenhauspflanzen ist in der Tabelle zusammengestellt.

Kakteen und andere Sukkulenten

Kakteen und andere Sukkulenten beeindrucken durch ihre ungewöhnlichen, oft bizarren Formen und den immer wieder erstaunlichen Blütenreichtum vieler Arten. Sie sind beliebte Sammlerobjekte und eignen sich je nach Art für einen Platz auf der Fensterbank, im Kleingewächshaus, im Wintergarten oder sogar für den Garten.

Unter Sukkulenz versteht man das Wasserspeichervermögen von Pflanzen in besonderen Wassergeweben. Organe, die dieses Wassergewebe enthalten, können sehr dick und fleischigsaftig sein.

Man unterscheidet Wurzelsukkulenten, Blattsukkulenten und Stammsukkulenten, je nachdem welches Gewebe zur Wasserspeicherung dient.

Kakteen (Cactaceae) bilden eine Familie innerhalb der Vielzahl der Sukkulenten. Sie sind dadurch charakterisiert, daß sie in der Regel keine Blätter haben, die Stämme verdickt sind (Stammsukkulenten) und neben der Wasser- und Nährstoffspeicherfunktion auch die Assimilationsfunktion der Blätter übernommen haben. Kakteen sind meistens mit Dornen bewehrt, die aus den nur für Kakteen typischen Dornenkissen (Areolen) wachsen. Sukkulenten haben sich in vielen Gebieten auf der Erde entwickelt, die Kakteen stammen jedoch hauptsächlich aus den Savannen, Wüsten und Halbwüsten, den Dornbusch-, Zwergstrauch- und regengrünen Trockengebieten im Südwesten der USA, in Mexiko und den Andenländern. Sie haben sich an hohe Tagestemperaturen, große Temperaturgegensätze teilweise mit nächtlicher Luftfeuchte-

Ein Kleingewächshaus für Kakteen und Sukkulenten.

kondensation, Lufttrockenheit, starke Strahlungsintensität, teils Stürme und Bodenbewegung angepaßt. Es gibt kleinwüchsige Arten und Arten, die bis 15 m hoch werden. Aber auch feuchtwarme Tropen- und Subtropengebiete sowie Hochgebirgsregionen der Neuen Welt sind Heimat für einige Kakteen. Einige Arten aus Gattungen wie *Rhipsalis, Epiphyllum* oder *Schlumbergera* leben an ihrem Heimatstandort als Aufsitzerpflanzen (Epiphyten) auf Bäumen. Insgesamt gibt es mehr als 200 Kakteengattungen mit über 2.000 Arten, die ihre Heimat zwischen dem 50. Grad nördlicher und dem 50. Grad südlicher Breite des amerikanischen Kontinents haben.

Stammsukkulenten findet man auch in anderen Pflanzenfamilien, wie zum Beispiel den Wolfsmilchgewächsen (Euphorbiaceae), den Schwalbenwurzgewächsen (Asclepiadaceae), den Korbblütlern (Compositae) und den Weinrebengewächsen (Vitaceae). Bekannte Blattsukkulenten sind die Agaven aus der Familie der Agavengewächse (Agavaceae), die Echeverien aus der Familie der Dickblattgewächse (Crassulaceae), die lebenden Steine aus der Familie der Mesembryanthemaceae und die Aloe-Arten aus der Familie Liliengewächse (Liliaceae).

Je nach Herkunft haben Kakteen und andere Sukkulenten ganz unterschiedliche Ansprüche an die Wachstumsbedingungen in Kultur. Einige vertragen sogar unsere kalten Winter. Diese Arten stammen meist aus den Gebirgsregionen Südamerikas, wo sie sich an Schnee und Kälte angepaßt haben. Frostverträglich sind beispielsweise einige Opuntienarten, *Maihuenia poeppigii, Pediocactus knowltonii* u. a.

Die meisten Kakteen sind jedoch bei uns nicht winterhart. Einige Arten können aber im Sommer einen Platz im Freien erhalten und werden im Kleingewächshaus, Wintergarten oder auf der Fensterbank überwintert. Dazu gehören der Schlangenkaktus und die Bischofsmütze. Andere Arten, wie die aus den Gattungen *Cephalocereus* und *Echinocactus,* gedeihen am besten, wenn sie ganzjährig im Gewächshaus oder Wintergarten kultiviert werden.

Der Anfänger unter den Kakteenliebhabern mit Kleingewächshaus wählt am besten anpassungs- und widerstandsfähige Arten aus den Gattungen *Echinopsis, Gymnocalycium, Lobivia, Mammillaria, Notocactus, Rebutia, Schlumbergera* und *Rhipsalidopsis.* Wer für seine Kakteensammlung nur einen Platz am Fenster eines ganzjährig warmen Raumes hat, sollte sich auf die Gattungen *Cephalocereus, Cleistocactus, Echinocactus, Mammillaria* und *Sukkulenten* wie *Aloe, Echeveria, Sedum* und *Senecio* beschränken. Für absonnige Blumenfenster mit höherer Luftfeuchte eignen sich Blatt-, Weihnachts- und Osterkakteen. Wie für alle Pflanzen gilt auch für Kakteen und Sukkulenten, daß man sie nicht ausschließlich nach dem Aussehen kaufen sollte, sondern ihre Standortansprüche berücksichtigen muß.

Das Gewächshaus, seine Ausstattung und die Klimaführung

Als Kakteengewächshäuser eignen sich frostfreie Gewächshäuser, das können freistehende, Anlehngewächshäuser oder Wintergärten sein. Auch Erdgewächshäuser können als Kakteenhaus genutzt werden, wenn auf Tischen kultiviert wird und die Pflanzen dadurch genügend Licht erhalten.

Die Mehrzahl der Kakteen und anderen Sukkulenten möchten bei 6 bis 12 °C überwintert werden, obwohl es auch Arten gibt, die dann besonders reich blühen, wenn sie im Winter nahe bei 0 °C kultiviert werden, und andere, die eine höhere Überwinterungstemperatur wünschen. Entsprechend der winterlichen Mindesttemperatur muß die

Heizung ausgelegt sein. Eine Kombination aus Boden- und Luftheizung spart Heizenergie und -kosten. Ein Luftumwälzventilator sorgt für eine bessere Wärmeverteilung im Gewächshaus und für ein schnelleres Abtrocknen der Pflanzen. Als Eindeckungsmaterial eignet sich wegen seiner hohen Lichtdurchlässigkeit vor allem Glas. Ausreichende Lüftungsmöglichkeiten sind zur Klimaregulierung und Abhärtung wichtig. Schattierungen sind für die Gattungen der tropischen Wälder, für die Jungpflanzenanzucht sowie das Gewöhnen an hohe Strahlungsintensitäten nach dem lichtarmen Winter notwendig. Zusatzbelichtung während der lichtarmen Jahreszeit ist nicht unbedingt nötig, bringt jedoch einen Wachstumsvorsprung, und der Habitus der Pflanzen (Wachstumsverhalten und Bestachelung) entspricht mehr dem am Heimatstandort.

Größere Kakteen und andere Sukkulenten können in Grundbeete gepflanzt werden, ansonsten erleichtert das Aufstellen auf Tischen bzw. das Pflanzen in Tischbeete die Pflege. Die Wege werden betoniert oder mit Platten ausgelegt. Zur besseren Platzausnutzung können Hängeregale u.ä. angebracht werden. Für Vermehrungs- und Pflegearbeiten empfiehlt sich die Einrichtung einer Arbeitsecke mit Tisch und den nötigen Utensilien wie Messer, Handschuhe, Zange u.ä.

Der Großteil der Kakteen und anderen Sukkulenten stammt aus Gebieten mit viel Licht, niedriger Luftfeuchte, hohen Temperaturen und seltenen Niederschlägen. In der Kultur müssen wir versuchen, die Klimabedingungen des Heimatstandortes unter mitteleuropäischen Verhältnissen möglichst gut zu simulieren. 25 bis 30 °C sollten sie auch bei uns auf dem Fensterbrett, im Wintergarten oder Kleingewächshaus während des Sommers erhalten. Während der Nacht dürfen die Temperaturen jedoch erheblich absinken. Die meisten Kakteen und viele andere Sukkulenten vertragen bzw. wünschen hohe Tages- und niedrige Nachttemperaturen.

Die Überwinterungsbedingungen steuern das Blühverhalten der Kakteen. Die meisten Arten blühen nur, wenn sie mindestens 6 bis 8 Wochen hell, kühl und trocken stehen. Diese Ruhephase mit niedrigen Temperaturen und Trokkenstellen der Pflanzen legen wir in die Monate November bis Februar. Während der winterlichen Ruhezeit werden die Lufttemperaturen zwischen 6 und 12 °C bei einer Bodentemperatur von etwa 10 °C gehalten. Die Temperaturunterschiede zwischen Sommer und Winter sowie Tag und Nacht fördern die Pflanzengesundheit, den natürlichen Wuchs und die Blühwilligkeit dieser Pflanzen.

Die Licht- und Wärmeverteilung ist im Gewächshaus nicht gleichmäßig, dementsprechend werden die Pflanzen verteilt. Die licht- und wärmehungrigsten Arten finden ihren Platz im oberen und äußeren südlichen Bereich. Dies sind meist Pflanzen mit dichter Behaarung, Dornen, Wollflöckchen oder einem Wachsüberzug. Dazu gehören beispielsweise *Astrophytum*-Arten und *Mammillaria*-Arten. Im mittleren Bereich werden Arten aufgestellt, die mehr Aufmerksamkeit hinsichtlich der Pflege bedürfen wie viele Arten der Gattungen *Echinocactus, Ferocactus, Gymnocalycium, Notocactus, Parodia, Cephalocereus* und die Jungpflanzenanzucht. Im unteren, kühleren Bereich werden Pflanzen der Hochgebirgslagen Südamerikas untergebracht wie *Echinops*-Arten, Lobivien und Rebutien. Auch frühjahrsblühende Mammillarien finden hier ab Juli eine etwas kühlere Bleibe.

Ausnahmen hinsichtlich der Pflegeansprüche bieten Arten der Gattungen *Rhipsalis, Epiphyllum, Schlumbergera* und einige andere, die einen nicht zu heißen, schattigeren und luftfeuchteren Platz und weniger ausgeprägte Unterschiede zwischen Tag und Nacht bzw. Sommer und Winter wünschen.

Pflanzen und Pflegen

Substrate

Die meisten Kakteen wurzeln an ihrem Heimatstandort in humusarmen, mineralreichen, wasser- und luftdurchlässigen Böden und wünschen eine neutrale bis schwach saure Bodenreaktion mit einem pH-Wert von etwa 6 bis 6,5. Wichtig ist, daß auch die Erde in der Kultur durchlässig ist, denn Staunässe bedeutet den Tod für die meisten Kakteenwurzeln. Der Gartenfachhandel bietet Kakteenerden an, die den Ansprüchen des »Durchschnittskaktus« entspricht. Für ausgesprochene Wüstenkakteen kann das Substrat mit Sand, Bimskies oder Styromull »verdünnt« werden. Humusreichere Erden wünschen *Epiphyllum, Rhipsalis* und *Schlumbergera.* Sie können auch in Einheitserde oder eine gute Blumenerde gepflanzt werden.

Kakteenerden können auch selbst hergestellt werden. Üblich sind Mischungen aus Gartenerde, Lehm, gut verrottetem und abgelagerten Kompost und grobem Sand oder ähnlichen Lockerungssubstanzen wie Ziegel-, Granit- oder Lavagrus, Styromull, Perlite oder Bimskies. Ein Rezept ist beispielsweise 20 l grober Sand, 10 l Torf, 5 l Komposterde und 5 l Gartenerde. Aber fast jeder Kakteenliebhaber hat seine eigenen Mischungen. Ein einfaches Rezept ist 1/3 Einheitserde, 1/3 grober Sand und 1/3 Lava-, Urgesteinsgrus oder Bimskies, wobei der Anteil an Einheitserde auch bis zu 50 % betragen kann. Andere Kakteenspezialisten verwenden rein mineralische Erden oder sogar reinen Bimskies. Man kann mit unterschiedlichen Mischungen gute Ergebnisse erzielen, vorausgesetzt man paßt die Bewässerung dem Substrat an. Je humoser das Substrat ist und je mehr Feinbestandteile es enthält, desto mehr Wasser kann es in der Regel speichern und desto seltener und vorsichtiger muß gegossen werden.

Die Hydrokultur mit Tongranulat, wie sie bei den Zimmerpflanzengärtnern mehr und mehr Verbreitung findet, ist bei den Kakteenliebhabern noch wenig zu finden, für einige Kakteen wie *Epiphyllum, Rhipsalis* und *Schlumbergera* aber durchaus geeignet. Auch andere Sukkulenten wie die Madagaskarpalme und der Christusdorn werden häufig in Hydrokultur angeboten.

Kulturgefäße

Kakteen werden zwar oft in sehr kleinen Töpfen verkauft, das heißt aber nicht, daß sie darin am besten wachsen. Häufig läßt in den kleinen Gefäßen die Standfestigkeit zu wünschen übrig. Ein größerer Topf oder eine größere Schale bieten mehr Raum für die Wurzelentwicklung. Als Pflanzgefäße für das freie Aufstellen eignen sich am besten Töpfe aus Kunststoff. Vierkanttöpfe bieten mehr Substratvolumen bei gleichem Abstand von Pflanze zu Pflanze. Wichtig ist, daß die Pflanzgefäße unten Abzugslöcher haben. Eine ausgewogenere Wasserversorgung als die Einzelaufstellung in Töpfen bringt das Einfüttern der Pflanzen samt Topf in Behälter mit grobem Sand. Für dieses Verfahren sind Tontöpfe besser geeignet.

Umtopfen

Jungpflanzen und starkwüchsige Kakteen werden jedes Jahr umgepflanzt. Älteren Exemplaren reicht es, etwa alle 3 Jahre, je nach Zuwachs der Pflanze

Oben: Ausgepflanzt wie in dieser »Steinlandschaft« wirken Kakteen und Sukkulenten am schönsten.

Linke Seite: *Cyphostema cunori* und andere Sukkulenten haben einen hohen Lichtbedarf.

und Beschaffenheit des Substrates, umgetopft zu werden. Je älter die Pflanze ist, desto seltener muß umgetopft werden. Da sich humose Substrate schneller zersetzen und damit ihre Struktur verlieren, müssen sie eher ausgetauscht werden. Spätestens wenn die Wurzeln durch das Abzugsloch oder über den Topfrand hinauswachsen, wird in ein größeres Gefäß umgetopft.

Die beste Zeit zum Umpflanzen ist von März bis Juli. Zur Vermeidung von Verletzungen durch die Dornen können Zangen aus Holz, Metall oder Plastik, Lederhandschuhe, Pappmanschetten o.ä. als Hilfsmittel verwendet werden. Um den Wurzelballen aus dem alten Topf herauszulösen, wird der Topf vorsichtig am Tischrand aufgestoßen und gleichzeitig eine Hand unter die Pflanze gehalten. Die alte Erde wird vorsichtig aus dem Wurzelballen gelöst und abgestorbene Wurzeln werden entfernt. Dann wird in den neuen Topf gepflanzt. Die Pflanze soll nach dem Umpflanzen nicht höher oder tiefer stehen als vorher. Eine kleine Dränageschicht aus Kies im unteren Teil des Pflanzgefäßes hilft, Staunässe zu vermeiden. Darauf wird Substrat gefüllt. Die Wurzeln werden ausgebreitet und das Gefäß bis 1 cm unterhalb des Topfrandes unter mehrmaligem Aufstoßen befüllt. Zum Schutz der Wurzelhälse kann das Substrat oben mit Kies oder ähnlichem abgedeckt werden.

Umgepflanzte Kakteen erhalten einen hellen, aber nicht sonnigen Platz und werden täglich besprüht, jedoch die erste Woche nicht gegossen. Danach wird nach Bedarf gewässert und nach dem Anwachsen wird vorsichtig mit der Düngung begonnen. Eventuell müssen die Pflanzen bis zum Einwurzeln gestützt werden.

Bewässerung und Luftfeuchtigkeit

Auch wenn Kakteen und Sukkulenten meistens aus niederschlagsarmen, warmen Gebieten stammen, wo sie oft monatelang ohne Wasser auskommen müssen, ist auch für diese Pflanzen Wasser ein wichtiger Wachstumsfaktor, ohne den sie nicht auskommen. Das Gießen von Kakteen und Sukkulenten erfordert Fingerspitzengefühl und Kenntnis der Ansprüche der einzelnen Arten im Jahresverlauf. Während der Wachstumszeit zwischen April und August benötigen die Pflanzen ausreichend Wasser. Es wird immer dann gegegossen, wenn die Erde abgetrocknet ist. Im Zweifelsfalle gilt aber: lieber zu trocken als zu feucht halten.

Frühjahrsblüher werden bereits ab August weniger gegossen und kühler gestellt bzw. durch das nächtliche Absenken der Temperatur abgehärtet und auf die Überwinterungsphase vorbereitet. Ab Oktober müssen dann die meisten Arten trocken und kühl überwintert werden. Je nach Überwinterungstemperatur bekommen sie dann nur alle 3 bis 4 Wochen tropfenweise Wasser. Bei hoher Luftfeuchtigkeit im Gewächshaus muß unter Umständen gar nicht gegegossen werden. Im Winter nicht austrocknen dürfen *Cleistocactus* und Arten der tropischen Wälder, die auch keine Temperaturen unter 10 °C vertragen. Werden Kakteen und andere Sukkulenten aus irgendeinem Grund warm überwintert, müssen sie ganzjährig ausreichend mit Wasser versorgt werden.

Gegossen wird nach Möglichkeit in das Substrat und nicht über den Pflanzenkörper. Das Gießen kann über Mattenbewässerungen oder über Einrohrtropfbewässerungen zur Befeuchtung der Matte bzw. des Einfütterungsmateriales erleichtert und auch automatisiert werden.

Am Ende der Überwinterungsphase wird morgens mit erwärmten Wasser genebelt. Die Frühjahrsblüher aus Gattungen wie *Aporocactus, Cleistocactus, Echinofossulocactus, Mammillaria* und *Rebutia* erhalten einen warmen Platz bei 12 bis 18 °C. Sobald ihre Knospen ein Drittel der endgültigen Größe erreicht haben, können sie auch gegossen werden. Nimmt die Erde nach der Überwinterungsphase nur schlecht Wasser auf, werden die Töpfe zum Vollsaugen in Wasser gestellt. Überschüssiges Wasser muß danach gut abtropfen können. Als Gießwasser eignet sich am besten Regenwasser, kalkarmes, etwas abgestandenes Leitungswasser, ein Verschnitt aus Regenwasser und Leitungswasser oder anderweitig enthärtetes Wasser mit einem pH-Wert von 5 bis 6. Kalkreiches Wasser läßt Tontöpfe verkrusten und den pH-Wert des Substrates sehr schnell ansteigen, was wiederum zu Eisenmangel u.ä. führen kann. Das Gießwasser sollte mindestens Raumtemperatur haben, maximal aber auf 30 °C erwärmt sein. Wasser direkt aus der Leitung ist meist zu kalt. Es empfiehlt sich daher einen Behälter aufzustellen, in dem das Wasser temperiert und wenn nötig auch entkalkt werden kann. Um die Wassergaben besser dosieren zu können, verwendet man Gießkannen mit einem feinen Ausgang.

Die meisten Kakteen sind an trokkene Luft angepaßt. Sie werden auch im Gewächshaus bei niedrigerer Luftfeuchte (etwa 50 %) kultiviert. Ausnahme hiervon sind die epiphytischen Arten aus den tropischen Regenwäldern. Sie erhalten ein eigenes Abteil mit höherer Luftfeuchte bzw. werden zusammen mit anderen Tropenpflanzen in einem Gewächshaus oder ausgebauten Blumenfenster mit höherer Luftfeuchte aufgestellt.

Düngung

Während ihrer Wachstumsphase müssen Kakteen und andere Sukkulenten ausreichend mit Nährstoffen versorgt werden, denn auch wenn die Böden an ihren Heimatstandorten in unseren Augen karg aussehen, enthalten sie doch reichlich Minerale aus verwittertem Gestein. Zur Düngung eignen sich am besten flüssige Kakteendünger, die dem Gießwasser in der angegebenen Dosierung beigemischt werden. Im Frühjahr und nach dem Umpflanzen wird zunächst einige Male mit reinem Wasser gegossen, ehe nach etwa 2 Wochen Dünger beigemischt wird. Ab August wird das Düngen eingestellt. Verschmutzte oder verstaubte Pflanzen werden mit einem feuchten Schwamm oder Tuch abgewischt.

Pflanzenschutz und Kulturfehler

Pflanzenschutzprobleme können durch Kulturfehler, Pilzkrankheiten und Schädlinge verursacht werden. Wird der Kakteenfuß oder die ganze Pflanze weich und fällt zusammen, läßt das meist auf eine Pilzerkrankung schließen. Zeigt die Pflanze diese Symptome, ist sie in der Regel nicht mehr zu retten. Pilzkrankheiten, die an Kakteen auftreten, lassen sich meist auf Nässe im Wurzelbereich oder zu hohe Luftfeuchtigkeit zurückführen. Bei niedrigen Temperaturen sollte sehr vorsichtig gegossen werden. Lüften und lockeres Aufstellen reduzieren die Luftfeuchtigkeit.

Wolläuse, Schmierläuse und Schildläuse können mit Mineralölpräparaten wie Promanal oder Parasommer bekämpft werden, Blattläuse und Spinnmilben mit Kaliseife (Neudosan) oder Pyrethrum-Mitteln (Schädlingsfrei Parexan, Spruzit u. ä.). Die biologische Bekämpfung der einzelnen Schädlinge ist im Kapitel Pflanzenschutz beschrieben. Bei Befall der Wurzeln mit Wurzelläusen werden die Nester entfernt und die verbliebenen Wurzeln mit einem Mittel gegen Blattläuse behandelt.

Die Rotfärbung von Kakteen weist häufig auf zu intensive Sonnenbestrahlung bei gleichzeitigem Wassermangel hin. Verkorkungen können ein Zeichen von ungleichmäßiger Wasserversorgung, zu hoher Luftfeuchtigkeit und zu reichlicher Stickstoffdüngung sein. Knospenfall ist oft die Folge eines Standortwechsels, von Zugluft oder

Wassermangel. Das Sitzenbleiben der Knospen einiger Arten zeigt, daß zu früh – als die Knospen noch zu klein waren – mit dem Gießen nach der Überwinterungsphase begonnen wurde.

Die Vermehrung von Kakteen und anderen Sukkulenten

Kakteen und andere Sukkulenten können durch Samen, Ableger, Stecklinge und durch Pfropfen vermehrt werden.

Samenvermehrung

Wer Samen selbst gewinnen möchte, überträgt die Pollen einer männlichen Blüte mittels eines trockenen Haarpinsels auf die Narbe einer weiblichen Blüte derselben Art. Die reifen Samenkapseln werden mit eine Pinzette abgenommen und zum Trocknen an einen warmen Ort offen ausgelegt. Die trokkenen Samen der meisten Arten sind sofort keimfähig und können sofort gesät oder aber auch aufbewahrt werden.

Der beste Zeitpunkt für die Aussaat ist das zeitige Frühjahr. Für die Aussaat wird ein Topf oder eine Schale zunächst mit einer Schicht Kies und dann mit feingesiebter Kakteen- oder Aussaaterde befüllt. Die Samen werden auf die Erde gelegt und leicht angedrückt, ohne sie abzudecken, denn die meisten Sukkulenten sind Lichtkeimer. Der Topf wird solange in Wasser gestellt, bis sich die Erde vollgesogen hat. Das Aussaatgefäß wird mit Plastikfolie oder Glas abgedeckt. Die Temperatur während der Keimung sollte zwischen 20 und 30 °C liegen. Ist der Großteil der Samen gekeimt (das ist je nach Art meist nach 3 bis 21 Tagen der Fall), werden die Abdeckungen entfernt und die jungen Pflänzchen etwas trokkener gehalten. Wenn sich die Pflanzen beengen und groß genug sind, sie anzufassen, werden sie auf einen größeren Abstand pikiert. Durchdringendes Gießen einen Tag vor dem Pikieren erleichtert den Vorgang.

Die jungen Pflanzen sind druckempfindlich und sollten nicht mit einer metallenen, sondern wenn nötig mit einer stumpfen Plastik- oder Holzpinzette angefaßt werden. Die pikierten Pflanzen werden schattiert, bis sie angewachsen sind. Sobald sie mit dem Wachstum beginnen, werden sie regelmäßig gewässert und ein- bis zweiwöchentlich bis zum Einsetzen der Ruhephase mit einem Kakteendünger gedüngt. Junge Kakteen werden etwas wärmer bei etwa 12 °C überwintert. Einige Arten können bei guter Pflege bereits im dritten Jahr nach der Aussaat blühen.

Vermehrung durch Stecklinge

Eine gebräuchliche Art Kakteen und andere Sukkulenten zu vermehren, ist durch Stecklinge. Manche *Echinops*-Arten, Lobivien, Mammillarien und andere neigen zur Bildung von Seitensprossen. Andere (z. B. *Kalanchoe pinnata*) bilden an den Blatträndern kleine Brutpflanzen, die in Erde gesetzt problemlos anwachsen. Manche Kugel- oder Säulenkakteen können durch »Köpfen« zur Bildung von Seitensprossen angeregt werden.

Stecklinge werden mit einem sauberen, scharfen Messer abgetrennt und die Schnittstellen mit Holzkohlepulver behandelt. Die beste Zeit für die Stecklingsvermehrung sind die Frühjahrs- und Sommermonate. Die Triebe sollten möglichst vom Vorjahr, also ausgereift, sein. Für die Vermehrung von Opuntien, Weihnachts- und Osterkaktus wird einfach ein Glied abgeschnitten. Von Säulenkakteen können mehrere 6 bis 8 cm lange Stecklinge (Teilstücke) durch waagrechte Schnitte abgenommen werden. Dabei sollten sie kennzeichnen, welche Seite zur Wurzel zeigte, denn diese Seite muß später in die Erde gesteckt werden. In 2 oder mehrere Teile geschnitten wird ein säulenförmiger Kaktus auch, wenn er im unteren Bereich nicht mehr schön ist, oder wenn er einfach zu groß geworden ist.

Blattkakteen *(Epiphyllum)* werden aber da geschnitten, wo das Blatt breit ist, da sich hier später am besten Wurzeln bilden. Von einigen Sukkulenten können auch Blattstecklinge genommen werden.

Vor dem eigentlichen Einpflanzen werden die Stecklinge für einige Tage zum Abtrocknen in Blumentöpfe mit einer Schicht aus Kies o.ä. gestellt. Dann können die Stecklinge in Einheitserde, Kakteenerde oder eine selbsthergestellte sandige Erdmischung gesteckt werden.

Sie werden nur so tief in die Erde gesteckt, daß sie gerade aufrecht stehen können. Von jetzt an wird das Substrat mäßig feucht gehalten. Nach 1 bis 3 Wochen haben sich Wurzeln gebildet. Sobald die Pflanzen zu wachsen beginnen, können sie in den endgültigen Topf gepflanzt werden.

***Epiphyllum*-Hybride.**

Pfropfen

Eine weitere Art der Vermehrung ist das Pfropfen. Dabei wird ein junger Sproßteil einer Art mit einer Unterlage einer anderen Art kombiniert. Diese Technik wird bei Pflanzen angewendet,

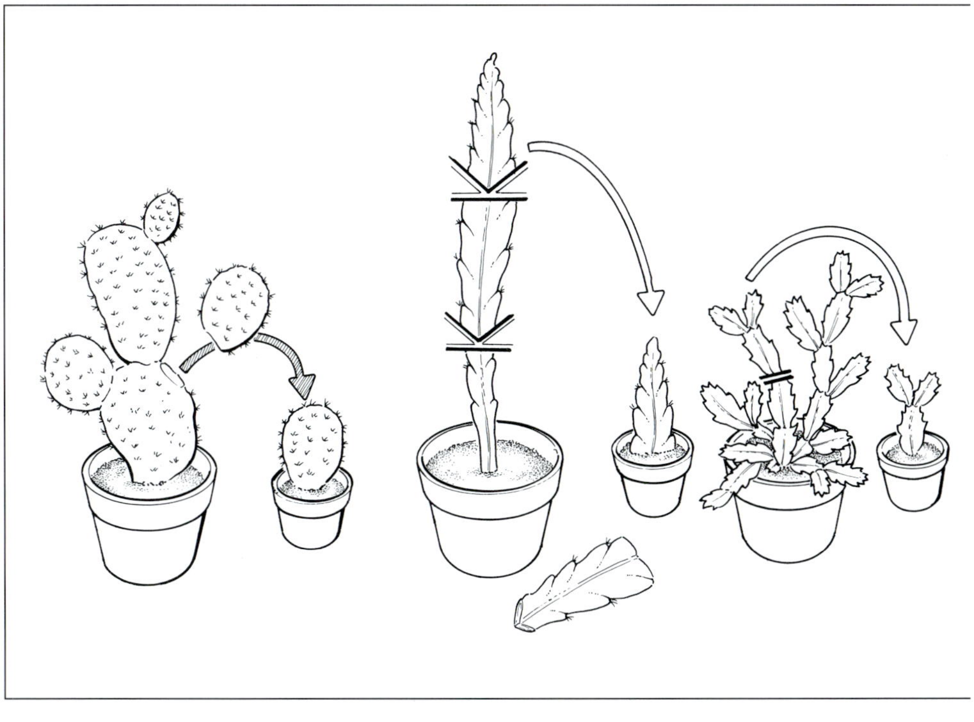

Vermehrung von Opuntie, Weihnachts- und Osterkaktus sowie Blattkaktus.

die schlecht wurzeln, kein Blattgrün (Chlorophyll) enthalten und daher durch die Unterlage ernährt werden müssen, und bei Pflanzen, die sich nicht leicht durch Aussaat oder durch Stecklinge vermehren lassen.

Die beste Zeit zum Pfropfen ist das Frühjahr oder zu Beginn des Sommers. Als Pfropfunterlage kann fast jede raschwachsende Kakteenart verwendet werden. Die gebräuchlichsten Unterlagen sind *Eriocereus jusbertii, Trichocereus macrogonus, T. pachanoi, T. spachianus*. Die Unterlagen dürfen nicht zu jung, aber auch noch nicht verholzt sein. Beim tiefen Pfropfen übernimmt die Unterlage hauptsächlich die Wurzelfunktionen und das Erscheinungsbild der aufgepropften Art bleibt erhalten. Kakteenarten, die kein Chlorophyll enthalten, wie manche *Gymnocalycium*-Arten müssen hoch gepfropft werden, damit die Unterlage die Assimilation übernehmen kann. Beim Pfropfen von Säulenkakteen wird zunächst die Unterlage in der gewünschten Höhe gerade abgeschnitten, dann werden die äußeren Ränder abgekantet. Genauso wird der Pfröpfling behandelt und von der Seite her so auf die Unterlage geschoben, daß die Leitgefäße, die man deutlich als Kreis auf den Schnittflächen erkennen kann, aufeinanderliegen. Daraus ergibt sich, daß die Durchmesser der Schnittflächen ungefähr gleich groß sein müssen, damit die Leitgefäße

Kakteen pfropfen. Die Unterlage wird abgeschnitten (links oben). Der Durchmesser sollte weitgehend dem des Pfröpflings entsprechen. Der Pröpfling wird so auf die Unterlage gesetzt, daß die Leitungsbahnen aufeinander liegen. Anschließend preßt man ihn mit einem Gummi oder einem leichten Gewicht an (rechts unten).

Kakteen und andere Sukkulenten im Überblick

Name	Günstige Wintertemperatur in °C	sonstige Hinweise
Kakteen und andere Sukkulenten, die bei 6–12 °C im Kalthaus überwintert werden können		
Aloe	6–10	kann im Sommer ins Freie
Bischofsmütze, *Astrophytum*	8–12	kann im Sommer ins Freie
Echeveria	5–10	kann im Sommer ins Freie
Echinocereus	5–8	kann im Sommer ins Freie
Echinopsis	6–10	kann im Sommer ins Freie
Peruan. Greisenhäupter, *Espostoa*	über 8	im Sommer sehr wärmebedürftig, muß daher ganzjährig im Gewächshaus oder Wintergarten bleiben
Ferocactus	über 8	im Sommer sehr wärmebedürftig, bleibt daher ganzjährig im Gewächshaus oder Wintergarten
Gymnocalycium	6–10	kann im Sommer ins Freie
Lobivia	4–8	kann im Sommer ins Freie
Mammillaria	6–10	im Sommer auch geschützt ins Freie
Notacactus	4–12	bleibt auch im Sommer im Gewächshaus, Zimmer oder Wintergarten
Feigenkaktus, *Opuntia*	2–8	kann im Sommer ins Freie
Parodia	2–12	kann im Sommer ins Freie
Rebutia	2–12	kann im Sommer ins Freie
Trichocereus	ca. 5	bleibt auch im Sommer im Gewächshaus oder Wintergarten
Kakteen und andere Sukkulenten, die über 12 °C Wintertemperatur benötigen		
Agave	ca. 12	kann im Sommer ins Freie
Schlangenkaktus, *Aporocactus*	10–16	kann im Sommer ins Freie
Greisenhaupt, *Cephalocereus*	über 12	bleibt ganzjährig im Zimmer, Gewächshaus oder Wintergarten
Silberkerzenkaktus, *Cleistocactus*	10–16	kann im Sommer ins Freie
Goldkugelkaktus, *Echinocactus*	12–15	bleibt ganzjährig im Gewächshaus oder Wintergarten
Epiphyllum	über 10	kann im Sommer ins Freie
Christusdorn, *Euphorbia*	15–20	ganzjährig im Gewächshaus, Zimmer oder Wintergarten
Flammendes Käthchen, *Kalanchoe*	18	kann im Sommer ins Freie
Lebende Steine, *Lithops*	10–15	bleiben auch im Sommer im Gewächshaus oder Wintergarten
Madagaskarpalme, *Pachypodium*	15–18	bleibt ganzjährig im Zimmer, Wintergarten oder Gewächshaus
Osterkaktus, *Rhipsalidopsis*	10–15	kann im Sommer auch ins Freie
Rhipsalis	über 10	kann im Sommer auch ins Freie
Weihnachtskaktus, *Schlumbergera*	15	kann im Sommer auch ins Freie
Selenicereus	15–20	bleibt ganzjährig im Zimmer, Wintergarten oder Gewächshaus

von Unterlage und Pfröpfling miteinander verwachsen können. Mit Hilfe von Gummibändern werden die Schnittstellen aufeinandergepreßt. Der gepfropfte Kaktus wird bei trockener Luft und etwa 20 °C schattig aufgestellt und zur Bewässerung wird vorsichtig in den Topf gegossen. Nach 1 bis 2 Wochen können die Gummibänder entfernt werden.

Beliebte Kakteen

Aporocactus
Rattenschwanz-, Schlangen- oder Peitschenkaktus

Die bei uns bekannteste Art ist *Aporocactus flagelliformis.* Dieser Kaktus hat seine Heimat in Mexiko, wo er vorwiegend auf Felsen oder von Bäumen hängend wächst. Bei uns wird er gerne in Ampeln kultiviert. Seine verzweigten, fingerdicken Triebe erreichen eine Länge von bis zu 1 m. An ihnen bilden sich die großen, violettroten Blüten. Die dankbare Pflanze ist auch für den Neueinsteiger unter den Kakteenliebhabern geeignet. Der Rattenschwanz-, Schlangen- oder Peitschenkaktus möchte ganzjährig hell stehen. Im Sommer kann er einen Platz draußen im Garten erhalten, sollte dann aber vor praller Mittagssonne geschützt sein. Überwintert wird er bei 10 bis 16 °C. Als Substrat eignet sich Einheitserde oder Kakteenerde mit Einheitserde gemischt. Im Sommer ist der Wasserbedarf relativ hoch, im Winter wird nur gelegentlich gegossen. Gedüngt wird von Mai bis September alle 2 bis 3 Wochen mit einem Kakteendünger. Die Vermehrung kann durch Stecklinge erfolgen. Dazu werden ein- oder zweijährige Triebe von knapp 10 cm Länge abgeschnitten und nach dem Abtrocknen der Schnittfläche gesteckt. Nach dem Anwachsen wird gestutzt. Der Rattenschwanz-, Schlangen- oder Peitschenkaktus läßt sich auch als Hochstämmchen ziehen, wenn man ihn auf *Eriocereus jusbertii* veredelt. Außer 4 weiteren Arten von *Aporocactus* gibt es Hybriden mit *Heliocereus speciosus* unter dem Namen × *Heliaporus smithii.*

Astrophytum
Seeigelkaktus, Bischofsmütze

Die Arten dieser vielgestaltigen Gattung haben ihre Heimat in Nord- und Zentralmexiko. Die Blüten sind bei allen gelb, halten meist über mehrere Tage und duften. *A. myriostigma* ist ein dornenloser Kaktus mit feiner, aber dichter, weißer Beflockung und großen, gelben Blüten. Auch *A. asterias* ist unbedornt, aber nur mit einzelnen, kleinen Flöckchen versehen und hat ebenfalls große, gelbe Blüten. *A. ornatum* hat kräftige, 3 cm lange Dornen. *A. capricorne* trägt bis 7 cm lange, *A. senile* sogar bis 9 cm lange Dornen. In der Kultur benötigen die *Astrophytum*-Arten eine Erde mit einem geringem Humusanteil, z. B. Lehm : Kies : Gartenerde wie 2 : 2 : 1 oder mit grobem Sand gestreckte Kakteenerde. Im Sommer können sie geschützt im Freien stehen, im Winter werden sie trocken und kühl bis nahe an die Nullgradgrenze kultiviert. Dazu müssen sie jedoch vorher gut abgehärtet werden. Ansonsten werden Astrophyten bei 8 bis 12 °C überwintert. Die Pflanzen sollten möglichst selten umgetopft werden. *Astrophytum* wird durch Samen vermehrt. Die großen Samenkörner werden im Frühjahr ausgesät, nicht mit Erde bedeckt und die Aussaaten warm bei 20 bis 25 °C aufgestellt.

Cephalocereus
Greisenhaupt

Die Arten dieser Gattung mit bis zu 15 m hoch werdenden Säulenkakteen stammen aus Brasilien und Mexiko. Das

Greisenhaupt *Cephalocereus senilis* mit seinen bis zu 30 cm langen Haaren ist eine sehr beliebte Kakteenart. Er beginnt ab einer Größe von 6 bis 8 m zu blühen. Diese Größe wird jedoch bei uns fast nie erreicht, so daß seine Zierde vor allem in seiner Behaarung liegt. Das Greisenhaupt wird am besten ganzjährig im Gewächshaus an einem sonnigen, sehr warmen Platz bei nicht allzu niedriger Luftfeuchtigkeit (wenn möglich nicht unter 50 %) kultiviert. Im Winter sollte die Temperatur nicht unter 12 °C sinken. Als Pflanzerde eignet sich eine lehmig-kiesige Mischung mit einem pH-Wert von etwa 6. Das Substrat wird während der Hauptwachstumszeit im Frühjahr und Herbst mäßig feucht gehalten, im Sommer wird weniger gegossen und im Winter das Gießen fast ganz eingestellt. Gedüngt wird im Frühjahr und Herbst etwa alle zwei Wochen.

Cleistocactus
Silberkerzenkaktus

Der Silberkerzenkaktus *Cleistocactus strausii* mit seinen dichten, weißen Borsten ist der bekannteste Vertreter dieser Gattung. Er blüht ab einer Höhe von 80 cm, kann aber bis zu 3 m hoch werden. Seine röhrenförmigen, dunkelroten Blüten werden in seiner südamerikanischen Heimat durch Kolibris bestäubt. In der Pflege ist er anspruchslos und auch für die Hydrokultur geeignet. Im Sommer kann er draußen oder im Frühbeet halb- bis vollsonnig stehen. Er benötigt während dieser Phase genügend Feuchtigkeit. Im Winter will er am liebsten einen hellen Platz bei 10 bis 16 °C und niedrige Luftfeuchte. Als Substrat sind Einheitserde oder Kakteenerde oder Mischungen daraus geeignet. Die Erde sollte auch im Winter nicht vollkommen austrocknen. Der Wasserbedarf ist jedoch während der Wachstumszeit im Frühjahr und im Herbst am größten. Gedüngt wird während dieser Zeit alle 2 Wochen mit einem Kakteendünger. Vermehrt wird der Silberkerzenkaktus durch Aussaat im Frühjahr (Samen nicht abdecken) oder Stecklinge bei 20 bis 25 °C.

Echinocactus
Goldkugelkaktus, Schwiegermuttersessel

Die bekannteste Art der aus Mexiko und den USA stammenden Kakteen der Gattung *Echinocactus* ist der Goldkugelkaktus, auch Schwiegermuttersessel genannte, *E. grusonii*. In seiner Heimat wird dieser Kugelkaktus bis etwa 1 m hoch. Der Goldkugelkaktus hat auffällige, goldgelbe Dornen. In der Kultur zeigt er nur selten seine gelben Blüten. Bei uns steht der Goldkugelkaktus am besten ganzjährig im Gewächshaus. Als Substrat eignet sich eine Lehm-Kies-Erde-Mischung mit einem pH-Wert von 5 bis 6 oder handelsübliche Kakteenerde. Sein Platz sollte im Sommer vollsonnig und warm sein. Im Winter wird er fast, aber nicht völlig trocken und hell bei Temperaturen über 10 °C kultiviert. Frei im Gewächshaus ausgepflanzt kann er zu einer Riesenkugel werden. Der Goldkugelkaktus läßt sich leicht aus Samen bei einer Keimtemperatur von etwa 25 °C ziehen.

Echinocereus

Echinocereus ist eine vielgestaltige Gattung mit etwa 60 Arten, deren Heimat in den USA und in Mexiko liegt. Die *Echinocereus*-Arten lassen sich in 2 große Gruppen unterteilen. Die einen wachsen eher einzeln, sind dicht bedornt und äußerst blühwillig. Die anderen sind gruppenbildende, locker bedornte Arten. Schöne gruppenbildende Arten sind *E. tiglochidiatus* var. *melanacanthus* (syn. *E. coccineus*) und *E. pentalophus*. Eher einzeln wachsend sind *E. berlandieri* (syn. *E. blanckii*) und *E. pectinatus* (syn. *E. dasyacanthus*). Fast alle *Echinocereus*-Arten eignen sich sowohl für das Fensterbrett als auch für das Kleingewächshaus und den Wintergarten. Im Sommer wünschen die Pflanzen einen sonnigen, freien Stand. Sie können dann auch in den Garten gestellt werden. Im Winter sollte die Temperatur bei 5 bis 8 °C liegen. *E. chloranthus, E. triglochidiatus* und einige andere vertragen auch tiefere Temperaturen und sind bei uns sogar bedingt winterhart, wenn der Platz regengeschützt ist. Alle Echinocereen werden im Frühjahr erst dann gegossen, wenn die Blütenknospen etwa 1 cm lang geworden sind, da sie sich sonst nicht weiterentwickeln. Als Substrat eignet sich eine humusarme Mischung aus Lehm : Kies : Gartenerde wie 2 : 2 : 1. Die *Echinocereus*-Arten sind gerne frei ausgepflanzt, auf jeden Fall sollen die Pflanzgefäße nicht zu klein sein. Vermehren kann man die Echinocereen über Kindel.

Echinocereus purpureus.

Echinopsis

Die *Echinopsis*-Arten stammen aus Südamerika. Sie sind vergleichsweise anspruchslos und die meisten recht blühwillig. Anfangs ist die Form ihres Pflanzenkörpers eher kugelig, später säulenförmig. Zur Gattung *Echinopsis* gehören etwa 50 Arten und zahlreiche Hybriden. Sie eignen sich fürs Fensterbrett, das Kleingewächshaus und den Wintergarten. Den Sommer können sie auch im Garten verbringen. Im Gewächshaus oder Wintergarten sollte für eine deutliche nächtliche Abkühlung gesorgt werden. Im Winter stehen sie trocken und kühl bei etwa 7 bis 10 °C. Erst wenn die Knospen dick sind, darf mit dem Gießen begonnen werden. Als Substrat eignet sich übliche Kakteenerde. Vermehrt werden können die *Echinopsis*-Arten durch Seitentriebe, die sich an geköpften Altexemplaren bilden und die abgetrennt und bewurzelt werden, oder durch Samen. Auch der abgetrennte »Kopf« kann nach dem Abtrocknen der Wunde neu bewurzelt werden. Schöne *Echinopsis*-Arten sind beispielsweise *E. aurea* mit großen, gelben Tagblüten, die weißblühenden *E. eyriesii* und *E. tubiflora,* die rosablühende *E. oxygona* und viele andere.

Epiphyllum

Epiphyllum-Arten sind epiphytische, zum Teil großstrauchige, lang verzweigte Kakteen. Die schmalen, langen Triebe sind blattartig und an den Rändern oft gekerbt oder gesägt. Stacheln sind nur an Sämlingen vorhanden. Die etwa 20 Arten dieser Gattung stammen aus den tropischen Wäldern Mexikos bis Südamerikas. Daneben gibt es zahlreiche *Epiphyllum*-Hybriden (auch unter der Bezeichnung *Phyllocactus*), die durch Züchtung in Europa und den USA entstanden sind. Epiphyllen (*Epiphyllum*-Arten und -Hybriden) werden bei uns überwiegend in Hängekörben und

Blumenampeln kultiviert. Die bis 30 cm großen Blüten öffnen sich teilweise nachts und sind häufig stark duftend. Im Sommer möchten diese Kakteen einen nicht zu warmen, halbschattigen bis schattigen Platz, zum Beispiel im Freien unter Bäumen. In der Wachstumszeit benötigen sie viel Wasser und Nährstoffe. Ab August wird die Düngung eingestellt. Im Winter sollte die Temperatur über 10 °C liegen. Die Epiphyllen werden im Winter trockener, aber nicht vollkommen trocken gehalten. Sie eignen sich auch für die Hydrokultur. Das Substrat sollte humos mit einem pH-Wert von 4 bis 5,5 sein, z. B. Einheitserde mit etwas ungedüngtem Torf gemischt. Umgetopft wird selten, wenn nötig nach der Blüte. Epiphyllen können durch etwa 10 cm lange Blattstücke vermehrt werden, die man zunächst 1 bis 3 Wochen abtrocknen läßt, bevor man sie einpflanzt. Die Stecklingsvermehrung ist bei 20 bis 25 °C Bodentemperatur ganzjährig möglich. Eine schöne Art ist beispielsweise *E. hookeri* (syn. *E. stenopetalum*), mit großen, weißen Blüten.

Epiphyllum-Hybriden gibt es in allen Farben blühend von Weiß, Gelb, Orange bis Dunkelrot.

Espostoa, Pseudoespostoa
Peruanische Greisenhäupter

Die dichtbehaarten, bis 5 m hohen Säulenkakteen stammen aus Ecuador und Peru. Sie blühen zwar in Kultur nur selten und nur als alte Pflanzen, sind aber wegen ihrer schönen Behaarung dekorative Sammelobjekte. Sie werden am besten ganzjährig im Gewächshaus kultiviert. Im Sommer wünschen sie einen vollsonnigen, sehr warmen Platz. Den Winter sollten sie hell und trocken bei Temperaturen über 8 °C gehalten werden. Als Substrat eignet sich ein Lehm-Kies-Gemisch mit einem pH-Wert von 5 bis 6. Am besten gedeihen die peruanischen Greisenhäupter bei uns frei ausgepflanzt in einem Gewächshaus-Kakteenbeet. Die Anzucht aus Samen (Keimung bei 20 bis 25 °C, Samen nicht mit Erde abdecken) ist problemlos. Die jungen Sämlinge sind sehr wärmebedürftig. Am häufigsten wird bei uns *E. lanata* kultiviert. Er ist von dichter weißer Wolle bedeckt.

***Epiphyllum*-Hybride 'Belgica de Huet'.**

Ferocactus

Die aus Mexiko und den USA stammenden *Ferocactus*-Arten mit ihrer auffälligen Bedornung wachsen zunächst kugelig, können aber im Alter je nach Art bis zu 4 m hohe Säulen bilden. Ältere Exemplare zeigen gelbe, orange oder rote Blüten. Die Arten der Gattung *Ferocactus* gedeihen bei uns am besten, wenn sie ganzjährig im Gewächshaus stehen. Sie wünschen ein lehmig- kiesiges Substrat mit einem pH-Wert von 5 bis 6. Den Sommer über wollen sie vollsonnig und sehr warm stehen. Im Winter wünschen sie es hell und trocken und Temperaturen über 10 °C. *Ferocactus*-Arten können durch Samen vermehrt werden. Schöne Arten sind beispielsweise *F. latispinus* mit roter Blüte, *F. setispinus* (syn. *Hamatocactus*) mit gelben, duftenden Blüten.

Gymnocalycium

Die formenreiche, meist kugelbildende Gattung *Gymnocalycium* besteht aus etwa 80 bis 100 Arten. Ihre Heimat haben diese Kakteen in Brasilien, Argentinien, Bolivien, Paraguay und Uruguay. Die meisten Arten sind pflegeleicht und blühwillig (weiß, gelb, alle Rottöne). Im Sommer mögen die *Gymnocalycium*-Arten einen hellen, aber nicht prallsonnigen Platz, auch im Garten. Überwintert werden sie bei Temperaturen um 10 °C und trocken. Argentinische Arten wie *G. baldianum, G. castellanosii, G. multiflorum, G. spegazzinii* und *G. vatteri* vertragen auch etwas kühlere Temperaturen bis 5 °C. Als Substrat eignet sich übliche Kakteenerde. Die *Gymnocalycium*-Arten lassen sich über Samen vermehren. Schöne Arten sind beispielsweise *G. andreae* (gelbblühend), *G. baldianum* (rotblühend), G. bruchii (rosablühend) und *G. denudatum* (weißblühend).

Hatiora (syn. *Rhipsalidopsis*)
Osterkakteen

Die Osterkakteen mit ihrer roten oder rosa Blütenpracht gehören zu den bekanntesten und beliebtesten Kakteen. Ursprünglich stammen sie aus Brasilien, wo sie epiphytisch (auf Pflanzen aufsitzend) in tropischen Wäldern wachsen. Es gibt 2 Arten und zahlreiche Hybriden. *H. gaertneri* hat große rote Blüten, *H. rosea* blüht rosa. Von den Weihnachtskakteen unterscheiden sich die Osterkakteen dadurch, daß ihre Sproßglieder nicht gezähnt, sondern abgerundet sind und meistens einen rötlichen Rand haben. Bei uns gedeihen Osterkakteen sowohl am Blumenfenster als auch im Kleingewächshaus oder Wintergarten. Sie mögen keine pralle Sonne oder trockene Luft. Im Sommer können sie einen Platz im Schatten oder Halbschatten im Garten erhalten. Von Oktober bis Januar sollten sie bei 10 bis 15 °C und mäßiger Feuchtigkeit eine Ruhephase einhalten können. Als Substrat eignet sich eine nahrhafte Humuserde mit einem pH-Wert von 4 bis 5,5 oder Einheitserde. Als Gießwasser wird am besten Regenwasser oder enthärtetes Wasser verwendet. Gedüngt wird von Mai bis September mit einem Blumendünger. Vermehrt werden Osterkakteen über Stecklinge (Sproßglieder).

Lobivia

Die *Lobivia*-Arten stammen aus den Gebirgen Südamerikas, wo sie in Höhen bis 4.600 Metern wachsen. Die meisten sind kleinbleibend und bilden meist kugelige oder zylindrische Formen mit trichterförmigen Blüten in allen Farben. Viele Arten neigen zur Sproßbildung und bilden dadurch Pflanzengruppen, die man in Schalen pflanzen kann. Wegen ihres Blütenreichtums und ihrer relativen Unempfindlichkeit sind Lobivien beliebte Anfängerpflanzen, die sowohl auf dem Fensterbrett (aber im Sommer mit viel frischer Luft und im Winter kühl), als auch im Gewächshaus und Wintergarten gut gedeihen. Im Sommer wie im Winter mögen sie einen sonnigen Standort. Als Gebirgspflanzen wünschen sie jedoch einen nicht zu heißen Platz, viel frische Luft und nächtliche Temperaturabsenkungen. Günstig ist im Sommer auch ein regengeschützer Platz im Freien. Überwintert werden diese Kakteenarten bei 4 bis 8 °C und trocken. Als Substrat eignet sich normale Kakteenerde. Gegossen wird immer dann, wenn die Erde abgetrock-

net ist, während der Hauptwachstumszeiten im Frühjahr und Herbst wird die Erde allerdings ständig mäßig feucht gehalten. Ab November wird das Gießen ganz eingestellt. Gedüngt wird während der Wachstumszeit alle 2 Wochen mit einem Kakteendünger. Cremeweiß bis kräftigrot blüht *L. famatimensis* (syn. *Rebutia farmatinensis*), feuerrot blüht *L. hertrichiana* (syn. *Echinopsis hertrichiana*), violettrosa blüht *L. tiegeliana* (syn. *Echinopsis tiegeliana*).
Vermehrt werden Lobivien durch Aussaat im Frühjahr (Keimtemperatur 20 bis 25 °C, Samen nicht abdecken), sprossende Arten auch durch Abtrennen der Seitensprossen.

Mammillaria
Warzenkaktus

Wegen ihrer Blühwilligkeit und Widerstandsfähigkeit zählen die Arten der Gattung *Mammillaria* zu den beliebtesten Kakteen. Der Fensterbankgärtner schätzt sie nicht zuletzt deshalb, weil sie kleinbleibend sind und auch er eine ansehnliche Sammlung auf dem Fensterbrett unterbringen kann. 300 verschiedene Arten gehören zu dieser vorwiegend aus Mexiko und den USA stammenden Gattung. Die Pflanzenkörper sind meist rund oder bilden kleine Säulen. Die weißen, gelben oder in verschiedenen Rottönen gehaltenen Blüten sind fast immer in einem Kranz angeordnet. Bei einigen Arten teilt sich der kugelige Körper am Scheitel und wächst von da an mit 2 »Köpfen« weiter. Mammillarien eignen sich für die Kultur auf dem Fensterbrett, im Gewächshaus und im Wintergarten. Im Sommer mögen sie einen sonnigen Platz, eventuell auch im Garten. Nur die grünen Arten mit schwacher Bedornung und wenig Bewollung werden vor praller Mittagssonne geschützt. Im Winter stehen die Mammillarien trocken, hell und kühl bei etwa 6 bis 10 °C. Als Substrat eignet sich handelsübliche Kakteenerde. Bei feinwurzeligen Arten kann sie mit Einheitserde gestreckt werden, bei Arten mit Rübenwurzeln dagegen mit etwas Lavagrus oder Sand. Die verbreitetste Art ist *Mammillaria zeilmanniana* (»Muttertagskaktus«) mit purpurrosa Blüten. Karminrote Blüten hat *M. magnimamma* (syn. *M. centricirrha*), grünlichgelb blüht *M. marksiana*. Vermehrt werden Mammillarien durch Samen oder Ableger.

Notocactus

Die Notocacteen sind vor allem wegen ihrer großen, zahlreichen, meist gelben, seltener roten oder orangen Blüten beliebt. Die 50 verschiedenen Arten sind meist kleinbleibend und kugelig bis kurzsäulig wachsend. Am besten gedeihen Notocacteen im Gewächshaus oder Wintergarten an einem luftigen Platz, aber auch die Fensterbankkultur ist möglich. Sämtliche Arten sind beliebte, anspruchslose Anfängerpflanzen, die willig und reich blühen.

Im Sommer werden Arten mit einem weniger dichten Dornenkleid leicht schattiert. Während der Wachstumsphase werden Notocacteen mäßig feucht gehalten und alle 3 Wochen mit einem Kakteendünger gedüngt. Im Winter möchten die Pflanzen hell bei etwa 10 °C stehen. Sie werden dann fast trocken gehalten. Als Substrat eignet sich handelsübliche Kakteenerde oder eine Mischung aus Lehm : Sand : Gartenerde wie 1 : 1 : 1 mit einem pH-Wert von 5 bis 6,5. Gelbblühende Arten sind beispielsweise *N. concinnus* (syn. *Parodia concinna) und N. magnificus* (syn. *Parodia magnifica*). Orangerot blühen *N. ottonis* var. *vencluianus* (syn. *Parodia ottonis*) und *N. haselbergii* (syn. *Parodia haselbergii*). Notocacteen werden über Samen (Keimtemperatur 20 bis 25 °C, Samen nicht abdecken) vermehrt.

Opuntia Feigenkaktus

Ihre Heimat haben die Opuntien in Nord- bis Südamerika. Insgesamt zählen zu dieser Gattung etwa 400 Arten, von denen einige auch bei uns winterhart sind. Es gibt polsterbildende, strauch- und baumförmig wachsende Opuntien, die teilweise über 5 m hoch werden. Die meisten Arten können im Sommer einen sonnigen Platz im Garten erhalten. Sie vertragen bzw. wünschen nachts tiefere Temperaturen (Nachtabsenkung im Gewächshaus). Opuntien werden trocken und frostfrei im Gewächshaus oder Wintergarten überwintert. Als Substrat dient ein Lehm-Kies-Gartenerde-Gemisch mit geringem Humusanteil

(Lehm : Kies : Gartenerde wie 2 : 2 : 1)

oder eine handelsübliche Kakteenerde. Die raschwachsenden Pflanzen benötigen während der Wachstumsphase ausreichende Wassergaben. Gedüngt wird während dieser Zeit etwa alle 3 Wochen mit einem Kakteendünger. Eine kleinbleibende Opuntienart ist *O. microdasys.* Ihre Zierde sind die auffälligen Dornenpolster (Glochidien), die man jedoch besser nicht anfaßt, da sie wegen ihrer Widerhaken kaum wieder aus der Haut zu entfernen sind. Diese Art ist jedoch nicht besonders blühwillig. Ein dankbarer Blüher ist dagegen *O. azurea* (gelbe Blüten mit rotem »Auge«). Weitere schöne Arten sind beispielsweise *O. rosea* (karminrosa Blüten), *O. bergeriana* (rote Blüten) und viele andere. Der Feigenkaktus, *Opuntia ficus-indica,* der im Mittelmeergebiet verbreitet ist, kann bis über 5 m hoch werden und hat über 40 cm lang werdende Sproßglieder. Opuntien werden vorwiegend durch Stecklinge (einzelne Sproßglieder) vermehrt, die nach dem Abtrocknen bei etwa 20 °C bewurzelt werden. Auch Aussaat ist möglich, jedoch ist die Keimzeit recht lange.

Parodia

Parodia ist eine weitere Kakteengattung aus den Gebirgen des südlichen Amerika mit insgesamt etwa 100 Arten. Es gibt kugelige und länglich wachsende Formen. Die gelben, orangefarbenen oder roten Blüten sind trichterförmig. Parodien eignen sich für die Kultur auf dem Fensterbrett (aber im Winter kühl), im Kleingewächshaus und im Wintergarten.

Im Sommer erhalten die Pflanzen einen hellen bis sonnigen, aber luftigen Platz. Vor praller Sonne während der Mittagszeit werden sie geschützt.

Im Winter werden sie hell, bei 5 bis 12 °C, in luftiger Standweite und trokken kultiviert. Das bevorzugte Substrat besteht aus einem Sand-Lehmgemisch mit etwas Humusanteil (»normale« Kakteenerde). Der pH-Wert kann zwischen 4,5 und 6 liegen.

Schöne *Parodia*-Arten sind beispielsweise *P. mairanana* (goldgelb blühend) und *P. nivosa* (feuerrot blühend und schneeweiß bedornt).

Sprossende *Parodia*-Arten können über Kindel vermehrt werden. Die Vermehrung durch Aussaat ist nicht ganz einfach. Der Samen wird sofort nach der Samenreife ausgesät, fein mit Erde übersiebt und bei 25 °C aufgestellt.

Rebutia

Rebutien sind anspruchslose, willig blühende Zwergkakteen, die aus Höhenlagen bis über 3.500 m in Argentinien und Bolivien stammen. Es gibt etwa 100 Arten (mit *Aylostera, Digitorebutia* u.a.) und zahlreiche Hybriden. Orangefarbene Blüten bilden *R. aureiflora, R. fiebrigii* und *R. heliosa.* Andere Arten blühen rosa, weiß, gelb und violett. Rebutien gedeihen auf dem Fensterbrett, im Gewächshaus und im Wintergarten. Im Sommer wollen sie sonnig und luftig stehen, vor praller Mittagssonne werden sie geschützt. Im Winter werden sie

Linke Seite oben: Zur Gattung *Mammillaria* gehören etwa 300 verschiedene Arten. Wegen ihrer Blühwilligkeit und Widerstandsfähigkeit gehören sie zu den beliebtesten Kakteen.

Linke Seite unten: Rebutien gedeihen in Kultur sehr gut und blühen willig.

hell und trocken bei Temperaturen von etwa 5 °C gehalten. Vermehrt werden Rebutien durch Samen (Keimtemperatur 15 bis 20 °C, Samen nicht abdecken) oder Ableger.

Rhipsalis

Die *Rhipsalis*-Arten sind in den USA bis Südamerika, in Madagaskar und Ceylon beheimatet, wo sie als reich verzweigte, meist hängende Aufsitzerpflanze in tropischen Wäldern vorkommen. Es gibt etwa 60 Arten, die weiß, gelblich oder purpurfarben blühen. Viele Arten sind Winterblüher. *Rhipsalis*-Arten gedeihen am besten in hellen, ausgebauten Blumenfenstern, im Kleingewächshaus oder im Wintergarten zusammen mit anderen Pflanzen tropischer Wälder bei hoher Luftfeuchtigkeit. Im Winter sollte die Temperatur nicht unter 10 °C sinken und die Pflanze mäßig feucht gehalten werden. *Rhipsalis*-Arten wünschen ein humusreiches Substrat mit einem pH-Wert um 5 oder Einheitserde, das Gießwasser sollte kalkarm sein. Vermehrt werden können die *Rhipsalis*-Arten über Stecklinge (Sproßglieder), die bei 25 °C und hoher Luftfeuchte bewurzelt werden. Auch Aussaat ist möglich. Schöne Arten sind beispielsweise *R. clavata* (weißblühend), *R. lumbricoides* (syn. *Lepismium lumbricoides;* hellgelb blühend) und *R. pachyptera* (rotblühend).

Schlumbergera
Weihnachtskakteen

Die *Schlumbergera*-Arten sind vorwiegend aufsitzend wachsende Kakteen aus den tropischen Wäldern Brasiliens. Von den etwa 5 Arten ist der Weihnachtskaktus *S. truncata* (= *Zygocactus truncatus*) mit karminrosa Blüten am weitesten verbreitet. Sehr schön sind auch *S. orssichiana* mit karminrot-weißen Blüten, sowie *S. russelliana* mit rosafarbenen Blüten. Weihnachtskakteen können im Blumenfenster, Wintergarten oder im Gewächshaus kultiviert werden. Im Sommer vertragen sie auch einen Platz im Schatten oder Halbschatten im Garten. Damit sie im Winter verläßlich blühen, benötigen sie ab August eine Ruhezeit, in der sie kühler, luftig und nahezu trocken stehen. Sobald sich im September die Knospen zeigen, wird allmählich mehr gegossen und die Temperatur etwas erhöht. Während des Winters werden die Pflanzen mäßig feucht bei etwa 20 °C gehalten. Damit die Blüten möglichst lange halten, wird die Temperatur bei Blühbeginn auf 15 bis 18 °C gesenkt. Nach der Blüte folgt eine zweite Ruhepause. Weihnachtskakteen bevorzugen ein humusreiches Substrat mit einem pH-Wert von 4 bis 5,5 oder Einheitserde. Vermehrt werden sie über Stecklinge (mehrgliedrige Sproßstücke) im Frühjahr oder Sommer bei 20 bis 25 °C Bodentemperatur. Zum Aufbau von Hochstämmchen kann auf *Pereskia aculeata, Selenicereus* oder *Hylocereus* veredelt werden.

Selenicereus
Königin der Nacht

Die bis zu 10 m lang werdenden, klimmenden, kletternden oder rankenden Epiphyten der Gattung *Selenicereus* stammen aus Mexiko und den USA. Die großen Blüten der »Königin der Nacht« *S. grandiflorus* öffnen sich meist nur für eine Nacht und verströmen einen intensiven Vanilleduft. Die »Prinzessin der Nacht« *S. pteranthus* ist duftlos. Selenicereen stehen am besten ganzjährig im Gewächshaus an einem hellen, aber vor praller, sommerlicher Mittagssonne geschützten Platz. Während der Wachstumszeit im Sommer benötigen sie ausreichend Feuchtigkeit und Wärme, jedoch auch genügend frische Luft. Im Winter wird die Temperatur bei etwa 15 bis 20 °C gehalten. Selenicereen gedeihen gut in Einheitserde oder in eigenen humosen Mischungen mit einem pH-Wert von 5 bis 6. Vermehren lassen sie sich über 5 bis 10 cm lange Stecklinge, die bei etwa 25 °C bewurzelt werden.

Trichocereus

Diese Gattung hat ihre Heimat in Südamerika. Sie bildet bis zu 10 m hohe Säulen. Es gibt etwa 25 Arten (früher teilweise unter *Helianthocereus* geführt) und zahlreiche Hybriden. Die Pflanzen bilden große Trichterblüten in Weiß, Gelb und allen Rottönen. Einige sind Nachtblüher und duftend. Sie gedeihen und blühen am besten, wenn sie einen Platz im Gewächshaus oder Wintergarten erhalten. Im Sommer wünschen sie einen sonnigen Platz und gleichmäßige, aber mäßige Substratfeuchte. Während der Wachstumsphase wird alle 2 Wochen mit einem Kakteendünger gedüngt. Den Winter über werden sie bei 5 bis 10 °C hell und trocken kultiviert. Das Substrat wird aus Lehm, Kies und Gartenerde im Verhältnis 2 : 2 : 1 selbst hergestellt oder handelsübliche Kakteenerde verwendet. *T. candicans* (syn. *Echinopsis candicans*) hat bis 20 cm große, weiße Blüten. Rotblühend ist *T. grandiflorus* (syn. *Echinopsis huascha*) (syn. *Helianthocereus*). Auch unter den Hybriden gibt es besonders schöne Blüher. Vermehrt werden die *Trichocereus*-Arten und -Hybriden durch Abtrennen und Bewurzeln von Kindeln, sowie durch Köpfen von Säulen mit anschließender Bewurzelung des Kopfes nach Abtrocknen der Schnittstelle. Auch der Stumpf treibt wieder durch.

Andere Sukkulenten

Agave
Agavaceae

Die Arten der Gattung *Agave* stammen aus Nord- und Zentralamerika, sind aber auch in Südeuropa weit verbreitet *(A. americana)*. Manche Agavenarten werden so groß, daß sie alleine ein Kleingewächshaus ausfüllen können. Kleinbleibende Arten, wie z.B. *A. victoriae-reginae, A. filifera* und *A. parrasana* sind auch für die Sukkulentensammlungen im Kleingewächshaus, Wintergarten und auf der Fensterbank geeignet. Im Sommer wollen Agaven sonnig und warm, aber luftig stehen. Sie können den Sommer über auch einen Platz draußen im Garten erhalten. Im Winter werden sie bei etwa 10 °C im Gewächshaus oder Wintergarten überwintert. Als Substrat eignet sich Kakteenerde. Im Sommer werden Agaven immer dann gegossen, wenn die Erde fast abgetrocknet ist, im Winter fast gar nicht. Während der Wachstumszeit erhalten sie alle 2 Wochen einen Kakteendünger. Agaven blühen nach einigen Jahren und sterben nach der Blüte ab. Vermehrt werden Agaven durch Nebensprosse im Frühjahr.

Aloe
Liliaceae

Die Aloen sind Blattsukkulenten aus der Familie der Liliengewächse. Sie stammen aus den Trockenregionen Afrikas, Madagaskars, der Maskarenen und Südarabiens. Die meisten der etwa 250 Arten sind rot-, orange- oder gelbblühend. Einige werden sehr groß, andere wie die Tigeraloe *(Aloe variegata)* sind auch für die Fensterbank geeignet. Die gelartige Substanz in den sukkulenten Blättern der *A. vera* wird gegen Sonnenbrand und als Kosmetikum auf die Haut aufgetragen. Die Aloen möchten ganzjährig vollsonnig

Agave megalacantha **stammt aus Mexiko.**

stehen, im Sommer warm, im Winter bei 6 bis 10 °C. Den Sommer können die Aloen gut im Freien verbringen, vor Dauerregen müssen sie allerdings geschützt werden. Als Substrat kann Einheitserde mit Sand und Lehm gestreckt werden oder Einheitserde pur verwendet werden. Gegossen wird nur, wenn die Erde gut abgetrocknet ist, im Winter nur sehr selten. Als Dünger eignet sich flüssiger Kakteendünger, er wird von Mai bis September etwa alle 3 Wochen dem Gießwasser beigegeben. Vermehrt werden Aloen über Samen, Stecklinge oder Kindel.

Echeveria

Crassulaceae

Die Gattung *Echeveria* aus der Familie der Dickblattgewächse umfaßt etwa 150 Arten. Sie stammen aus dem südlichen Nord-, Süd- und Mittelamerika. Echeverien wünschen ganzjährig einen warmen, hellen bis sonnigen Platz. Im Sommer können sie auch im Steingarten ausgepflanzt werden. Überwintert werden sie bei 5 bis 10 °C im Gewächshaus, Wintergarten oder auf einer kühlen Fensterbank. Als Substrat eignet sich Kakteenerde. Im Sommer wird mäßig, im Winter fast gar nicht gegossen. Die meisten Arten wachsen rosettig. *E. setosa* blüht rot mit gelber Spitze, die Blütenstiele schieben sich weit über die Blattrosette hinaus. *E. harmsii* bildet einen kurzen Stamm. Echeverien können durch Blattstecklinge, Seitenrosetten und Samen vermehrt werden.

Euphorbia

Christusdorn, Wolfsmilch
Euphorbiaceae

Viele Arten der Gattung *Euphorbia* aus der Familie der Wolfsmilchgewächse (Euphorbiaceae) sind Sukkulente und ähneln zum Teil in ihrem Aussehen und ihren Ansprüchen Pflanzen aus der Kakteenfamilie (Cactaceae). Auch sie benötigen ganzjährig einen sehr hellen Platz und lieben im Sommer viel Wärme. Jedoch vertragen viele im Winter nicht so kühle Temperaturen oder starke Nachtabsenkungen wie die Kakteenarten, die aus Hochlagen stammen. Die Großhörnige Wolfsmilch *(E. grandicornis)* aus Südafrika mit ihren bis zu 7 cm langen Stacheln möchte im Winter Temperaturen über 10 °C. Der beliebte Christusdorn *(E. milii)* möchte im Winter sogar Temperaturen von 15 bis 20 °C. Die sukkulenten Euphorbien werden im Sommer gegossen, wenn die Erde gut abgetrocknet ist. Im Winter werden sie bei kühlem Stand fast gar nicht gegossen. Als Pflanzerden eignen sich Einheitserde, Kakteenerde oder Mischungen daraus. Beide genannten Euphorbien-Arten können durch Stecklinge im Frühjahr vermehrt werden. Achtung! Der Milchsaft ist giftig.

Kalanchoe blossfeldiana

Flammendes Käthchen
Crassulaceae

Das leuchtend rot blühende Flammende Käthchen, von dem es inzwischen auch weiß, orange und violett blühende Sorten gibt, stammt ursprünglich aus den Gebirgen in Nord-Madagaskar. Es mag ganzjährig volle Sonne. Eine Periode von 4 bis 5 Wochen mit Kurztagen unter 10, besser noch 8 Stunden, und Temperaturen von knapp 18 °C regen die Blütenbildung an. Ansonsten wird *K. blossfeldiana* ganzjährig warm, auch im Winter nicht unter 15 °C, gehalten. Als Substrat eignet sich Einheitserde. Das Flammende Käthchen benötigt wenig Wasser, sollte aber nie ganz austrocknen. Gedüngt wird während der Wachstumszeit mit Kakteen- oder Blumendünger. Vermehrt wird das Flammende Käthchen durch Blatt- oder Kopfstecklinge oder durch Aussaat.

Lithops

Lebende Steine
Mesembryanthemaceae

Die Lebenden Steine sind Bewohner der trockenen Sandwüsten von Süd- und Südwestafrika. Sie blühen bei uns in den Monaten September und Oktober in weiß oder gelb. Sie benötigen einen hellen bis vollsonnigen Standort, warm im Sommer und im Winter mindestens 10 bis 15 °C. Als Substrat eignet sich eine mit Sand »verdünnte« Kakteenerde. Von November bis April werden die Lebenden Steine nicht gegossen, dann wird langsam wieder damit begonnen. Es wird immer erst dann gegossen, wenn das Substrat völlig abgetrocknet ist. Ab November werden die Wassergaben wieder stufenweise reduziert. Die Lebenden Steine müssen nicht gedüngt werden. Lediglich während eines deutlichen Wachstumsschubes im Sommer kann gelegentlich Kakteendünger in halber Konzentration verabreicht wer-

Die Madagaskarpalme braucht einen ganzjährig warmen Standort.

den. Umgepflanzt wird wenn nötig im März. *L. olivacea* wird 2 bis 4 cm hoch und zeigt im Herbst eine gelbe Blüte. *L. optica* blüht weiß. Die Aussaat von *Lithops*-Samen ist das ganze Jahr über bei 20 °C Bodentemperatur möglich. Ausgesät wird in feinen Sand. Die Keimdauer beträgt 6 bis 12 Wochen.

Pachypodium

Madagaskarpalme
Apocynaceae

Die Madagaskarpalmen aus der Familie der Hundsgiftgewächse (Apocynaceae) ähneln stark den Kakteen, haben aber gegenüber den meisten den Vorteil, daß sie ganzjährig warm stehen können. Die Madagaskarpalmen eignen sich daher auch für eine Sukkulentensammlung in einem ganzjährig warmen und hellen Zimmer. Sie vertragen im Sommer auch Temperaturen über 30 °C, im Winter wollen sie nicht unter 15 °C stehen. Sie können in Einheitserde gepflanzt werden, eignen sich aber auch für Hydrokultur.

Im Sommer werden sie immer mäßig feucht gehalten, im Winter nur selten gegossen. Vor allem 2 Arten sind im Handel. *P. lamerei* hat eher frischgrüne Blätter, *P. geayi* hat graugrüne, auf der Unterseite rötliche, schmale Blätter. Vermehrt werden Madagaskarpalmen durch Aussaat bei 20 bis 25 °C.

Bonsai

Der Name Bonsai stammt aus dem Japanischen und bedeutet »Baum im Topf«. Bonsai sind meist Bäume, aber auch Sukkulenten, Gräser und andere, die durch gezielte Kulturmaßnahmen kleingehalten werden. Ziel dabei ist es, das Typische der Pflanzenart herauszustellen und im Kleinen nachzubilden, wie die Pflanze in der Natur wächst. Die Maßnahmen, die zu diesem Kleinbleiben führen, sind:

- die Bereitstellung eines sehr geringen Erdvolumens für die Wurzeln,
- das planmäßige Beschneiden,
- das Drahten.

In der Natur ist Kleinwüchsigkeit meist auf einen extremen Standort, zum Teil auch auf Wildverbiß zurückzuführen. Als erste begannen die Chinesen, naturgewachsene Zwergformen von Bäumen in Schalen zu pflanzen und zu kultivieren. Später wurde die Kunst der Bonsaikultur von den Japanern übernommen und vervollkommnet.

Der größte Teil der ursprünglich für die Bonsaikultur verwendeten Pflanzen stammt aus dem gemäßigten Klima. Sie haben – wie auch unsere heimischen Gehölze – im Sommer ihre Wachstumsperiode und im Winter eine kühle Ruhephase. Diese Standortbedingungen benötigen sie auch in der Kultur. Sie sind keine Zimmerpflanzen und dürfen nur vorübergehend im Zimmer aufgestellt werden. Am besten werden sie im Sommer draußen kultiviert und im Winter im kühlen Gewächshaus oder Wintergarten überwintert. Zwar sind die meisten dieser Arten bei uns normaler-

Klassische Bonsaiform.

weise winterhart, aber durch die Kultur in einer Schale oder einem Topf empfindlicher gegenüber Kälte als ihre großgewachsenen Artgenossen, die ihre Wurzeln in das Erdreich eingesenkt haben.

Heutzutage werden auch viele Bonsai von Pflanzen tropischer und subtropischer Herkunft herangezogen. Die Klimaführung und Pflege in der Kultur richtet sich nach der Herkunft und den dadurch bedingten Ansprüchen an die Wachstumsfaktoren. Unter ihnen findet man auch Arten für die ganzjährige Kultur als Zimmerbonsai.

Das Gewächshaus, seine Ausstattung und die Klimaführung

Wer ausschließlich Bonsai kultiviert, wird sich entweder auf eine Klimagruppe beschränken oder verschiedene Wärmebereiche einrichten. Geeignet sind alle Gewächshausbauformen und -typen einschließlich Wintergärten und Blumenfenster, solange sie entsprechend temperiert werden.

Als Überwinterungsort für Bonsai des gemäßigten Klimas eignen sich sehr gut Kalthäuser mit einfachen Glaseindeckungen, die am besten gerade frostfrei gehalten werden. Die Temperatur sollte im Winter unter 5 °C oder zumindest nicht über der Außentemperatur liegen, damit die Pflanzen nicht vorzeitig zu treiben beginnen. Die Bonsai können entweder ganzjährig im Gewächshaus oder Wintergarten stehen (nicht im Zimmer) oder im Sommer einen Platz im Freien erhalten. Verbleiben die Pflanzen auch im Sommer im Gewächshaus, muß unbedingt für eine sehr gute Belüftbarkeit gesorgt werden.

Bonsaipflanzen, die ihre Heimat in den Tropen oder Subtropen haben, werden in wärmeren Gewächshäusern oder Wintergärten kultiviert, dementsprechend sollten diese mit einer Heizung ausgerüstet und mit gut isolierendem Eindeckungsmaterial (z. B. Stegdoppelplatten oder Isolierglas) eingedeckt sein. Im Sommer muß im Gewächshaus für viel frische Luft gesorgt werden. Einige Arten können auch ganzjährig als Zimmerbonsai kultiviert werden.

Das Aufstellen der Bonsai auf Tischen erleichtert die Pflegearbeiten, außerdem sollte ein Arbeitstisch vorhanden sein. Hängeregale ermöglichen eine bessere Platzausnutzung. Warm überwinterte Pflanzen tropischer oder subtropischer Herkunft sind für eine Zusatzbelichtung im Winter dankbar. Werden Bonsai ganzjährig im Gewächshaus oder Wintergarten kultiviert, ist eine Schattiervorrichtung zu empfehlen.

Gefäße, Substrate, Düngung und Bewässerung

Bonsai werden meist in flachen, glasierten oder unglasierten Schalen aus Ton mit einem sehr geringen Erdvolumen kultiviert.

Form, Größe, Farbe und das Material sollen mit der Pflanze harmonieren und eine optische Einheit bilden. Glasierte Gefäße halten die Feuchtigkeit besser, bergen aber auch die Gefahr der Staunässe. Für Nadelgehölze eignen sich besser unglasierte Töpfe oder Schalen.

Die Beschaffenheit des Substrates orientiert sich an den Ansprüchen der Pflanzen auf ihren natürlichen Standorten. Das Substrat soll jedoch etwas magerer sein, damit eine gezielte Düngung möglich ist, und eine stabile Struktur haben. Für die meisten Koniferen eignet sich eine Mischung aus Sand und Lehm im Verhältnis 1 : 1. Substrate für die meisten Laubbäume werden aus Lehm, Sand und Gartenkompost im Verhältnis von etwa 6 : 3 : 1 gemischt.

Umgetopft wird je nach Pflanzenart alle 2 bis 5 Jahre, wenn der Wurzelballen sehr dicht ist. Die beste Zeit ist im Frühjahr vor dem Neuaustrieb, bei einigen Nadelgehölzen auch der Herbst.

Jeder Bonsai wird zu einem Individuum.

Zum Zeitpunkt des Umtopfens sollte der Wurzelballen nahezu trocken sein. Beim Umtopfen wird gleichzeitig ein Wurzelschnitt vorgenommen. Der Bonsai wird vorsichtig aus seinem alten Topf herausgelöst und von einem Teil der Erde befreit. Die nun heraushängenden Wurzeln werden abgeschnitten und auch die Hauptwurzel mit einem schrägen Schnitt eingekürzt. Unten in die Bonsaischale werden Kieselsteine oder ein anderes grobkörniges Material gegeben. Darauf folgt eine feine Schicht Substrat, auf die die Pflanze gestellt wird. Die verbliebenen Wurzeln werden gut ausgebreitet und die Zwischenräume mit Substrat aufgefüllt. Am Ende sollte das Substrat an den Seiten mit dem Topfrand abschließen und zum Stamm hin etwas ansteigen.

Die Düngung richtet sich nach der Pflanzenart, der Topfgröße und den im Substrat vorhandenen Nährstoffen. Normale Flüssigdünger dürfen zumindest nicht in der üblichen Konzentration verwendet werden, da dies unter Umständen zu einer Salzanreicherung in den kleinen Gefäßen führen könnte. Besser ist es, sie mit doppelt soviel Wasser anzumischen, wie in der Pflegeanleitung auf der Verpackung für Zimmerpflanzen empfohlen wird. Noch besser ist es allerdings, spezielle Bonsaidünger zu verwenden, die von den Pflanzenwurzeln besser vertragen werden. Gedüngt wird während der Wachstumsphase, nicht während Ruhephasen.

Das Gießen der Bonsai erfordert viel Fingerspitzengefühl. Die Wurzeln dürfen niemals im Wasser stehen, andererseits sollen sie auch nicht vollkommen austrocknen.

Erziehung zum Bonsai

Bei der Erziehung einer Pflanze zum Bonsai geht es nicht nur darum, die Pflanze durch verschiedene Maßnahmen klein zu halten, sondern es soll das Charakteristische dieser Art in der Natur herausgearbeitet werden, wobei häufig Wuchsformen unter extremen Standortbedingungen, wie beispielsweise an stark windexponierten Plätzen, oder der Wuchscharakter an einem kargen Felsvorsprung oder Abhang nachgebildet werden. Bei einem gekauften Bonsai muß die vorhandene Form weitergeführt werden. Wer selber einen Bonsai heranzieht, muß sich von Anfang an ein klares Bild von der späteren Form machen und kontinuierlich daran arbeiten.

Unerwünschte Äste werden herausgenommen. Als Werkzeuge dienen dazu je nach Astdicke eine scharfe Schere oder Säge. Der verbleibende Stumpf wird mit einem sehr scharfen, kurzen Messer bis an den Stamm abgeschnitten. Auch die Zweige werden ausgedünnt, man achte jedoch darauf, daß das Ganze nicht zu symmetrisch wirkt. Damit das Gesamtbild aber harmonisch ist, wird die Baumkrone auf einen gleichmäßigen

Eine Gruppe aus Seekiefern *(Pinus halepensis).*

Bonsai im Überblick

Name	geeignete Überwinterungstemperatur in °C	sonstige Hinweise
Bonsai für das gerade frostfreie Gewächshaus/Wintergarten (0–5 °C)		
Fächerahorn, *Acer palmatum*	0–5	im Sommer am besten ins Freie
Jap. Hainbuche, *Carpinus japonica*	2–5	im Sommer ins Freie
Felsenmispel, *Cotoneaster*-Arten	0–5	im Sommer ins Freie
Zypresse, *Cupressus*-Arten	2–15	auch für die Überwinterung im hellen, kühlen Zimmer und temperierten Wintergarten geeignet, im Sommer am besten ins Freie
Gingko	0–5	im Sommer ins Freie
Chinawacholder, *Juniperus chinensis*	0–5	im Sommer ins Freie
Olivenbaum, *Olea europaea*	2–15	auch für die Überwinterung im hellen, kühlen Zimmer und temperierten Wintergarten geeignet, im Sommer am besten ins Freie
Mädchenkiefer, *Pinus parviflora*	0–5	im Sommer ins Freie
Schwarzkiefer, *Pinus thunbergii*	0–5	im Sommer ins Freie
Klebsame, *Pittosporum tobira*	2–18	auch für die Überwinterung im hellen, kühlen Zimmer und temperierten Wintergarten geeignet, im Sommer am bestens ins Freie
Japanische Ulme, *Zelkova*-Arten	2–5	im Sommer ins Freie
Bonsai für Kalthäuser mit Temperaturen von 5–12 °C		
Akazie, *Acacia*-Arten	5–12	im Sommer ins Freie stellen oder ganzjährig im Wintergarten oder Gewächshaus bei viel frischer Luft
Zylinderputzer, *Callistemon*-Arten	5–12	im Sommer ins Freie
Kamelie, *Camellia*-Arten	2–12	im Sommer ins Freie
Zitronenbäumchen, *Citrus*-Arten	5–15	im Sommer ins Freie
Eucalyptus-Arten	5–18	auch für die Überwinterung im hellen Zimmer und temperierten Wintergarten geeignet, im Sommer am besten ins Freie

Fortsetzung

Name	geeignete Überwinterungstemperatur in °C	sonstige Hinweise
Fuchsie, *Fuchsia*-Arten und Hybriden	5–15	auch für die Überwinterung im hellen, kühlen Zimmer und temperierten Wintergarten geeignet, im Sommer vor praller Sonne geschützt ins Freie
Myrte, *Myrtus communis*	5–18	auch für die Überwinterung im hellen Zimmer und temperierten Wintergarten geeignet, im Sommer ins Freie stellen
Schirmkiefer, *Pinus pinea*	5–15	im Sommer ins Freie stellen
Rosmarin, *Rosmarinus officinalis*	5–15	im Sommer ins Freie stellen
Bonsai für temperierte Gewächshäuser und Warmhäuser		
Bauhinie, *Bauhinia*-Arten	15–25	verbleibt ganzjährig im Gewächshaus, Wintergarten, Warmhaus oder an einem hellen Platz im Zimmer
Benjamin, *Ficus benjaminii*	15–25	verbleibt ganzjährig im Gewächshaus, Wintergarten, Warmhaus oder an einem hellen Platz im Zimmer
Gardenie, *Gardenia jasminoides*	10–20	kann im Sommer ins Freie oder verbleibt ganzjährig im Gewächshaus, Wintergarten oder Zimmer
Hibiscus rosa-sinensis	15–25	verbleibt am besten ganzjährig im Wintergarten, Gewächshaus oder hellen Zimmer
Palisander, *Jacaranda mimosifolia*	15–25	verbleibt am besten ganzjährig im Wintergarten, Gewächshaus oder an einem hellen Zimmerplatz
Orangenjasmin, *Murraya koenigii, M. paniculata*	15–25	verbleibt am besten ganzjährig im Wintergarten, im Gewächshaus oder an einem hellen Fenster im Zimmer

Umriß zurückgeschnitten. Durch das Zurückschneiden der Triebe wird das Längenwachstum des Triebes gebremst und die Seitentriebbildung angeregt. Das Entfernen dickerer Äste geschieht am besten während der Ruhephase, dünnere Zweige können das ganze Jahr geschnitten werden.

Durch das Drahten (am besten mit eloxiertem Aluminium- oder kunststoffbeschichtetem Draht) können Äste oder Zweige, solange sie noch elastisch sind, in eine bestimmte Stellung und Biegung gebracht werden. Der Draht wird zwischen den Wurzelansätzen in der Erde verankert. Gedrahtet wird von unten nach oben. Nach etwa einem Jahr ist die gewünschte Form stabil und der Draht kann entfernt werden.

Mit der Blattschnittmethode zielt man auf die Bildung feiner, dichtwachsender Triebspitzen. Je nach Wuchsstärke werden die Blätter halb entfernt oder direkt am Blattstiel abgeschnitten. Die Pflanze reagiert darauf mit einem Neuaustrieb vieler kleinerer Blätter. Die Blattschnittmethode darf nicht kurz nach dem Umtopfen oder Drahten angewandt werden.

Beliebte Bonsai und ihre Kultur

Im Sommer wünschen fast alle Bonsai einen hellen, luftigen Platz, die meisten gedeihen am besten im Freien (vor praller Mittagssonne geschützt). Ausnahmen sind Arten tropischer Herkunft, die am besten ganzjährig im Schutz des Gewächshauses, Wintergartens oder an einem hellen Platz im Zimmer kultiviert werden.

Bezüglich der Überwinterungstemperaturen unterscheiden wir Arten, die gerade frostfrei überwintert werden, solche, die am besten bei 5 bis 12 °C überwintert werden und solche, die ganzjährig wärmer kultiviert werden. In der Tabelle wurden die Pflanzen entsprechend in Gruppen zusammengefaßt. Einige Bonsai vertragen sowohl höhere als auch tiefere Temperaturen, sie werden jeweils in der niedrigstmöglichen Überwinterungsgruppe genannt.

Wer Hibiskus, Bauhinie, Benjamin und andere wärmeliebende Bonsai ins Freie stellen möchte, beschränkt sich am besten auf die Zeit von Anfang Juli bis Mitte August. Weitere Hinweise zur Bonsaikultur sind in der entsprechenden Spezialliteratur zu finden (Buchtips im Anhang).

Farne und Palmfarne

Auf der Erde gibt es ungefähr 10.000 Farnarten, die überwiegend in den Tropen und Subtropen verbreitet sind. Nur etwa 50 sind bei uns heimisch. Die meisten Farnarten wachsen an schattigeren, feuchten Standorten, unter Bäumen, wo es kühler und die Luftfeuchtigkeit höher ist, oft an Quellen, Rinnsalen und Wasserläufen. Mit ihren großen, gefiederten Blättern können sie trotz des schwachen Lichtes genügend Sonnenstrahlen einfangen. Farnen haftet, besonders an ihren natürlichen Standorten, etwas »Urzeitliches«, Beständiges und Beruhigendes an. Tatsächlich stehen sie entwicklungsgeschichtlich vor den Blüten- bzw. Samenpflanzen, man datiert die Entwicklung von Farnpflanzen in das Erdaltertum (Devon und Karbon), während die samenbildenden Pflanzen erst in der Kreidezeit, also dem Erdmittelalter, auftauchten. Dazwischen liegen immerhin mehrere 100 Millionen Jahre. Farne haben keine Blüten und bilden keine Samen aus. Sie vermehren sich über Sporen, die auf der Unterseite der Wedel gebildet werden. Die jungen Blätter sind schneckenförmig eingerollt, wenn sie den Boden durchbrechen, und rollen sich dann aus. Farne des Schattenbereiches haben oft sehr dünne Blätter, um das Licht hindurch auf die unteren Blätter scheinen zu lassen. Einige Farnarten haben sich durch kleinere, derbere Blätter an trockenere, hellere Standorte angepaßt. Die Gestalt der Farne ist vielfältig, einige Farne haben sogar einen baumartigen Wuchs.

Palmfarne gehören trotz ihres Namens botanisch gesehen weder zu den Farnpflanzen noch zu den Palmen. Sie sind zwar noch recht ursprünglich, gehören aber zu den Samenpflanzen und sind mit den Nadelgehölzen und dem Gingkobaum in der Unterabteilung der Nacktsamer. Die Gattung *Cycas* ist von Madagaskar bis Polynesien und Ostasien verbreitet. Zu dieser Gattung gehört auch die Sagopalme *(Cycas circinalis)* aus Indonesien und den Philippinen. Andere Gattungen sind *Stangeria* und *Encephalartos* aus Afrika, *Lepidozamia* und *Bowenia* aus Australien sowie *Dioon, Micorcycas, Ceratozamia* und *Zamia* aus Amerika. Die meisten Arten sind an trockenere, helle Standorte als die Farne angepaßt.

Das Gewächshaus, seine Ausstattung und die Klimaführung

Zur Kultur von Farnen sind vor allem Gewächshauser oder geschlossene Blumenfenster (nur für junge Pflanzen und kleinbleibende Arten) geeignet. Für den Wintergarten und das offene Blumenfenster wählt man Arten, deren Anspruch an die Luftfeuchtigkeit nicht allzu hoch ist. Die Farne und Palmfarne, die wir in diesem Buch aufführen, sind alle wärmeliebend und wünschen im Sommer eine Temperatur von etwa 20 bis 25 °C und im Winter von 18 bis 20 °C. Diese Arten lassen sich gut mit Warmhausorchideen und anderen Tropenpflanzen gemeinsam unterbringen. Um Energiekosten zu sparen, sollte das Gewächshaus mit einem gut isolierenden Eindeckmaterial wie Isolierglas, Stegdoppel- oder -dreifachplatten ausgestattet sein, es kann auch nachträglich mit Luftpolsternoppenfolie »dichter« gemacht werden.

Farne und Palmfarne bevorzugen eine leichte Schattierung und hohe Luftfeuchtigkeit.

Da Farne und Palmfarne auf Dauer einen großen Platzbedarf haben, sollte auch das Gewächshaus entsprechend groß gewählt sein. Wer ausschließlich Farne kultiviert und sein Gewächshaus nicht gerade im Schatten von Bäumen plaziert hat, benötigt eine Schattiervorrichtung. Am besten geeignet ist eine Außenschattierung, die zusammen mit der Lüftung auch an sonnigheißen Sommertagen für moderate Temperaturen sorgt. Farne benötigen zwar frische

Luft, mögen jedoch keine Zugluft, vor allem wenn diese trocken-heiß oder eisigkalt ist. Farne können in Grundbeeten, Tischbeeten und Töpfen, die man aufstellt oder als Ampeln aufhängt, kultiviert werden. Die Wege werden betoniert oder mit Platten ausgelegt. Sehr dekorativ wirken im Farnhaus kleine Bachläufe, Springbrunnen, berieselte Steine und ähnliches. Sie sorgen im Sommer für Kühle und höhere Luftfeuchtigkeit. Zur Luftbefeuchtung können auch automatische Luftbefeuchtergeräte eingesetzt werden. Ein Luftumwälzer begünstigt eine gleichmäßige Verteilung von Wärme und Luftfeuchtigkeit. Da die Luftfeuchte für die meisten Farne eine große Rolle spielt, ist die Anschaffung eines Luftfeuchtemessers zu empfehlen. Ein Arbeitstisch erleichtert das Umtopfen, die Vermehrung und andere Pflegearbeiten. Regale schaffen mehr Aufstellfläche. Ein Wasservorratsbehälter sorgt für temperiertes Wasser.

Substrate, Düngung und Bewässerung

Die meisten Farne möchten ein schwach saures Substrat mit einem pH-Wert von 5 bis 6. Geeignet sind in der Regel Einheitserden und Torfkultursubstrate, auch gemischt mit Laubkompost oder Torf. Wichtig ist, daß das Substrat gut Feuchtigkeit speichert und gleichzeitig auch genügend Luft enthält. Es wird immer leicht feucht, aber nicht naß gehalten. Schwertfarne *(Nephrolepis exaltata)* und Nestfarne *(Asplenium nidus)* werden auch als Hydrokulturpflanzen angeboten.

Die relative Luftfeuchte sollte um 60 % oder höher liegen. Man erhöht sie, indem man die Wege und Stellagen mehrmals täglich berieselt, einen Bachlauf oder ein Rinnsal anlegt oder einen automatischen Luftbefeuchter installiert. Verschiedentlich wird auch mit einer Sprühnebelanlage »über Kopf« bewässert und dadurch gleichzeitig die Luftfeuchtigkeit erhöht. Ansonsten können aber auch Farne und Palmfarne über eine automatische Tröpfchenbewässerung bewässert werden.

Gedüngt werden Farne am besten flüssig mit einem Topfpflanzendünger für Grünpflanzen oder einem anderen Flüssigdünger, wie beispielsweise Wuxal (2 ml pro l Gießwasser), etwa alle 2 bis 3 Wochen während der Wachstumszeit von April bis September, ansonsten seltener. Empfindliche Arten werden nur mit der Hälfte der sonst üblichen Konzentration gedüngt. In Beeten kann auch mit Kompost gedüngt werden (maximal eine Schichtdicke von 0,5 cm pro Jahr). Farne in Töpfen werden etwa alle 2 Jahre umgetopft.

Vermehrung von Farnen

Einige Arten können geteilt werden. Ansonsten werden Farne durch »Aussaat« der Sporen vermehrt. Der Vorgang ist ähnlich wie bei der Aussaat von Samen, jedoch muß noch wesentlich mehr Wert auf Hygiene gelegt werden. Die Sporen werden auf der Blattunterseite der Farnwedel gebildet. Sie sind reif, wenn sie sich braun verfärben. Zur Ernte wird am besten der gesamte Wedel abgeschnitten und in eine Tüte gesteckt. Die Sporen fallen innerhalb einer Woche aus. Als Substrat wird steriler Torf oder Torfkultursubstrat TKS 1 verwendet. Es wird in eine saubere, am besten sterilisierte Schale gegeben und befeuchtet. Dann werden die Sporen aus der Tüte möglichst gleichmäßig auf das Substrat gestreut und die Schale mit einer sauberen (sterilen) Glasscheibe verschlossen und hell und warm (22 bis 24 °C) aufgestellt. Nach einigen Wochen bildet sich auf dem Substrat ein feiner grüner »Rasen«, die sogenannten Prothallien (Vorkeime). Auf diesen Vorkeimen findet erst die Befruchtung statt, und kleine Farnpflänzchen werden gebildet. Stehen die Pflänzchen zu dicht, wird pikiert. Für die Vermehrung aus Sporen ist viel Geduld nötig, denn je nach Art kann es Monate dauern, bis man einigermaßen große Pflanzen erhält.

Beliebte Farne und Palmfarne

Wir stellen hier nur Arten vor, die sich für das temperierte oder warme Gewächshaus, den Wintergarten und zum Teil auch für das Zimmer eignen.

Adiantum

Frauenhaarfarn, Adiantaceae

Die 200 Arten der Gattung *Adiantum* sind vorwiegend im tropischen Amerika beheimatet. Bei uns werden fast ausschließlich *A. raddianum* und *A. tenerum* angeboten. Die zarten, gefiederten Blätter reagieren empfindlich auf trokkene Luft oder direkte Sonnenbestrahlung. Dennoch wünscht der Frauenhaarfarn einen hellen Platz. Im Sommer sollte die Temperatur zwischen 20 und 25 °C liegen, im Winter bei 18 bis 20 °C. Wichtig ist, daß die Bodentemperatur nicht unter der Raumtemperatur liegt. Der Frauenhaarfarn benötigt gleichmäßige Feuchte, verträgt aber keine Staunässe. Das Gießwasser sollte nicht mehr als 10 °dH haben, ansonsten muß es mit Regenwasser verschnitten oder enthärtet werden. Gedüngt wird im Frühjahr bis Sommer alle 2 Wochen mit einem Blumendünger, jedoch in halber Konzentration. Umgetopft wird alle 1 bis 2 Jahre im Frühjahr. Das Substrat darf einen pH-Wert um 6 haben. Geeignet sind Einheitserde, TKS 1 o.ä. Der Frauenhaarfarn kann durch Sporen und durch Teilung vermehrt werden.

Asplenium nidus

Nestfarn, Aspleniaceae

Dieser Farn stammt aus dem tropischen Asien und Polynesien, wo er auf Bäumen wächst. Der Nestfarn möchte einen hellen bis halbschattigen Platz. Auch im Winter sollte die Temperatur nicht unter 16 bis 18 °C absinken. Als Substrat eignet sich Einheitserde oder Torf mit Lauberde gemischt mit einem pH-Wert um 5. Die Erde wird immer leicht feucht gehalten. Am besten ist eine Luftfeuchte um 60 %, jedoch verträgt er auch trockenere Luft. Vermehrt wird der Nestfarn durch Sporenaussaat.

Blechnum gibbum

Rippenfarn, Polypodiaceae

Der Stamm dieses aus Südamerika stammenden Baumfarnes erreicht eine Höhe von 1 m. Der Rippenfarn möchte hell stehen, aber nicht der prallen Sonne ausgesetzt werden. Im Sommer sollte die Temperatur bei etwa 25 °C liegen, im Winter muß sie über 18 °C gehalten werden. Das Substrat (z. B. TKS 1) darf nicht austrocknen, und auch die Luftfeuchte sollte hoch sein. Gedüngt wird nur alle 3 Wochen in halber Konzentration mit einem Blumendünger von Mai bis September. Damit der Rippenfarn seine volle Größe erreichen kann, wird er am besten in den Boden ausgepflanzt. Vermehrt wird der Rippenfarn durch Sporenaussaat.

Cycas revoluta

Palmfarn, Cycadaceae

Wie einleitend schon erwähnt, handelt es sich beim Palmfarn nicht um einen Farn, sondern um eine sehr ursprüngliche Samenpflanze, ein lebendes Fossil, an der schon die Dinosaurier geknabbert haben sollen. Der Palmfarn kann im Alter eine Höhe von mehreren Metern erreichen. Er benötigt einen sehr hellen Standort, muß jedoch vor praller Sonne geschützt werden. Die Temperatur darf auch im Winter nicht unter 15 °C absinken. Der Palmfarn verträgt Einheitserde oder Torfkultursubstrat gemischt mit Lehm und Sand (2 : 1 : 1). Der pH-Wert sollte um 6 liegen. Das Substrat wird gleichmäßig feucht gehalten, im Winter wird weniger gegossen, jedoch dürfen die Pflanzen nicht vollkommen trocken stehen. Gedüngt wird am besten organisch (Kompost, Guano flüssig). Die Vermehrung ist nur über Aussaat möglich und schwierig, da die Keimtemperatur etwa 30 °C beträgt und die Keimung oft mehrere Monate dauert. Sämlinge benötigen auch im Winter über 22 °C.

Nephrolepis exaltata

Schwertfarn, Nephrolepidaceae

Der Schwertfarn benötigt einen hellen oder halbschattigen Platz. Auf jeden Fall muß er vor der Mittagssonne geschützt werden. Im Winter sollte die Temperatur nicht längerfristig unter 18 °C sinken. Das Substrat wird immer mäßig feucht gehalten. Die Luftfeuchte sollte über 50 bis 60 % liegen. Während der Wachstumszeit wird der Schwertfarn wöchentlich mit einem Blumendünger versorgt. Umpflanzen ist im Frühjahr und Sommer möglich. Bewurzelte Ausläufer können abgetrennt und eingetopft werden. Der Schwertfarn kann durch Teilung im Sommer oder durch Sporenaussaat vermehrt werden.

Platycerium bifurcatum

Geweihfarn, Polypodiaceae

Dieser Farn mit seinen ausladenden, geweihartigen Blättern stammt aus Australien und Polynesien, wo er als Aufsitzerpflanze auf Bäumen wächst. Er ernährt sich von dem Humus, der sich zwischen seinen Nischenblättern am Pflanzengrund aus anhaftendem Laub und ähnlichem bildet. Er wirkt sehr dekorativ an einem Stamm angebracht oder als Ampelpflanze in einem aufgehängten Holzkasten (Orchideenkörbchen). Der Geweihfarn möchte einen hellen Platz, jedoch ohne pralle Sonne. Im Sommer liebt er Temperaturen über 20 °C, im Winter darf die Temperatur nicht unter 15 °C sinken. Das Substrat sollte am besten einen pH-Wert um 5 haben. Geeignet sind beispielsweise Mischungen aus Torf und Lauberde. Das Substrat muß gleichmäßig feucht gehalten werden. Man kann die Pflanzen einmal pro Woche tauchen oder man gießt »blind« zwischen die dichten Nischenblätter und schätzt die Feuchtigkeit über das Gewicht ab. Die Luftfeuchte sollte mindestens 50 bis 60 % betragen. Gedüngt wird entweder mit Kompost, den man hinter die trokkenen Nischenblätter streut, oder man gibt mit dem Gießwasser von Mai bis September alle 3 Wochen in halber Konzentration einen Blumendünger. Junge Pflanzen werden jährlich, ältere etwa alle 2 Jahre umgepflanzt. Haben sich an den Nischenblättern »Kindel« gebildet, können diese abgetrennt und eingepflanzt werden. Die Vermehrung durch Sporen ist möglich, jedoch sehr langwierig.

Pteris

Saumfarn, Acrostichaceae

Pteris-Arten stammen je nach Art aus den Tropen (*P. quadriaurita* 'Argyraea'), dem Mittelmeerraum *(P. cretica)* oder Neuseeland und Australien *(P. tremula)*. Alle Arten wünschen einen hellen bis halbschattigen Platz ohne pralle Sonne. Unterschiedlich sind jedoch die Ansprüche an die Temperatur. *P. quadriaurita* verträgt keine Temperaturen unter 20 °C, *P. tremula* nicht unter 16 °C und *P. cretica* kann im Winter bei 10 bis 12 °C stehen. Als Substrat eignen sich Einheitserde oder humose Mischungen mit einem pH-Wert von 5,5 bis 6. Das Substrat muß immer leicht feucht sein. Besonders die tropischen Saumfarne benötigen eine hohe Luftfeuchtigkeit. Gedüngt wird von April bis September alle 2 Wochen mit Blumendünger in halber Konzentration, bei sehr stark wachsenden Pflanzen auch öfter. Umgepflanzt wird der Saumfarn in der Regel jährlich im Frühjahr. Saumfarne können durch Sporenaussaat vermehrt werden.

Palmen

Palmen sind für uns das Symbol der Tropen schlechthin. Tatsächlich erreicht die Familie der Palmen (Arecaceae = Palmae) ihre größte Verbreitung und Artenvielfalt im sogenannten Tropengürtel, in den Breitengraden zwischen den Wendekreisen. Manche Arten sind typische Bewohner tropischer Strände, andere stammen aus feuchtwarmen Regenwäldern, und wieder andere sind eher in Wüstengebieten zu Hause, wo man sie überwiegend an den Oasen findet. Insgesamt gibt es 210 Gattungen mit etwa 2.800 Arten. Verschiedentlich werden in der Literatur auch 3.400 oder sogar 4.000 Arten angegeben. Das zu überprüfen, soll den Botanikern überlassen bleiben.

Palmen sind meist baumförmige Gewächse mit einem schlanken, in der Regel unverzweigten Stamm, der von unten bis oben etwa gleich dick ist und an dessen Gipfel die großen Blätter schopfartig angeordnet sind. Palmen sind in den warmen Klimazonen oft wichtige Nutzpflanzen. Man denke nur an die Kokospalme, die äußerst nahrhafte Früchte sowie Baumaterial liefert.

Palmenhäuser gehören zu den Attraktionen der Botanischen Gärten (hier in Frankfurt).

Palmen können an ihren natürlichen Standorten sehr hoch werden. Ölpalmen und Kokospalmen erreichen Höhen bis zu 30 m, Washingtonien bis zu 22 m, Königspalmen 25 m und Dattelpalmen 20 m. Kaum jemandem wird jedoch bei uns ein Kulturraum von diesen Ausmaßen zur Verfügung stehen. Daher müssen wir uns mit jungen Exemplaren bzw. kleinwüchsigen Arten zufrieden geben. Ihr Jungpflanzenstadium absolvieren Palmen an ihrem natürlichen Standort häufig im Schatten der älteren Pflanzen. Ältere Palmen sind in der Regel sehr sonnenhungrig mit Ausnahme der Arten, die im tropischen Regenwald im Schatten noch weitaus höherer Bäume gedeihen. Yuccapalmen und Schraubenpalmen *(Pandanus veitchii)* gehören im botanischen Sinne nicht zu den Palmen. Die Yucca gehört zur Familie der Agavengewächse, und die Schraubenpalmen bilden eine eigene Familie. Sie werden wie Dracaenen und *Cordyline* bei den Zimmerpflanzen besprochen.

Das Gewächshaus, seine Ausstattung und die Klimaführung

Palmen haben meist einen großen Platzanspruch. Je größer und älter die Pflanzen der Palmensammlung sind, desto größer und höher müssen Gewächshaus oder Wintergarten sein. Einige Arten sind – zumindest im Jungpflanzenstadium – auch für die Fensterbank oder einen Platz in Fensternähe geeignet. Die Ansprüche der Palmen an die Temperaturen sind unterschiedlich. Einige werden eher wie Kübelpflanzen behandelt, erhalten im Sommer einen Platz im Freien und werden im Kalthaus überwintert. Stehen sie auch im Sommer im Gewächshaus oder Wintergarten, muß dieses sehr gut gelüftet werden können. Andere Arten müssen ganzjährig im warmen Gewächshaus oder Wintergarten stehen. Je nach kultivierten Arten wird also frostfrei geheizt, temperiert oder über 18 °C geheizt, dementsprechend muß die Heizung ausgelegt und das Gewächshaus eingedeckt und isoliert sein.

Warm geführte Gewächshäuser sollten mit einem gut isolierenden Material wie Isolierglas oder Stegdoppel- bzw. -dreifachplatten eingedeckt sein. Palmen benötigen, besonders bei warmer Überwinterung, auch im Winter genügend Licht. Im warmen Palmenhaus kann daher die Anbringung einer Zusatzbelichtung sinnvoll sein. Junge Palmen sind gegenüber praller Sonne empfindlich. Sie werden im Schatten der älteren Exemplare aufgestellt oder im Sommer leicht schattiert. Palmen benötigen viel frische Luft, das Haus sollte daher gut zu belüften sein. Palmen werden entweder im Kübel oder Topf auf dem Boden aufgestellt oder aber in den Boden gepflanzt. Nur wer sich mit der Vermehrung beschäftigt oder viele kleine Palmen in Töpfen hat, benötigt einen Arbeitstisch oder Aufstelltische. Die Wege im Gewächshaus werden mit Platten ausgelegt oder betoniert. Sie werden so angelegt sein, daß die Pflanzen gut zugänglich sind und regelmäßig auf Wasserbedarf und Schädlingsbefall kontrolliert werden können. Viele Palmen reagieren empfindlich auf zu niedrige Luftfeuchtigkeit. Ein automatischer Luftbefeuchter schafft Abhilfe, ansonsten kann die Luftfeuchte durch Besprühen der Wege und des Bodens erhöht werden.

Substrate, Düngung, Bewässerung und Pflege

Die Ansprüche der Palmen sind nicht einheitlich und richten sich nach der Herkunft und dem Alter. Als Substrate eignen sich für die meisten Arten Einheitserde, Palmenerde aus dem Fachhandel oder eigene Mischungen aus Sand, Lehm, Kompost und Torf mit einem pH-Wert von 5,5 bis 6. In der Regel benötigen Jungpflanzen eine eher humose Mischung, während ältere Palmen mittelschwere, lehmhaltigere Mischungen bevorzugen. Einige Arten werden auch in Hydrokultur angeboten, dazu gehören die Goldfruchtpalmen *(Chrysalidocarpus lutescens),* die kanarische Dattelpalme *(Phoenix canariensis),* die Bergpalme *(Chamaedorea elegans),* die Kokospalme *(Cocos nucifera),* die Kentia-Palme *(Howeia fosteriana)* und die Washingtonie.

In der Regel vertragen Palmen keine Staunässe. Die Gießhäufigkeit richtet sich nach der Art, dem Alter der Pflanze und der Jahreszeit. Die tropischen Arten und Jungpflanzen werden mäßig, aber gleichmäßig feucht gehalten, bei »Wüstenpalmen« und älteren Palmen kann man den Wurzelballen ruhig mal etwas abtrocknen (nicht austrocknen) lassen, bevor man wieder durchdringend gießt. Palmen, die kühl überwintert werden, benötigen in dieser Phase nur wenig Wasser.

Palmen mögen in der Regel keine niedrige Luftfeuchtigkeit, sonst werden ihre Blattspitzen braun. Die tropischen Arten sind besonders empfindlich, sie wünschen mindestens 60 % Luftfeuchte. Außerdem begünstigt eine niedrige Luftfeuchte den Befall mit Schildläusen und anderen Schädlingen. Von Zeit zu Zeit kann man die Pflanzen überbrausen, um den Staub zu entfernen. Das macht man aber eher am frühen Morgen, damit die Pflanzen rasch wieder abtrocknen.

Gedüngt werden Palmen mit einem Blattpflanzen- oder Blumendünger etwa einmal wöchentlich während des Frühjahrs und Sommers.

Palmen, die auch im Winter warm und hell stehen und daher auch in dieser Jahreszeit wachsen, werden in dieser Phase etwa einmal pro Monat gedüngt. Palmen, die im Boden eingepflanzt werden, können auch mit Kompost gedüngt werden.

Umgetopft wird, wenn das Gefäß zu eng wird, Jungpflanzen etwa alle 1 bis 3 Jahre, ältere Palmen etwa alle 3 bis 5 Jahre. Gefäße für Palmen sollen tief sein, müssen aber gleichzeitig ausreichende Standfestigkeit bieten. Im Fachhandel werden teilweise spezielle Palmentöpfe angeboten. Ansonsten gedeihen sie auch sehr gut in »normalen« Kübeln aus Kunststoff, Ton, Holz und anderen Materialien.

Vermehrung von Palmen

Von der Bergpalme *(Chamaedorea elegans),* der Zwergpalme *(Chamaerops humilis),* der Dattelpalme (*Phoenix*-Arten), *Washingtonia* und anderen Palmen sind Samen im Fachhandel erhältlich. Die mittlere Keimfähigkeit liegt bei Palmen nur zwischen 40 und 80 %, unter Umständen keimen also nur 4 von 10 Samen. Die Keimdauer ist sehr unterschiedlich und bei einigen Arten sehr lang.

Schnell keimt *Washingtonia* (15 bis 30 Tage). Bergpalmen benötigen 1 bis 6 Monate und Dattelpalmen von wenigen Wochen bis zu einem Jahr. Ausgesät wird in Aussaaterde. Die Samen werden etwa in doppelter Samenstärke mit Erde bedeckt und die Aussaaten warm aufgestellt und gleichmäßig feucht gehalten. Die günstigsten Keimtemperaturen für Palmen liegen zwischen 25 und 30 °C.

Einige Palmen können auch vegetativ vermehrt werden. So bilden die Zwergpalme *(Chamaerops humilis)* und die Fischschwanzpalme *(Caryota mitis)* Seitentriebe oder Kindel, die abgetrennt und eingepflanzt werden können.

Beliebte Palmen

Nachfolgend stellen wir die beliebtesten Palmen für Gewächshaus, Wintergarten und Zimmer und ihre Ansprüche an Standort und Pflege vor. Wir beschränken uns auf die wichtigsten Arten, von denen bei uns Samen oder Pflanzen erhältlich sind.

Chamaedorea elegans
Bergpalme

Die Bergpalme stammt aus den kühlen Bergwäldern Mexikos und Guatemalas, wo sie in etwa 1400 m Höhe vorkommt. Sie verträgt helle bis halbschattige Standorte, aber keine pralle Sonne. Im Sommer kann sie auch im lichten Schatten draußen im Freien stehen. Im Winter sollte die Temperatur zwischen 12 und 18 °C liegen. Die Pflanze reagiert empfindlich auf Staunässe und sollte nicht zu naß gehalten werden. Dennoch ist der Wasserbedarf im Sommer ziemlich hoch. Kleinere Pflanzen können getaucht werden, das Überschußwasser muß jedoch ablaufen können. Im Winter wird die Bergpalme mäßig feucht gehalten, die Erde darf jedoch nicht völlig abtrocknen. Die Luftfeuchte wird am besten auf mindestens 50 % gehalten. Die Bergpalme kann durch Samen vermehrt werden.

Chamaerops humilis
Zwergpalme

Die Zwergpalme und *Phoenix theophrasti* sind die beiden einzigen Vertreter der Palmenfamilie, die in Europa beheimatet sind. Die Zwergpalme ist im westlichen Mittelmeerraum verbreitet, wo sie buschartig auf steinigem Boden wächst. Sie möchte einen ganzjährig hellen Standort, wobei sie im kühlen Winterquartier auch mit weniger Licht auskommt. Von Mai bis Oktober gedeiht sie sehr gut im Freien als Kübelpflanze, überwintert wird sie bei 2 bis 10 °C. Als Substrat dient in der Kultur Einheitserde mit Sand und krümeligem Lehm gemischt (ein günstiges Mischungsverhältnis ist 1 : 1 : 1). Der Wasserbedarf richtet sich nach der Temperatur. Im Sommer wird viel, in der Überwinterung wenig gegossen. Die Pflanzen sollten nie staunaß stehen, aber auch nie völlig austrocknen. Gedüngt wird wöchentlich während der Wachstumsphase, aber nicht während der kühlen Überwinterung. Umgetopft wird nur selten. Die beste Zeit dafür ist im Frühjahr und Sommer. Ältere Pflanzen bilden Kindel, die abgenommen und eingepflanzt werden können. Ansonsten ist auch die Vermehrung durch Samen möglich.

Caryota mitis
Fischschwanzpalme

Diese dekorative Art stammt aus Südostasien und ist bisher eher eine Rarität im Topfpflanzensortiment. Ältere Exemplare sind mehrstämmig, aber durch die ungewöhnliche Form ihrer fischschwanzähnlichen Fiederblätter wirken sie schon als einstämmige Jungpflanzen sehr attraktiv. *C. mitis* wünscht einen hellen Platz, möchte aber als Jungpflanze nicht der prallen Mittagssonne ausgesetzt werden. Auch nachts und auch im Winter sollte die Temperatur über 16 bis 18 °C liegen. Die Luftfeuchtigkeit wird über 50 % gehalten. Umgetopft wird erst, wenn der Topf zu klein geworden ist. Von älteren Exemplaren können Seitensprosse abgenommen und eingepflanzt werden. Ansonsten ist auch eine Anzucht aus Samen möglich. Sämlinge werden alle 1 bis 2 Jahre umgetopft.

Chrysalidocarpus lutescens
Goldfruchtpalme

Die Goldfruchtpalme stammt aus Madagaskar. Sie wächst in den ersten Jahren ziemlich langsam, kann aber später eine Höhe von 10 m erreichen. Sie wünscht einen hellen Standort, aber keine pralle Sonne. Als Tropenpflanze hat sie hohe Temperaturansprüche. Junge Exemplare brauchen mindestens 20 °C im Winter,

Palmen im Überblick

Name	Überwinterungs-temperatur (°C)
Arten, die im Sommer draußen stehen können und im Kalthaus überwintert werden bzw. ganzjährig im Kalthaus stehen	
Zwergpalme, *Chamaerops humilis*	2–8
Livistona australis, L. chinensis	8–12
Dattelpalme, *Phoenix canariensis*	8–12
Dattelpalme, *Phoenix dactylifera*	10–12
Hanfpalme, *Trachycarpus fortunei*	2–8
Washingtonia filifera, W. robusta	5–10
Arten, die bei uns ganzjährig im Zimmer, Gewächshaus oder Wintergarten stehen	
Fischschwanzpalme, *Caryota mitis*	über 16–18
Goldfruchtpalmen, *Chrysalidocarpus lutescens*	über 20
Kokospalme, *Cocos nucifera*	18–22
Kentiapalme, *Howeia fosteriana*	18–20
Strahlenpalme, *Licuala grandis*	20
Kokospälmchen, *Microcoelum weddelianum*	über 18
Zwergdattelpalme, *Phoenix roebelinii*	15

nur ältere Pflanzen vertragen bis zu 15 °C. *C. lutescens* wächst in Einheitserde, wird aber auch häufig als Hydrokulturpflanze angeboten. Sie benötigt eine gleichmäßige Feuchtigkeit, das Substrat darf nie ganz austrocknen. Sie kann durch Sproßabtrennung vermehrt werden.

Cocos nucifera

Kokospalme

Die Kokospalme ist die typische Palme tropischer Strände. Dort hat sie viel Licht, Luft, Wärme und eine hohe Luftfeuchtigkeit. In der Kultur ist sie dementsprechend anspruchsvoll und wird oft nicht sehr alt. Sie möchte im Sommer einen hellen Platz und im Winter ersatzweise Zusatzbelichtung. Ganz junge Pflanzen werden vor praller Sonne geschützt, besonders wenn die Luftfeuchtigkeit nicht den Mindestanforderungen von 60 % entspricht. Die Temperatur kann zwar im Winter vorübergehend auf 15 °C absinken, besser sind jedoch höhere Wintertemperaturen von 18 bis 22 °C. Im Sommer liegt die Temperatur am besten bei 25 bis 30 °C. Für genügend Luftaustausch muß das ganze Jahr über gesorgt werden. Im Winter ist darauf zu achten, daß die Pflanzen nicht von eisiger Winterkälte getroffen werden.

Ab Juni bis Mitte August können Kokospalmen auch nach draußen gebracht werden. Ganz junge Pflanzen erhalten einen Platz im lichten Schatten auf dem Rasen oder im Beet, wo die Luftfeuchtigkeit höher ist als auf einer vollsonnigen Terrassenfläche. Ältere Pflanzen können in die volle Sonne gestellt werden, auch hier ist der Platz auf dem Rasen oder im Beet einem betonierten oder gepflasterten Untergrund vorzuziehen.

Als Substrat verträgt die Kokospalme Einheitserde mit Kompost und krümeligem Lehm gemischt. Auch Sand kann zugefügt werden. Die Kokospalme wünscht eine gleichmäßige, leichte Feuchtigkeit. Das Gießwasser sollte etwa Raumtemperatur haben, was besonders im Winter zu beachten ist. Gedüngt wird während der Wachstumszeit von Frühjahr bis Herbst alle 2 Wochen mit einem Blattpflanzen- oder Blumendünger.

Umgetopft wird möglichst selten, am besten werden hohe, aber standfeste Töpfe verwendet. Vermehrt werden Kokospalmen aus Samen (Kokosnüsse). Sie werden ohne die Basthülle zur Hälfte in Wasser oder feuchten Torf gelegt. Die Keimtemperatur muß 25 bis 30 °C betragen.

Die Kultur der Kokospalme ist nicht einfach. Im Gewächshaus können noch am ehesten die Bedingungen erfüllt werden. Zimmer- und Wintergarten sind wegen der niedrigen Luftfeuchte, die dort in der Regel im Winter herrscht, nicht geeignet.

Howeia fosteriana

Kentiapalme

Die Kentiapalme stammt von den Lord-Howe-Inseln, die östlich von Australien in der Tasmanischen See liegen und zu Australien gehören. Diese Palme hat sich wegen ihrer Widerstandsfähigkeit und ihrer nicht allzu hohen Lichtansprüche auch besonders in der Zimmerkultur bewährt. Die Kentiapalme mag einen hellen bis halbschattigen Standort und sollte vor praller Sonne geschützt werden. Im Gewächshaus wird sie schattiert. Die Temperatur sollte auch im Winter etwa 18 °C betragen. Im Sommer kann sie auch vorübergehend ins Freie an einen Platz im lichten Schatten gestellt werden. Die Pflanzen werden stets feucht, aber nicht naß gehalten. Die Luftfeuchte sollte zumindest 50 bis 60 % betragen. Als Erde dient Einheitserde, eventuell mit krümeligem Lehm und Sand gemischt. Vermehrt wird die Kentiapalme durch Samen.

Licuala grandis

Strahlenpalme

Diese buschig wachsende Palmenart stammt von den Neuen Hybriden, einer Inselgruppe westlich der Fidschi-Inseln in der Südsee. *L. grandis* wächst sehr langsam und wird kaum über 2 m hoch. Dafür sind aber ihre großen Blätter sehr beeindruckend. Sie mag einen hellen Platz, aber keine pralle Sonne. Die Temperatur sollte ganzjährig hoch sein, auch im Winter benötigt sie um 20 °C. Das Substrat kann Einheitserde, Palmenerde oder eine Mischung aus Einheitserde, Sand und Gartenerde im Verhältnis 1 : 1 : 1 sein. Die Strahlenpalme braucht viel Wasser. Am besten stehen die Töpfe in einem mit Wasser gefüllten Untersetzer. Die Luftfeuchte liegt am besten bei 60 % und höher. Sie wird aus Samen vermehrt.

Livistona australis, L. chinensis, L. rotundifolia

Livistonie

Livistonien stammen aus Südostasien, Neu-Guinea und Australien. In Kultur wünschen sie einen hellen Platz, aber keine pralle Sonne. Im Sommer können sie im lichten Schatten im Freien stehen, überwintert wird bei etwa 10 °C. Die sonstige Pflege ist wie bei der Zwergpalme.

Microcoelum weddellianum

Kokospälmchen

Das Kokospälmchen stammt aus dem tropischen Brasilien und wird bis 2,50 m hoch. Die Pflanze möchte hell stehen, aber nicht praller Mittagssonne ausgesetzt werden. Die Temperaturen sollten ganzjährig über 18 °C liegen, besser sind 20 bis 22 °C. Als Substrat eignen sich Einheitserde oder Mischungen mit einem pH-Wert von 5 bis 6. Der Wasserbedarf ist hoch und die Gefäße stehen am besten in einem großen, mit Wasser gefüllten Untersetzer. Alle 2 bis 3 Tage sollte das Wasser, falls es nicht aufgesogen wurde, ausgetauscht werden. Das Gießwasser sollte nicht zu hart sein und unter Umständen mit Regenwasser verschnitten werden. Die Luftfeuchte sollte immer über 60 % liegen. Gedüngt wird von Frühjahr bis Herbst alle 3 Wochen, im Winter alle 1 bis 2 Monate. Für die Aussaat ist eine Bodentemperatur von 28 bis 30 °C notwendig. Der Samen wird vorher 48 Stunden lang in 30 °C warmes Wasser gelegt. Dennoch beträgt die Keimdauer etwa 2 bis 3 Monate.

Phoenix dactylifera, P. canariensis, P. roebelinii

Dattelpalme

Die echte Dattelpalme *(P. dactylifera)* ist die typische Pflanze in Oasen. Sie wird selten als Pflanze angeboten, kann aber aus den Kernen selbst herangezogen werden. Als Zierpalme wird häufig die von den Kanarischen Inseln stammende Verwandte *P. canariensis* angeboten. Weniger robust, dafür aber kleinbleibend ist *P. roebelinii.* Sie wird nur etwa 2 m hoch, *P. dactylifera* dagegen 30 m und P. canariensis immerhin 20 m.

Dattelpalmen möchten einen hellen bis sonnigen Platz. Im Sommer gedeihen sie hervorragend im Freien, ausgenommen *P. roebelinii,* die ganzjährig im Zimmer, Gewächshaus oder Wintergarten bleibt. Dattelpalmen werden kühl überwintert. *P. canariensis* bei 2 bis 10 °C, *P. dactylifera* bei 10 bis 12 °C und *P. roebelinii* bei etwa 15 °C. Dattelpalmen werden stets feucht, aber nicht staunaß gehalten. Im Sommer ist der Wasserbedarf hoch, im Winter am kühlen Platz wird weniger gegossen. Als Substrat eignet sich Einheitserde mit Gartenerde und grobem Sand gemischt. In der Wachstumszeit im Frühjahr und Sommer wird wöchentlich mit einem Blattpflanzen- oder Blumendünger gedüngt.

Trachycarpus fortunei

Hanfpalme

Die Hanfpalme stammt aus China, dem westlichen Himalaja und Nordburma. Dort kommt sie in Höhen bis 2000 m vor und ist daher wenig empfindlich gegenüber tiefen Temperaturen. Von Ende April bis Anfang November kann sie an einem Platz im Freien oder im gut gelüfteten Gewächshaus oder Wintergarten stehen. Überwintert wird sie im Kalthaus bei 2 bis 10 °C. Ansonsten ist die Pflege ähnlich wie bei der Zwergpalme. Die Vermehrung ist jedoch nur über Samen möglich.

Washingtonia filifera, W. robusta

Washingtonie

Die Washingtonien stammen aus dem südlichen Nordamerika, den südwestlichen US-Staaten Kalifornien und Arizona sowie dem nordwestlichen Mexiko. An ihrem Heimatstandort werden diese Palmen bis zu 22 m hoch. Im Sommer können sie auch bei uns einen hellen Platz im Freien erhalten, überwintert werden sie im Kalthaus bei 2 bis 8 °C. Ansonsten ist die Pflege ähnlich wie bei der Zwergpalme. Die Vermehrung ist jedoch nur über die Aussaat möglich.

Orchideen

Orchideen – dieser Name weckt in uns ein Bild exotischer Blütenpracht. Die Familie der Orchideen umfaßt etwa 25.000 Arten, dazu kommen weltweit noch etwa 60.000 Züchtungen. Einige wenige Orchideenarten sind bei uns heimisch, die meisten stammen jedoch aus tropischen und subtropischen Klimage-

Eine Sammlung schöner Orchideen und anderer Tropenpflanzen.

bieten. Dort wachsen sie häufig als Aufsitzerpflanzen (Epiphyten) auf Bäumen. Sie ernähren sich aus dem Humus, der sich in den Astgabeln aus abgefallenem Laub gebildet hat. Viele epiphytische Orchideen haben dickfleischige, derbe Blätter, mit denen sie sich vor dem Austrocknen schützen. Viele haben aus Teilen des Sprosses oder der Blattstiele sogenannte Pseudobulben entwickelt, die als Wasser- und Nährstoffspeicher dienen.

Orchideen aus den Tropen und Subtropen werden bei uns als Zimmer- und Gewächshauspflanzen kultiviert. Ihre Ansprüche an die Temperatur und die anderen Wachstumsfaktoren sind nicht einheitlich, da es auch in den Tropen unterschiedliche Höhenlagen und damit unterschiedliche Temperaturen im Jahresverlauf gibt. Einige Orchideen benötigen daher ganzjährig hohe Temperaturen, anderen reichen nur 10 °C zur Überwinterung.

Vom Wuchs her unterscheidet man monopodiale und sympodiale Arten, was für das Umtopfen und die Vermehrung aus Pflanzenteilen (vegetative Vermehrung) von Bedeutung ist. Bei den monopodialen Arten wächst die Hauptachse senkrecht nach oben, bei den sympodialen Arten bilden sich an einem waagrecht wachsenden Sproß (Rhizom) Seitensprosse (Pseudobulben).

Das Gewächshaus, seine Ausstattung und die Klimaführung

Für die Kultur tropischer und subtropischer Orchideen benötigt man ein temperiertes Gewächshaus, in dem die Temperatur nicht unter 10 °C absinkt. Geeignet sind freistehende Gewächshäuser, Anlehngewächshäuser, aber auch Erdhäuser, wenn auf Tischen kultiviert wird. Für besonders wärmeliebende Arten richtet man innerhalb des temperierten Gewächshauses eine Tropenkabine mit einer Mindesttemperatur im Winter von 16 bis 18 °C ein. Um die Heizungskosten möglichst gering zu halten, sollte das Haus mit einem gut isolierenden Material wie Isolierglas, Stegdoppel- oder Stegdreifachplatten eingedeckt sein.

Im Sommer wollen die meisten Orchideen Temperaturen zwischen 20 und 28 °C, was sich über einen entsprechend eingestellten Lüftungsautomaten erreichen läßt, vorausgesetzt es sind ausreichende Lüftungsklappen vorhanden.

Da die tropischen und subtropischen Orchideen vorwiegend in feuchten Wäldern mit einer hohen relativen Luftfeuchtigkeit zu Hause und daran angepaßt sind, muß im Gewächshaus dafür gesorgt werden, daß die relative Feuchte nicht unter 60 % absinkt. Wer keinen vollautomatischen Befeuchter einsetzt, muß den Boden und die Stellagen im Sommer zwei- bis dreimal pro Tag, im Winter (nur bei Außentemperaturen über 0 °C) zwei- bis dreimal pro Woche besprühen. Für das Besprühen wird ein Gartenschlauch mit feinem Sprühaufsatz verwendet oder es werden Berieselungsschläuche verlegt. Langsamlaufende Ventilatoren können durch die Luftumwälzung für eine bessere Wärme- und Luftfeuchteverteilung sorgen.

Wer Orchideen im Zimmer oder im Wintergarten kultivieren möchte, richtet am besten eine Tropenkabine oder ein geschlossenes Blumenfenster ein, wo die Luftfeuchtigkeit entsprechend hoch gehalten werden kann. Trockene Zimmerluft bekommt Orchideen in der Regel nicht. Werden sie am offenen Blumenfenster aufgestellt, dann in wassergefüllte Fensterschalen auf Blähton. Diese Schalen werden von Orchideengärtnereien als Zubehör verkauft, sie erhöhen die Luftfeuchtigkeit im Pflan-

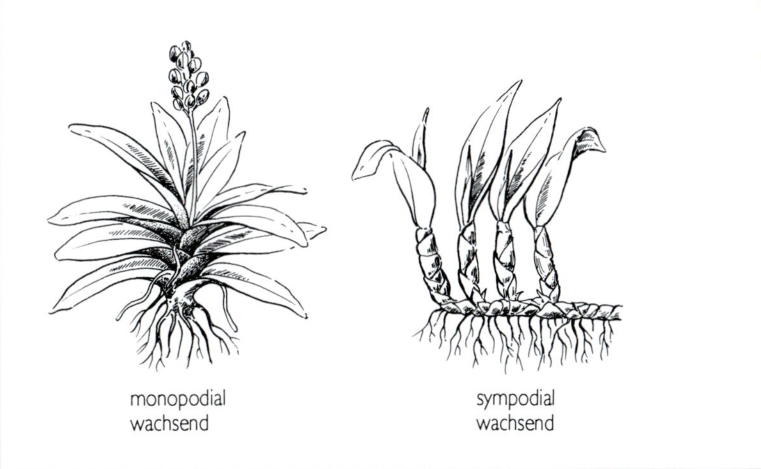

Monopodiales und sympodiales Wachstum bei Orchideen.

Unter den Orchideen gibt es auch Arten für das Alpinenhaus, wie die hier abgebildete *Pleione yunnanensis.* Sie können nicht zusammen mit den tropischen und subtropischen Orchideen kultiviert werden.

zenbereich. Orchideen erhalten im Sommer ein Nord- oder Ostfenster, im Winter ein Süd- oder Westfenster.

In der Regel vertragen Orchideen keine pralle Sonne. Das Gewächshaus wird daher im Sommer schattiert. Am besten eignet sich eine Außenschattierung, aber schon ein Schattieranstrich hilft. Die Schattierung sorgt außerdem für gleichmäßigere Temperaturen. Mit Schattierung und Lüftung muß dafür gesorgt werden, daß die Temperatur möglichst nicht über 30 °C steigt.

Je nach Art und Größe können Orchideen in Grundbeete gepflanzt, in Töpfen auf Tischen aufgestellt, an Baumstämme angebracht oder in Ampeln gepflanzt werden. Die Wege im Gewächshaus werden entweder betoniert oder mit Platten ausgelegt.

Da das Gießwasser für Orchideen Raumtemperatur haben sollte, wird am besten ein Wasservorratsbehälter, eventuell kombiniert mit einer Regenwassersammelanlage, ins Gewächshaus gestellt.

Gefäße, Substrate, Düngung und Bewässerung

Das Substrat für Orchideen, auch Orchideen-Pflanzstoff genannt, muß luftig, saugfähig und wasserdurchlässig sein. Der pH-Wert sollte zwischen 5 und 5,5 liegen. Man kann eigene Mischungen aus kleingehackten Farnwurzeln (Königsfarn, Tüpfelfarn), Sumpfmoos, Buchen- und Eichenlaub, Komposterde und anderen organischen Bestandteilen, aber auch Styromull herstellen. Einfacher ist es, eine fertige Orchideenerde bei einem Orchideengärtner oder in einem Gartencenter zu kaufen. Einige Orchideen, wie der Frauenschuh *(Paphiopedilum)* und die Malaienblume *(Phalaenopsis)*, gedeihen auch in Hydrokultur.

Wenn man eine Orchidee erwirbt, bekommt man sie meist in einem Plastiktopf. Töpfe für Orchideen müssen große Abzugslöcher haben, denn die Wurzeln vertragen keine Staunässe. Viele Orchideen gedeihen besonders gut in einem aufgehängten Holzkasten. Andere können mit einem Kupferdraht oder ähnliches an einem Stück Holz befestigt werden. Orchideen, die in Gefäßen wachsen, werden getaucht, die in Beeten gegossen. Die Häufigkeit richtet sich nach der Orchideenart, dem Pflanzstoff, der Temperatur und der Luftfeuchtigkeit.

Die an einem Holz- oder Rindenstück befestigten Orchideen werden gesprüht und von Zeit zu Zeit getaucht. Als Gießwasser für Orchideen eignet sich am besten Regenwasser oder anderes kalkarmes Wasser, das ungefähr die Raumtemperatur haben sollte.

Gedüngt werden nur gesunde, bewurzelte Pflanzen während der Wachstumsphase. Der Dünger, am besten ein spezieller Orchideendünger aus dem Fachgeschäft, wird dem Gieß- oder Tauchwasser in der auf der Packung angegebenen Konzentration beigegeben. Stellt man seine Düngelösung selbst her, sollte nicht über 0,1 % konzentriert werden, da Orchideen salzempfindlich sind.

Orchideen werden umgetopft, wenn sie über den Topfrand wachsen, das Gefäß zu klein geworden ist oder das Substrat bereits zu stark zersetzt ist und seine Struktur eingebüßt hat. Das wird in der Regel etwa alle 2 bis 3 Jahre der Fall sein. Der beste Zeitpunkt zum Umtopfen ist zu Anfang der Vegetationsperiode, wenn der Neuaustrieb beginnt. Beim Topfen muß man die monopodialen und die sympodialen Orchideen unterscheiden. Erstere werden in die Mitte des Topfes gepflanzt, die anderen seitlich am Topfrand. Faulige oder allzu lange Wurzeln werden bei dieser Gelegenheit zurückgeschnitten.

Langstielige Blüten und kopflastige Pflanzen werden an einen Stab gebunden und so abgestützt. Orchideen vertragen keinen Durchzug und benötigen dennoch frische Luft. Rasche Temperaturwechsel sind zu vermeiden. Morgens sollte abhängig von der Außentemperatur so früh wie möglich mit der Lüftung begonnen werden. Vor kühlen Nächten muß die Lüftung rechtzeitig wieder geschlossen werden. Im Orchideenhaus sollte nicht geraucht werden, da viele Arten darauf empfindlich reagieren. Die Blüten sind dann weniger haltbar.

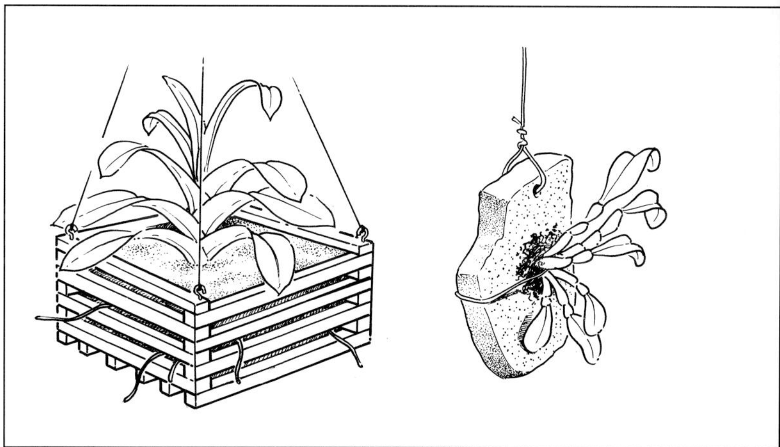

Viele Orchideen wachsen besonders gut in einem Holzkasten oder wenn sie an einem Stück Rinde befestigt sind.

Vermehrung von Orchideen

Orchideen aus Samen zu ziehen ist etwas für den Fachmann. Die äußerst feinen Samen benötigen für die Keimung einen bestimmten Pilz, mit dem sie in Symbiose leben und der sie mit Nährstoffen versorgt, oder sie werden unter sterilen Bedingungen auf einem künstlichen Nährboden ausgesät. Orchideen können aber auch aus Pflanzenteilen (vegetativ) vermehrt werden. Bei den monopodialen Orchideen werden Seitentriebe oder aber die Triebspitze mit Luftwurzeln abgetrennt und gepflanzt. Bei den sympodialen Orchideen kann man das Rhizom am Ende der Ruhephase in Abschnitte von mindestens 2 Bulben zerschneiden und diese Abschnitte einzeln pflanzen.

Beliebte Orchideen und ihre Kultur

Das Sortiment an Orchideen für Gewächshaus und Fensterbank wird immer größer. Wichtige Züchtungsziele neben dem Aussehen und der Blühwilligkeit sind unter anderem auch höhere Anspruchslosigkeit, so daß zunehmend Orchideen für die Zimmerkultur angeboten werden. Aus der enormen Vielfalt der Orchideenwelt können wir hier nur eine kleine Auswahl vorstellen. Wer sich weitergehend mit Orchideen beschäftigen will, dem sei die im Anhang aufgeführte Spezialliteratur empfohlen.

Alle Orchideen kommen im Sommer mit Temperaturen zwischen 20 und 28 °C gut zurecht, die Ansprüche an die Temperatur im Winter sind jedoch unterschiedlich. Die Tabelle gibt daher einen Überblick, welche Orchideen für welche Temperatureinstellung geeignet sind.

× Ascocenda

Sie sind Hybriden der *Vanda*-Arten mit Orchideen der Gattung *Ascocentrum.* Sie blühen überwiegend rot bis violett. Die Blüten weisen eine gute Haltbarkeit auf. Die Ansprüche an die Pflege und den Standort entspricht in etwa denen der *Vanda*-Orchideen.

Bifrenaria harrisoniae

Diese aus Brasilien stammende Orchidee hat cremefarbene Blüten mit einer rötlichen Lippe. Sie wünscht einen hellen Platz, muß aber vor praller Mittagssonne geschützt werden. Die Temperatur sollte im Sommer zwischen 18 und 28 °C liegen, im Winter jedoch nicht höher als 18 °C. Während der Wachstumszeit benötigt *B. harrisoniae* viel Wasser, im Winter wird nur soviel gegossen, daß die Pseudobulben nicht schrumpfen. Die relative Luftfeuchtigkeit darf nicht unter 50 % sinken, liegt aber besser über 60 %. Die Pflanzen sollten möglichst selten umgepflanzt werden. Wenn nötig wird im zeitigen Frühjahr mit Beginn des Sproßwachstums umgetopft. Alte unbeblätterte Pseudobulben werden dabei abgetrennt.

Brassia verrucosa

Sie stammt aus dem tropischen Mittelamerika aus Höhen bis zu 1600 m. Die bizarren Blüten sind grünlich cremefarben mit braunen, kleinen Tupfen. Sie riechen jedoch unangenehm. *B. verrucosa* wünscht einen hellen Platz, der jedoch vor praller Mittagssonne geschützt wird. Die Pflanzen mögen es tagsüber warm mit einer deutlichen nächtlichen Abkühlung. Im Winter sollte die Tagestemperatur nicht unter 16 °C absinken, nachts nicht unter 14 °C. Im Winter benötigen sie weniger Wasser, dürfen aber nicht völlig austrocknen. Die Luftfeuchtigkeit sollte nicht unter 60 % absinken. Zur Vermehrung werden Teilstücke von 2 bis 3 Rückbulben verwendet.

× Brassocattleya, × Brassolaeliocattleya, × Laeliocattleya

Sie sind Hybriden, die aus mehreren Gattungen hervorgegangen sind. Die Pflege entspricht weitgehend denen der Gattung *Cattleya*. Im Winter sollte die Temperatur über 15 °C liegen. Sie werden dann trockener gehalten.

Cattleya

Die aus dem tropischen Südamerika stammende Gattung umfaßt etwa 45 Arten und zahlreiche Hybriden. Es gibt Arten, die ihre bizarr geformten, oft

Orchideen im Überblick

Name	Überwinterungs-temperatur (°C)
Orchideen für temperierte Gewächshäuser	
Brassia	über 14
Bifrenaria	über 10
Cymbidium	über 10
Dendrobium nobile und Hybriden	8–12
Dendrobium thyrsiflorum	15
Miltonia	12–16
Odontoglossum	12–16
Oncidium	12–15
Warmhaus-Orchideen	
× *Ascocenda*	18
Cattleya	18–20
Mini-Cymbidien	15–20
Dendrobium phalaenopsis	16–18
× *Doritaenopsis*	18–20
Frauenschuh, *Paphiopedilum*	über 17
Malaienblume, *Phalaenopsis*	18
Vanda	18

lebhaft gefärbten Blüten vor und solche, die sie nach der Ruhezeit zeigen. Die Pflanzen vertragen Morgensonne, ansonsten stehen sie halbschattig. Im Winter ist eine Schattierung überflüssig. Im Sommer liegt die Temperatur am besten zwischen 18 und 28 °C, im Winter um 18 °C. Einige Arten benötigen im Winter jedoch eine kühle Phase bei 13 °C, um zu blühen. Im Sommer wird gegossen, wenn das Substrat oberflächlich abgetrocknet ist, im Winter erst bei völliger Trockenheit, so daß die Pseudobulben nicht schrumpfen. Die Luftfeuchte sollte nie unter 50 % sinken.

Sehr schöne lilarosa blühende Arten sind *C. bowringiana* und *C. labiata* 'Goliath'. Zur Vermehrung wird der Erdsproß bereits einige Zeit vor dem Umtopfen durchtrennt. Die Teilstücke sollten aus mindestens 3 Pseudobulben bestehen. Beim Umtopfen werden die Teilstücke voneinander gelöst.

Cymbidium

Die Gattung *Cymbidium* stammt aus Asien und Australien. Die Blütezeit liegt je nach Art oder Hybride im Frühjahr oder Herbst. Die meisten Arten der Gattung *Cymbidium* sind sehr groß, sie gedeihen gut in Grundbeeten oder Kübeln.

Für das Blumenfenster eignen sich eher die Mini-Cymbidien. Die meisten Cymbidien sind erdbewohnende Pflanzen und gedeihen sogar in Torfsubstraten mit einem pH-Wert von 5 bis 6. Während der Wachstumszeit benötigen sie reichlich Wasser, im Winter wird vorsichtiger gegossen, das Substrat sollte jeoch auch im Winter nicht völlig austrocknen. Bester Zeitpunkt zum Umtopfen ist das Frühjahr.

Vermehrt werden können sie, indem man sie beim Umpflanzen in Teilstücke mit 4 bis 5 Pseudobulben tcilt. Mini-Cymbidien wünschen im Winter tagsüber bis 20 °C, nachts mindestens 15 °C. Größere Cymbidienhybriden wollen im Winter tagsüber etwa 18 °C und nachts kühlere Temperaturen, aber über 10 bis 12 °C. Im Sommer liegt die Temperatur für beide am besten zwischen 20 und 28 °C mit deutlicher Nachtabsenkung. Da Cymbidien gerne von Hummeln besucht werden und dann schneller welken, kann es sinnvoll sein, die Gewächshauslüftungen mit Gaze oder Insektenschutzvlies zu verschließen. Eine weißblütige Miniatur-Cymbidie ist beispielsweise 'Olymilum'. Sowohl großblütige als auch Mini-Cymbidien gibt es jedoch in vielen Farben.

Dendrobium

Die Gattung ist mit etwa 100 Arten in Japan, Korea, Indonesien, Australien, Polynesien und Neuseeland verbreitet. Die meisten Arten benötigen in der Kultur viel Licht, aber im Frühjahr und Sommer Schutz vor praller Mittagssonne. Die Temperaturansprüche sind je nach Art sehr unterschiedlich. Die Grundregel lautet, daß Dendrobien mit rundlichen Pseudobulben und immergrünem Laub kühl, solche mit schlanken Sprossen und jährlich oder im zweijährigen Turnus abfallenden Blättern temperiert und Pflanzen mit ledrigen, immergrünen Blättern warm kultiviert werden.

D. kingianum, D. nobile und deren Hybriden wollen ab Herbst eine Nachttemperatur von 8 bis 12 °C, *D. thyrsiflorum* etwa 15 °C und *D. phalaenopsis* etwa 16 °C. Dendrobien benötigen während der Wachstumszeit gleichmäßig Wasser, vertragen aber keinesfalls Staunässe.

Im Winter wird weniger gegossen. Die Luftfeuchte sollte im Winter mindestens 50 %, besser 70 % betragen. Umgetopft wird höchstens alle 2 Jahre nach der Blüte.

Zur Vermehrung können bei Arten mit Pseudobulben jeweils 3 bis 4 Rückbulben abgetrennt werden. Manche

Arten bilden Sprosse mit Kindel, die man zur Vermehrung abtrennen kann. Die Gattung *Dendrobium* ist sehr formen- und farbenreich. Sehr schöne Arten sind beispielsweise, die rosa, weiß oder lilaweiß blühenden *D. nobile,* die zartrosa *D. kingianum,* die gelbweißen *D. thyrsiflorum* und unzählige andere Naturformen und Hybriden.

× Doritaenopsis

Sie ist eine Kreuzung aus Arten der Gattungen *Doritis* und *Phalaenopsis.* Sie werden wie *Phalaenopsis* gepflegt. Zu lange Blütenstengel werden abgekniffen, wodurch sie zur Verzweigung angeregt werden.

Miltonia, Miltioniopsis

Stiefmütterchen-Orchidee

Diese Orchideen stammen aus Mittel- und Südamerika. Ihr Blüten erinnern ein wenig an Stiefmütterchen. *Miltonia crispum, Miltoniopsis roezlii* und *M. phalaenopsis* gedeihen im Sommer am besten bei Temperaturen um 21 °C und im Winter bei 12 bis 16 °C. Die anderen Arten und Hybriden möchten im Sommer möglichst nicht über 25 °C und im Winter bei 16 bis 18 °C kultiviert werden. Alle Miltonien möchten sommers wie winters nachts tiefere Temperaturen als tagsüber. Der Lichtanspruch ist nicht allzu hoch, ein halbschattiger Platz ist gut geeignet. Das Substrat darf auch im Winter nie vollkommen austrocknen. Die Luftfeuchtigkeit sollte möglichst ganzjährig über 60 % liegen. Umgetopft wird selten, wenn nötig, dann im Frühjahr nach der Blüte oder im Herbst. Beim Umtopfen können die Pflanzen geteilt werden.

Odontoglossum

Viele der 250 Arten stammen aus Höhenlagen bis 3000 m im tropischen Amerika. In diesen Höhen sind die Temperaturen relativ niedrig und sinken nachts stark ab. Sie wünschen einen hellen bis halbschattigen Platz und keine pralle Sonne.

Auch im Sommer sollte die Temperatur nicht allzu weit über 20 °C klettern und nachts am besten bei 15 bis 16 °C liegen. Im Winter wird die Heizung am besten auf nachts 12 und tagsüber 16 °C eingestellt. Etwas wärmer (tagsüber 18, nachts 14 °C) mag es *O. crispum.* Etwas kühlere Temperaturen (etwa 10 °C) vertragen *O. grande* (syn. *Rossioglossum grande*) und *O. pendulum.*

Wegen der hängenden Blütenstände werden *Odontoglossum*-Arten erhöht aufgestellt oder als Ampelpflanze aufgehängt. Das Substrat darf im Sommer nie austrocknen, im Winter wird vorsichtiger gegossen. Die Luftfeuchte sollte möglichst über 70 % liegen. Sie werden über abgetrennte Rückbulben vermehrt.

Oncidium

Diese Gattung mit ihren etwa 400 Arten stammt aus dem tropischen Amerika. Die Ansprüche sind aber sehr unterschiedlich, je nachdem aus welcher Höhenlage die Pflanzen stammen.

O. flexuosum, O. incurvum, O. ornithorhynchum und *O. tigrinum* benötigen einen kühleren Platz (im Winter tagsüber 18 bis 22, nachts 12 bis 15 °C, im Sommer tagsüber bis 25 °C, nachts kühler). *O. papilio* und *O. kramerianum* benötigen mehr Wärme, auch im Winter sollten tagsüber 22 bis 24 °C und nachts 16 bis 18 °C herrschen. Viele *Oncidium*-Arten machen im Winter eine Ruhephase durch, während der sparsamer gegossen wird. Alle benötigen einen hellen bis halbschattigen Platz, vertragen jedoch keine pralle Sonne. Die Luftfeuchte sollte über 60 % liegen. *O. kramerianum, O. papilio* und deren Hybriden können am gleichen

Links: Frauenschuh.

Rechts: *Phalaenopsis*-Blüten.

Stiel mehrere Jahre blühen, er wird daher nach der Blüte nicht abgeschnitten. Die Pflanzen können beim Umtopfen geteilt werden.

Paphiopedilum

Frauenschuh

Die Gattung mit etwa 60 Arten stammt aus dem südostasiatischen Raum. Die Frauenschuh-Orchideen sind überwiegend erdbewohnende Pflanzen. Frauenschuh-Orchideen mit grünen Blättern vertragen niedrigere Temperaturen als solche mit gefleckten Blättern. Für die meisten Arten wird die Temperatur im Sommer auf 18 bis 30 °C eingestellt, im Winter nicht unter 17 °C. Kühler wollen es *P. insigne, P. spicerianum, P. venustum* und *P. villosum* (im Sommer 20 bis 24 °C, im Winter 10 bis 15 °C). Einige Frauenschuharten sind kalkbedürftig *(P. bellatulum, P. concolor, P. delenatii, P. fairrieanum, P. niveum),* der Pflanzstoff sollte einen pH-Wert von etwa 6 haben. Frauenschuh-Orchideen benötigen genügend Feuchte, es wird jedoch erst gegossen, wenn das Substrat abgetrocknet ist. Man sollte nicht in das »Herz« der Pflanze gießen, um Fäulnis zu vermeiden. Die Luftfeuchte sollte mindestens 50 % betragen. Sie können beim Umtopfen geteilt werden.

Phalaenopsis

Malaienblume, Schmetterlingsorchidee

Diese Orchideen stammen aus Asien, Indonesien und Ozeanien. Die meisten Arten wachsen in ihrer Heimat als Epiphyten. Die Malaienblume verträgt keine pralle Sonne. Die Temperatur sollte nicht unter 16 °C absinken, Ausnahme ist eine Periode von 3 bis 4 Wochen im Winter bei nachts 13 bis 17 °C, um die Blütenbildung anzuregen. Ansonsten sollte die Temperatur im Sommer bei 24 bis 28 °C tagsüber und 20 bis 22 °C nachts, im Winter bei tagsüber 22 °C und nachts 18 °C liegen. Das Substrat wird ganzjährig mäßig feucht gehalten. Die Luftfeuchte liegt am besten über 60 bis 70 %. Umgepflanzt wird alle 2 bis 3 Jahre jeweils nach der Blüte. Malaienblumen wachsen monopodial, bilden aber gelegentlich kleine Pflänzchen an den Blütenstielen, die, nachdem sie Wurzeln gebildet haben, eingetopft werden können. Die Blütenstiele werden nach der Blüte auf 2 Augen zurückgeschnitten. Schöne Arten sind beispielsweise *P. violacea* und *P. lueddemanniana*

Vanda

Diese Gattung hat ihre Heimat im tropischen Asien und auf den malaysischen Inseln. Dort leben sie auf lichten Bäumen und lassen ihre dicken Luftwurzeln zu Boden wachsen. Sie wünschen einen möglichst hellen Platz, vertragen aber keine pralle Mittagssonne. Im Sommer liegt die Temperatur am besten bei 20 bis 25 °C tagsüber und nachts bei 18 bis 20 °C. Im Winter wünschen sie tagsüber 18 bis 20 und nachts 15 bis 18 °C. Die Pflanzen benötigen ganzjährig Feuchtigkeit und dürfen auch im Winter nicht völlig austrocknen. Die Luftfeuchtigkeit sollte über 60 % liegen.

Vanda-Orchideen wachsen monopodial und können durch »Kopfstecklinge« vermehrt werden. Man schneidet das Oberteil der Pflanze einfach unterhalb einer kräftigen Luftwurzel ab und topft den Steckling ein. Auch das Unterteil treibt wieder nach. Eine der auffälligsten Orchideen-Arten ist die Blaue Vanda *(Vanda coerulea).*

Zimmerpflanzen, Tropenpflanzen

Fensterblatt, Flamingoblume, Keulenlilie, Drachenbaum, Birkenfeige, Frauenschuh, Schiefteller, Dieffenbachie, Usambaraveilchen ... das Angebot an Zimmerpflanzen ist riesig. So exotisch wie ihre Namen sind meist auch ihre Herkunft und ihr Aussehen. Als Zimmerpflanzen werden Pflanzen bezeichnet, die ganzjährig relativ hohe Temperaturen wünschen (bzw. vertragen) und daher als grüner und blühender Schmuck unsere Wohnungen, Büros und andere beheizte Räume verschönern. Sie stammen meist aus den Tropen oder Subtropen. Wer sich näher mit dieser vielfältigen Pflanzengruppe beschäftigt und eine Sammlung anlegt, dem wird der Platz auf der Fensterbank schnell zu klein. Außerdem ist vielen Tropenpflanzen die Zimmerluft zu trokken. Ein Gewächshaus, Wintergarten oder ein ausgebautes Blumenfenster bieten zusätzlichen Raum und ermöglichen es, die Ansprüche an die Wachstumsfaktoren wie Licht, Temperatur, Luftfeuchte usw. besser zu erfüllen als das bei Zimmerkultur möglich ist.

Das Gewächshaus, seine Ausstattung und die Klimaführung

Zimmerpflanzen und Tropenpflanzen werden im temperierten Gewächshaus (auch im Winter mindestens 12 bis 18 °C) oder im Warmhaus (auch im Winter über 18 °C) kultiviert. Geeignete Bauformen und Gewächshaustypen sind freistehende Gewächshäuser und Anlehngewächshäuser, deren Fundamente zur Energieeinsparung bis zur Tischhöhe hochgezogen sein können. Auch Erdgewächshäuser eignen sich, wenn auf Tischen kultiviert wird. Im Sommer liegen die optimalen Temperaturen der meisten Arten zwischen 18 und 28 °C, im Winter zwischen 12 und 22 °C. Die Heizung muß nach der Mindesttemperatur, die im Winter erreicht werden soll, ausgerichtet sein (siehe Tabelle).

Um Heizenergie zu sparen, wird gut isolierendes Eindeckmaterial wie Isolierglas, Stegdoppel- oder -dreifachplatten verwendet. Wer ein großes Gewächshaus oder einen größeren Win-

tergarten besitzt und eine umfangreiche Sammlung an Zimmer- und Tropenpflanzen anlegen will, teilt Wintergarten oder Gewächshaus am besten in mehrere Wärmezonen ein. Dadurch wird der Aufwand für Heizenergie geringer, als wenn das ganze Haus auf Temperaturen über 18 °C geheizt wird. Auch wegen der unterschiedlichen Ansprüche an die Luftfeuchte empfiehlt sich die Einrichtung von Kabinen.

Viele Arten vertragen keine pralle Sommersonne. Sie werden entweder so aufgestellt, daß sie von sonnenverträglicheren Arten beschattet werden, oder in den Sommermonaten wird eine Schattierung außen am Gewächshaus angebracht. Dies sorgt außerdem für ausgeglichene Temperaturen, denn viele Tropenpflanzen vertragen keine allzu großen Unterschiede zwischen Tages- und Nachttemperaturen. Ausnahmen sind diejenigen, die aus größeren Höhen innerhalb des Tropengürtels stammen. Mit Schattieren und Lüften wird dafür gesorgt, daß die Gewächshaustemperaturen auch im Sommer möglichst nicht über 30 °C klettern. Für die Überwinterung gilt: je wärmer die Pflanzen im Winter stehen, desto mehr Licht benötigen sie. Da bei uns im Winter eine niedrige Lichtintensität herrscht, werden

Diese schöne Sammlung paßt schon lange nicht mehr auf eine Fensterbank. Im Kleingewächshaus läßt sich zudem das Klima nach den Wünschen der Pflanzen einrichten.

Für Spezialisten wie diese *Aristolochia grandis* sind optimale Kulturbedingungen notwendig.

Ein grüner Dschungel ist der Traum vieler Tropenpflanzenliebhaber.

die Schattierungen in diesen Monaten entfernt. Sehr lichtbedürftige Pflanzen erhalten in dieser Zeit Zusatzlicht. Kleine Pflanzen werden auf Tischen aufgestellt, größere entweder im Kübel auf den Boden gestellt oder in Beete gepflanzt. Für Pflegearbeiten wird ein Arbeitstisch aufgestellt. Hängeregale bieten zusätzliche Stellfläche. Die Wege im Gewächshaus werden betoniert oder mit Platten ausgelegt.

Rechte Seite unten: Das Austopfen. Löst sich die Pflanze nicht leicht aus dem Topf, kann man mit einem Messer am Topfrand entlangfahren. Vorsichtig wird die Pflanze gedreht und ausgetopft, während man den Topfrand leicht an die Tischkante klopft.

Substrate, Düngung, Bewässerung und Pflege

Zimmer- und Tropenpflanzen können in Töpfen kultiviert oder in Beete gepflanzt werden. In beiden Fällen benötigen sie ein gutes, strukturstabiles Substrat. Die meisten Zimmer- und Tropenpflanzen wachsen sehr gut in Blumenerde, Torfkultursubstraten oder Einheitserde. In vielen neueren Blumenerden wird Torf ganz oder teilweise durch andere Materialien ersetzt. Substrate können auch selbst aus Kompost, Gartenerde und Torf hergestellt werden. Topfpflanzen werden umgetopft, wenn das Gefäß zu klein wird oder die Qualität des Substrates nicht mehr zufriedenstellend ist. Junge Pflanzen werden alle 1 bis 2 Jahre umgetopft, ältere seltener. Die beste Zeit zum Umtopfen ist das Frühjahr.

Für die Bewässerung ist auf Dauer Wasser mit einer Karbonathärte von maximal 15 °dH geeignet, also nicht allzu hartes Leitungswasser, Regenwasser oder eine Mischung aus beidem. Möglichkeiten zur Wasserenthärtung sind auf Seite 107 beschrieben. Das Wasser sollte ungefähr Raumtemperatur haben. Daher ist das Aufstellen eines Wasserbehälters sinnvoll, aus dem heraus die Kanne befüllt werden kann. Gegossen wird in den Wurzelbereich und nicht über die Pflanze. Werden die Pflanzen zwischendurch überbraust, so macht man das am frühen Morgen und sorgt dafür, daß sie möglichst schnell wieder abtrocknen. Kleine Töpfe können auf Bewässerungsmatten oder feuchten

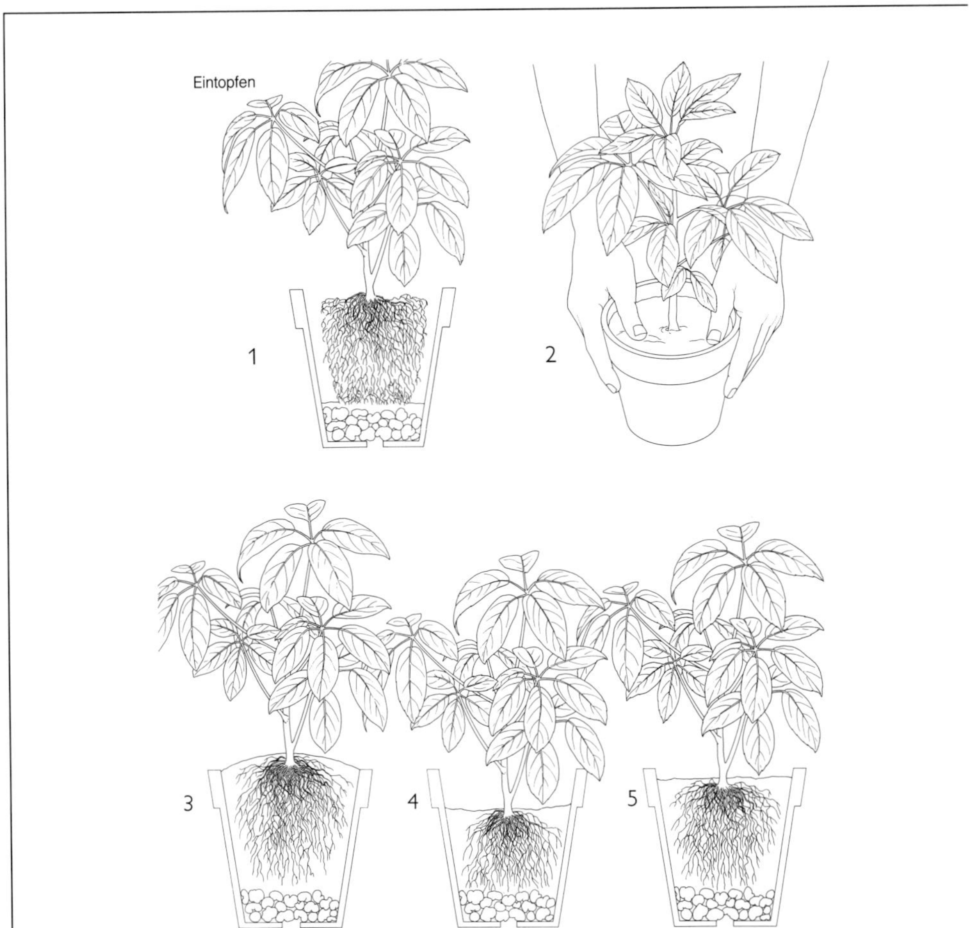

Das Eintopfen.
1 Den neuen Topf so groß wählen, daß der Abstand zwischen dem Wurzelballen und der Topfwand 1–2 cm beträgt. Als Dränage Kiesel oder Blähton einfüllen.
2 Die Pflanze in die Mitte des Topfes halten, die Erde gleichmäßig einfüllen und mehr oder weniger andrücken. Die Pflanze soll nicht tiefer als im alten Gefäß sitzen. Wichtig ist der Gießrand:
3 Erde zu hoch eingefüllt, kein Gießabstand – das Wasser läuft ab.
4 Zu wenig Erde, zu hoher Gießrand – Gefahr zu reichlicher Wassergaben.
5 Richtiger Gießrand von etwa 1 bis 2 cm.

Sand gestellt werden, damit sie nicht so schnell abtrocknen. Ein Kurzurlaub kann überbrückt werden, indem man Wasser über einen Vliesstreifen oder über Wollfäden von einem Vorratsbehälter in die Pflanzentöpfe führt. Welche Möglichkeiten es zur Automatisierung der Bewässerung gibt, ist auf Seite 64 ff. beschrieben.

Pflanzen in Gefäßen werden während der Wachstumszeit mit einem Flüssigdünger gedüngt. Im Handel werden spezielle Dünger für Blatt- und für Blütenpflanzen angeboten. Erstere haben einen höheren Stickstoffanteil und eignen sich besonders für Palmen und andere Blattpflanzen. Beim Kauf von Flüssigdüngern sollte man darauf achten, daß sie nicht nur die Hauptnährstoffe Stickstoff, Phosphor, Kali und Magnesium enthalten, sondern auch Spurenelemente. Die Dosierung und Düngehäufigkeit ist auf der Verpackung jeweils angegeben und sollte nicht überschritten werden. Pflanzen in Beeten können auch mit Gartenkompost oder anderen Festdüngern gedüngt werden.

Die Vermehrung von Zimmerpflanzen

Pflanzen können aus Samen (generativ) oder über Pflanzenteile (vegetativ) vermehrt werden. Das gilt auch für die Zimmer- und Tropenpflanzen. Von einigen wie Buntnesseln, Mimosen, Passionsblumen, Kakteen, Palmen und anderen werden Samen im Fachgeschäft angeboten. Andere wie Avocado- oder Dattelkerne behält man sich von gekauften Früchten zurück. Von Zierpaprika, dem Korallenstrauch und einigen anderen lassen sich Samen von der eigenen Pflanze (oder der eines Bekannten) ernten.

Zimmer- und Tropenpflanzen vermehren
Aussaat ist meistens ganzjährig möglich (mit Zusatzlicht im Herbst und Winter)

Pflanzenart	Aussaat/Keimtemperatur (°C)	Vermehrung aus Pflanzenteilen
Katzenschwanz, *Acalypha*	–	Kopfstecklinge bei 20 °C im Frühjahr
Schiefteller, *Achimenes*	–	Teilen der Ausläufer, Kopfstecklinge bei 22 °C im Frühjahr
Lanzenrosette, *Aechmea*	20–25	Kindel bei 25 °C bewurzeln
Aeschynanthus	–	Stecklinge bei 25 °C bewurzeln im Frühjahr und Sommer
Agave	–	Kindel abtrennen und einpflanzen
Allamande, *Allamanda*	–	Stecklinge bei 25 °C bewurzeln im Frühjahr bis Herbst
Ananas	–	Kindel, Fruchtschopf bei 28 °C
Flamingoblume, *Anthurium*	25	Abmoosen, Teilung im März
Glanzkölbchen, *Aphelandra*	–	Kopfstecklinge bei 22–25 °C bewurzeln

Fortsetzung

Pflanzenart	Aussaat/Keim-temperatur (°C)	Vermehrung aus Pflanzenteilen
Zierspargel, *Asparagus*	20–22 Dunkelkeimer	Teilen im Frühjahr
Blattbegonie, *Begonia*	–	Sproßteile, Kopfstecklinge, Blätter, Blattstücke bei 25 °C im Frühjahr
Blütenbegonie, *Begonia*	–	Kopfstecklinge bei 20–22 °C im Frühjahr
Bougainvillea	–	Stecklinge bei 25 °C und mehr im März bis April
Browallia	22 nicht abdecken	Stecklinge bei 20 °C
Brunfelsia	–	Kopfstecklinge bei 25 °C und mehr im Juni/Juli
Buntwurz, *Caladium*	–	Teilen großer Knollen, Brutknöllchen im zeitigen Frühjahr
Korbmarante, *Calathea*	–	Teilen
Kamelie, *Camellia*	–	Stecklinge bei 25 °C am besten im August
Zierpaprika, *Capsicum*	20	–
Grünlilie, *Chlorophytum*	–	größere Kindel abtrennen und einpflanzen
Känguruhwein, *Cissus*	–	Stecklinge bei 22 °C und mehr
Losbaum, *Clerodendrum*	–	Stecklinge bei 22–25 °C
Clivia	–	Kindel abtrennen im Frühjahr beim Umtopfen (nach der Blüte)
Kroton, *Codiaeum*	–	Stecklinge bei 25–30 °C, Abmoosen
Kaffeebaum, *Coffea*	25	Kopfstecklinge im Juni/Juli vom Haupttrieb möglich
Buntnessel, *Coleus*	18–20	Stecklinge (bewurzeln auch in Wasser) ganzjährig
Columnea	–	Stecklinge bei 25 °C im Frühjahr und Frühsommer
Keulenlilie, *Cordyline*	20	Stecklinge bei 22–25 °C, Abmoosen
Zigarettenblümchen, *Cuphea*	–	Stecklinge bei 20 °C im Frühjahr oder Herbst

Fortsetzung

Pflanzenart	Aussaat/Keimtemperatur (°C)	Vermehrung aus Pflanzenteilen
Alpenveilchen, *Cyclamen*	20 Dunkelkeimer	–
Zypergras, *Cyperus*	–	Teilung, Blattschöpfe in Wasser bewurzeln
Dieffenbachia	–	Kopfstecklinge bei 22–25 °C, Abmoosen
Venusfliegenfalle, *Dionaea*	–	Blattstecklinge bei 20 °C im Mai/Juni in Torf
Drachenbaum, *Dracaena*	25–28	Kopfstecklinge und Stammstücke bei über 25 °C bewurzeln, Abmoosen
Echeveria	18	Blattstecklinge bei 18–20 °C
Efeutute, *Epipremnum*	–	Stecklinge bei 20 °C ganzjährig
Weihnachtsstern, *Euphorbia*	–	Stecklinge bei 22 °C im Juli bis August
Bitterblatt, *Exacum*	18	Stecklinge bei 18 °C am besten im Frühjahr
Fatsia, × *Fatshedera*	–	Stecklinge im Frühjahr
Gummibaum, *Ficus*	–	Stecklinge bei 25 °C, Abmoosen
Fittonia	–	Kopfstecklinge bei 20 °C
Gardenia	–	Kopfstecklinge bei 25 °C im Januar
Efeu, *Hedera*	–	Stecklinge bei 18–20 °C im Frühjahr
Hibiscus	–	Abmoosen, Kopfstecklinge im Februar bis März oder August
Wachsblume, *Hoya*	–	Stecklinge bei 20–22 °C im Frühjahr
Hortensie, *Hydrangea*	–	Kopfstecklinge bei 16–18 °C im Februar bis März
Fleißiges Lieschen, *Impatiens*	–	Kopfstecklinge bei 15–20 °C
Flammendes Käthchen, *Kalanchoe*	20–25 Samen nicht abdecken	Blattstecklinge bei 20–25 °C im März
Lebende Steine, *Lithops*	20	–
Dipladenie, *Dipladenia*	–	Stecklinge bei 22–25 °C im Herbst
Sinnpflanze, *Mimosa*	20	–

Fortsetzung

Pflanzenart	Aussaat/Keimtemperatur (°C)	Vermehrung aus Pflanzenteilen
Fensterblatt, *Monstera*	24	Kopfstecklinge mit Luftwurzeln bei 22–25 °C
Kannenpflanze, *Nepenthes*	–	Stecklinge bei 25–30 °C Januar bis März in reinem Torf
Korallenmoos, *Nertera*	–	Teilen im Februar/März
Passionsblume, *Passiflora*	–	Stecklinge bei über 20 °C im Frühjahr
Zwergpfeffer, *Peperomia*	–	Stecklinge bei 20 °C im Frühjahr
Avocado, *Persea*	22–25	–
Baumfreund, *Philodendron*	–	Stecklinge bei 25–28 °C
Kanonierblume, *Pilea*	20	Stecklinge ganzjährig bei 22–25 °C
Pfeffer, *Piper*	–	Stecklinge bei 25 °C
Granatapfel, *Punica*	20	Stecklinge bei 20 °C im Februar/März
Usambaraveilchen, *Saintpaulia*	–	Blattstecklinge bei 20–25 °C
Bogenhanf, *Sansevieria*	–	Blattstecklinge bei 20–22 °C
Schefflera	–	Stecklinge bei 22 °C
Korallenstrauch, *Solanum*	18	Stecklinge im März
Bubiköpfchen, *Soleirolia*	–	Teilen, Stecklinge bei 22 °C
Einblatt, *Spathiphyllum*	–	Teilen
Kranzschlinge, *Stephanotis*	–	Stecklinge bei 25–28 °C im Frühjahr
Paradiesvogelblume, *Strelitzia*	25–30	Teilung im Frühjahr beim Umtopfen
Dreimasterblume, *Tradescantia*	–	Stecklinge bei 15–18 °C (im Wasser)
Vriesea	–	Kindel bei 25 °C bewurzeln
Yuccapalme, *Yucca*	–	Seitentriebe und Stammstücke bei 25–28 °C bewurzeln

Vermehrungsmethoden bei Zimmerpflanzen

Oben: Das Brutblatt (links, *Kalanchoe daigremontiana)* bildet an den Blatträndern kleine »Brutpflanzen«, die weiterkultiviert werden können. Grünlilien (rechts, *Chlorophytum comosum*) bilden an ihren Ausläufern Jungpflanzen, die getopft werden können.

Mitte: Durch ganze Blätter vermehrt man das Usambaraveilchen *(Saintpaulia ionantha)*. Die Blattstiele werden auf 1 bis 2 cm eingekürzt. An ihnen entwickeln sich, in Erde oder auch in Wasser gesteckt, nach 8 bis 12 Wochen Wurzeln und kleine Pflänzchen.

Unten: Durch ganze Blätter lassen sich auch Lorraine-, Elatior- und Rex-Begonien vermehren. Die Blätter werden auf Substrat aufgelegt und mit Kieselsteinen beschwert. An den Schnittstellen der Blattadern entwickeln sich Jungpflanzen.

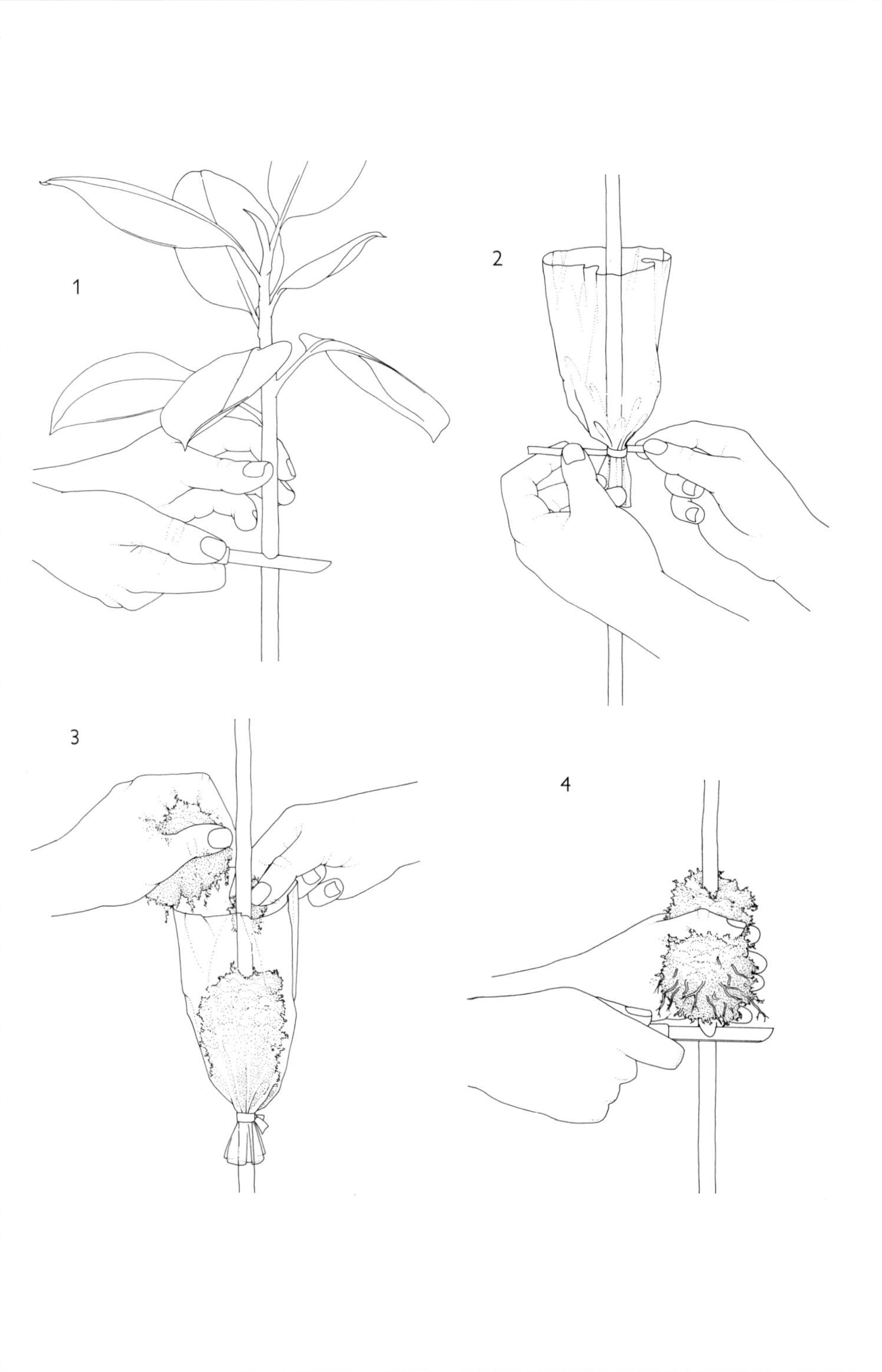

Abmoosen

1
Den Stamm bis maximal zur Hälfte einschneiden und die Schnittstelle gegebenenfalls mit einem Bewurzelungshormon bestäuben.

2
Eine Manschette aus einer Kunststoff-Folie anbringen.

3
Mit Torf oder Sphagnum füllen und ständig feucht halten.

4
Nach der Bewurzelung unterhalb des kleinen Wurzelballens abtrennen. Vorsicht, daß der Ballen nicht zerfällt und die Wurzeln nicht abgerissen werden!

Das Prinzip der Anzucht aus Samen ist bei diesen Pflanzen nicht anders wie bei Gemüsen und Sommerblumen (siehe Seite 131 f.). Als Aussaatgefäße eignen sich saubere Töpfe oder Schalen aus Kunststoff oder Ton. Gesät wird in Aussaaterde (z. B. Frux Aussaaterde, TKS 1). Feine Samen und Lichtkeimer werden nicht mit Erde abgedeckt. Dazu gehören Begonien, Kakteen, Bromelien, *Kalanchoe,* Anthurien, Aralien, Gloxinien und Drehfrucht. Ansonsten wird der Samen etwa samendick mit Erde übersiebt. Anschließend werden die Aussaaten angegossen und mit einer Glasscheibe (Luftspalt lassen), mehreren Lagen Vlies oder einer Plastikhaube abgedeckt, damit sie gleichmäßig feucht bleiben. Die Keimtemperatur ist je nach Pflanzenart unterschiedlich. Für die meisten liegt die optimale Keimtemperatur zwischen 20 und 25 °C.
Die gebräuchlichsten vegetativen Vermehrungsarten sind das Teilen von Pflanzen, Bewurzelung von Brutpflanzen, das Abmoosen und die Stecklingsvermehrung. Welche Vermehrungsart für welche Pflanze geeignet ist, zeigt die Tabelle.

Die großblütige Thunbergie, *Thunbergia grandiflora,* ist eine Kletterpflanze aus Bengalen und Assam. Sie benötigt auch im Winter Temperaturen über 10 °C.

Beliebte Zimmer- und Tropenpflanzen

In den Kapiteln »Kakteen und Sukkulenten«, »Farne, Palmfarne«, »Palmen« und »Orchideen« findet der Zimmer- und Tropenpflanzenfreund bereits viele Arten mit ihren Ansprüchen beschrieben. Alle Zimmer- und Tropenpflanzen im Detail vorzustellen, würden den Rahmen dieses Buches sprengen. Es sei daher auf die entsprechende Fachliteratur verwiesen (Literaturempfehlungen im Anhang). Die nachfolgende Tabelle gibt einen Überblick über die Ansprüche der beliebtesten Zimmer- und Tropenpflanzen an das Gewächshausklima. Da sich die Eignung vorwiegend daraus ergibt, welche Temperaturen von der Pflanze im Winter vertragen werden, sind sie in Gruppen eingeteilt. Diese Werte können jedoch nur Anhaltswerte sein, da oft erhebliche Arten- und Sortenunterschiede bestehen.

Bromelien und fleischfressende Pflanzen

Beliebte Sammlerobjekte aus der Gruppe der Zimmer- und Tropenpflanzen sind die Bromelien und die Karnivoren. Bromelien stammen hauptsächlich aus Mexiko, Brasilien, Costa Rica, Kolumbien, Ecuador, Chile und Peru. Die meisten leben in ihrer Heimat als Aufsitzerpflanzen. Beliebte Bromelien für das Kleingewächshaus sind neben *Vriesea* und *Aechmea* die Tillandsien. Man unterscheidet die erdbewohnenden, grünblättrigen Arten und die atmosphärisch wachsenden, graublättrigen Tillandsien. Erstere wachsen gut in Orchideenpflanzstoff, letztere werden

Zimmer- und Topfpflanzen für jeden Temperaturbereich

Name	Luftfeuchte/Schattierung * Luftfeuchte min. 50–60 % ● im Frühjahr/Sommer vor praller Sonne schützen (besonders junge Pflanzen)	Temperatur	Beschreibung	Pflegetips
Wintertemperatur mindestens 12 °C				
Schiefteller, *Achimenes*	*●	über 14 °C	reichblühende Pflanze mit asymmetrischen, tellerartigen Blüten in rosa bis violett	wünscht gleichmäßige Substratfeuchte, ab September weniger gießen, damit die Pflanze einziehen kann
Wüstenrose, *Adenium*		13 °C (Ruhephase, sonst wärmer)	rosa bis violette Blüten, dicker Stamm, interessanter Wuchs	Pflanzen während der Winterruhe wenig gießen, ganzjährig volle Sonne
Aeonium		12 °C oder etwas kühler	fleischige Blattrosetten auf mehr oder weniger hohem Stamm, gelbblühend	im Sommer möglichst ins Freie, im Winter Wassergaben reduzieren
Schusterpalme, *Aspidistra*	●	12 °C	große, dunkelgrüne Blätter, die sich aus unterirdischem Sproß erheben, Blüten unscheinbar	anspruchslos, im Winter weniger gießen
Browallia	●	über 12 °C	kleine, krautige Pflanze mit blauen oder weißen Blüten, meist einjährig kultiviert	luftiger Platz, mäßige aber gleichmäßige Substratfeuchte
Brunfelsia	●	12–15 °C	Strauch mit großen, violetten Blüten und glänzenden, immergrünen Blättern	von Frühjahr bis Herbst 20–22 °C, keine großen Temperaturschwankungen, ab November bei 12–14 °C
Zierpaprika, *Capsicum*		12–15 °C	einjährige, strauchartige Pflanze mit roten, orange oder gelben Früchten *(C. annuum)*	gleichmäßig feucht halten, regelmäßig auf Schädlinge kontrollieren da sehr »anziehend«
Losbaum, *Clerodendrum*	*●	12–15 °C	Kletterpflanze mit zweifarbigen (creme-weiß-rot) Blüten *(C. thomsoniae)*	während der Wachstumszeit im Frühjahr, Sommer und Herbst nicht unter 18 °C
Riemenblatt, *Clivia*	●	12–15 °C	immergrüne, riemenartige Blätter erheben sich aus einem Zwiebelstamm, orange, große Blüten	kann von Mai bis September in den Garten

Fortsetzung

Name	Luftfeuchte/Schattierung * Luftfeuchte min. 50–60 % ● im Frühjahr/Sommer vor praller Sonne schützen (besonders junge Pflanzen)	Temperatur	Beschreibung	Pflegetips
Buntnessel, *Coleus*		12–15 °C	kleine, buntblättrige Pflanzen mit unscheinbaren Blüten	vollsonniger Platz gewünscht, hoher Wasserbedarf im Sommer, im Winter weniger gießen
Zigarettenblümchen, *Cuphea*	●	ca. 12 °C	Strauch mit länglichen, roten Blüten *(C. ignea)*	verträgt im Winter auch tiefere Temperaturen bis 5 °C
Bitterblatt, *Exacum*	●	10–15 °C	kleine, krautige Pflanze mit reichem blau-violetten Blütenschmuck	wird nach der Blüte weggeworfen
Efeuaralie, × *Fatshedera*	●	ca. 15 °C	Grünpflanze mit großen, drei- bis fünflappigen Blättern	für bessere Verzweigung mehrmals stutzen
Aralie, *Fatsia*	●	12–15 °C	Grünpflanze mit großen, sieben- bis neunlappigen Blättern	hoher Wasserbedarf, aber staunässeempfindlich, daher lieber öfter mäßig gießen
Gardenie, *Gardenia*	●	15–20 °C	Strauch mit weißen, duftenden Blüten	wünschen sauren Boden (pH5), nicht mit hartem Leitungswasser gießen
Austral. Silbereiche, *Grevillea*	●	ca. 12 °C	Strauch vorwiegend als Blattpflanze mit »farnartigen« Blättern	im Winter reichen 6–15 °C
Jasmin, *Jasminum*	●	ca. 10–12 °C	kletternder Strauch mit weißen, duftenden Blüten	verträgt auch bis 5 °C
Korallenmoos, *Nertera*		ca. 12 °C	Polsterpflanze mit kleinen Blättern und roten Beeren	wünscht niedrigen pH Wert (~ pH5), feucht halten, am besten von unten bewässern
Kranzschlinge, *Stephanotis*	●	12–16 °C	Schlingpflanze mit weißen, duftenden Blüten und immergrünen Blättern	Ranken werden am Klettergerüst befestigt, Rückschnitt wenn Pflanze verkahlt oder zu groß wird
Tradescantia	●	ca. 12–20 °C	Hängepflanze oft mit gestreiften Blättern, kleine, weiße oder rosa Blüten	anspruchslos, im Winter trockener halten

Yuccapalme, *Yucca*		ca. 12 °C oder niedriger	immergrüne Pflanze mit einfachem oder verzweigtem Stamm oder ohne Stamm	anspruchslos, im Winter trockener halten, kann im Sommer ins Freie
Wintertemperatur mindestens 15 °C				
Katzenschwanz, *Acalypha*	*●	über 16 °C	strauchartiger Wuchs, bis 50 cm lange, kätzchenartige hängende Blütenstände in rot oder weiß	empfindlich gegen zu nasses und zu trockenes Substrat, daher vorsichtig gießen
Zierspargel, *Asparagus*	●	über 15 °C	immergrüne Blattpflanze mit mehr oder weniger feinen Scheinblättern	anspruchslos, aber schädlingsanfällig
Begonien, *Begonia*	●	15–20 °C	Blattbegonien sind Blattpflanzen mit kleinen Blüten, Blütenbegonien wirken durch ihre rosa, weißen oder roten Blüten	keine Nässe, aber auch nicht austrocknen lassen
Catharanthus	●	ca. 15 °C	Halbstrauch mit immergrünen Blättern und weißen oder rosa Blüten	Rückschnitt im Frühjahr, hoher Wasserbedarf im Sommer
Grünlilie, *Chlorophytum*	●	ca. 15 °C oder wärmer	immergrüne, schmalblättrige Blattpflanze mit unauffälligen Blüten und Kindelbildung	zu nasse Erde führt zu Fäulnis, trockene Luft zu braunen Blattspitzen
Kaffeebaum, *Coffea*	*●	über 15 °C	Strauch mit immergrünen, glänzenden Blättern, duftende Blüten ab dem 4. Jahr, rote Früchte	Fruchtbildung nur bei *C. arabica,* Bestäubung mit Haarpinsel nachhelfen
Kolumnee, *Columnea*	*●	über 15 °C	ausdauernde Pflanze mit langen überhängenden Trieben und auffälligen orangen Blüten	Substrat mäßig feucht halten, Vorsicht vor Nässe bei tiefen Temperaturen
Alpenveilchen, *Cyclamen*	●	ca. 15 °C, auch im Sommer kühl	ausdauernde Pflanze mit herzförmigen Blättern und auffälligen Blüten in Weiß- oder Rottönen	nicht über die Knolle gießen, nicht zu trockene Luft
Zypergras, *Cyperus*	*	15–18 °C	interessante Grünpflanze, die dünnen Blätter sitzen kreisförmig oben am Stengel	bis auf *C. albostriatus* mögen alle staunasse Füße
Drachenbaum, *Dracaena*	*●	über 16 °C	baumartig wachsende Grünpflanze mit langen, schmalen Blättern, diese oft gelblich gestreift	staunässeempfindlich, einige Arten empfindlich gegen Blattkrankheiten

Fortsetzung

Name	Luftfeuchte/Schattierung * Luftfeuchte min. 50–60 % ● im Frühjahr/Sommer vor praller Sonne schützen (besonders junge Pflanzen)	Temperatur	Beschreibung	Pflegetips
Efeutute, *Epipremnum*	●	über 16 °C	Kletter- oder Hängepflanze mit auffällig gemusterten Blättern, selten Blüten	staunässeempfindlich, verträgt trokkene Luft
Birkenfeige, *Ficus*	●	15–20 °C	dekorative Blattpflanze mit baumförmigem Wuchs	staunässeempfindlich, bei trockener Luft schädlingsanfällig
Fittonia	*●	16–18 °C	bodendeckende Pflanze oder als Topfpflanze mit auffällig gezeichnetem Laub	verträgt schattigen Platz, staunässeempfindlich
Efeu, *Hedera*	●	über 16 °C	Bodendecker-, Hänge- oder Kletterpflanze mit oft buntlaubigen Blättern	buntlaubige nicht unter 16 °C, andere nicht unter 10 °C
Hibiscus		15–20 °C	Strauch mit großen weißen, gelben, orangen oder roten Blüten und glänzenden Blättern	benötigt sehr hellen Platz, zuviel oder zu wenig Wasser bewirkt Knospenfall
Wachsblumen, *Hoya*		ca. 15–20 °C	Kletter- oder Hängepflanze mit weißen oder rosa Blüten und immergrünen Blättern	niedrige Bodentemperaturen sind gefährlich, im Winter sparsam gießen
Fleißiges Lieschen, *Impatiens*	●	ca. 15 °C	ausdauernde Topfpflanze mit reicher Blüte in Weiß- u. Rottönen	heller Stand, aber keine pralle Mittagssonne
Flammendes Käthchen,*Kalanchoe*		über 15 °C	Dickblattgewächs mit leuchtendroten, violetten oder cremefarbenen Blüten	im Sommer volle Sonne, im Winter so hell wie möglich
Dipladenie, *Dipladenia*	(*)●	16–20 °C	Kletterpflanze mit trompetenartigen, rosa Blüten	staunässeempfindlich, aber nie austrocknen lassen
Medinilla	*●	ca. 16 °C	Strauch mit schönen großen Blättern und prächtigen, rosa Blütenrispen	8 Wochen bei 12 bis 15 °C fördert Blütenbildung, dann 18 °C
Bogenhanf, *Sansevieria*		über 15 °C	Blattpflanze mit langen, schmalen Blättern mit gelbem Rand	erst gießen, wenn die Erde oberflächlich abgetrocknet ist

Schefflera	●	14–16 °C	strauchige oder baumartige Grünpflanze mit handförmigen vier- bis sechzehn-geteilten Blättern	staunässeempfindlich, Bodentemperatur soll mindestens so hoch wie Lufttemperatur sein
Korallenstrauch, *Solanum*		15–18 °C	kleiner Strauch mit runden, roten oder gelben Früchten	bei mehrjähriger Kultur Rückschnitt im Frühjahr
Bubikopf, *Soleirolia*	●	15–18 °C, aber auch kühler oder wärmer	polsterbildende Pflanze mit kleinen Blättchen, Blüten unscheinbar, auch als Bodendecker	nicht austrocknen lassen, aber im Winter sparsam gießen
Paradiesvogelblume, *Strelitzia*		16 °C	ausdauernde Pflanze mit großen, bizarren Blüten in Blau-Orange, große Blätter	verträgt auch kurzfristig 10 °C, durch Trocken- und Kühlhalten wird die Blüte angeregt
Wintertemperatur mindestens 18 °C				
Bromelie, *Aechmea*	*●	über 18 °C	rosettig stehende lange, steife Blätter, attraktive Blütenstände mit intensivgefärbten Hochblättern	auch in die Blattrosette gießen
Aeschynanthus	*●	über 18 °C	Halbstrauch oder Kletterpflanze mit ledrigen Blättern und auffälligen, schönen Röhrenblüten	viel Licht, aber keine pralle Sonne, Luftfeuchte möglichst über 70 %
Kolbenfaden, *Aglaonema*	●	über 18 °C	Blattpflanze mit großen gezeichneten Blättern	*A. costatum* benötigt immer über 20 °C
Allamanda		ca. 18 °C	rankender Halbstrauch mit großen goldgelben »Trompetenblüten«	Rückschnitt im Frühjahr vor Neuaustrieb
Alocasia	*●	über 20 °C	auffällige Blattpflanze mit großen, schöngeformten und gezeichneten Blättern	durchlässiges Substrat, da staunässeempfindlich
Flamingoblume, *Anthurium*	*●	über 18 °C	Aronstabgewächs mit großen Blättern und auffälligem Hochblatt (meist rot)	*A. scherzerianum* 6–8 Wochen bei 15 °C, *A. veitchii* immer über 22 °C halten
Buntwurz, *Caladium*	*●	über 20 °C	ausdauernde Pflanze mit schön gefärbten, großen Blättern, zieht im Winter ein	hell, aber keine direkte Sonne, Knollen im Topf bei 18 °C überwintern

Fortsetzung

Name	Luftfeuchte/Schattierung * Luftfeuchte min. 50–60 % ● im Frühjahr/Sommer vor praller Sonne schützen (besonders junge Pflanzen)	Temperatur	Beschreibung	Pflegetips
Korbmaranthe, *Calathea*	*●	über 18–20 °C	ausdauernde Pflanze mit schön gezeichneten Blättern, leuchtend gelbe Blütenstände	blüht nur, wenn die Tageslänge im Winter unter 10 Stunden liegt (Vorsicht bei Zusatzbelichtung im gleichen Gewächshaus)
Kängeruhwein, *Cissus*	●	über 18–20 °C	kletternde Blattpflanze	empfindlich gegen viele Pflanzenschutzpräparate
Kroton, *Codiaeum*	*●	über 18–20 °C	Blattpflanze mit unterschiedlichsten Blattformen und bunten Blattzeichnungen	verträgt keine Staunässe und keine kalten Füße
Keulenlilie, *Cordyline*	*●	über 18 °C	Blattpflanze mit großen oft rot oder rotweiß gestreiften Blättern, im Alter mehrere Meter hohe Bäume	darf nie austrocknen, aber auch keine stauende Nässe
Dieffenbachia	*●	über 20–22 °C	Blattpflanze oft mit schöngezeichnetem Laub, großblättrig	verkahlte Pflanzen können im späten Frühjahr zurückgeschnitten werden
Weihnachtsstern, *Euphorbia*	●	über 18 °C	»Blattpflanze« mit auffälligen, roten, rosa oder weißen Hochblättern um die kleinen gelben Blütenstände	nach »Verblühen« Rückschnitt um die Verzweigung anzuregen, Kurztagpflanze (Vorsicht bei Zusatzbelichtung im gleichen Gewächshaus)
Maranta	*●	über 18 °C	Blattpflanze mit großen, auffällig gezeichneten Blättern	sparsam gießen im Winter, aber nie austrocknen lassen, hell überwintern
Sinnpflanze, *Mimosa*	*	über 18 °C	meist einjährig kultivierte Pflanze mit feingefiederten Blättern und kugeligen Blütenständen	bei Berührung klappen sich die Fiederblätter zusammen
Fensterblatt, *Monstera*	*●	ca. 18 °C oder wärmer	kletternde Blattpflanze mit großen durchlöcherten oder fiedergelappten Blättern und Luftwurzeln	»überlebt« auch kälter aber leidet, gedeiht am besten an einem hellen Platz, aber ohne Prallsonne
Pachystachys	*	über 18–20 °C	Strauch mit auffälligen Blütenständen aus gelben Hochblättern mit weißen Blüten	Vorsicht, Ballentrockenheit führt zum Abwerfen von Blüten und Blättern

Zwergpfeffer, *Peperomia*	*●	über 18 °C	krautige Pflanzen mit fleischigen Blättern, teilweise buntlaubig, Blüten eher unauffällig	Staunässe unbedingt vermeiden
Baumfreund, *Philodendron*	*●	über 16–18 °C	Kletterpflanze mit eingeschnittenen bis gefiederten Blättern und Luftwurzeln	einige *P.*-Arten sind empfindlich gegen Blattglanzmittel
Kanonierblume, *Pilea*	*●	über 18 °C	Grünpflanze mit auffallend gezeichneten, kleinen Blättern, Blüten unscheinbar	*P. cardierei* und *P. microphylla* vertragen bis 12 °C Wintertemperatur
Pfeffer, *Piper*	*●	über 18 °C	buntlaubige Arten sind beliebte Blattpflanzen	grünblättrige vertragen bis 15 °C Wintertemperatur
Usambara, *Saintpaulia*	●	ca. 20 °C	niedrige, ausdauernde Pflanze mit behaarten Blättern und rosa, blauen oder weißen Blüten	mäßig, aber regelmäßig gießen, kein Wasser im Untersetzer stehenlassen
Einblatt, *Spathiphyllum*	●	über 16–18 °C	Aronstabgewächs mit großen Blättern und auffälligem Hochblatt (reinweiß)	verträgt auch halbschattige bis schattige Standorte
Drehfrucht, *Streptocarpus*	*●	über 16 °C	ausdauernde kleine Pflanze mit großen trichterförmigen Blüten in blau, rot, violett	bei kühlem Stand nur wenig gießen
Bromelie, *Vriesea*	*●	über 18 °C	gestreifte oder marmorierte Blätter bilden eine Blattrosette, schwertähnlicher roter Blütenstand	Wasser auch in den Trichter gießen, Luftfeuchte über 60 %

Kleingewächshaus eines Epiphyten-Liebhabers.

an Ästen oder Steinen befestigt. Die atmosphärisch wachsenden Arten werden mehrmals täglich besprüht oder überbraust. Dem möglichst kalkarmen Wasser wird von Zeit zu Zeit etwas Flüssigdünger in schwacher Konzentration (0,05 %) beigemischt.

Tillandsien und andere Bromelien in Töpfen werden wie andere Topfpflanzen

Karnivoren sind faszinierende, vielgestaltige Pflanzen. Hier ist eine *Sarracenia*-Art abgebildet.

behandelt, wünschen aber eine hohe Luftfeuchtigkeit. Gegossen werden sie über die Pflanze, so daß die Zisternen mit Wasser gefüllt werden. Vermehrt werden Bromelien über Seitensprosse (Kindel).

Als Karnivoren werden Pflanzen bezeichnet, die die Fähigkeit besitzen, zusätzlich zur Nährstoffaufnahme aus dem Boden kleine Tiere (meist Insekten) zu fangen, zu verdauen und damit als zusätzliche Stickstoffquelle zu nutzen. Bei ausreichender Düngung in der Kultur benötigen diese Pflanzen jedoch keine tierische Nahrung, man muß sie also nicht mit Fliegen oder ähnlichem füttern.

Als Tierfallen dienen beispielsweise klebrige Tentakel, zusammenklappbare Fallenblätter sowie kannen- und tütenförmige Schlauchblätter.

Eine bei uns heimische, fleischfressende Karnivore ist zum Beispiel der Sonnentau *(Drosera rotundifolia)*, in Nordamerika sind die *Sarracenia*-Arten zu Hause. Eine für die Kultur im Warmhaus beliebte Gattung ist die Kannenpflanze *(Nepenthes)*. Ihre Arten stammen von den malaiischen Inseln, Australien und Madagaskar, wo sie in feuchtwarmen Sumpfgebieten leben. Diesen Pflanzen richtet man am besten eine eigene Kabine mit 80 bis 90 % Luftfeuchtigkeit im Warmhaus ein. Dann vertragen sie kurzfristig auch Temperaturen bis an die 40 °C. Im Sommer werden die Pflanzen leicht schattiert. Als Substrat dient Torfmoos (Sphagnum) oder Orchideensubstrat mit hohem Sphagnumanteil. *Nepenthes* wollen keine Staunässe, dürfen aber auch nie trocken stehen. Die Pflanzgefäße sollten große Abzugslöcher haben. Gegossen wird mit sauberem Regenwasser, denn die Pflanzen sind sehr kalkempfindlich. Gedüngt wird über die Beimischung eines Flüssigdüngers zum Gießwasser, regelmäßig in schwacher Konzentration (0,05 bis 0,1 %). Die Pflanzen können über Stecklinge vermehrt werden.

Zimmer- und Tropenpflanzen in Hydrokultur, Seramis und Terraponic

Im Zimmerpflanzenbereich und zur Begrünung am Arbeitsplatz hat sich die Hydrokultur bewährt. Sie eignet sich für viele Zimmerpflanzen und Tropenpflanzen, im ausgebauten Blumenfenster, im Wintergarten und im Gewächshaus.

Hydrokultur ist eine Kultur ohne Erde. Statt in Erde stehen die Pflanzen in einem speziellen Hydrokultur-Tongranulat. Dieses poröse Material hat die Eigenschaft, Wasser und darin gelöste Nährstoffe aus dem Sammelbereich im unteren Teil des Übertopfes zu den Pflanzenwurzeln zu leiten. Die Blähton-»Kügelchen« lassen sich nicht zusammendrücken, sondern haben eine stabile Struktur, die für eine gute Belüftung im Wurzelbereich sorgt. Die Hydrokultur besteht aus den Bausteinen:

Ist der Blattschopf auf der Ananasfrucht noch frisch und grün, so läßt er sich abtrennen, vom Fruchtfleisch reinigen und bei hohen Bodentemperaturen bewurzeln (siehe auch Seite 238).

- wasserdichter Übertopf, Großgefäß für Arrangements, Wanne oder Hydrokulturbewässerungstisch,
- Pflanztopf,
- Hydrokultur-Tongranulat,
- Hydrokultur-Wasserstandsanzeiger (Pegulator),
- Hydrokultur-Dünger.

Statt die Pflanztöpfe jeweils einzeln in einen wasserdichten Übertopf zu stellen, können mehrere in eine Wanne oder auf einen Hydrokulturbewässerungstisch gestellt werden. Diese Tische bestehen in der Regel aus einem Metallgestell und einer Kunststoffwanne mit einem Wasserablauf. Hydrokulturbewässerungstische erhält man bei Hydrokulturfirmen (Adressen siehe Anhang).

Ein Wasserstandsanzeiger gibt jeweils Auskunft, wann gegossen werden muß. Zeigt er »min« für minimalen Wasserstand an, wird gegossen, bis der Anzeiger auf die mittlere Markierung zeigt. Erst wenn er wieder bis »min« gesunken ist, muß erneut gegossen werden. Das ist in der Regel nach 1 bis 2 Wochen der Fall. Als Gießwasser wird normales Leitungswasser (kein Regenwasser) verwendet. Gedüngt wird entweder mit einem flüssigen Hydrokultur-

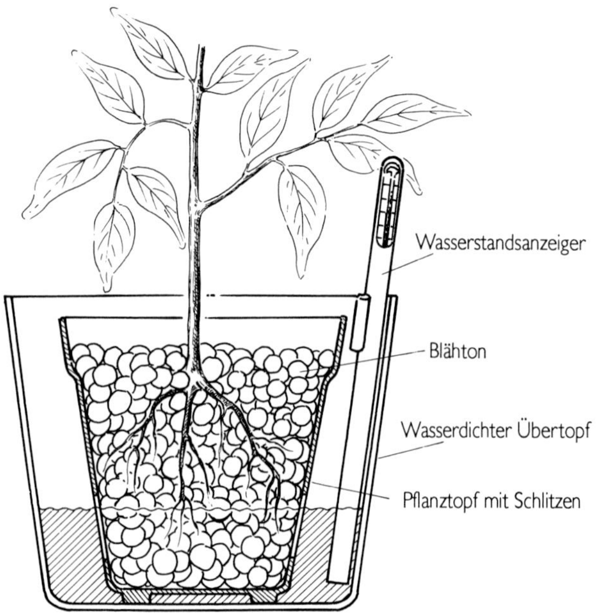

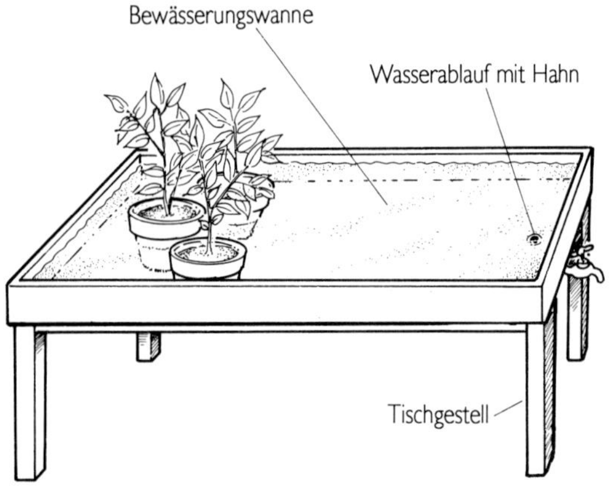

Oben: Schematischer Aufbau eines Hydrokulturgefäßes.

Unten: Hydrokultur-Bewässerungstisch.

dünger, der dem Gießwasser beigegeben wird, oder einem Hydrokultur-Langzeitdünger (Lewatit HD 5 oder HD 5 plus), der die Pflanze über mehrere Monate mit Nährstoffen versorgt.

Es gibt Dünger für weicheres Wasser unter 14 °dH (Lewatit HD 5 plus) und für härteres Wasser ab 14 °dH (Lewatit HD 5).

Mit Hydrokultur kann auch eine längere Abwesenheit von bis zu 3 Wochen überbrückt werden, indem der Wasserstand aufgefüllt wird, bis der Anzeiger die »max«-Markierung für maximalen Wasserstand erreicht. Vor dem Urlaub sollte jedoch getestet werden, wie lange der Wasservorrat im Einzelfall reicht. Zu häufig sollte der maximale Wasserstand nicht in Anspruch genommen werden, da die Wurzeln einiger Pflanzen empfindlich auf einen hohen Wasserstand reagieren. Wichtig ist, daß immer erst dann wieder gegossen wird, wenn der Anzeiger bis zum minimalen Wasserstand gesunken ist.

Hydrokultur hat gegenüber der Erdkultur den Vorteil, daß das Gießen vereinfacht wird und weniger oft gegossen werden muß. Wird das Gießen nach Vorschrift befolgt, sind Krankheiten an den Wurzeln sehr selten. Stellen sich Springschwänze ein, die man als kleine »quirlige Würmchen« auf der Wasseroberfläche feststellt, wurde meist unsachmäßig gegossen und es sind ein paar Wurzeln abgestorben, denn diese Tiere, die man häufig auch in zu feucht gehaltener Erdkultur findet, ernähren sich von abgestorbenem organischen Material. In diesem Fall werden die Hydrokulturpflanzen ausgetopft, gut abgespült, abgestorbene Wurzeln entfernt und in frisches Hydrokultursubstrat eingepflanzt.

Das Sortiment an Hydrokulturpflanzen ist inzwischen sehr groß und wird auch noch weiter wachsen. Über 200 Arten werden derzeit im Handel angeboten. Auch junge, wüchsige Pflanzen aus der Erdkultur können auf Hydrokultur umgestellt werden. Für ältere Pflanzen ist das Anwachsrisiko bei der Umstellung meistens zu groß, um es allgemein empfehlen zu können. Stecklinge verschiedener Pflanzen können auch in feinem Hydrokultur-Tongranulat bewurzelt und dann in Hydrokultur weiterkultiviert werden. Der Gartenfachhandel bietet spezielle Hydrokulturanzuchtsets an.

Eine Zwischenstellung zwischen Erd- und Hydrokultur nehmen das Seramis- und das Terraponic-System für Topfpflanzen ein. Bei beiden verbleibt der innere »Kern« des Wurzelballens in Erde, wird aber in ein spezielles Seramis- oder Terraponic-Tongranulat gepflanzt, welches auch porös ist und sich nicht zusammendrücken läßt. Diese Systeme haben den Vorteil, daß das Anwachsrisiko bei der Umstellung von Erdkultur auf diese Systeme geringer und die Umstellung auch für ältere Pflanzen eher zu empfehlen ist. Der Seramis-Gießanzeiger bzw. der Terraponic-Wasserstandsanzeiger zeigt an, wann gegossen werden muß. Es muß weniger häufig als bei der Erdkultur gegossen werden, da der untere Teil des Topfes wie bei der Hydrokultur als Wasserreservoir dient. Beide Systeme sind noch relativ neu, aber nach den bisherigen Erfahrungen durchaus empfehlenswert. Ergebnisse von Langzeitversuchen stehen jedoch noch aus.

Pflanzenschutz im Kleingewächshaus, Wintergarten und Blumenfenster

Unabängig davon, ob der Kleingewächshausbesitzer Gemüse, Kakteen oder tropische Früchte kultiviert, das Thema Pflanzenschutz wird ihm besonders am Herzen liegen, möchte er sich doch an schönen, gesunden Pflanzen erfreuen und eine möglichst reiche »Ernte«, sei es an Blatt- und Blütenschmuck oder an Gemüsen und Früchten, erzielen.

Mit Symptomen wie Blattfall, Blattaufhellungen und -verfärbungen, Blattflecken, klebrigen Blättern oder Kümmerwuchs signalisiert uns die Pflanze, daß mit ihr etwas nicht stimmt. Meist kommen mehrere Ursachen in Betracht. Es können Pflegefehler im weitesten Sinne vorliegen oder die Pflanze von Pilzen oder Schädlingen befallen sein, wobei letzteres häufig auch auf Pflegefehler zurückzuführen ist.

Unter Pflanzenschutz verstehen wir alle Maßnahmen zur Gesunderhaltung der Pflanze, sowohl die vorbeugenden als auch die heilenden. Zeigt die Pflanze Krankheitssymptome oder ist sie von Schädlingen befallen, muß die richtige Diagnose gestellt werden, um wirkungsvolle Bekämpfungsmaßnahmen ergreifen zu können. Beratungsstellen für Hobbygärtner sowie entsprechende Fachlektüre leisten bei der Diagnose wertvolle Hilfe.

Mit dem wachsenden Umweltbewußtsein wurden neue, umweltfreundlichere Möglichkeiten zur Bekämpfung von Krankheiten und Schädlingen gesucht und gefunden bzw. alte wiederentdeckt. Die sogenannte »chemische Keule« ist in den meisten Fällen überflüssig geworden. Sie sollte, wenn überhaupt, nur unter Beachtung der gesetzlichen Auflagen und als allerletztes Mittel eingesetzt werden.

Pflanzenschutzmittel im gesetzlichen Sinne haben eine Zulassung durch die biologische Bundesanstalt für Land- und Forstwirtschaft. Sie erhalten nach eingehender Prüfung auf Wirksamkeit und Unbedenklichkeit das entsprechende Zulassungszeichen. Auch biologische Pflanzenschutzmittel (z. B. das biologische »Neudorffs Raupenspritzmittel«) oder umweltverträgliche Pflanzenschutzmittel (z. B. »Schädlingsfrei Naturen« oder »Neudosan«) haben diese Prüfung durchlaufen. Keine Zulassung benötigen Pflanzenpflegemittel, biotechnische Insektenfallen, Pflanzenhilfs- und -stärkungsmittel, Nützlinge und Dünger.

Vorbeugen ist besser als Heilen

Vorbeugende Maßnahmen ersparen die sonst später notwendig werdende Bekämpfung.

Gesundes Ausgangsmaterial

Wer Jungpflanzen aus Samen heranzieht, sollte nach Möglichkeit immer auf resistente und robuste Sorten zurückgreifen. Unter Resistenz versteht man die Unempfindlichkeit einer Pflanze gegenüber Krankheitserregern und

Schädlingen. Von echter Resistenz spricht man, wenn diese auf bestimmte natürliche Inhaltsstoffe zurückzuführen ist, von Scheinresistenz, wenn der Pflanzenaufbau oder die Gestalt bewirkt, daß eine Pflanze nicht befallen werden kann (beispielsweise trocknet ein lockerer Blattbestand schneller ab und Pilzkrankheiten können sich nicht so leicht ansiedeln). Tolerante Pflanzen sind solche, die zwar befallen werden, jedoch kaum oder keine Krankheitssymptome und Ertragseinbußen zeigen.

Die Wahl widerstandsfähiger Arten und Sorten kann das Kulturrisiko erheblich vermindern. Die Züchter bemühen sich verstärkt durch Selektion und Rückkreuzung mit widerstandsfähigen Wildformen, resistente und robuste Sorten anbieten zu können. Besonders für den Gemüsebau steht inzwischen eine breite Saatgutpalette bereit. Die entsprechenden Hinweise zur Widerstandsfähigkeit findet man in den Saatgutkatalogen und auf den Samenpackungen.

Blühende Pflanzen ziehen Nützlinge an, die über Fenster und Türen ins Gewächshaus gelangen.

Beim Neuerwerb von Pflanzen oder beim Zukauf von Jungpflanzen achtet man auf befallsfreie Ware mit einem gesunden, kräftigen Wuchs. Beurteilen Sie die Pflanze nach folgenden Kriterien:

– Ist die Pflanze entsprechend ihrem Alter und ihrer Wuchsform gut belaubt? Pflanzen, die von unten verkahlen, leiden meist unter Pflegefehlern, sei es zuviel oder zuwenig Wasser, sei es Stickstoffmangel oder ähnliches. Ob sie sich wieder vollkommen erholen, ist meist fraglich.

– Sind die Triebe kräftig mit kurzen Abständen zwischen den Blättern? Pflanzen, die bei zu wenig Licht angezogen wurden, sind »langbeinig«. Die Abstände zwischen den Blättern sind groß, der Haupttrieb ist lang, dünn und nicht stabil. Solche Pflanzen werden bevorzugt von Schädlingen befallen. Besser man läßt sie stehen.

– Ist die Blattfarbe sattgrün, sowohl an den oberen als auch an den unteren Blättern? Blattaufhellungen weisen auf Ernährungsfehler oder auch Virusbefall hin.

– Sind die Blütenknospen frisch und prall? Wassermangel oder -überschuß während des Transportes zum oder beim Händler können die Knospen eintrocknen und absterben lassen.

– Ist die Pflanze gesund und frei von Schädlingen? Spinnmilben, Blattläuse, Weiße Fliege findet man auf der Blattunterseite, Thripse auch in den Blüten. Woll- und Schmierläuse sitzen meist wie winzige »Wattebäuschchen« in den

Blattachseln, Schildläuse bilden kleine »Höcker« an den Trieben, die sich abheben lassen.

Genauso streng beurteilt man auch Pflanzen, die man selbst angezogen hat. Langbeinige Jungpflanzen, die bei zu engem Stand und wenig Licht herangezogen wurden, kultiviert man nicht weiter. Sie werden nie zu einer Pracht werden, sondern nur als Infektionsherd für Krankheiten und Schädlinge dienen. Auch zur Stecklingsvermehrung oder für andere Vermehrungsarten aus Pflanzenteilen wird nur gesundes, kräftiges Ausgangsmaterial verwendet.

Die richtige Kulturführung

Pflanzen, die entsprechend ihren Ansprüchen an Klima, Boden bzw. Topferde, Düngung und Bewässerung kultiviert werden, sind kräftig und widerstandsfähiger gegenüber Krankheiten und Schädlingen. Das Kleingewächshaus bietet den Vorteil, daß man das Klima hinsichtlich Temperatur, Licht und Luftfeuchtigkeit regeln kann. Wer mehrere Kabinen mit unterschiedlichen Bedingungen in seinem Gewächshaus hat, kann die Pflanzen der entsprechenden Kabine zuordnen. Wer nur ein kleines Gewächshaus ohne Abtrennungsmöglichkeit besitzt, entscheidet sich für ein bestimmtes Gewächshausklima und kultiviert nur Pflanzen, denen dieses Klima behagt.

Der Boden oder die Topferde muß zur jeweiligen Pflanzenart passen. Eine Azalee, eine Kamelie oder eine andere kalkempfindliche Pflanze wird ein kalkhaltiges Substrat mit dem Aufhellen der Blätter und Kümmerwuchs beantworten. Ein Rettich bildet in einem schweren, tonigen Boden keine schöne Form aus.

Auch die Düngung muß auf die Pflanzenart abgestimmt sein, da der Nährstoffbedarf sehr unterschiedlich ist. Überdüngte, aber auch unterernährte Pflanzen ziehen Schädlinge an. Überdüngung und damit verbundene hohe Salzkonzentrationen im Wurzelbereich können bei einigen Pflanzenarten zum Absterben der Feinwurzeln und damit zum Welken führen. Blattverfärbungen zeigen häufig eine gestörte Nährstoffaufnahme oder einen Nährstoffmangel an. Ein Vergilben der Blätter im unteren Bereich kann ein Zeichen von Stickstoffmangel sein. Das Gelbwerden der Blätter von Zitrusgewächsen läßt sich in der Regel auf Eisenmangel zurückführen (siehe auch Tabelle Seite 120).

Ein häufiger Kulturfehler sind zu hohe und zu häufige Wassergaben. Staunässe führt bei den meisten Pflanzen zum Absterben der Wurzeln, die Pflanze kann dann Wasser- und Nährstoffe nicht mehr aufnehmen und zeigt Welkeerscheinungen. Fälschlicherweise werden diese Welkeerscheinungen oft als Wassermangel gedeutet und es wird noch einmal kräftig nachgegossen. Falls die Pflanze nicht gleich daran eingeht, stellen sich verschiedene Pilzkrankheiten und Folgeschädlinge, wie beispielsweise Trauermücken, ein. Es ist ratsam, vor dem Gießen die Erde mit den Fingern auf ihren Feuchtigkeitsgehalt zu prüfen, bzw. muß die automatische Bewässerung den Pflanzenbedürfnissen gemäß eingestellt werden.

In zu nasser Erde findet oft auch eine Massenvermehrung von Springschwänzen (= Collembolen) statt. Diese kleinen, schmalen Urinsekten bewegen sich mit Hilfe einer Springgabel am Hinterleib. Meist nimmt man sie beim Gießen wahr, wenn sie auf dem Wasser in großer Anzahl »rumwurlen«. Sie sind in der Regel nicht schädlich, sondern ernähren sich von abgestorbener organischer Substanz und sind für die Umsetzung wichtig. In Kulturpflanzen empfinden wir sie als störend. Man wird sie los, indem man die befallenen Pflanzen umtopft und dann trockener hält.

Heimische Nutzinsekten anlocken und fördern

Organismen, die unsere Kulturpflanzen schädigen, bezeichnen wir als Schädlinge bzw. Schadorganismen, ihre natürlichen Widersacher als Nützlinge oder Nutzorganismen.

In der Natur haben die Schädlinge viele natürliche Feinde, die sich von diesen ernähren, indem sie sie aussaugen, auffressen oder parasitieren. Sie finden ihren Weg durch die Türen oder die Lüftungsklappen auch in die Kleingewächshäuser. Zu den bei uns heimischen Nutzinsekten gehört der Marienkäfer, der im Laufe seines Lebens bis zu einigen 100 Blattläuse vertilgen kann, die Florfliege, deren Larve vor allem Blattläuse, aber auch andere Schädlinge aussaugt, und die Schlupfwespe, die ihre Beute parasitiert und damit zum Absterben bringt. Auch Schwebfliegen, Raupenfliegen, Weichkäfer und räuberische Blumenwanzen sind nützliche Insekten und helfen die Schädlinge in Schach zu halten.

»Chemische« Pflanzenschutzmittel haben sehr häufig eine abtötende Nebenwirkung auf Nützlinge. Das gleiche gilt auch für Präparate mit dem Wirkstoff Pyrethrum. Auch wenn er aus Pflanzen gewonnen wurde, verschont er die Nützlinge nicht. Selbst nützlingsschonende Mittel schädigen Nützlinge, allerdings zu einem geringeren Prozentsatz. Spritzmittel sollten daher mit Bedacht eingesetzt werden, um die natürlichen Feinde der Kulturschädlinge nicht unnötig zu dezimieren.

Je abwechslungsreicher ein Garten ist, desto mehr bietet er Nützlingen Lebensraum. In einem »saubergeleckten« Garten findet sich kaum ein Überwinterungsplätzchen für Marienkäfer und Florfliege. Viele der Nutzinsekten werden von pollen- und nektarspendenden Blütenpflanzen angelockt, da sie diese Kraftnahrung für ihren Entwicklungszyklus brauchen.

Blühende Bäume, Sträucher, Stauden und Sommerblumen fördern Nutzinsekten. Wer frühjahrsblühende Pflanzen, wie beispielsweise Narzissen, Forsythien und Schlehen, in seinem Garten hat, den werden die Nützlinge schon frühzeitig im Jahr besuchen. Eine gute Lockwirkung haben auch viele blühende Kräuter und Gewürzpflanzen wie Kümmel, Beifuß und Liebstöckel. Geeignete einjährige Blütenpflanzen sind beispielsweise Ringelblume, Schmuckkörbchen, Bienenfreund *(Phacelia), Tagetes* und Schleifenblume *(Iberis)*.

Die richtige Diagnose – Voraussetzung für den Bekämpfungserfolg

Um einen Befall mit Schädlingen und Krankheiten rechtzeitig festzustellen, sollte man seine Pflanzen regelmäßig kontrollieren. Bei diesen Kontrollgängen ist es hilfreich, eine Lupe dabeizuhaben. Wer Pflanzen im Gewächshaus oder Wintergarten überwintert, kontrolliert sie vor dem Einräumen auf Krankheiten und Schädlinge, um sie gegebenenfalls zu behandeln, bevor sie mit anderen Pflanzen in engeren Kontakt kommen und diese anstecken können.

Um die passenden Gegenmaßnahmen beim Auftreten von Schadsymptomen ergreifen zu können, muß auch beim »Patient Pflanze« zunächst die richtige Diagnose gestellt werden. Wer Hilfe bei der Diagnose benötigt, kann sich beispielsweise an Beratungsstellen für Hobbygärtner oder Pflanzenschutzämter wenden. Dabei werden folgende Angaben zum »Patienten« benötigt:
- Pflanzenart, -alter und -größe, allgemeines Erscheinungsbild,
- Beschreibung des Schadbildes,
- Standortbedingungen und Pflege der Pflanze.

Krankheiten und Schädlinge im Überblick

Krankheit/ Schädlinge	Symptome/Merkmale	Befallene Pflanzen	Bekämpfungsmöglichkeiten
Tierische Schädlinge			
Weiße Fliege	durch Honigtau verklebte Blätter, später Rußtau; Weiße Fliege – erwachsene Tiere an oberen Blättern, sichtbare Larven und Puppen an unteren Blättern	viele Gemüse z. B. Gurken, Tomaten, viele Zierpflanzen, z. B. Fuchsie, Engelstrompete, Weihnachtsstern	vorbeugend: beleimte Gelbtafeln aufhängen biologisch: mit Erzwespe (*Enarsia formosa;* frühzeitig!) sonstige: mehrmals im Abstand von 6–7 Tagen mit Neudosan oder Pyrethrum-Mittel (z.B. Spruzit) spritzen
Rote Spinne, Spinnmilbe	Blattsprenkelungen und -aufhellungen; auf der Blattunterseite winzige, als Pünktchen sichtbare Tiere; feine Spinnweben (erst bei stärkerem Befall)	viele Gemüse z. B. Gurken, Bohnen, viele Zierpflanzen, z. B. Hibiskus, Efeu	vorbeugend: tagsüber die Luftfeuchtigkeit durch Sprühen erhöhen biologisch: mit Raubmilbe (*Phytoseiulus persimilis;* frühzeitig!) sonstige: mehrmalige Spritzungen mit Neudosan oder Pyrethrum-Mittel, an hartlaubigen Pflanzen auch Blattglanzsprays
Blattläuse	durch Honigtau verklebte Blätter, später Rußtau; 1–3 mm große Blattläuse blattunterseits, oft in Kolonien; Wuchshemmungen, Blattmißbildungen	viele Gemüse, z. B. Gurken, Tomaten, viele Zierpflanzen, z. B. Engelstrompete, Hibiskus	vorbeugend: bedarfsgerechte Düngung, keine Stickstoffüberversorgung biologisch: mit Florfliegen *(Chrysoperla carnea)*, Gallmücke, *(Aphidoletes aphidimyza)*, Schlupfwespe *(Aphidius matricaria)* u. a. sonstige: mehrmalige Spritzungen mit Neudosan oder Pyrethrum-Mittel (z. B. Spruzit)
Thripse	Blattsprenkelungen; 1–2 mm lange, schlanke Tiere; winzige, dunkle, glänzende Kotflecken. Bei Blütenpflanzen findet man die Tiere in den Blüten, Sprenkelungen an den Blüten	viele Gemüse, z. B. Gurke, Paprika, viele Zierpflanzen, z. B. Usambara, Gerbera, Blattpflanzen	vorbeugend: tagsüber die Luftfeuchtigkeit durch Sprühen erhöhen, blaue Leimtafeln biologisch: vorbeugend mit den Raubmilben (*Amblyseius cucumeris* oder *A. barkeri*), ansonsten mit räuberischen Wanzen (*Orius* sp.) sonstige: mehrmalige Spritzungen mit Pyrethrum-Mitteln, an hartlaubigen mit Mineralölpräparaten (z. B. Promanal, Para-Sommer) oder Rapsölpräparaten (z. B. schädlingsfrei Naturen)

Minierfliegen	Miniergänge in den Blättern; teilweise Blätter von Einstichstellen übersät	Gemüse, z. B. Gurke, Tomate, Zierpflanzen, z. B. Gerbera, Chrysanthemen	vorbeugend: beleimte Gelbtafeln, erste befallene Blätter entfernen und vernichten biologisch: mit den Schlupfwespen *Dacnusa sibirica* und *Diglyphus isaea.*
Dickmaulrüssler	Blätter vom Rand her buchtenartig angefressen, Larven fressen an den Wurzeln	viele Zierpflanzen, z. B. Azaleen, Rhododendron Erdbeeren	vorbeugend: keine befallenen Pflanzen oder Erde ins Gewächshaus bringen biologisch: mir räuberischen Nematoden sonstige: befallene Pflanzen umtopfen, Käfer und Larven absammeln
Woll- und Schmierläuse	kleine wattebauschartige Nester, Läuse durch weiße Wachsausscheidungen geschützt; Honigtauausscheidungen, später Rußtau	vor allem an Zierpflanzen	biologisch: mit dem Marienkäfer *Cryptolaemus montrouzieri* sonstige: zerdrücken; hartlaubige Pflanzen mit Blattglanzmitteln oder anderen Mineralölpräparaten spritzen
Schildläuse	runde oder ovale, bräunliche Erhebungen, die sich abkratzen lassen; Ausscheidung von Honigtau, Schwächung der Pflanzen	vor allem an hartlaubigen Zierpflanzen	mit Mineralölpräparaten (z. B. Promanal, Para-Sommer) spritzen
Wurzelläuse	Wachstumshemmungen der Pflanzen; an den Wurzeln kleine mit Wachsausscheidungen bedeckte Insekten	Kakteen und andere Zierpflanzen, Salat (Läuse ohne Wachsbelag)	Austopfen, Wurzelballen in Neudosan- (2 %ig) oder Pyrethrum-Mittel-Lösung (0,1 %ig) tauchen und in frische Erde topfen; bei Salatanbau: Nachbarschaft von Pappeln vermeiden, befallene Pflanzen möglichst schnell ernten, Wurzelbereich feucht halten
Trauermücken	Erwachsene Mücken schwirren über der Erde; in der Erde glasig weiße Larven mit dunkler Kopfkapsel	Aussaaten, Topfpflanzen	vorbeugend: optimale Keimbedingungen, weniger gießen; beleimte Gelbtafeln aufhängen biologisch: mit räuberischen Nematoden sonstige: befallene Topfpflanzen umtopfen und weniger gießen

Fortsetzung

Krankheit/ Schädlinge	Symptome/Merkmale	Befallene Pflanzen	Bekämpfungsmöglichkeiten
Springschwänze	beim Gießen »wurlen« winzige Insekten auf der Erd- oder Wasseroberfläche	Topfpflanzen	vorbeugend: Pflanzen trockener halten sonstige: befallene Pflanzen umtopfen und weniger gießen
Raupen	große Fraßstellen durch Larven von Faltern	vor allem an Kohlgewächsen durch Kohlweißlinge	absammeln oder biologisch mit *Bacillus thuringiensis*-Präparat
Schnecken	große Fraßstellen, Schleimspuren	viele Gemüse, Erdbeeren, Zierpflanzen	absammeln, Bierfallen
Krankheiten durch Pflegefehler (siehe auch Tabelle: Die wichtigsten Pflanzenschäden durch falsche Ernährung, Seite 120)			
zu niedrige Luftfeuchtigkeit	Blattspitzen braun	häufig bei Topfpflanzen im Zimmer oder Wintergarten	Luftfeuchtigkeit erhöhen (sprühen, Wasserschalen aufstellen u. a.)
Staunässe	Welkeerscheinungen	häufig bei Topfpflanzen	umtopfen, dabei kranke Wurzeln entfernen; weniger gießen
Lichtmangel	lange, blattarme Triebe, Kümmerwuchs	bei allen Pflanzenarten möglich	Standortwechsel oder Zusatzbelichtung
zu hohe oder zu niedrige Temperaturen	anormales Wachstum, Kümmerwuchs, Absterbeerscheinungen	bei allen Pflanzenarten möglich	kalte Zugluft und starke Temperaturschwankungen vermeiden, bedarfsgerechte Temperaturführung
Krankheiten durch Virusinfektion			
Virosen	Wachstumsstörungen, Mißbildungen, Absterbeerscheinungen, mosaikartige Blattscheckungen	bei vielen Gemüsen, z. B. Gurke, Tomate, bei Erdbeeren und Zierpflanzen	virusresistente Sorten bevorzugen, befallene Pflanzen entfernen (es gibt keine Spritzmittel gegen Virosen)

Krankheiten durch Bakterieninfektion			
Bakteriosen	Blattflecken, oft gefolgt von Blattfall (Blattflecken werden aber auch von pilzlichen Erregern, Schadinsekten, unsachgemäßen Spritzungen und mehr verursacht)	an vielen Pflanzen, z. B. Geranien, Begonien	vorbeugend: trockene Kulturführung, Widerstandsfähigkeit stärken sonstige: erkrankte Pflanzenteile entfernen, bei stärkerem Befall gesamte Pflanze entfernen
	Stengelfäulen (können auch durch pilzliche Erreger hervorgerufen werden)	an Gemüsen und Zierpflanzen	Stengelfäulen treten vorwiegend bei zu feuchtem Boden oder Substrat auf, eine vorbeugende Maßnahme ist die trockene Kulturführung, befallene Pflanzen müssen entfernt werden (es gibt keine Heilungsmöglichkeit)
Krankheiten durch pilzliche Erreger			
Grauschimmel *(Botrytis)*	grauer, stäubender Sporenbelag	an Erdbeerfrüchten, an Salat u. a., Gemüsen, an Zierpflanzen	vorbeugend: nicht über die Pflanzen gießen, für schnelles Abtrocknen der Pflanzen sorgen, erste Faulstellen beseitigen (ausputzen), für luftigen Stand sorgen, Neudo-Vital vorbeugend spritzen
Echter Mehltau	mehlartiger Belag auf der Blattoberseite, zunächst nur wie ein Hauch, später Blätter pudrig belegt	vor allem an Gurke, Rose, Begonie, Stauden, Wein	vorbeugend: resistente Sorten wählen, Neudo-Vital spritzen sonstige: Netzschwefelpräparate, Lecithin-Präparate, z. B. Bioblatt (frühzeitig!)
Falscher Mehltau	blattoberseits gelbliche Flecken, blattunterseits weißer Sporenbelag	vor allem an Tomate, Salat, Rose, Erdbeere, Wein	vorbeugend: reichlich Lüften, Luftfeuchte niedrig halten, luftige Standweiten, nicht über die Pflanzen gießen, resistente Sorten wählen sonstige: befallene Pflanzenteile oder ganze Pflanze entfernen
Keimlingskrankheiten	ungleichmäßiges Auflaufen, Keimlinge fallen um und sterben ab	an Aussaaten	für optimale Keimbedingungen sorgen (genügend Wärme und Licht), nicht zu eng säen, zugekaufte Aussaaterde verwenden
Rostpilze	stäubende rostbraune Sporenlager an der Blattunterseite, blattoberseits helle Verfärbungen	besonders an Rosen, Begonien, Fuchsien	für luftige Standweite sorgen, vorbeugend mit Neudo-Vital spritzen, befallene Blätter entfernen
Kohlhernie	Kümmerwuchs, knollenartig verdickte Wurzeln	an Kohl und anderen Kreuzblütlern	vorbeugend: weitgestellte Fruchtfolge, gute Bodenstruktur, bei Auftreten der Krankheit 4 Jahre lang keine Kreuzblütler auf die Fläche
Blattfleckenpilze	Blattflecken, oft gefolgt von Blattfall	an Gemüsen und Zierpflanzen	Bekämpfung wie bei Bakteriosen

Etwa 3 Wochen nach dem Einsatz der Erzwespe erkennt man an der dunklen Verfärbung der Larven den Erfolg. Aus diesen Larven entstehen keine neuen Weiße Fliegen mehr, sondern die nächste Nützlingsgeneration.

- Wann ist der Schaden erstmals aufgetreten und wie war der bisherige Schadensverlauf?
- Welche Gegenmaßnahmen wurden bisher ergriffen?

In vielen Fällen ist es sinnvoll, kranke Pflanzen oder Teile davon an die Beratungsstelle mitzuschicken bzw. mitzubringen. Das Pflanzenmaterial sollte möglichst frisch entnommen sein und die verschiedenen Befallsstadien zeigen. Für den Versand oder den Transport werden die Blätter oder andere Pflanzenteile in einen gut verschließbaren Plastikbeutel gegeben. Oberirdische und unterirdische Pflanzenteile werden getrennt verpackt, damit nicht die gesamte Probe verschmutzt wird. Käfer, Raupen und andere größere Schädlinge können in verschraubbaren Gläsern mitgebracht werden, jeweils mit etwas »Futtermaterial«.

Biologischer Pflanzenschutz – Einsatz von Nützlingen

Häufig wird der Begriff »Biologischer Pflanzenschutz« für alle umweltgerechten Maßnahmen gegen Krankheiten und Schädlinge verwendet. Biologischer Pflanzenschutz im eigentlichen Sinne meint aber den gezielten Einsatz von Lebewesen (Nützlingen), um Pflanzen gesund zu erhalten. Diese Methode ist der Natur abgeschaut. In einem ökologischen Gleichgewicht hat jeder »Schädling« einen oder mehrere natürliche Gegenspieler, eben den »Nützling«, der ihn unter Kontrolle hält. Das Kleingewächshaus ist ein intensiv genutzter Kulturraum mit veränderten Klimabedingungen. Hier können sich Schädlinge unter Umständen besonders gut vermehren. Viele Schädlinge, die im Kleingewächshaus auftreten, sind nicht bei uns heimisch, sondern mit importierten Pflanzen eingeschleppt worden. Sie fühlen sich im Gewächshaus und auf der Fensterbank wie zu Hause und können sich ohne ihre natürliche Feinde stark ausbreiten.

Nützlingsproduzenten sind darauf spezialisiert, die natürlichen Feinde der Schädlinge in Massen zu vermehren, damit der Gärtner oder Hobbygärtner sie dann gezielt zur Schädlingsbekämpfung einsetzen kann. Der Nützlingseinsatz hat keine schädlichen Nebenwirkungen auf die Pflanze (Insektizidspritzungen können den Pflanzenwuchs und den Ertrag negativ beeinflussen: Eine Spritzung kostet eine Gurke!) oder den Menschen.

Voraussetzung für einen erfolgreichen Nützlingseinsatz ist die frühe und richtige Diagnose des Schädlings und der rechtzeitige Einsatz des Nützlings unter Erfüllung seiner Temperatur- und Luftfeuchtigkeitsansprüche. Die Nützlinge sollten sofort nach Erhalt ausgebracht werden. Die Packung öffnet man erst am Bestimmungsort, damit keine Nützlinge verloren gehen können.

Ist der Befall bereits hoch, kann die Schädlingszahl vor dem Nützlingseinsatz mit einer Schmierseifen-Lösung (Neudosan, Kaliseife) oder einem anderen Mittel, das keine Langzeitwirkung auf Nützlinge haben darf, reduziert werden.

Nachfolgend werden die wichtigsten Möglichkeiten der biologischen Schädlingsbekämpfung im Kleingewächshaus beschrieben. Literaturhinweise sowie Bezugsquellen für Nützlinge geben wir im Anhang dieses Buches. Die Nützlingsproduzenten senden auf Anfrage Informationsmaterial zu.

Die Erzwespe gegen die Weiße Fliege

Die Weiße Fliege *(Trialeurodes vaporariorum, Bemisia tabaci),* auch Mottenschildlaus genannt, ist ein häufiger Kulturschädling an Gemüsen und Zierpflanzen. Fuchsien, Engelstrompeten, Weihnachtssterne und Tomaten sind nur einige ihrer Lieblingspflanzen.

Das erwachsene Tier ist etwa 1,5 mm lang und ähnelt einer kleinen, weißen Motte. Schüttelt man die Pflanze, fliegt sie auf. Das Weibchen legt seine winzigen Eier bevorzugt an den Blattunterseiten der oberen Blätter ab. Aus den Eiern schlüpfen die Larven, die sich bald festsetzen und damit beginnen, Pflanzensaft zu saugen. Mit bloßem Auge erkennt man eher die älteren Larven, die sich durch das Pflanzenwachstum bedingt, an den Blättern weiter unten befinden. Die Larve verwertet hauptsächlich die Eiweißstoffe des Pflanzensaftes, den zuckerhaltigen Rest scheidet sie wieder aus. Auf diesen klebrigen, »Honigtau« genannten Ausscheidungen siedeln sich gerne Rußtaupilze an, wodurch die Pflanzenaktivität stark beeinträchtigt werden kann.

Die Weiße Fliege wurde bei uns eingeschleppt. Bei längeren Perioden mit Temperaturen unter 0 °C stirbt sie. Unsere kontinentalen Winter kann sie im Freien nicht überleben. Der natürliche Gegenspieler der Weißen Fliege ist die Erzwespe *(Encarsia formosa).* Es handelt es sich hierbei um ein 0,6 mm großes Insekt, das mit bloßem Auge kaum erkennbar ist. Die Weibchen parasitieren die Larven der Weißen Fliege, indem sie ein Ei hineinlegen. Außerdem töten sie junge Weiße Fliegen-Larven zur Nahrungsaufnahme. In der parasitierten Weißen Fliegen-Larve entwickelt sich eine neue Erzwespe, und die Larve färbt sich langsam dunkel. Zum Schluß stirbt sie ab und eine junge Erzwespe schlüpft heraus.

Der Einsatz der Erzwespe, zur Bekämpfung der Weißen Fliege im Kleingewächshaus ist kinderleicht. Man erhält schlupfbereite Erzwespen vom Nützlingsproduzenten auf Kärtchen. Die Kärtchen verteilt man im Pflanzenbestand. Nach dem Schlupf machen sich die jungen Erzwespen auf die Suche nach Weiße Fliege-Larven, um sie zu parasitieren und damit abzutöten.

Damit die Erzwespen rechtzeitig bestellt und eingesetzt werden können, werden die Pflanzen regelmäßig kontrolliert. An den oberen Blättern und durch Schütteln findet man die erwachsenen Tiere, an den unteren Blättern die älteren Larven. Bereits bei der ersten gefundenen Weißen Fliege sollten Erzwespen bestellt werden, denn wenn man ein Tier findet, kann man mit 10 anderen Weiße Fliege-Weibchen rechnen, die, irgendwo versteckt, jeweils bis zu 350 Eier ablegen.

Für einen erfolgreichen Erzwespeneinsatz sollte die Temperatur über 15 °C, besser über 18 °C liegen. Die Tiere überleben zwar auch Temperaturen bis etwa 2 °C, jedoch ist ihre Entwicklungsgeschwindigkeit und ihre Vermehrungsrate bei niedrigen Temperaturen für eine erfolgreiche Bekämp-

Rechts: Weibchen der Raubmilbe *Phytoseiulus persimilis)* saugt ein Spinnmilbenweibchen aus.

Im Gewächshaus schädigt die Gemeine Spinnmilbe (Tetranychus urticae).

Rechte Seite mitte: Die Larve der Florfliege hat große, scharfe zangenartige Kiefer, mit denen sie ihre Beute ergreift. Sie lebt normalerweise von Blattläusen, frißt aber auch andere Insekten.

Rechte Seite unten: Erwachsene Florfliege, *Chrysoperla carnea.*

fung zu gering. Optimal sind Temperaturen von 20 bis 25 °C und eine Luftfeuchtigkeit von 60 bis 70 %. Wichtig für die Aktivität der Erzwespe ist aber auch die Lichtstärke. Sie benötigt mindestens 4.200 Lux. Dieser Wert wird meist ab Februar auch ohne Zusatzbelichtung erreicht.

Die Raubmilbe gegen die Rote Spinne

Die Rote Spinne *(Tetranychus urticae),* auch Spinnmilbe genannt, ist nur etwa 0,6 mm groß, aber ein gefährlicher Schädling, gerade weil sie so klein ist und man sie schlecht sieht. Sie ernährt sich vom Pflanzensaft und kann die Pflanze durch Besaugen soweit schädigen, daß sie abstirbt.

Zunächst findet man nur leichte, helle Sprenkelungen der Blättern, später werden diese dann ganz fahl bis bronzefarben. Dreht man befallene Blätter um, sieht man winzige Pünktchen, die sich eher langsam bewegen. Eine Lupe hilft bei der Diagnose. Im Winter ist die Rote Spinne oft leuchtend rot gefärbt, im Sommer ist sie hell mit dunklen Flecken an den Seiten. Ein typisches Kennzeichen bei stärkerem Befall sind die feinen Gespinste und die weißlichen Häutungsreste der Tiere.

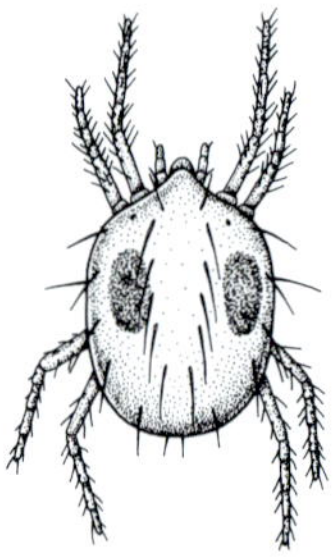

Der natürliche Gegenspieler der Roten Spinne ist die Raubmilbe *(Phytoseiulus persimilis).* Sie ernährt sich ausschließlich von Spinnmilben. Hat sie alle Spinnmilben ausgesaugt, wandert sie ab oder stirbt aus. Die Raubmilbe ist ungefähr so groß wie die Spinnmilbe, aber kugeliger, glänzend rot und flinker.

Bei regelmäßigen Kontrollen der Pflanzen im Kleingewächshaus sollte genau auf Blattsprenkelungen geachtet werden. Auch die Blattunterseiten werden kontrolliert, um die Tiere festzustellen. Sobald man die ersten Spinnmilben findet, bestellt man Raubmilben beim Nützlingsproduzenten. Raubmilben werden auf Blättern oder einem anderen Trägermedium verschickt. Sie werden einfach nach Anleitung im Bestand ausgebracht und verteilen sich dann von selbst.

Raubmilben haben relativ hohe Ansprüche an die Temperatur und die Luftfeuchtigkeit. Sie sterben zwar erst bei Temperaturen unter 5 °C ab, für eine erfolgreiche Spinnmilbenbekämpfung sollte die Temperatur mindestens einige Stunden pro Tag über 16 °C und die Luftfeuchtigkeit über 50 % liegen. Optimal ist eine Temperatur von 22 bis 25 °C und eine relative Feuchte von 70 bis 80 %. Die Bekämpfung der Roten Spinne *(Tetranychus urticae)* mit der Raubmilbe *(Phytoseiulus persimilis)* hat sich im Erwerbs- und Hobbygartenbau bereits gut bewährt. Seit kurzem werden 2 neue Raubmilbenarten (*Metaseiulus occidentalis* und *Typhlodromis pyri*) gegen verschiedene Spinnmilbenarten angeboten.

Oben: Die Larven der Gallmücken saugen vom Körperinhalt der Blattläuse, die danach zugrunde gehen.

Die biologische Bekämpfung von Blattläusen

Blattläuse sind sehr häufige Schädlinge im Freiland und im Gewächshaus. Je nach Art sind sie unterschiedlich gefärbt und verschieden groß. Es gibt geflügelte und ungeflügelte erwachsene Tiere. In den Sommermonaten sind die Weibchen lebendgebärend und man findet häufig Kolonien mit einem erwachsenen Tier und vielen jungen drumherum. Die Vermehrungsrate von Blattläusen ist sehr groß.

Blattläuse schädigen die Pflanzen durch Besaugen und sind häufig auch Überträger von pflanzlichen Viruskrankheiten. Wie die Larven der Weißen Fliege produzieren auch sie Honigtau, auf dem sich später Rußtaupilze entwickeln.

Blattläuse können mit verschiedenen Nützlingen bekämpft werden. Ein Gegenspieler ist die Gallmücke *(Aphidoletes aphidimyza)*, deren Larve in einer Woche 20 bis 50 Blattläuse aussaugen kann. Auch die Larve der Florfliege *(Chrysoperla carnea)* ist räuberisch. Sie ernährt sich außer von Blattläusen auch von anderen kleinen Insekten, deren Larven und Eiern. Ein weiterer Blattlausfeind, der beim Nützlingsproduzenten bestellt werden kann, ist die Schlupfwespe *(Aphidius matricariae)*. Die Weibchen legen jeweils ein Ei in eine Blattlaus. Die geschlüpfte Larve ernährt sich von der Blattlaus, verpuppt sich in ihr und schlüft dann durch eine kreisrunde Öffnung. In der letzten Phase der Parasitierung wirkt die Blattlaus wie aufgeblasen und hat eine kupferartige, glänzende Färbung angenommen. Zurück bleibt nur die leere, verlassene »Blattlausmumie«.

Alle 3 erwähnten Blattlausfeinde können bestellt werden, sind aber bei uns auch heimisch und stellen sich häufig von selbst ein. Weitere Blattlausfeinde, die bei uns heimisch sind, aber seit neuerer Zeit auch von Nützlingszüchtern angeboten werden, sind der Siebengepunktete Marienkäfer *(Coccinella septempunctata)* und 2 weitere Schlupfwespen (*Praon* sp. und *Aphelinus abdominalis*).

Die biologische Bekämpfung von Thripsen

Thripse sind schmale, 1 bis 2 mm lange Insekten, die Blatt-, Blüten- und Fruchtschäden an Zier- und Gemüsepflanzen hervorrufen und auch Viruskrankheiten übertragen können. Man findet sie hauptsächlich in den Blüten und auf den Blattunterseiten der Pflanzen. Mit dem bloßen Auge nimmt man sie als dunkle, manchmal gestreifte, kleine Striche wahr. Die Larven sind heller gefärbt und oft etwas »bauchiger«. An befallenen Blättern findet man winzige, glänzende Kotttröpfchen.

Mit Raubmilben (*Amblyseius barkeri* und *A. cucumeris*) können Thripse biologisch bekämpft werden. Diese Raubmilbenarten können sich ersatzweise auch von Spinnmilben und Blütenpollen ernähren. Sie werden am besten vorbeugend eingesetzt. Ihre Ansprüche an die Luftfeuchtigkeit sind allerdings hoch.

Ein weiterer Nützling zur Bekämpfung von Thripsen ist die Räuberische Blumenwanze (*Orius* sp.), die in verschiedenen Arten bei uns heimisch ist und sich häufig von alleine im Gewächshaus ansiedelt. Sie kann auch beim Nützlingsproduzenten bestellt und gezielt eingesetzt werden. Verschiedentlich wurden auch gute Erfahrungen mit dem Einsatz der Florfliege *(Chrysoperla carnea)* gegen Thripse gemacht.

Erwachsener Thrips (stark vergrößert).

Die biologische Bekämpfung von Minierfliegen

Die etwa 2 mm großen Minierfliegen können je nach Art die Blätter mit Einstichstellen übersäen, aus denen sie Pflanzensaft aufsaugen. Ihre Eier legen die weiblichen Tiere in das Blatt hinein. Die geschlüpften Larven fressen sich durch das Blattgewebe und hinterlassen die typischen Miniergänge. Die Verpuppung der Minierfliege findet je nach Art im oder am Blatt oder im Boden statt.

Zwei bei uns heimische Schlupfwespen (*Dacnusa sibirica* und *Diglyphus isaea*), die Minierfliegenlarven parasitieren und damit zum Absterben bringen, werden von Nützlingszüchtern vermehrt und können gezielt eingesetzt werden. Häufig stellen sich diese Nützlinge auch von alleine ein.

Die biologische Bekämpfung von Trauermücken

Die Larven von Trauermücken (Sciaridae) können in Stecklings- und Jungpflanzenbeständen massiven Schaden anrichten, älteren, gesunden Pflanzen können sie nur bei extrem hohem Befallsdruck etwas anhaben.

Die erwachsenen Trauermücken sind 1 bis 11 mm lang, die im Gewächshaus häufigste Art *(Bradysia paupera)* ist 3 mm lang. Sie sind schlank mit einem kleinen Kopf, langen Beinen und langen Antennen. Scheucht man sie auf, erscheint ihr Flug ungerichtet und taumelig. Die erwachsenen Tiere sind keine Pflanzenschädlinge. Das Weibchen legt seine Eier in die Erde, aus denen dann die 5 bis 11 mm langen, schlanken, durchscheinenden Larven mit schwarzer Kopfkapsel schlüpfen. Diese können Wurzeln und auf dem Boden liegende Blätter annagen und in die Stengel von Stecklingen dringen.

Ein Befall mit Trauermücken weist in der Regel auf einen Fehler in der Kulturführung hin. Bei zu feuchter Erde, Staunässe oder zu tief gesetzten Pflanzen stellen sich verschiedene Pilzkrankheiten im Wurzelbereich ein. Trauermücken werden von pilzbefallenem, lebendem Pflanzenmaterial angelockt. Sie ernähren sich primär von den Pilzen und dem befallenen Pflanzenmaterial.

Biologisch können Trauermücken mit einer insektenparasitären Nematode (*Steinernema* sp.) bekämpft werden. Die Tiere sind winzig klein und mit dem bloßen Auge nicht sichtbar. Sie werden mit Wasser als Trägermedium mit der Gießkanne ausgebracht. Die nützliche Nematode läßt sich in temperierten Kleingewächshäusern das ganze Jahr über einsetzen.

Trauermückenlarve *(Bradysia paupera)* nach der Parasitierung durch die mit bloßem Auge nicht sichtbaren insektenpathogenen Nematoden (*Steinernema* sp.).

Nach der erfolgreichen Bekämpfung empfiehlt es sich, die Erde trockner zu halten. Auch eine Auflage aus feinem Kies hält Trauermücken ab.

Australischer Marienkäfer gegen Woll- und Schmierläuse

Woll- und Schmierläuse sind hauptsächlich an Zierpflanzen im warmen Gewächshaus, Wintergarten oder an Pflanzen im Blumenfenster ein Problem. Sie können mit dem australischen Marienkäfer *(Cryptolaemus montrouzieri)* bekämpft werden. Für eine erfolgreiche Bekämpfung sollte die Temperatur über 20 °C liegen und auch die Luftfeuchtigkeit hoch sein. Sowohl die Larven als auch die erwachsenen Käfer sind räuberisch. Die erwachsenen Käfer haben einen orangeroten Kopf und schwarze Flügeldecken. Sie sind nicht gepunktet. Die Larven des Käfers tarnen sich und ähneln äußerlich stark den Wolläusen. Der Marienkäfer ist besonders bei höheren Schädlingsdichten erfolgreich. Mitunter verlassen die erwachsenen Käfer die Pflanzen, bevor alle Woll- und Schmierläuse restlos vertilgt sind.

Rechts: Von Nematoden befallene Dickmaulrüßlerlarven werden braun und sterben ab.

Die biologische Bekämpfung von Dickmaulrüsslern

Der gefurchte Dickmaulrüssler *(Otiorhynchus sulcatus)* und andere Dickmaulrüssler-Arten sind inzwischen gefürchtete Schädlinge an Wein, Zierpflanzen, Stauden, Gehölzen und Erdbeeren.

Der etwa 1 cm lange Käfer versteckt sich tagsüber im Boden und frißt nachts an den Blättern. In Mitteleuropa hat man bisher nur weibliche Tiere gefunden, die sich ohne Befruchtung fortpflanzen. Der Käfer ist flugunfähig und kann daher nur mit befallenen Pflanzen oder Erde eingeschleppt werden. Für ihn typisch ist der Blattrandfraß mit den halbmondförmigen Einbuchtungen. Die cremefarbenen, mit einer Kopfkapsel ausgestatteten Larven leben im Boden und schädigen die Pflanzen durch Wurzelfraß. Da der Käfer auch Dachgärten, Terrassen, Balkone und Innenhöfe liebt und sich in diesen Bereichen zunehmend ausbreitet, wird er manchmal mit Containerpflanzen zur Überwinterung ins Gewächshaus gebracht.

Unten: Gefurchter Dickmaulrüßler *(Otiorhynchus sulcatus)*. Typisch ist der Buchtenfraß.

Im Freiland tritt der erwachsene Käfer ab Ende Mai auf und beginnt sofort mit dem Reifungsfraß und ab Ende Juni mit der Eiablage. Ab August schlüpfen die Larven, die dann im Boden überwintern und sich im Mai verpuppen. Im Kleingewächshaus kann dieser Zyklus durch die höheren Temperaturen jedoch verschoben sein bzw. treten auch während des Winters erwachsene Käfer auf.

Die Larven des Dickmaulrüsslers können mit einer insektenparasitären Nematode (*Heterorhabditis* sp. oder *Steinernema carpocapsae*) bekämpft werden. Die Nematoden werden mit dem Trägermedium Wasser mit einer Gießkanne ausgebracht. Die Bodentemperatur sollte über 12 °C liegen. Die Nematoden befallen die Larven des Dickmaulrüsslers und töten sie mit Hilfe von Bakterien von innen her ab. Sie haben jedoch keine Langzeitwirkung. Falls sich zur Zeit der Bekämpfung noch erwachsene Käfer im Gewächshaus befinden, muß die Behandlung wiederholt werden, da diese Käfer weitere Eier und damit Larven produzieren könnten.

Die biologische Bekämpfung von Stechmücken in Wasserbehältern

Das Larvenstadium von Stechmücken vollzieht sich in stehenden Gewässern, so auch in Regentonnen und anderen Wasserbehältern. Stellt man einen Besatz des Wasserbehälters mit Stechmückenlarven fest, kann man mit einem biologischen Präparat auf *Bacillus thuringiensis*-Basis (»Biomück«, »Neudomück«) Abhilfe schaffen. Der bakterielle Wirkstoff wirkt über die Verdauungsorgane. Die Larve stirbt ab und es können sich keine erwachsenen Mücken daraus entwickeln.

Die biologische Bekämpfung von Raupen

Auch gegen Raupen von Kohlweißlingen, Kleiner Frostspanner, Traubenwickler und anderen können Präparate auf *Bacillus thuringiensis*-Basis eingesetzt werden (z. B. »Neudorffs Raupenspritzmittel«). Die Raupen stellen bereits wenige Stunden nach Aufnahme des Wirkstoffes ihre Fraßtätigkeit ein.

Weitere Bekämpfungsmöglichkeiten von Schädlingen

Die biologische Schädlingsbekämpfung ist nur eine der Möglichkeiten, Pflanzenschädlinge umweltfreundlich und gleichzeitig wirkungsvoll zu bekämpfen. Bis jetzt wird noch nicht gegen jeden Schädling ein Nützling angeboten und in manchen Fällen können auch nicht die richtigen Temperatur- und Luftfeuchtebedingungen geschaffen werden. Unsicher ist der Bekämpfungserfolg mit Nützlingen, wenn der Schädlingsbefall bereits hoch ist und es zu lange dauern würde, bis die Nützlinge ihn auf ein pflanzenverträgliches Maß reduziert haben. In diesen Fällen müssen andere Maßnahmen ergriffen werden.

Nützlings- und umweltverträgliche Präparate

Viele Pflanzenschutzmittel haben eine langanhaltende Wirkung auf den Nützlingsbestand. Die Vermehrungsrate bzw. Zuwanderung der Nützlinge aus der Umgebung ist wesentlich geringer als die der Schädlinge, die gegen die Wirkstoffe oft auch wesentlich widerstandsfähiger sind. Als Folge einer Spritzung mit einem solchen Präparat breiten sich Schädlinge, die neu zufliegen, besonders schnell aus, da ihnen keine natürlichen Feinde mehr entgegenwirken. Auf derartige Mittel sollte verzichtet werden. Empfehlenswerter sind dagegen Pflanzenschutzmittel, die nützlingsschonend sind.

Im Gartenfachhandel werden dementsprechende Präparate (z. B. »Neudosan«) angeboten. Man kann Pflanzenschutzmittel auch selbst herstellen. Ein einfaches Rezept gegen Blattläuse beruht auf dem Einsatz von Schmierseifenlösung (150 bis 300 g reine Schmierseife werden in heißem Wasser gelöst und

Raupen des großen Kohlweißlings.

Rechte Seite oben: Wer Schneckenkorn einsetzen will, sollte es nicht direkt auf den Boden streuen, sondern nur einige Körner in einen leeren Plastikbecher geben und diesen seitlich hinlegen, damit die Schnecken an das Schneckenkorn gelangen.

dann auf 10 l Flüssigkeit mit kaltem Wasser aufgefüllt).

Die Schmierseifenlösung, aber auch das Pflanzenschutzmittel »Neudosan« (Kaliseife) wirken nur bei direktem Kontakt mit dem Schädling. Um die größtmögliche Wirkung zu erzielen, müssen die Pflanzen tropfnaß und auch blattunterseits gespritzt werden. Gegen Blattläuse, aber auch andere Schädlinge kann auch ein Mittel auf Rapsölbasis (z. B. »Schädlingsfrei Naturen«) eingesetzt werden. Bei schwerbekämpfbaren Schädlingen müssen die Behandlungen jeweils mehrmals wiederholt werden.

Schildläuse können an hartlaubigen Pflanzen mit Mineralölen wie Elefant-Sommeröl, Parasommer oder Blattglanzsprays bekämpft werden. Die Tiere ersticken unter dem Ölfilm. Treten Schildläuse an weichlaubigen, empfindlichen Pflanzen auf, so werden die »Schildchen« abgestreift und danach wiederholt (z. B. mit Schmierseifenlösung) gespritzt, um auch die kleinen, beweglichen Larvenstadien zu erwischen.

Insektenschutznetz – kaum zu sehen, aber wirkungsvoll.

Insektenschutznetze

Um den Zuflug und die Eiablage von Schädlingen zu verhindern, können

Insektenschutznetze oder -vliese im Garten und im Gewächshaus eingesetzt werden. Sie haben sich in der gärtnerischen Praxis bereits gut bewährt. Damit der Schädling nicht an die Pflanze gelangen kann, muß das Netz bzw. das Vlies dicht abschließen. Bei blühenden Pflanzen, die von Insekten bestäubt werden sollen, wird das Netz kurz vor der Blüte entfernt.

Absammeln von Schädlingen

Diese etwas mühevolle Pflanzenschutzmaßnahme wird man nur bei größeren Schädlingen oder wenn es keine andere Möglichkeit der Bekämpfung gibt, empfehlen. Relativ einfach absammeln kann man Raupen, Kartoffelkäfer und Schnecken. Stellt man an seinen Kübelpflanzen Schäden durch erwachsene Rüsselkäfer fest (halbmondförmige Einbuchtungen vom Blattrand her), so sollte man die Käfer frühmorgens, wenn sie noch kältestarr sind und sich nicht schnell genug verstecken können, absammeln.

Fallen und Köder

Auch im Kleingewächshaus können Mäuse zur Plage werden (z. B. wenn sie die Neuaussaaten ausgraben). Hier greift man am besten zur altbewährten Mausefalle.

Schnecken können mit Bierfallen gefangen werden. Dazu werden Becher oder Gläser mit Bier befüllt. Die Schnecken werden angelockt, fallen in den Behälter und ertrinken. Die Gefäße müssen regelmäßig geleert werden. Wer Schneckenkorn einsetzen will, kann jeweils einige Körner in leere Joghurt- oder Margarinebecher füllen und diese seitlich hinlegen. Die Schnecken werden angelockt, nehmen das Gift auf und sterben, ohne daß das Gift in den Gewächshausboden gelangt.

Eine nicht sehr appetitliche, aber schnell wirksame Tötungsmethode bei

Nacktschnecken ist das Durchschneiden mit einem scharfen Messer. Tagsüber suchen Schnecken kühle, feuchte Plätze im Gewächshaus auf. Legt man Bretter oder ähnliches aus, so verstecken sie sich darunter und man kann sie dort tagsüber finden und absammeln oder zerschneiden.

Farbige Leimtafeln helfen, einen Befall von Weißer Fliege (Gelbtafeln) oder Thripsen (Blautafeln) rechtzeitig festzustellen und reduzieren den Befall.

Asseln können mit halbierten, leicht ausgehöhlten, rohen Kartoffeln angelockt werden, die man mit der Schnittstelle nach unten auf den Boden legt. Die Asseln werden regelmäßig von den Ködern abgesammelt und vernichtet.

Ameisen können mit Köderdosen bekämpft werden. Sie tragen den Giftstoff aus der Köderdose in ihre Nester und füttern damit ihre Brut. Eine andere Möglichkeit ist die Anwendung von Vertreibungsmitteln. Die Tiere verlieren durch die Duftstoffe ihren Orientierungssinn und finden nicht ins Nest zurück, wo die Brut dann verhungert (z. B. »Loxiran-Ameisentropfen«).

Sonstige Bekämpfungsmöglichkeiten

Wer chemischen Pflanzenschutz betreibt, sollte sich für ein selektiv wirkendes Präparat entscheiden, damit Nützlinge nicht unnötigerweise geschädigt werden. Die Anwendungsvorschriften sind unbedingt zu beachten, damit nicht der Anwender oder die Pflanze geschädigt werden. Bei Gemüsen, Obst und Kräutern muß eine Wartezeit eingehalten werden, damit der Wirkstoff vor dem Verzehr abgebaut wird (oder nach den heutigen Verfahren nicht mehr nachweisbar ist). Die vorschriftsmäßige Wartezeit ist jeweils auf der Verpakkung angegeben. Vorher nicht erwartete negative Auswirkungen von Pflanzenschutzmitteln und anderen Chemikalien auf die Gesundheit und die Umwelt treten allerdings oft erst nach jahrelangem Einsatz zutage. Sicherlich ist dies ein guter Grund, den biologischen Methoden den Vorzug zu geben.

Weiße Fliege wird von Gelbtafeln angelockt und bleibt an der beleimten Fläche kleben. Bei höheren Pflanzen werden die Tafeln von der Decke gehängt, bei Topfpflanzen werden sie an Steckern befestigt.

Pyrethrum ist ein natürlicher Wirkstoff, der aus Pflanzen gewonnen wird und eine insektizide Wirkung hat. Über seine Giftigkeit auf den Menschen gibt es unterschiedliche Meinungen. Pyrethrum sollte auf jeden Fall mit Bedacht eingesetzt werden, denn es handelt sich hierbei um ein breitwirkendes Insektizid, daß Nützlinge nicht verschont. Viele dem natürlichen Pyrethrum verwandte Stoffe werden heute synthetisch hergestellt.

Die sicherlich unbeliebteste Pflanzenschutzmaßnahme ist die Entfernung einer Pflanze. Dennoch sollte man eine stark geschädigte Pflanze lieber wegwerfen, bevor sie weitere Pflanzen ansteckt. In manchen Fällen hilft auch das Ausschneiden besonders stark befallener Pflanzenteile.

Die Bekämpfung von Pilzkrankheiten

Pilzkrankheiten können sowohl an den Wurzeln als auch an oberirdischen Pflanzenteilen auftreten. Die Erreger leben in oder an den Pflanzen. Sie breiten sich vornehmlich durch Sporen aus, die meist mit Wind oder Luftzug verbreitet werden. Die Sporen können nur auskeimen, wenn sie das entsprechende feuchte Milieu vorfinden. Einige Erreger, wie beispielsweise die der Kohlhernie, können jahrelang im Boden überdauern, andere haften am Saatgut.

Vorbeugende Maßnahmen gegen Pilzkrankheiten

Vorbeugende Maßnahmen spielen zur Verhütung von Pilzkrankheiten eine besonders wichtige Rolle:
– Umfallkrankheiten von Keimlingen können durch optimale Auflaufbedingungen vermieden werden.
– Bei der Sortenwahl sollte resistenten Arten und Sorten der Vorzug gegeben werden.
– Die Pflanzen werden nicht zu eng aufgestellt, um ein zügiges Abtrocknen zu ermöglichen.
– Richtig ernährte und gepflegte Pflanzen sind widerstandsfähiger gegenüber Pilzkrankheiten. Stickstoffüberdüngung macht Pflanzen anfälliger.
– Die Sporen der meisten Pilzkrankheiten benötigen ein feuchtes Milieu auf der Pflanzenoberfläche, um auskeimen zu können. Gerade im Kleingewächshaus hat man die Möglichkeit das Klima zu regulieren, und Taubildung oder Nässe auf den Blättern kann vermieden werden. Besonders am Abend sollte nicht über die Pflanzen, sondern nur in den Wurzelbereich gegossen werden. Durch gezieltes Gießen an die Pflanze spart man nicht nur Wasser, sondern hält die Luft trockener. Der Gewächshausboden braucht nicht überall, sondern nur im Wurzelbereich der Pflanzen feucht zu sein. Selbst wenn er oberflächlich trocken wirkt, kann im Wurzelbereich noch genügend Wasser vorhanden sein. Die Fingerprobe gibt Aufschluß. Als technische Lösung bietet sich der Feuchtefühler (Tensiometer) an.
– Von Pilzkrankheiten befallene Pflanzenteile werden nach Möglichkeit entfernt, um eine Ausbreitung im Bestand zu verhindern. Abgestorbene Triebe werden immer zurückgeschnitten, abgefallene Blätter entfernt.
– Pflanzen, die im Kleingewächshaus kühl und bei dichtem Stand überwintert werden, schneidet man vor dem Einräumen zurück, damit die Luftzirkulation besser ist und sich keine Feuchtigkeit halten kann.
– Treten bodenbürtige Pilzkrankheiten auf, so darf die gleiche Pflanzenart mehrere Jahre nicht mehr auf der selben Fläche angebaut werden (auf Kübel- oder Sackkultur ausweichen).

Umweltverträgliche Präparate gegen Pilzkrankheiten

Im Gartenfachhandel werden umweltverträgliche Präparate auf Lecithinbasis oder auf Basis von natürlichen Fettsäuren und Pflanzenextrakten gegen Pilzkrankheiten angeboten (z. B. »Bioblatt« oder »Neudo Vital«). Diese Mittel wirken jedoch nur, wenn sie regelmäßig und vorbeugend eingesetzt werden.

Rapsöl (»Naturen«) – eigentlich als Insektenbekämpfungsmittel ausgewiesen – scheint außerdem bei vorbeugendem Einsatz eine Wirkung gegen Echte Mehltaupilze zu haben. Gegen Echten Mehltau kann außerdem Netzschwefel eingesetzt werden, gegen Falschen Mehltau Kupferoxychlorid-Präparate. Die genauen Anwendungsbereiche und -empfehlungen sind auf den Verpackungen ausgewiesen.

Unkrautbekämpfung

Unkraut, häufig auch Beikraut genannt, ist für die Kulturpflanze ein Konkurrent um Licht, Wasser und Nahrung. Außerdem kann es Krankheiten und Schädlingen einen Platz zur Überdauerung bieten.

Mechanische Unkrautbekämpfung

Unkraut sollte spätestens vor der Samenbildung durch Hacken oder Rausreißen entfernt werden. In einem größeren Gewächshaus können Maschinen zum Unkrauthacken eingesetzt werden, in den meisten Kleingewächshäusern wird man wohl selbst zur Hacke greifen müssen. Das Unkrauthacken hat noch andere positive Auswirkungen neben der Beseitigung des Unkrauts. Die obere Bodenschicht wird besser belüftet, die feinen Risse, durch die Wasser nach oben verdunstet, werden unterbrochen.

Mulchen

Durch Mulchen wird dem Unkraut oder Beikraut das Licht entzogen. Zum Mulchen eignen sich Mulchfolie, Mulchvliese, Mulchpapier und verschiedene organische und anorganische Abdeckmaterialien wie Stroh, Holzhäcksel, Rindenmulch und Splitt. Bei der Anwendung im Pflanzenbereich ist jedoch zu bedenken, daß einige dieser Materialien (z. B. Rindenmulch und Holzhäcksel) bei der Umsetzung Stickstoff festlegen, der den Kulturpflanzen dann fehlt. Daher muß zusätzlich Stickstoff (z. B. als Hornmehl) gegeben werden. Völlig problemlos sind diese Materialien unter Tischen und auf Wegen.

Sonstige Maßnahmen gegen Unkraut

Eine weitere Möglichkeit Unkraut am Auskeimen und Wachsen zu hindern ist, ihm das Wasser zu entziehen. Gieße ich nur in den Wurzelbereich meiner Kulturpflanzen und halte den Boden ansonsten trocken, so kann das Unkraut erst gar nicht auskeimen.

Unkraut an Wegen, zwischen Platten und unter Tischen kann über Hitzeeinwirkung (thermisch) bekämpft werden. Das Unkraut stirbt nach der Behandlung innerhalb kurzer Zeit ab. Geräte zur thermischen Unkrautbekämpfung, die ohne offene Flamme auskommen, gibt es inzwischen auch zum Anschluß an eine normale 220 Volt Steckdose (z. B. »Thermofix«).

Verzeichnisse

Marktübersicht für Kleingewächshäuser und Zubehör

Kleingewächshäuser, Wintergärten

B = Breite, L = Länge, F = Firsthöhe, D = Durchmesser, T = Tiefe bei Anlehngewächshäusern
Bausatz: Das Gewächshaus wird vom Käufer selbst montiert.
Montage: Das Gewächshaus wird von der Gewächshausfirma montiert.
Vormontage: Die Einzelteile werden vom Anbieter zu größeren Einheiten vormontiert, was den Aufbau vereinfacht.

Größe	Kennzeichen	Marken-/ Produktnahme	Wo zu bekommen/Hersteller
Foliengewächshäuser, freistehend			
B = 2,50 m L = 2,00–10,00 m F = 2,05 m	Bausatz zur Selbstmontage, feuerverzinkte Stahlrohrkonstruktion, UV-stabilisierte Folie, Spitzbogenform, 2 Faltverschlüsse		Baur/Terlinden
B = 2,00–5,00 m L = 2,00–12,00 m F = 1,90–2,80 m	Bausatz zur Selbstmontage, verschiedene Formen (Spitzbogenform, runde Dachform, u. a.), feuerverzinkte Stahlrohrkonstruktion, UV-stabilisierte PE-Folie, 1 Tür und 1 Spannbügelverschluß	verschiedene Typen	Beckmann
B = 2,70 L = 3,00 m F = 2,00 m	Bausatz zur Selbstmontage, gitterverstärkte Folie und Steckverbinder, Holz für die Konstruktion muß extra besorgt werden, 1 Tür	Delta-Kleingewächshaus	Gartencenter/ Ewald Dörken AG
Foliengewächshäuser, anlehnend			
T = 2 m L = 2,00–8,00 m F = 2,40 m	Bausatz zur Selbstmontage, feuerverzinkte Stahlrohrkonstruktion, UV-stabilisierte PE-Folie, Holzrahmen zur Stabilisierung	Typ AG	Beckmann

Glas- und Stegdoppelplattenhäuser, ebenerdig freistehend			
B = 2,02–2,48 m L = 2,64–6,32 m F = 2,25–3,10 m	Bausatz oder Montage, Aluminiumkonstruktion, Eindeckung Isolierglas und/oder Plexiglas-Stegdoppelplatten	Novalor/Luxaflor	Bartscher
B = 2,10–3,00 m L = 2,00–8,00 m F = 2,10–2,18 m	Bausatz zur Selbstmontage, feuerverzinkte Stahlkonstruktion, Eindeckung mit Glas oder Stegdoppelplatten	Hobby®/ Hobby®Mini	Baur/Terlinden
B = 2,56–4,61 m L = 1,96–10,00 m F = 2,20–2,80 m	Bausatz oder Montage, Aluminiumkonstruktion, Eindeckung 3 mm Gartenblankglas oder 4 mm Nörpelglas oder Sicherheitsglas oder Polycarbonat-Stegdoppelplatten oder Plexiglas-Stegdoppelplatten	Typ Allgäu/ Plantarium	Beckmann
B = 1,94–3,59 m L = 1,94–5,02 m F = 2,20–2,35 m	Bausatz oder Montage, Alu-Konstruktion, 3 oder 4 mm Glas- oder 6 oder 8 oder 10 oder 16 mm Stegdoppelplatten-Eindeckung	Hoklatherm u. Elite-Serie	Bormann
B = 2,26–2,75 m L = 2,20–6,00 m und länger F = 2,20–2,30 m	Bausatz oder Montage, feuerverzinkte Stahlkonstruktion, 4 oder 5 mm Glas- oder 10 mm Stegdoppelplatten-Eindeckung		Fischer
B = 2,49–4,06 m Raster: 0,78 m F = 2,12–2,57 m	Bausatz, auch mit Video- oder Diskettenanleitung, Alu-Konstruktion (thermisch getrennt), Stegdoppelplatten-Eindeckung, Stecksystem	Villa Flora/Flori	GSP
B = 1,95–2,59 m L = 2,57–5,67 m F = 2,08–2,27 m	Bausatz, Aluminium-Konstruktion, 3 oder 4 mm Glaseindeckung oder 16 mm Stegdoppelplatten	Biotop	Weiss/Gutmann
B = 2,00–5,04 m L = 1,93–9,30 m F = 2,22–3,12 m	Bausatz zur Selbstmontage, Alukonstruktion, Blankglas oder Plexiglas-Stegdoppelplatten, 1–10 Fenster mit automatischen Fensteröffnern serienmäßig ab 2,24 m Breite	Floratherm®	Krieger
B = 2,67–3,93 m L = 3,30–5,82 m F = 2,35–2,45 m	Bausatz zur Selbstmontage, Alu-Konstruktion (auch thermisch getrennt), alle Eindeckungsmaterialien möglich		Messerschmidt

Fortsetzung

Größe	Kennzeichen	Marken-/ Produktnahme	Wo zu bekommen/Hersteller
B = 2,36–6,04 m L = 2,36–9,02 m F = 2,36–3,35 m	Bausatz oder Montage, Aluminium-Konstruktion, fast alle Eindeckungsmaterialien		Palmen
B = 2,22–3,06 m L = 1,56–4,58 m F = 2,10–2,45 m	Selbstbau mit Hilfe von Videokassette, Alu-Konstruktion, 4 mm Nörpelglas oder 6 mm(10 mm/16 mm) Polycarbonat-Stegdoppel/-dreifachplatten-Eindeckung		Quelle-Versand
B = ab 2,07 m L = 3,14–6,21 m F = n. n.	Bausatz oder Montage, Aluminium-Konstruktion, 4 mm Gartenklarglas oder Isolierverglasung mit Zweischeiben-Isolierglas oder 16 mm Plexiglas-Stegdoppelplatten oder 6 mm Macrolon-Stegdoppelplatten		Schneider
B = 1,94–4,42 m L = 1,94–6,28 m F = 2,17–4,42 m	Montage, Vormontage oder Bausatz, Alu-Konstruktion – auf Anfrage auch thermisch getrennt, fast alle Eindeckungsmaterialien möglich	Thermo-Bauserie	Voss/Weiss
B = 2,55–3,58 m L = 1,96–15,00 m F = 2,17 m	Bausatz zur Selbstmontage, Alu-Konstruktion, Stegdoppel- und -dreifachplatten-Eindeckung		Wama
B = 2,33–3,16 m L = 2,33–6,01 m F = 2,32–2,79 m	Montage, Vormontage oder Bausatz, Alu-Konstruktion, 6/8/16 mm Stegdoppelplatten, viele serienmäßige Extras	Typ Köln/ Typ Köln Plus	Weiss
B = 3,78–4,56 m L = 3,06–6,01 m F = 2,32 m	Montage, Vormontage oder Bausatz, eine Dachschräge zum Boden hin verlängert, kann von außen bearbeitet werden, Alu-Konstruktion, 6 mm Stegdoppelplatten, viele serienmäßige Extras	Typ Rio	Weiss
B = 2–4 m L = 2–10 m F = 2,15–2,90 m	Bausatz, Alukonstruktion, 20 mm Plexiglas-Stegdoppelplatten, sehr gute Lüftungseinrichtungen	Princess	Wagner

Erdhäuser			
B = 2,26–3,75 m L = 2,20–6,00 m und länger	Bausatz oder Montage, feuerverzinkte Stahl-Konstruktion, 4/5 mm Glas- oder 10 mm Makrolon-Stegdoppelplatten-Eindeckung, Stehwand ragt 80 cm über den Boden heraus		Fischer
Runde Gewächshäuser, Pavillongewächshäuser			
D = 3,40 m F = 3,02 m	Montage oder Selbstmontage, Alu-Konstruktion, Kombi-Verglasung mit Isolierglas und Plexiglas-Stegdoppelplatten	Novaflor rondo	Bartscher
D = 3,09 m F = 2,70 m	Montage oder Selbstbau, Aluminium-Konstruktion, Kombi-Verglasung von Isolierglas und 16 mm Stegdoppelplatten oder Blankglas und 8 mm Stegdoppelplatten		Palmen
D = 1,50–4,50 m F = 2,60–3,60 m	Montage, Vormontage oder Bausatz, achteckig – aber auch sechseckig oder oval möglich – thermisch getrennte Alu-Konstruktion, verschiedene Kombi-Verglasungen mit 4 mm Blankglas, 16 mm Isolierglas oder 16 mm Plexiglas-Stegdoppelplatten	Thermo	Voss, Weiss
Mehrgiebelige Gewächshäuser			
Sonderanfertigungen auf Bestellung			Bartscher
B = bis 12,58 m L = 8,30 m F = n. n.	Bausatz oder Montage, 2–4giebelig, Alu-Konstruktion, fast alle Eindeckungsmaterialien		Palmen
B = 5,67–12,58 m L = 3,06–7,49 m F = 2,61–2,76 m	Montage oder Vormontage oder Bausatz, 2–4giebelig, Alukonstruktion, 10 mm Stegdoppelplatten-Eindeckung, feuerverzinkter Stahlrahmen, viele serienmäßige Extras	Typ Düsseldorf	Weiss
Anlehngewächshäuser mit Glas- oder Stegdoppelplatten-Eindeckungen			
T = 2,55–3,77 m L = 3,81–5,04 m F = 2,40–2,99 m	Bausatz oder Montage, Alu-Konstruktion, Eindeckung mit Glas, Stegdoppelplatten oder Kombiverglasung	Modell W/ Modell WG	Beckmann

Fortsetzung

Größe	Kennzeichen	Marken-/ Produktnahme	Wo zu bekommen/Hersteller
T = 2,26–3,00 m L = 2,20–6,00 m F = 2,45–2,70 m	Montage oder Bausatz, feuerverzinkte Stahlkonstruktion, 4/5/7,5 mm Glas- oder 10 mm Stegdoppelplatten-Eindeckung		Fischer
T = 2,59 m L = 3,81–5,66 m F = 2,53 m	Bausatz, Alu-Konstruktion, Eindeckung mit Glas- oder Polycarbonat-Stegdoppelplatten		Gutmann
T = 1,80–3,20 m L = 1,93–9,30 m F = 2,34–2,80 m	Bausatz, Alu-Konstruktion, 4 mm Blankglas oder Plexiglas-Stegdoppelplatten-Eindeckung	Floratherm®	Krieger
T = 1,93–4,41 m L = 1,96–11,91 m F = 2,39–2,84 m	Montage, Vormontage oder Bausatz, Alu-Konstruktion, auf Anfrage thermisch getrennt, Glas-, 6 oder 16 mm Stegdoppelplatten-Eindeckungen	Thermoserie/ Typ Roma	Voss/Weiss

Weitere Anlehngewächshäuser werden von Bartscher, Bormann, Messerschmidt, Palmen, Schneider, Wagner und Wama angeboten. Die Ausführungen entsprechen denen der freistehenden Gewächshäuser.

Balkongewächshäuser
Balkongewächshäuser haben in der Regel eine Aluminiumkonstruktion und sind mit Stegdoppelplatten eingedeckt. Freistehende Balkongewächshäuser, aufklappbar und auf Rollen, werden von Terlinden angeboten. Anlehnbalkongewächshäuser gibt es bei Beckmann, Bormann, Palmen, Voss und Weiss.

Wintergärten
Wintergärten mit Aluminium-Konstruktion werden zum Beispiel von Beckmann, Bartscher, Messerschmidt, Schlachter, Palme, Pudenz, Voss und Weiß angeboten. Wintergärten mit Holzkonstruktion bieten beispielsweise Voss, Wama und Weiß an.

Gewächshauszubehör

Das übliche Zubehör gibt es bei fast allen Gewächshausfirmen, vieles ist auch in Gartencentern, Baumärkten, Elektrogeschäften u. ä. erhältlich. Aus diesem Grunde werden hier eher die Besonderheiten herausgestellt.

Zubehör (alphabetisch)	Kennzeichen/Name	Hersteller/Anbieter
Bewässerung/ Automatische Bewässerung	BETA 8, BETA 12, Makrotropfschlauchsystem, BETA Pilot	Beckmann
	Tropf-Blumat	Weninger/Gartencenter
	Bewässerungscomputer/Feuchtefühler, Watertimer, Micro-Drip u. ä.	GARDENA/Gartencenter
	Tensioschalter, »System Weihenstephan«	Emanuel, BTF, Häring
	KLIMAT-Bewässerungs- u. Düngungsanlage	Bartscher
	KliWaDu	FH Weihenstephan, Institut für Gemüsebau
	Berieselungsanlage, Sprühnebelbewässerung	Bormann, Messerschmidt, Terlinden
	Bewässerungsmatten	Bormann, Krieger, Messerschmidt, Voss, Weiss
Düngerbeimischer für Tropfbewässerungen		GARDENA/Gartencenter, siehe auch Bewässerung »System Weihenstephan«
Eindeckungs-materialien	Stegdoppel- u. -dreifachplatten	Bormann, Krieger u. a.
	Gitterverstärkte Folie	Dörken (Gartencenter)
	Gartenblank- u. Klarglas	Krieger u. a.
	Isolierglas für Wintergärten	Krieger u. a.
	Luftpolsternoppenfolie	fast alle Firmen
Entfeuchter-Wärmepumpe	Regelung der Luftfeuchte im Wintergarten	Schlachter
Erdtopfpresse		Krieger
Erden-Sterilisator	15 bis 20 l Fassungsvermögen	Terlinden
	75 oder 500 l Fassungsvermögen	Mafac
Dämmerungs-schalter	lichtabhängige Steuerung der Zusatzbelichtung	Krieger, Bormann
Heizungen	Anschlußset an die Warmwasserheizung d. Wohnhauses	Fischer, Terlinden
	Elektro-Warmwasserheizung	Bartscher, GKT, Messerschmidt
	Betasolar-Wärmespeicherschläuche	Beckmann
	Gewächshaus-Ölöfen	Terlinden, Wagner

Fortsetzung

Zubehör (alphabetisch)	Kennzeichen/Name	Hersteller/Anbieter
	Petroleum-Heizofen	Beckmann
	Allgasraumheizer	Bartscher, Schneider
	Gasheizgerät für Propangas	Fischer
	Propangasheizung mit Katalysatorbrenner	fast alle Firmen
	Elektroheizungen mit Gebläse, 2 kW	fast alle Firmen
	Elektroheizung mit Gebläse, 3 kW	Schneider
	Elektro-Rippenrohrheizung, 1–2 kW	Beckmann, Fischer, Palmen, Schneider, Voss, Weiss
	Elektro-Rippenrohrheizung, 1–4 kW	Bartscher
	Elektro-Rippenrohrheizung, 0,5–3 kW	Krieger, Bormann
	Rohrheizkörper f. Blumenfenster u. Pflanzenvitrinen, 0,125–0,750 kW	Krieger
	Bodenheizkabel bis ca. 25 m	Bartscher, Beckmann, Voss, Wama, Wagner, Weiss
	Bodenheizkabel bis 130 m	Krieger
	Wärmeplatten	Krieger und andere
Konstruktionsprofile	Aluminiumprofile	Bormann, Krieger u. a.
Klimasteuerungs- u. -schaltschränke		Krieger, Schlachter
Lamellenfenster		Bormann
Lampen	Fluora-Leuchtstofflampen	Bormann, Krieger, Terlinden u. a.
	Natriumdampf-Hochdrucklampe	Beckmann, Bormann, GKT u. a.
	Quecksilberdampf-Hochdrucklampe	Bormann, Krieger u. a.
Lüftungsautomaten	stromlose Fensteröffner, 7 kg = 70 N	fast alle Gewächshausfirmen
	wie vorher, 20/25 kg = 200/250 N	Bartscher, Gutmann, Krieger, Schneider
	wie vorher, 50 kg = 500 N	Wagner
	elektr. Fensterlüfter für Wintergärten	Bartscher

Fortsetzung

Zubehör (alphabetisch)	Kennzeichen/Name	Hersteller/Anbieter
Luftbefeuchtung	Nebelsprühanlage Luftbefeuchter	Bormann, GKT, Messerschmidt fast alle Firmen
Luxmeter	Lichtmesser	Bartscher
Pflanzenvitrine	mit Rollen	Terlinden
Regenwassersammelanlagen	für das Wohnhaus, mit Keller- oder Erdtank	Beckmann
Regensammler	mit automatischem Schmutzwasserablauf	Beckmann
Reparaturset für Acrylglas		Wagner
Schattierung	Innenschattierungseinrichtung motorbetriebene Außenschattierung Schattiermatten, -gewebe, -rollos	Bartscher, Palme, Schneider, Terlinden Bartscher fast alle Firmen
Thermostate		Bartscher, Fischer, Schneider u. a.
Bodenthermostate für Bodenheizkabel u. Heizplatten		Bartscher, Beckmann, Bormann, Voss
Tische und Regale	»normale« Ausführungen Arbeitstisch mit hohen Seiten und Rückwand Pflanztisch mit hochgezogenem Rand	fast alle Firmen Kamar Palmen
Türen	Insektenschutztüren	Palmen, Weiß
Ventilatoren	für Luftumwälzung, elektrisch wie vorher, bis 2100 m³/h für Luftumwälzung, solar Luftumwälzung im Blumenfenster u. ä. für Zwangsent- und -belüftung, elektrisch wie vorher, solar	fast alle Firmen Bormann Beckmann Krieger, Voss fast alle Firmen Bartscher
Vermehrungsbeete		Beckmann, Baur, Krieger, Terlinden u. a.
Wasseraufbereitung	Entsalzung, Enthärtung	Bormann, Brita, Fischer
Wege	ausrollbare Laufstege	Beckmann

Bezugsquellen

Erdensterilisatoren

Berkili Maschinenbau GmbH & Co. KG
Herzfelder Str. 29
59329 Wadersloh-Liesborn
Tel.: 02523/8095

Max Boll
Maschinen- und Stahlbau GmbH
Neue Str. 3
79585 Steinen
Tel.: 07627/510

MAFAC
Ernst Schwarz GmbH & Co.
Abt. GM
72275 Alpirsbach
Tel.: 07444/3022-24

Tropfbewässerung

Beckmann KG
Simoniusstr. 10
99239 Wangen/Allgäu
(BETA-Systeme)

BTF
Einberg 9
84172 Buch am Erlbach
(System Weihenstephan)

Emanuel
Schneeglöckchenstr. 105
80995 München
(System Weihenstephan)

Gardena, Kress und Kastner GmbH
Postfach 2747
89079 Ulm

Häring Bernhard
Starenweg 5
84095 Furth
(System Weihenstephan)

Weninger GmbH
A-6410 Telfs
(Blumat-Bewässerungssysteme)

Hydrokultur

Horst Claussen
Hinter der Au 2
61206 Wöllstadt
Tel.: 06034/2011

Gärtner & Floristen Plauen e.G.
Reissiger Str. 80
08525 Plauen
Tel.: 03741/24781

HGN GmbH Hydrokultur –
Fachgroßhandel
Berger 7 a
59394 Nordkirchen
Tel.: 02596/2066

Höfer Hydrogärtnerei
Staufeneckstr. 55
73054 Eislingen
Tel.: 07161/816625

Hübecker Rosenstraße
Techn. Neuheiten
Rosenstr. 77
47908 Tönisvorst
Tel.: 02151/790033

Hutzel Hydrokulturen
Osningweg 3
49186 Bad Iburg
Tel.: 05403/1719

Hydro-Rotter
Auf der Bierau
65183 Wiesbaden
Tel.: 06122/51081

Leni Hydrokultur
Gebr. Lenz GmbH
Am Schlöten
51702 Bergneustadt
Tel.: 02261/40990

Albert Pluta & Sohn
Inh. Hans-Jürgen Pluta
Buckower Chausse 76–79
12277 Berlin
Tel.: 030/7200535

Eugen Sumser
Weberstr. 1
79249 Merzhausen
Tel.: 0761/402095

Gewächshäuser, Wintergärten, Frühbeete, Zubehör

Fa. Bartscher GmbH
Postfach 1127
33154 Salzkotten
Tel.: 05258/50060
(Glas- und Stegdoppelplattenhäuser, Zubehör)

Fa. Benedikt Bauer
Suppbrunnenweg 11
86807 Buchloe
Tel.: 08241/5852
(Glas- und Stegdoppelplattenhäuser, Zubehör)

Bayer. Gärtnereigenossenschaft
Wilhelm-Hale-Str. 36
80639 München
Tel.: 089/1688181
(Deutsche Normfenster für Frühbeete)

Fa. Ing. Beckmann
Tödiweg 51
88239 Wangen/Allgäu
Tel.: 07522/4174
(Glas- und Folienhäuser, Frühbeete, Zubehör)

Gewächshaustechnik
D. Bormann
Neudorfer Str. 199
47057 Duisburg
Tel.: 0203/353757
(Glas- und Stegdoppelplattenhäuser, Zubehör)

Diefenthaler
Mühlstr. 31
86707 Westendorf
Tel.: 08237/2433
(Wintergärten mit Holzkonstruktion)

Ewald Dörken AG
Postfach 1263
58311 Herdecke/Ruhr
Tel.: 02330/631
(Folie, Foliengewächshaus zum Selbstbau)

Fa. Wolf Engel
Abt. Frühbeete
85296 Rohrbach
Tel.: 08442/8833
(Frühbeete)

Karl u. Rudolf Fischer
Homburger Str. 141
61118 Bad Vilbel
Tel.: 06039/42593
(Glas- und Stegdoppelplattenhäuser, Zubehör)

GKT-Gewächshaus-Klima-Technik
Klaus Brusius
Marburger Straße 3
35649 Bischoffen
Tel.: 06444/6043
(Zubehör)

GSP-System-Produkte GmbH
Pavillonstraße 39
66740 Saarlouis
Tel.: 06831/460016
(Stegdoppelplattenhäuser, Zubehör)

H. Gutmann Werke GmbH
Nürnberger Str. 57-81
91781 Weißenburg
Tel.: 09141/992203
(Glas- und Stegdoppelplattenhäuser, Frühbeete, Zubehör)

JULIANA Gewächshäuser GmbH
Moorfleeter Str. 40
22113 Hamburg
Tel.: 040/731571
(Glas- und Stegdoppelplattenhäuser, Zubehör)

JUWEL H. Wüster GmbH
Industriezone 19
A-6460 Imst/Tirol
Tel.: 05412/2413-0
(Kleingewächshäuser)

Fa. Otto Knecht
Postfach 1236
72555 Metzingen
(Betonformteile)

Krieger-Gewächshausbau
Gahlenfeldstr. 5
58313 Herdecke/Ruhr
Tel.: 02330/7691
(Glas- und Stegdoppelplattenhäuser, Zubehör)

Fa. Messerschmidt
Autenbachstr. 22
73035 Göppingen-Jebenh.
Tel.: 07161/41087
(Glas- und Stegdoppelplattenhäuser, Zubehör)

Palmen GmbH
Lise-Meitner-Str./Industriegebiet
52525 Heinsberg
Tel.: 02452/5644
(Glas- und Stegdoppelplattenhäuser, Zubehör)

Ernst Pudenz GmbH
Postfach 1227
33815 Leopoldhöhe
Tel.: 05208/8799
(Wintergärten)

Fa. Karl Richter
Großhaderner Str. 24
81375 München
Tel.: 089/703115
(selbstlüftende Frühbeetfenster)

Fa. Schlachter
Wasserburger Weg 1/2
89312 Günzburg
Tel.: 08221/30057
(Glas- und Stegdoppelplattenhäuser und Zubehör)

A. Schneider KG
72336 Balingen-Zillhausen
Tel.: 07435/422
(Glas- und Stegdoppelplattenhäuser, Zubehör)

Fa. Wilhelm Terlinden
Ortsteil Birten
46509 Xanten
(Glas- und Stegdoppelplattenhäuser, Zubehör)

Fa. Voss
Reichelsheimer Str. 4
55268 Nieder-Olm
Tel.: 06136/5071
(Glas-, Stegdoppel- und Dreifachplattenhäuser, Zubehör)

R. Wagner Glashausbau
Uferstr. 22
A-5026 Salzburg
Tel.: 0662/622529
(Stegdoppelplattenhäuser, Zubehör)

Wama Gewächshäuser
Walter Mauden
Hollertszug 27
57562 Herdorf

Fa. Josef Weiss
Plastik GmbH
Eintrachtstr. 8
81541 München
Tel.: 089/6230722
(Gewächshäuser und Frühbeete aus Kunststoff

Sämereien und Pflanzen für Anzucht und Kultur im Gewächshaus

Pflanzen

Kakteenkulturen Dieter Andreae
Heringer Weg
64853 Otzberg-Lengfeld

Rudolf und Klara Baum
Fuchsienkulturen
Scheffelrain 1
71229 Leonberg
Tel.: 07152/27558

Baumschule Böhlje
Oldenburger Str. 9
26655 Westerstede
(u.a. Farne)

Spezialgärtnerei für Insektivoren
Th. Carow & U. Wrono
Ümpfigstraße 5
97720 Nüdlingen

Baumschule und Stauden Demmel
Baumschulenstraße 3
82402 Seeshaupt

Flora Mediterranea
Königsgütler 5
84072 Au/Hallertau
Tel.: 08752/1238
(Kübelpflanzen)

Fuchsiengärtnerei Reinhard Heinke
Eichholzstraße 2
44289 Dortmund

Kübelpflanzen und Palmen
Ibero Import
Bahnhofstr. 12
37249 Neu-Eichenberg
Tel.: 05542/1845
(südländische Pflanzen)

Rosengärtnerei Kalbus
Hagenhausen,
90518 Altdorf

P. und M. Klock
Südflora Baumschulen
Stutsmoor 42
22607 Hamburg
Tel.: : 040/8991698
(Sämereien, exotische Pflanzen)

Palme per Paket
Tobias W. Spanner
Tizianstr. 44
80638 München
Tel.: 089/1577902
(Palmen und andere exotische Pflanzen)

Röllke Orchideenzucht
Floßweg 11
33758 Schloß Holte-Stukenbrock
Tel.: 05207/6647

Staudengärtnerei Max Schleipfer
86356 Neusäß bei Augsburg

Gartenbau Manfred Schubert
Bornaische Str. 12
04416 Markkleeberg-Ost
(u.a. Fuchsien, Hibiskus)

Spitzl Erdbeeren
83355 Grabenstätt

Botanischer Alpengarten Sündermann
Aeschacher Ufer 48
88131 Lindau

Wichmann Orchideen KG
Tannholzweg 1-3
29229 Celle/Groß Hehlen
Tel.: 05141/35011
(Orchideen, Zubehör)

Samen

Ernst Benary Samenzucht GmbH
Postfach 1127
34331 Hann. Münden
Tel.: 05541/70090
(Blumen-und Kräutersamen)

Bornträger und Schlemmer
Wormser Str. 1
67591 Offstein
Tel.: 06243/7079
(Gewürze und Stauden als Samen und Pflanzen; Gemüse, Kräuter, Blumen)

Demeter-Saatgut
Fa. Allerleihrauh GmbH
Schloßstr. 12a
61209 Echzell
Tel.: 06035/81216
(Gemüse- und Blumensämereien aus biologisch-dynamischen Betrieben)

Erfurter Samenzucht
Weigelt & Co.
Postfach 80
65393 Walluf/Rheingau
Tel.: 06123/71066

Hild-Samen
Postfach 1161
71672 Marbach/Neckar
Tel.: 07144/7052

Samen + Pflanzen
Hof Berg Garten GBR
Lindenweg 17
79737 Großherrischwand
Tel.: 07764/239
(Wildpflanzen und Sämereien)

Jelitto-Staudensamen GmbH
Postfach 1264
29685 Schwarmstedt
Tel.: 05071/4085
(Staudensamen)

Kakteen-Samenzucht & Tillandsien
Gerhard Köhres
Wingertstr. 33
64390 Erzhausen bei Darmstadt
Tel.: 06150/7241
(Samen von Kakteen, Sukkulenten, Topf- und Kübelpflanzen, Tillandsien)

Peter Klock
Stutsmoor 42
22607 Hamburg

Exotische Sämereien
Albert Schenkel
Blankeneser Hauptstr. 53 a
22587 Hamburg
Tel.: 040/86 16 97
(Samen von Kakteen, Sukkulenten, Karnivoren, Kalt- und Warmhauspflanzen)

Karl Sperling GmbH
Postfach 2640
21335 Lüneburg
Tel.:04131/30170
(Gemüse, Kräuter, Blumen)

Thysanotus-Samen-Versand
Uwe Siebers
Postfach 448109
28000 Bremen
(exotische Sämereien)

Albert Treppens & Co.
Berliner Str. 88
14169 Berlin

Walz Samen GmbH
Solitudestr. 99
70499 Stuttgart
Tel.: 0711/860090

Julius Wagner GmbH
August-Mogler-Str. 23
74080 Heidelberg
Tel.: 07131/43980

Rijk Zwaan GmbH
Werler Str. 1
59514 Welver
Tel.:02384/841
(Gemüse, Kräuter)

Bezugsquellen für Nützlinge

AGRINOVA GmbH
Akazienweg 1
67283 Mühlheim
Tel.: 06359/83684
(Amblyseius, Aphidoletes, Chrysoperla, Dacnusa und Diglyphus, Encarsia, Heterorhabditis, Steinernema, Phytoseiulus, Cryptolaemus, Aphidius, Orius, Leptomastix, Metaphycus, Coccinella, Praon, Aphelinus, Hippodamia)

Conrad Appel GmbH
Bismarckstr. 59
64293 Darmstadt
Tel.: 06151/92920
(Trichogramma)

STB Control
Schaltenbach 1
65326 Aarbergeth 3
Tel.: 06120/6973
(Chrysoperla)

Gartenbau Flora Hangelsberg e.G.
Wulkower Weg 1
15518 Hangelsberg
Tel.: 033632/217
(Amblyseius, Aphidoletes, Dacnusa und Diglyphus, Encarsia, Heterorhabditis, Steinernema, Phytoseiulus, Aphidius, Orius)

Firma Koppert B. V.
Vertretung in Deutschland:
Ulrich Wilhelm
Neue Heimat 25
74343 Sachsenheim
Tel.: 07046/2386
(Amblyseius, Aphidoletes, Chrysoperla, Dacnusa und Diglyphus, Encarsia, Heterorhabditis, Steinernema, Phytoseiulus, Cryptolaemus, Trichogramma, Aphidius, Orius, Leptomastix, Aphelinus, Eretmocerus, Metaseiulus)

Frühgemüsezentrum Kaditz GmbH
Grimmstr. 79
01139 Dresden
Tel.: 03151/52706
(Aphidoletes, Encarsia, Phytoseiulus, Orius)

W. Neudorff GmbH KG
Abt. Nutzorganismen
Postfach 1209
31857 Emmerthal
(Amblyseius, Aphidoletes, Chrysoperla, Dacnusa, Encarsia, Heterorhabditis, Steinernema, Phytoseiulus, Cryptolaemus, Aphidius, Orius, Leptomastix, Metaphycus, Aphelinus, Eretmocerus)

Öre Bio-Protect GmbH
Lise-Meitner-Str. 1-7
24223 Raisdorf
Tel.: 04307/900262
(Amblyseius, Aphidoletes, Chrysoperla, Encarsia, Heterorhabditis, Phytoseiulus, Cryptolaemus, Aphidius, Orius, Aphelinus)

Sautter und Stepper
Rosenstr. 19
72119 Ammerbuch
Tel.: 07032/75501
(Amblyseius, Aphidoletes, Chrysoperla, Dacnusa und Diglyphus, Encarsia, Steinernema, Phytoseiulus, Cryptolaemus, Aphidius, Orius, Leptomastix, Metaphycus, Coccinella, Praon)

Temmen GmbH
Postfach 2180
65795 Hattersheim
Tel.: 06143/33664
(Amblyseius, Aphidoletes, Chrysoperla, Dacnusa und Diglyphus, Encarsia, Hererorhabditis, Steinernema, Phytoseiulus, Aphidius, Orius)

Hatto Welte
Maurershorn 10
78479 Insel Reichenau
Tel.: 07534/7190
(Amblyseius, Aphidoletes, Chrysoperla, Dacnusa und Diglyphus, Encarsia, Hererorhabditis, Steinernema, Phytoseiulus, Cryptolaemus, Trichogramma, Aphidius, Orius, Leptomastis, Aphelinus, Typhlodromus, Eretmocerus)

Pflanzenliebhabergesellschaften

Kakteengesellschaften

Deutsche Kakteengesellschaft e.V.
Klosterkamp 30
27711 Osterholz-Scharmbeck

Gesellschaft Österreichischer Kakteenfreunde Dornbach 62
A-2392 Sulz

Schweizerische Kakteengesellschaft
Spalierweg 5
CH-5300 Turgi

Gesellschaften für Stauden- und Alpenpflanzen

Gesellschaft der Staudenfreunde e.V. Dörrenklingenweg 35
74629 Untersteinbach

Fuchsien-, Dahlien- und Gladiolengesellschaften

Deutsche Dahlien-, Fuchsien- und Gladiolengesellschaft
Drachenfelsstr. 9a
53177 Bonn

Deutsche Fuchsiengesellschaft
Pankratiusstr. 10
Großförste
31180 Gießen

Orchideen-, Bromelien-, Karnivorengesellschaften

Deutsche Bromeliengesellschaft
Palmengarten
Siesmayerstr. 61
60323 Frankfurt

Deutsche Orchideengesellschaft
Arndtstr. 8
27367 Sottrum

Vereinigung Deutscher Orchideenfreunde
Herderstr. 12 a
85055 Ingolstadt

Gesellschaft für Fleischfressende Pflanzen
Am Sommerholt 12
58675 Hemer

Sonstige Gesellschaften

Bonsai-Club
Mannheimer Str. 401
69123 Heidelberg/Wieblingen

Deutsche Gesellschaft für Hydrokultur
Kurt-Schuhmacher-Str. 36
45699 Herten

Deutsche Kameliengesellschaft e.V.
(angeschl. an International Camellia Society)
Stahlbühlring 96
68526 Ladenburg

Beratungsstellen für Hobbygärtner

Informationsstelle der Staatlichen Versuchsanstalt für Gartenbau an der Fachhochschule Weihenstephan
Am Staudengarten 9
85350 Freising
Tel.: 08161/71-4541
Fax: 08161/71-4417

Bayerische Gartenakademie
An der Steige 15
97209 Veitshöchheim
Tel.: 0130/819709

Für die Pflanzenschutzberatung sind außerdem die Landesanstalten für Pflanzenschutz, die Pflanzenschutzdienste der Landwirtschaftsämter, die Pflanzenschutzämter der Länder und ähnliche Einrichtungen zuständig.

Literatur

Alpinenhaus

Köhlein, F.: Das große Buch der Steingartenpflanzen. Verlag Eugen Ulmer, Stuttgart 1994.
Kummert, F.: Pflanzen für das Alpinenhaus. Verlag Eugen Ulmer, Stuttgart 1989.

Bonsai

Kawollek, W.: Das Zimmerbonsai-Buch. Verlag Eugen Ulmer, Stuttgart 1991.
Kawollek, W.: Das praktische Bonsai-Buch. Verlag Eugen Ulmer, Stuttgart 1992.
Kohlhepp, W.: Schöne Bonsais aus heimischen Gehölzen. Verlag Eugen Ulmer, Stuttgart 1995.

Gemüseanbau

Kühnemann, H.: Gemüse – Kennen & Pflegen. Verlag Eugen Ulmer, Stuttgart 1993.
Niller, E.: Der große und der kleine Gemüsegarten – Weihenstephaner Erfahrungen. Verlag Paul Parey, Berlin und Hamburg 1990.
Vogel, G.: Handbuch des speziellen Gemüsebaues. Verlag Eugen Ulmer, Stuttgart 1996.

Kübelpflanzen

Kawollek, W.: Kübelpflanzen. Südländische Gehölze für die Kultur in Töpfen und Kübeln. Verlag Eugen Ulmer, Stuttgart 1995.
Köchel, C. und M.: Kübelpflanzen – Der Traum vom Süden. BLV-Verlag, München,Wien, Zürich 1990.

Preissel, H. G. und U.: Schöne Kübelpflanzen. Verlag Eugen Ulmer, Stuttgart 1991.

Obst

Brettschneider, W.: Obstbäume in Töpfen. Verlag Eugen Ulmer, Stuttgart 1989.
Buchter-Weisbrodt, H.: Obst – Kennen & Pflegen. Verlag Eugen Ulmer, Stuttgart 1993.
Jenuwein, H.: Avocado bis Zuckerrohr. Verlag Eugen Ulmer, Stuttgart 1989.
Jenuwein, H.: Tropische Nutzpflanzen. Verlag Eugen Ulmer, Stuttgart 1989.
Lucas' Anleitung zum Obstbau. Von Janssen, H., Kennel, W., Link, H., Scherr, F., Silbereisen, R., Streif, J., Winter, F. Verlag Eugen Ulmer, Stuttgart 1992, 31. Auflage.

Pflanzenschutz

AID: Biologische Schädlingsbekämpfung. Heft 1030. Auswertungs- und Informationsdienst für Ernährung, Landwirtschaft und Forsten e.V., Konstantinstraße 124, 53179 Bonn, 1993.
Berling, R.: Nützlinge und Schädlinge im Garten. BLV-Verlag, München 1986.
Schmid, O., Henggeler, S.: Biologischer Pflanzenschutz im Garten. Verlag Eugen Ulmer, Stuttgart 1990.
Steiner, H.: Nützlinge im Garten. Verlag Eugen Ulmer, Stuttgart 1994, 2. Auflage.

Pflanzenvermehrung

Bärtels, A.: Gehölzvermehrung. Verlag Eugen Ulmer, Stuttgart 1989, 3. Auflage.
Kawollek, W.: Handbuch der Pflanzenvermehrung. Naturbuch-Verlag, Augsburg 1994.
Köhlein, F.: Pflanzen vermehren. Verlag Eugen Ulmer, Stuttgart 1993.

Stauden und Gehölze

Bärtels, A.: Gartengehölze. Verlag Eugen Ulmer, Stuttgart 1991, 3. Auflage.
Denkewitz, L.: Farngärten. Verlag Eugen Ulmer, Stuttgart 1995.
Fessler, A.: Der Staudengarten. Verlag Eugen Ulmer, Stuttgart 1995, 4. Auflage.
Die Freiland-Schmuckstauden. Begr. von Jelitto, L., Schacht, W., Fessler, A. Verlag Eugen Ulmer, Stuttgart 1990, 4. Auflage.
Köhlein, F., Menzel, P.: Das große Buch der Stauden und Sommerblumen. Verlag Eugen Ulmer, Stuttgart 1994, 2. Auflage.
Schimana, W. : Prachtstauden – Kennen & Pflegen. Verlag Eugen Ulmer, Stuttgart 1993.

Zimmerpflanzen/Tropenpflanzen (einschließlich Orchideen, Palmen, Karnivoren, Bromelien)

Bechtel, H., Cribb, P., Launert, E.: Orchideen-Atlas. Verlag Eugen Ulmer, Stuttgart 1993, 3. Auflage.
Bürger, A.: Schöne Orchideen. Verlag Eugen Ulmer, Stuttgart 1990.
Fast, G.: Orchideenkultur. Verlag Eugen Ulmer, Stuttgart 1995, 3. Auflage.
Gross, E.: Schöne Tillandsien. Verlag Eugen Ulmer, Stuttgart 1992.
Kalt- und Warmhauspflanzen. Arten, Herkunft, Pflege und Vermehrung. Von Encke, F., Fessler, A., Götz, E., Hesselbarth, K., Opitz, H., Vöth, W. Verlag Eugen Ulmer, Stuttgart 1987, 2. Auflage.
Lötschert, W.: Palmen. Verlag Eugen Ulmer, Stuttgart 1995, 2. Auflage.
Preissel, H.-G. und U.: Zimmerpflanzen – Kennen & Pflegen. Verlag Eugen Ulmer, Stuttgart 1994.
Rauh, W., Gross, E.: Bromelien. Tillandsien und andere kulturwürdige Bromelien. Verlag Eugen Ulmer, Stuttgart 1990, 3. Auflage.
Rücker, K.H.: Die Pflanzen im Haus. Verlag Eugen Ulmer, Stuttgart 1982.
Slack, A.: Karnivoren. Biologie und Kultur der insektenfangenden Pflanzen. Verlag Eugen Ulmer, Stuttgart 1985.

Kakteen

Götz, E., Gröner, G.: Kakteen. Verlag Eugen Ulmer, Stuttgart 1996.
Eggli, U.: Sukkulenten. Verlag Eugen Ulmer, Stuttgart 1994.
Haage, H.-F.: Ratschläge Kakteen. Neumann Verlag, Radebeul 1993.
Kleiner, E.: Kakteen drinnen und draußen. Verlag Franckh-Kosmos, Stuttgart 1992.

Gewächshaus- und Wintergartenbau

Ulrich, S.: Selbst Wintergärten und Glashäuser bauen. Compact Verlag, München 1988.

Sonstige

Erhardt, A. und W.: PPP-Index – Pflanzen-Einkaufsführer für Europa (Buch und CD-ROM). Verlag Eugen Ulmer, Stuttgart 1995.
Escher, F.: Schnittblumenkulturen (Handbuch des Erwerbsgärtners). Verlag Eugen Ulmer, Stuttgart 1996, 5. Auflage.
Heynitz, K. von, Merckens, G.: Das biologische Gartenbuch. Gemüse, Obst, Blumen, Rasen auf biologisch-dynamischer Grundlage. Verlag Eugen Ulmer, Stuttgart 1994, 6. Auflage.
Jansen, H., Bachthaler, E., Fölster, E., Scharpf, H.-C.: Gärtnerischer Pflanzenbau. Grundlagen des Anbaus unter Glas und Kunststoffen. Verlag Eugen Ulmer, Stuttgart 1989, 2. Auflage.
Müller, R.: Hydrokultur. Verlag Eugen Ulmer, Stuttgart 1996.

Bodenuntersuchungsanstalten

Bodenuntersuchungen werden von den folgenden Fachinstituten vorgenommen. Sie gehören dem Verband Deutscher Landwirtschaftlicher Untersuchungs- und Forschungsanstalten (VD-LUFA, 64293 Darmstadt, Bismarckstr. 41 A, Tel.: 0 61 51/2 64 85 an.

Landw. Untersuchungs- und Forschungsanstalt, 53229 Bonn, Siebengebirgsstraße 200, Tel.: 02 28/4 34-0, Fax 43 44 27

Bayer. Hauptversuchsanstalt für Landwirtschaft, 85350 Freising (Weihenstephan), Tel.: 0 81 61/71-9, Fax 71 42 16

Landw. Untersuchungs- und Forschungsanstalt, 06120 Halle (Lettin), Schiepziger Straße 29, Tel.: 03 45/55 85-0, Fax 5 58 41 02

Landw. Untersuchungs- und Forschungsanstalt, 31787 Hameln, Finkenborner Weg 1 A, Tel.: 0 51 51/98 71-0, Fax 97 71 11

Thüringer Landesanstalt für Landwirtschaft, LUFA, 07743 Jena (Zwätzen), Naumburger Straße 98, Tel.: 0 36 41/6 83-0, Fax 42 44 80

Staatl. Landw. Untersuchungs- und Forschungsanstalt Augustenberg, 76227 Karlsruhe, Neßlerstraße 23, Tel.: 07 21/94 68-0, Fax 9 46 81 12

Hessische Landw. Versuchsanstalt, 34128 Kassel, Am Versuchsfeld 13, Tel.: 05 61/98 88-0, Fax 9 88 83 00

Landw. Untersuchungs- und Forschungsanstalt, 24116 Kiel, Gutenbergstraße 75–77, Tel.: 04 31/1 69 04-0, Fax 1 69 04 17

Sächsische Landesanstalt für Landwirtschaft, Institut für Landwirtschaftliche Untersuchungen/LUFA, 04159 Leipzig (Möckern), Gustav-Kühn-Straße 8, Tel.: 03 41/59 39-0, Fax 5 93 92 11

Landw. Untersuchungs- und Forschungsanstalt, 48147 Münster (Westf.), Nevinghoff 40, Tel.: 02 51/23 76-0, Fax 2 37 65 97

Landw. Untersuchungs- und Forschungsanstalt, 26121 Oldenburg, Jägerstraße 23–27, Tel.: 04 41/8 01-0, Fax 80 18 99

Landw. Untersuchungs- und Forschungsanstalt, 14473 Potsdam, Templiner Straße 21, Tel.: 03 31/3 26-0, Fax 32 62 26

Landw. Untersuchungs- und Forschungsanstalt, 18059 Rostock, Graf-Lippe-Straße 1, Tel.: 03 81/3 75 41, Fax 3 75 43

Landw. Untersuchungs- und Forschungsanstalt, 67346 Speyer, Obere Langgasse 40, Tel.: 0 62 32/1 36-0, Fax 13 61 10

Landesanstalt für landw. Chemie (710) der Universität Hohenheim, 70599 Stuttgart, Emil-Wolff-Straße 14, Tel.: 07 11/4 59-0, Fax 4 59 34 95

Bayer. Landesanstalt für Weinbau und Gartenbau, 97209 Veitshöchheim, Herrnstraße 8, Tel.: 09 31/98 01-0, Fax 9 80 13 00

Bildquellen

D. Baumjohann, Hameln: Foto Seite 361, 362 (2).
J. Bosch, Stuttgart: Foto Seite 359 Mitte.
E. Fischer, Weisenheim: Titelbild (groß).
F. Köhlein, Bindlach: Foto Seite 28, 62, 137, 188, 250, 251, 254, 257, 264, 290, 291.
W. Redeleit, Bienenbüttel: Foto Seite 2, 4, 12, 13, 17, 20, 22, 24, 26, 27 unten, 30, 31, 39, 41, 43, 44, 45, 46 links, 49, 50, 52 (2), 57, 60, 64, 65, 67, 68 unten, 69 unten, 77, 78, 84, 85, 87, 88, 89 (4), 90, 97 (2), 101, 105, 126, 195, 198, 219, 263, 325 links, 328 links, 344 oben, Rückseite oben, Titelbild (klein).
H. Reinhard, Heiligkreuzsteinach: Foto Seite 237, 239 unten, 244, 245, 260, 265, 266, 267, 268, 281, 294 (2), 298, 302, 303, 311, 318, 327.
E. Schumann, Freising: Foto Seite 5, 6, 27 oben, 46 rechts, 54, 58, 68 oben, 69 oben, 72, 79, 95 (2), 130, 131, 136, 142, 143 (2), 144, 155, 157 (2), 158, 164, 165, 170, 171, 173, 174, 176, 177 rechts, 181 (2), 184, 185, 194 (2), 200 (2), 202, 204, 210 oben, 211, 212, 213 (2), 215, 216 (2), 218, 228, 229, 231, 233, 235, 236, 239 oben, 243, 247, 270, 271 (2), 276, 277, 280, 285, 299, 307, 319, 325 rechts, 328 rechts, 336, 344 unten, 349, 356, 360, 363, 364, 365 (2), Rückseite unten.
H. Steiner, Kornwestheim: Foto Seite 30, 359 oben und unten.
G. Vogel, Großbeeren: Foto Seite 169, 175, 177 links, 178, 192, 193, 203, 205, 208, 210 unten, 214, 217.

Die Zeichnungen, mit Ausnahme der nachfolgend aufgeführten, fertigte Helmuth Flubacher, Fellbach, nach Vorlagen der Verfasser.
Die Zeichnungen auf Seite 110 und 151 fertigte Ena Lindenbaur, Stuttgart. Die Zeichnung auf Seite 358 fertigte M. van de Vrie. Die Zeichnungen auf den Seiten 135, 286, 329, 334, 335 und 345 sind entnommen aus »Die Pflanzen im Haus« von K. H. Rücker (Verlag Eugen Ulmer, Stuttgart 1982) und wurden von Kornelia Erlewein, Schwäbisch Gmünd, angefertigt.

Register

Halbfett gedruckte Seitenzahlen verweisen auf einen Textschwerpunkt, mit Sternchen* versehene Seitenzahlen auf eine Abbildung.